"十二五"普通高等教育本科国家级规划教材
普通高等教育"十一五"国家级规划教材
普通高等教育"十五"国家级规划教材
普通高等教育"九五"国家级重点教材

液压与气压传动

第 5 版

主　编　左健民
主　审　韩屋谷

机械工业出版社

本书分液压传动和气压传动两篇，共十六章。第一篇为液压传动，主要讲述了液压传动基础知识、液压元件、液压基本回路、典型液压传动系统、液压伺服和电液比例控制技术及液压传动系统设计。第二篇为气压传动，主要讲述了气压传动基础知识、气源装置、气动元件、气动基本回路以及气动程序控制系统的设计方法。本书在着重基本概念与原理阐述的同时，突出其应用，旨在培养学生的工程应用和设计能力。

本书基于二十大报告中关于"深入实施人才强国战略"，"坚持尊重劳动、尊重知识、尊重人才、尊重创造"的要求，本次编写在详细讲授基础理论知识的同时融入探索性实践内容，以增强学生的自信心和创造力，即用学科理论知识促进学生活跃思维、敢于创新，尽可能地将新思路在实践中进行创造性的转化，推动科学技术实现创新性发展。

本书可供高等工科院校机械设计制造及其自动化、机械电子工程（机电一体化）、过程装备与控制工程、车辆工程、材料成型及控制工程、自动化、交通工程等专业的学生使用，也适用于各类成人高校、自学考试有关机械工程类专业的学生，还可供工程技术人员参考。

图书在版编目（CIP）数据

液压与气压传动/左健民主编. —5版. —北京：机械工业出版社，2016.4（2025.6重印）

普通高等教育"十五"国家级规划教材　普通高等教育"九五"国家级重点教材　普通高等教育"十一五"国家级规划教材　"十二五"普通高等教育本科国家级规划教材

ISBN 978-7-111-52968-2

Ⅰ.①液… Ⅱ.①左… Ⅲ.①液压传动-高等学校-教材②气压传动-高等学校-教材　Ⅳ.①TH137②TH138

中国版本图书馆CIP数据核字（2016）第028705号

机械工业出版社（北京市百万庄大街22号　邮政编码100037）
策划编辑：余　皞　责任编辑：余　皞
版式设计：霍永明　责任校对：张　征
封面设计：张　静　责任印制：李　昂
涿州市京南印刷厂印刷
2025年6月第5版第22次印刷
184mm×260mm・18.25印张・449千字
标准书号：ISBN 978-7-111-52968-2
定价：59.80元

电话服务　　　　　　　　　网络服务
客服电话：010-88361066　　机　工　官　网：www.cmpbook.com
　　　　　010-88379833　　机　工　官　博：weibo.com/cmp1952
　　　　　010-68326294　　金　书　网：www.golden-book.com
封底无防伪标均为盗版　　　机工教育服务网：www.cmpedu.com

前言

根据"十二五"普通高等教育本科国家级规划教材建设规划和机械工业出版社的安排，编者对本书第4版进行了修订。面对工业4.0和中国制造2025的发展路径安排，中国工业企业在"两化融合"和智能制造的发展过程中，迫切需要大批掌握高新技术、有工程实践经验的高层次应用型人才，高等教育也面临着新的机遇与挑战。随着现代技术的发展和教育教学改革的深入，高等学校人才培养模式的改革也成为非常紧迫的任务，我们的高等教育在规模快速发展后如何切实提高质量，培养出社会经济发展需要的高技术人才是每一个教育工作者需要思考的问题。人才培养模式的改革涉及理论教学体系和实践教学体系的构建，也就涉及课程、教学内容和教材。而教材对教与学的双方都起着重要的作用，作为教材的编者，不仅要考虑到自身教学实践中对教材内容的要求，还要考虑教材使用者的需要，因此，对教材内容的增删就需十分慎重。这不仅是保持一本成熟教材的内容应有的态度，也是对广大使用者和读者的一种尊重。

液压传动与气压传动技术是自动化和智能制造生产中的先进科学技术之一，在现代科学技术发展中占有非常重要的地位。"液压与气压传动"课程既是机械工程学科机械制造及其自动化、机械电子工程、过程装备与控制工程、车辆工程、材料成型及控制工程等专业的专业基础课程，也是自动化、轻工机械等专业的重要技术类课程。本书的配套教辅《液压与气压传动学习指导与例题集》也已由机械工业出版社出版，编者从指导读者学习的角度，对主教材中的难点和重点内容进行了分析和讲授，从教材中选择了大量的例题进行了详细的解答，旨在帮助读者掌握教材内容，提高分析问题和解决问题的能力。与教材配套的教学平台也已上线。作为教材的主编，也希望教材、配套教辅和学习资源库在人才培养、促进新技术的发展等方面发挥积极的作用。

本书此次修订由左健民统筹，燕山大学韩屋谷教授任主审。在修订过程中，得到了许多同行和读者的关心和支持，王保升老师和孙孟辉老师参加了本次修订工作，并在资源库建设、图形修改等方面给予了很大的帮助。由于编者水平所限，书中定有许多不到之处，敬请广大读者指正。

编 者

目录

前言
绪论 ………………………………………………………………………………………… 1

第一篇 液压传动

第一章 液压传动基础知识 …………… 9
- 第一节 液压传动工作介质 ………… 9
- 第二节 液体静力学 ………………… 18
- 第三节 液体动力学 ………………… 23
- 第四节 定常管流的压力损失计算 … 32
- 第五节 孔口和缝隙流动 …………… 37
- 第六节 空穴现象 …………………… 44
- 第七节 液压冲击 …………………… 45
- 习题 …………………………………… 48

第二章 液压动力元件 …………………… 52
- 第一节 液压泵概述 ………………… 52
- 第二节 齿轮泵 ……………………… 55
- 第三节 叶片泵 ……………………… 59
- 第四节 柱塞泵 ……………………… 68
- 第五节 液压泵的噪声 ……………… 73
- 第六节 液压泵的选用 ……………… 74
- 习题 …………………………………… 75

第三章 液压执行元件 …………………… 76
- 第一节 液压马达 …………………… 76
- 第二节 液压缸 ……………………… 80
- 习题 …………………………………… 90

第四章 液压控制元件 …………………… 91
- 第一节 概述 ………………………… 91
- 第二节 方向控制阀 ………………… 92
- 第三节 压力控制阀 ………………… 101
- 第四节 流量控制阀 ………………… 110
- 第五节 叠加式液压阀 ……………… 116
- 第六节 二通式插装阀 ……………… 118
- 第七节 液压阀的连接 ……………… 123
- 习题 …………………………………… 125

第五章 液压辅助元件 …………………… 127
- 第一节 管路和管接头 ……………… 127
- 第二节 油箱 ………………………… 129
- 第三节 过滤器 ……………………… 130
- 第四节 密封装置 …………………… 133
- 第五节 蓄能器 ……………………… 136
- 习题 …………………………………… 139

第六章 液压基本回路 …………………… 140
- 第一节 压力控制回路 ……………… 140
- 第二节 速度控制回路 ……………… 145
- 第三节 多缸工作控制回路 ………… 157
- 第四节 其他回路 …………………… 160
- 习题 …………………………………… 162

第七章 典型液压传动系统 ……………… 165
- 第一节 组合机床动力滑台液压系统 … 166
- 第二节 万能外圆磨床液压系统 …… 168
- 第三节 液压压力机液压系统 ……… 173
- 第四节 装卸堆码机液压系统 ……… 176
- 习题 …………………………………… 178

第八章 液压伺服和电液比例控制技术 … 180
- 第一节 液压伺服控制 ……………… 180
- 第二节 电液比例控制 ……………… 184
- 第三节 计算机电液控制技术 ……… 186

习题 …… 189
第九章　液压系统的设计与计算　190
第一节　明确设计要求,进行工况分析 …… 190
第二节　拟定液压系统原理图 …… 193
第三节　液压元件的计算和选择 …… 194
第四节　液压系统的性能验算 …… 196
第五节　绘制工作图和编制技术文件 …… 197
第六节　液压系统设计计算举例 …… 198
习题 …… 205

第二篇　气压传动

第十章　气压传动基础知识　208
第一节　空气的物理性质 …… 208
第二节　气体状态方程 …… 210
第三节　逻辑运算简介 …… 211
习题 …… 213

第十一章　气源装置及气动辅助元件　214
第一节　气源装置 …… 214
第二节　气源净化装置 …… 216
第三节　其他辅助元件 …… 219
第四节　供气系统的管道设计 …… 223
习题 …… 225

第十二章　气动执行元件　226
第一节　气缸 …… 226
第二节　气动马达 …… 234
习题 …… 235

第十三章　气动控制元件　236
第一节　方向控制阀 …… 236
第二节　压力控制阀 …… 241
第三节　流量控制阀 …… 243
第四节　气动逻辑元件 …… 244
第五节　气动比例阀及气动伺服阀 …… 248
习题 …… 250

第十四章　气动基本回路　251
第一节　换向回路 …… 251
第二节　速度控制回路 …… 252
第三节　压力控制回路 …… 254
第四节　气液联动回路 …… 255
第五节　计数回路 …… 256
第六节　延时回路 …… 257
第七节　安全保护和操作回路 …… 257
第八节　顺序动作回路 …… 259
习题 …… 260

第十五章　气动程序系统及其设计　261
第一节　行程程序控制系统的设计步骤 …… 261
第二节　多缸单往复行程程序回路设计 …… 262
第三节　多缸多往复行程程序回路设计 …… 269
习题 …… 272

第十六章　气压传动系统实例　273
第一节　气动机械手气压传动系统 …… 273
第二节　气动钻床气压传动系统 …… 275
第三节　气液动力滑台气压传动系统 …… 277
第四节　工件夹紧气压传动系统 …… 278
习题 …… 279

附录　常用液压与气动元件图形符号　280

参考文献　284

绪 论

一、液压与气压传动的研究对象

液压与气压传动是研究以有压流体（压力油或压缩空气）为能源介质，来实现各种机械的传动和自动控制的学科。液压传动与气压传动实现传动和控制的方法是基本相同的，它们都是利用各种控制元件组成所需要的各种控制回路，再由若干回路有机组合成能完成一定控制功能的传动系统来进行能量的传递、转换与控制。因此，要研究液压与气压传动及其控制技术，就首先要了解传动介质的基本物理性能及其静力学、运动学和动力学特性；要了解组成系统的各类液压与气动元件的结构、工作原理、工作性能以及由这些元件所组成的各种控制回路的性能和特点，并在此基础上进行液压与气压传动控制系统的设计。

液压传动所用的工作介质为液压油或其他合成液体，气压传动所用的工作介质为空气。由于这两种流体的性质不同，所以液压传动和气压传动又各有其特点。液压传动传递动力大，运动平稳。但由于液体黏性大，在流动过程中阻力损失大，因而不宜做远距离传动和控制；而气压传动由于空气的可压缩性大，且工作压力低（通常在 1.0MPa 以下），所以传递动力不大，运动也不如液压传动平稳。但空气黏性小，传递过程中阻力小、速度快、反应灵敏，因而气压传动能用于远距离的传动和控制。

二、液压与气压传动的工作原理

液压与气压传动的基本工作原理是相似的。现以图 0-1 所示的液压千斤顶来简述液压传动的工作原理。由图 0-1a 可知，大缸体 9 和大活塞 8 组成举升液压缸。杠杆手柄 1、小缸体 2、小活塞 3、单向阀 4 和 7 组成手动液压泵。如提起手柄使小活塞向上移动，小活塞下端油腔容积增大，形成局部真空，这时单向阀 4 打开，通过吸油管 5 从油箱 12 中吸油；用力压下手柄，小活塞下移，小缸体下腔压力升高，单向阀 4 关闭，单向阀 7 打开，小缸体下腔的油液经管道 6 和单向阀 7 输入大缸体 9 的下腔，迫使大活塞 8 向上移动，顶起重物。再次提起手柄吸油时，举升缸下腔的压力油将力图倒流入手动泵内，但此时单向阀 7 自动关闭，使油液不能倒流，从而保证了重物不会自行下落。不断地往复扳动手柄，就能不断地把油液压入举升缸下腔，使重物逐渐地升起。如果打开截止阀 11，举升缸下腔的油液通过管道 10、截止阀 11 流回油箱，大活塞在重物和自重作用下向下移动，回到原始位置。

图 0-1b 所示为液压千斤顶的简化模型，据此可分析两活塞之间的力比例关系、运动关系和功率关系。

1. 力比例关系

当大活塞上有重物负载 W 时，大活塞下腔的油液就将产生一定的压力 p，$p = W/A_2$，根

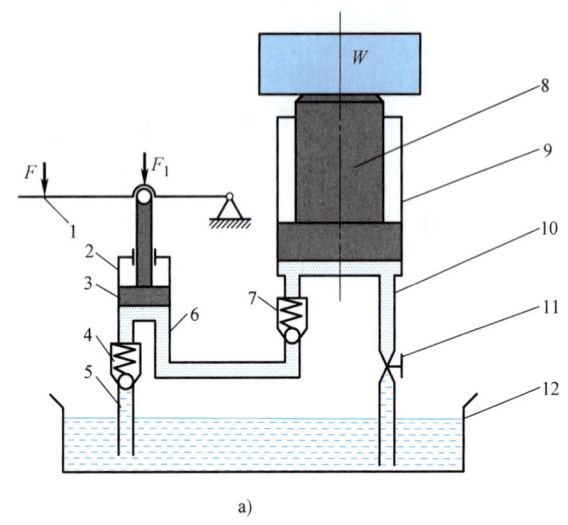
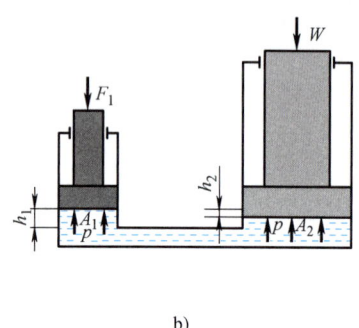

图 0-1 液压千斤顶

a) 液压千斤顶的工作原理图　b) 液压千斤顶的简化模型

1—杠杆手柄　2—小缸体　3—小活塞　4、7—单向阀　5—吸油管　6、10—管道
8—大活塞　9—大缸体　11—截止阀　12—通大气式油箱

据帕斯卡原理:"在密闭容器内,施加于静止液体上的压力将以等值同时传到液体各点"。因而要顶起大活塞及其重物负载 W,在小活塞下腔就必须要产生一个等值的压力 p,也就是说小活塞上必须施加力 F_1,$F_1 = pA_1$,因而有

$$p = \frac{F_1}{A_1} = \frac{W}{A_2}$$

或

$$\frac{W}{F_1} = \frac{A_2}{A_1} \tag{0-1}$$

式中,A_1、A_2 分别为小活塞和大活塞的作用面积;F_1 为杠杆手柄作用在小活塞上的力。

式 (0-1) 是液压传动和气压传动中力传递的基本公式。由于 $p = W/A_2$,因此,当负载 W 增大时,流体工作压力 p 也要随之增大,亦即 F_1 要随之增大;反之若负载 W 很小,流体压力就很低,F_1 也就很小。由此建立了一个很重要的基本概念,即在液压和气压传动中,工作压力取决于负载,而与流入的流体多少无关。

2. 运动关系

如果不考虑液体的可压缩性、漏损和缸体、油管的变形,则从图 0-1b 可以看出,被小活塞压出的油液的体积必然等于大活塞向上升起后大缸体下腔扩大的体积,即

$$A_1 h_1 = A_2 h_2$$

或

$$\frac{h_2}{h_1} = \frac{A_1}{A_2} \tag{0-2}$$

式中,h_1、h_2 分别为小活塞和大活塞的位移。

由式 (0-2) 可知,两活塞的位移和两活塞的面积成反比。将 $A_1 h_1 = A_2 h_2$ 两端同除以活

塞移动的时间 t 得

$$A_1 \frac{h_1}{t} = A_2 \frac{h_2}{t}$$

即

$$\frac{v_2}{v_1} = \frac{A_1}{A_2} \qquad (0-3)$$

式中，v_1、v_2 分别为小活塞和大活塞的运动速度。

由式（0-3）可知，活塞的运动速度和活塞的作用面积成反比。

Ah/t 的物理意义是单位时间内液体流过截面积为 A 的某一截面的体积，称为流量 $q^{\ominus}$，即

$$q = Av$$

因此

$$A_1 v_1 = A_2 v_2 \qquad (0-4)$$

如果已知进入缸体的流量 q，则活塞的运动速度为

$$v = \frac{q}{A} \qquad (0-5)$$

调节进入缸体的流量 q，即可调节活塞的运动速度 v，这就是液压传动与气压传动能实现无级调速的基本原理。从式（0-5）可得到另一个重要的基本概念，即<u>活塞的运动速度取决于进入液压（气压）缸（马达）的流量，而与流体压力大小无关</u>。

3. 功率关系

由式（0-1）和式（0-3）可得

$$F_1 v_1 = W v_2 \qquad (0-6)$$

式（0-6）左端为输入功率，右端为输出功率。这说明在不计损失的情况下输入功率等于输出功率。由式（0-6）还可得出

$$P = p A_1 v_1 = p A_2 v_2 = pq \qquad (0-7)$$

由式（0-7）可以看出，液压与气压传动中的功率 P 可以用压力 p 和流量 q 的乘积来表示，压力 p 和流量 q 是流体传动中最基本、最重要的两个参数，它们相当于机械传动中的力 F 和速度 v，它们的乘积即为功率。

从以上分析可知，<u>液压与气压传动是以流体的压力能来传递动力的。</u>

三、液压与气压传动系统的组成

图 0-2 所示为一驱动机床工作台的液压传动系统，它由油箱 1、过滤器 2、液压泵 3、溢流阀 4、换向阀 5、节流阀 6、换向阀 7、液压缸 8、工作台 9 以及连接这些元件的管道、管接头等组成。该系统的工作原理是：液压泵由电动机带动旋转后，从油箱中吸油，油液经过滤器进入液压泵的吸油腔，当它从液压泵中输出进入压力油路后，在图 0-2a 所示状态下，通过换向阀 5、节流阀 6，经换向阀 7 进入液压缸 8 的左腔，此时液压缸右腔的油液经换向阀 7 和回油管排回油箱，液压缸中的活塞推动工作台 9 向右移动。

如果将换向阀 7 的手柄移动成图 0-2b 所示的状态，则经节流阀 6 的压力油将由换向阀 7

$\ominus$ 流量 q——全书中涉及的流量主要为体积流量，而非质量流量。因此体积流量在书中简称为流量，符号用 q；而质量流量的符号用 q_m，名称不变。

进入液压缸 8 的右腔，此时液压缸左腔的油经换向阀 7 和回油管排回油箱，液压缸中的活塞将推动工作台向左移动。因而换向阀 7 的主要功用就是控制液压缸及工作台的运动方向。系统中换向阀 5 若处于图 0-2c 所示的位置，则液压泵输出的压力油将经换向阀 5 直接回油箱，系统处于卸荷状态，液压油不能进入液压缸，所以换向阀 5 又称为开停阀。

工作台的移动速度是通过节流阀来调节的。当节流阀的开口大时，进入液压缸的油液流量就大，工作台移动速度就快；反之，工作台移动速度将减慢。因而节流阀 6 的主要功用是控制进入液压缸的流量，从而控制液压缸活塞的运动速度。

液压缸推动工作台移动时必须克服液压缸所受到的各种阻力，因而液压缸必须产生一个足够大的推力，这个推力是由液压缸中的油液压力产生的。在液压缸活塞面积一

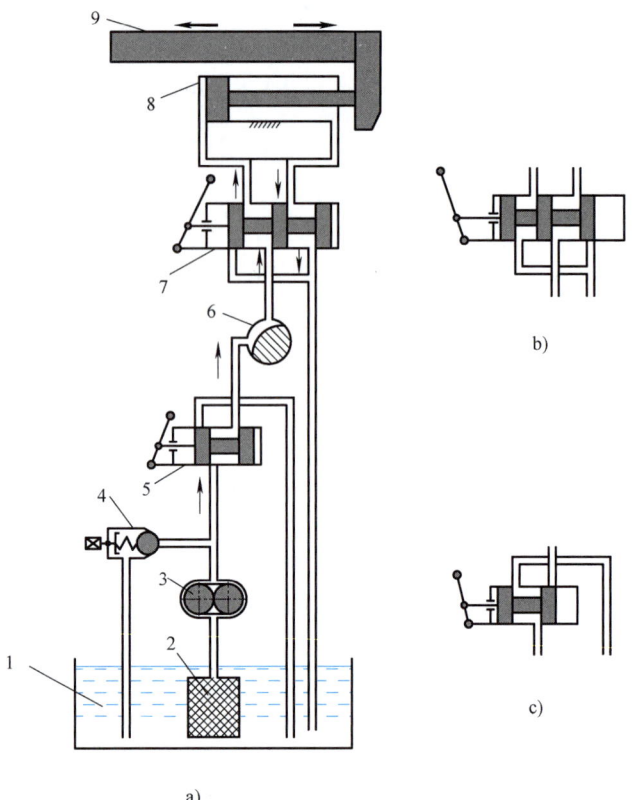

图 0-2　机床工作台的液压传动系统
1—油箱　2—过滤器　3—液压泵　4—溢流阀
5、7—换向阀　6—节流阀　8—液压缸　9—工作台

定的情况下要克服的阻力越大，液压缸中的油液压力就越高；反之压力就越低。系统中输入液压缸的油液的流量由节流阀调节，液压泵所输出的多余的油液须经溢流阀和回油管排回油箱，这只有在压力管路中的油液压力对溢流阀的阀芯（图中为钢球）的作用力等于或略大于溢流阀中弹簧的预压力时，油液才能顶开溢流阀中的钢球流回油箱，所以在图示系统中液压泵出口处的油液压力是由溢流阀决定的，它和液压缸中的压力（由负载决定的）不一样大。一般情况下，液压泵出口处的压力值应略大于液压缸中的油液压力，因而溢流阀在液压系统中的主要功用是控制和调节系统的工作压力。

图 0-3 所示为一可完成某程序动作的气压传动系统，其中的控制装置是由若干气动元件组成的气动逻辑回路。它可以根据气缸活塞杆的始末位置，由行程开关等传递信号，在做出逻辑判断后指示气缸下一步的动作，从而实现规定的自动工作循环。

由上面的例子可以看出，液压与气压传动系统主要由以下几个部分组成：

(1) 能源装置　是把机械能转换成流体的压力能的装置，一般最常见的是液压泵或空气压缩机。

(2) 执行装置　是把流体的压力能转换成机械能的装置，一般指做直线运动的液（气）压缸、做回转运动的液（气）压马达等。

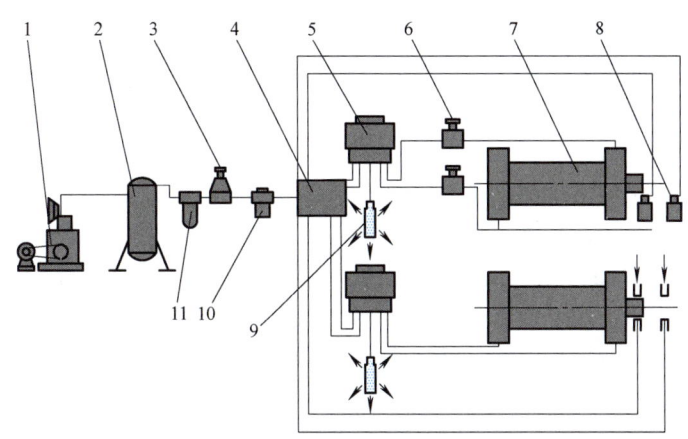

图 0-3 气压传动系统的组成
1—气压发生装置 2—储气罐 3—压力控制阀 4—逻辑元件 5—方向控制阀 6—流量控制阀
7—气缸 8—行程开关 9—消声器 10—油雾器 11—过滤器

(3) **控制调节装置** 是对液（气）压系统中流体的压力、流量和流动方向进行控制和调节的装置。例如溢流阀、节流阀、换向阀等。这些元件的不同组合组成了能完成不同功能的液（气）压系统。

(4) **辅助装置** 是指除以上三种以外的其他装置，如油箱、过滤器、空气过滤器、油雾器、蓄能器等，它们对保证液（气）压系统可靠和稳定地工作有重要作用。

(5) **传动介质** 是指传递能量的流体，即液压油或压缩空气。

四、液压与气压传动的优缺点

液压与气压传动同电力拖动系统、机械系统相比有许多优异的特点。下面从拖动负载能力和控制方式性能两个方面进行比较。

1. 拖动负载能力

由于气压传动系统的使用压力一般在 0.2~1.0MPa 范围之内，因此它不能作为大功率的动力系统。在此只对液压传动系统与电力拖动系统做比较。从所能达到的最大功率看，液压系统不如电力拖动系统。但液压传动最突出的优点是出力大、质量小、惯性小以及输出刚度大。可用以下指标来表示：

(1) **功率-质量比大** 这意味着同样功率的控制系统，液压系统体积和质量小，这是因为机电元件，例如电动机由于受到磁性材料饱和作用的限制，单位质量的设备所能输出的功率比较小。液压系统可以通过提高系统的压力来提高输出功率，这时仅受到机械强度和密封技术的限制。在典型情况下，发电机和电动机的功率-质量比仅为 165W/kg 左右，而液压泵和液压马达的功率-质量比可达 1650W/kg，是机电元件的 10 倍。在航空、航天技术领域应用的液压马达的功率-质量比可达 6600W/kg；做直线运动的动力装置与液压缸相比差距更加悬殊，从单位面积出力来看，液压缸的出力一般可达到 $(7.0 \sim 30.0) \times 10^6 \mathrm{N/m^2}$，而直流直线式电动机为 $0.3 \times 10^6 \mathrm{N/m^2}$ 左右。

(2) **力-质量比** 液压缸的力-质量比一般为 13000N/kg，而直流直线式电动机仅为 130N/kg。一般回转式液压马达的转矩-惯量比是同容量电动机的 10~20 倍，一般液压马达

为 $61×10^3 \text{N} \cdot \text{m}/(\text{kg} \cdot \text{m}^2)$（近年来发展的无槽电动机具有很高的转矩-惯量比，与液压马达相当）。转矩-惯量比大，意味着液压系统能够产生大的加速度，也就是说时间常数小，响应速度快，具有优良的动态品质。

2. 控制方式性能

液压与气压传动在组成控制系统时，与机械装置相比，其主要优点是操作方便、省力，系统结构空间的自由度大，易于实现自动化，且能在很大的范围内实现无级调速，传动比可达 100∶1 至 2000∶1。如与电气控制相配合，可较方便地实现复杂的程序动作和远程控制。此外，液压与气压传动还具有传递运动均匀平稳，反应速度快，冲击小，能高速起动、制动和换向等优点；易于实现过载保护；液压与气压控制元件标准化、系列化和通用化程度高，有利于缩短系统的设计、制造周期和降低制造成本。

当然，液压与气压传动也有一定的缺点，例如传动介质易泄漏和可压缩性会使传动比不能严格保证；由于能量传递过程中压力损失和泄漏的存在使传动效率低；液压与气压传动装置不能在高温下工作；液压与气压控制元件制造精度高以及系统工作过程中发生故障不易诊断等。

气压传动与液压传动相比，有如下优点：

1）空气可以从大气中取之不竭，无介质费用和供应上的困难，可将用过的气体直接排入大气，处理方便。泄漏不会严重影响工作，不会污染环境。

2）空气的黏性很小，在管路中的阻力损失远远小于液压传动系统，宜用于远程传输及控制。

3）气压传动工作压力低，元件的材料和制造精度低。

4）气压传动维护简单，使用安全，无油的气动控制系统特别适用于电子元器件的生产过程，也适用于食品及医药的生产过程。

5）气动元件可以根据不同场合，采用相应材料，使元件能够在恶劣的环境（强振动、强冲击、强腐蚀和强辐射等）下进行正常工作。

气压传动与电气、液压传动相比有以下缺点：

1）气压传动装置的信号传递速度限制在声速（约 340m/s）范围内，所以它的工作频率和响应速度远不如电子装置，并且信号要产生较大的失真和延滞，也不便于构成较复杂的控制系统，但这个缺点对工业生产过程不会造成困难。

2）空气的压缩性远大于液压油的压缩性，因此在动作的响应能力、工作速度的平稳性方面不如液压传动。

3）气压传动系统出力较小，且传动效率低。

五、液压与气压传动的应用及发展

在工业生产的各个部门应用液压与气压传动技术的出发点是不尽相同的。例如，工程机械、矿山机械、压力机械和航空工业中采用液压传动的主要原因是取结构简单、体积小、质量小、输出力大的特点；机床上采用液压传动是取其能在工作过程中方便地实现无级调速，易于实现频繁的换向，易于实现自动化的特点；在电子工业、包装机械、印染机械、食品机械等方面应用气压传动主要是取其操作方便，且无油、无污染的特点。表 0-1 是液压与气压传动在各类机械行业中的应用举例。

表0-1 液压与气压传动在各类机械行业中的应用举例

行业名称	应 用 举 例	行业名称	应 用 举 例
工程机械	挖掘机、装载机、推土机	轻工机械	打包机、注射机、包装机械
矿山机械	凿石机、开掘机、提升机、液压支架	灌装机械	食品包装机、真空镀膜机、化肥包装机
建筑机械	打桩机、液压千斤顶、平地机	汽车工业	智能生产线、自卸式汽车、汽车起重机
冶金机械	轧钢机、压力机、步进加热炉	铸造机械	砂型压实机、加料机、压铸机
锻压机械	压力机、模锻机、空气锤	纺织机械	织布机、抛砂机、印染机
机械制造	数控机床、加工中心、组合机床、压力机、自动线		

液压与气压传动发展到目前的水平主要是由于液压与气压传动本身的特点所致，随着工业的发展，液压与气压传动技术必将更加广泛地应用于各个工业领域。

液压技术自18世纪末英国制成世界上第一台水压机算起，已有200多年的历史了，但其真正的发展只是在第二次世界大战后70多年的时间内，战后液压技术迅速向民用工业转移，在机床、工程机械、农业机械、汽车等行业中逐步推广。20世纪60年代以来，随着原子能技术、空间技术、计算机技术的发展，液压技术得到了很大的发展，并渗透到各个工业领域中去。当前液压技术正向高压、高速、大功率、高效、低噪声、高可靠性、高度集成化的方向发展。同时，新型液压元件和液压系统的计算机辅助设计（CAD）、计算机辅助测试（CAT）、计算机直接控制（CDC）、计算机实时控制技术、机电一体化技术、计算机仿真和优化设计技术、可靠性技术，以及污染控制技术等方面也是当前液压传动及控制技术发展和研究的方向。

气压传动技术在科技飞速发展的当今世界发展将更加迅速。随着工业的发展，气动技术的应用领域已从汽车、采矿、钢铁、机械工业等行业迅速扩展到化工、轻工、食品、军事工业等各行各业。气动技术已发展成包含传动、控制与检测在内的自动化技术。由于工业自动化技术的发展，气动控制技术以提高系统可靠性，降低总成本为目标，研究和开发系统控制技术和机、电、液、气综合技术。显然，气动元件当前发展的特点和研究方向主要是节能化、小型化、轻量化、位置控制的高精度化，以及与电子学相结合的综合控制技术。

随着智能制造技术的发展，液压与气压传动技术在精益生产、智能生产线、无人化工厂等制造领域的应用也日益广泛。伴随着中国制造2025的发展进程，液压与气压传动技术在制造业转型升级中也将发挥越来越重要的作用。

第一篇

液压传动

第一章 液压传动基础知识

流体传动包括液体传动和气体传动。以液体的静压能传递动力的液压传动是以油液作为工作介质的，为此必须了解油液的种类、物理性质，研究油液的静力学、运动学和动力学规律。本章主要介绍这方面的内容。

从微观的观点来看，油液与其他流体相同，也是由一个一个的、不断做不规则运动的分子组成的。分子之间存在着间隙，它们是不连续的。但是由于分子之间的间隙是极其微小的，因而在研究宏观的机械运动时可以认为它是一种连续介质，这样就可以把油液的运动参数看作是时间和空间的连续函数，并有可能利用数学语言来描述它的运动规律。

另一方面，由于油液分子与分子间的内聚力极小，几乎不能抵抗任何拉力而只能承受较大的压应力；不能抵抗剪切变形而只能对变形速度呈现阻力。不管作用的剪力怎样微小，油液总会发生连续的变形，这就是油液的易流性，它使得油液本身不能保持一定的形状，只能呈现所处容器的形状。

第一节 液压传动工作介质

液体是液压传动的工作介质。最常用的工作介质是液压油。此外，还有乳化型传动液和合成型传动液。

一、液压传动工作介质的性质

1. 密度

单位体积液体的质量称为液体的密度。体积为 V、质量为 m 的液体的密度 ρ 为

$$\rho = \frac{m}{V} \tag{1-1}$$

矿物油型液压油的密度随温度的上升而有所减小，随压力的提高而稍有增加，但变动值很小，可以认为是常值。我国采用 20℃ 时的密度作为油液的标准密度，以 ρ_{20} 表示。常用液压油和传动液的密度见表 1-1。

表 1-1 常用液压油和传动液的密度　　　　　　　　　　（单位：kg/m³）

种　　类	ρ_{20}	种　　类	ρ_{20}
石油基液压油	850~900	增黏型高水基液	1003
水包油乳化液	998	水-乙二醇液	1060
油包水乳化液	932	磷酸酯液	1150

2. 可压缩性

压力为 p_0、体积为 V_0 的液体，如压力增大 Δp 时，体积减小 ΔV，则此液体的可压缩性

可用体积压缩系数 κ，即单位压力变化下的体积相对变化量来表示

$$\kappa = -\frac{1}{\Delta p}\frac{\Delta V}{V_0} \tag{1-2}$$

由于压力增大时液体的体积减小，因此上式右边须加一负号，以使 κ 成为正值。液体体积压缩系数的倒数，称为体积弹性模量 K，简称体积模量。即 $K=1/\kappa$。表 1-2 为各种液压传动工作介质的体积模量。由表中石油型液压油的体积模量可知，它的可压缩性是普通钢材的 100~150 倍。

液压传动工作介质的体积模量和温度、压力有关：温度增加时，K 值减小。在液压传动工作介质正常的工作范围内，K 值的变化为 5%~25%；压力增大时，K 值增大。但这种变化不呈线性关系，当 $p \geq 3\text{MPa}$ 时，K 值基本上不再增大。液压传动工作介质中如混有气泡时，K 值将大大减小。

封闭在容器内的液体在外力作用下的情况极像一个弹簧：外力增大，体积减小；外力减小，体积增大。这种弹簧的刚度 k_h，在液体承压面积 A 不变时（图 1-1），可以通过压力变化 $\Delta p = \Delta F/A$、体积变化 $\Delta V = A\Delta l$（Δl 为液柱长度变化量）和式（1-2）求出，即

$$k_h = -\frac{\Delta F}{\Delta l} = \frac{A^2 K}{V} \tag{1-3}$$

表 1-2 各种液压传动工作介质的体积模量（20℃，大气压）

液压传动工作介质种类	$K/(\text{N}\cdot\text{m}^2)$
石油型	$(1.4~2.0)\times10^9$
水包油乳化液（W/O 型）	1.95×10^9
水-乙二醇液	3.15×10^9
磷酸酯液	2.65×10^9

液压传动工作介质的可压缩性对液压系统的动态性能影响较大；但对于对动态性能要求不高、仅考虑静态（稳态）下工作的液压系统，一般可以不予考虑。

3. 黏性

液体在外力作用下流动时，分子间的内聚力要阻止分子相对运动而产生的一种内摩擦力，这种现象称为液体的黏性。液体只有在流动（或有流动趋势）时才会呈现出黏性，静止液体是不呈现黏性的。

黏性使流动液体内部各处的速度不相等。以图 1-2 为例，若两平行平板间充满液体，下平板不动，而上平板以速度 u_0 向右平动。由于液体的黏性，紧靠下平板和上平板的液体层速度分别为零和 u_0，而中间各液层的速度则视它距下平板的距离按曲线规律或线性规律变化。

根据试验测定，液体流动时相邻液层间的内摩擦力 F_t 与液层接触面积 A、液层间的速度梯度 du/dy 成正比，即

$$F_t = \mu A \frac{du}{dy} \tag{1-4}$$

式中，μ 为比例常数，称为黏性系数或黏度。如以 τ 表示切应力，即单位面积上的内摩擦

力，则

$$\tau = \frac{F_t}{A} = \mu \frac{du}{dy} \qquad (1-5)$$

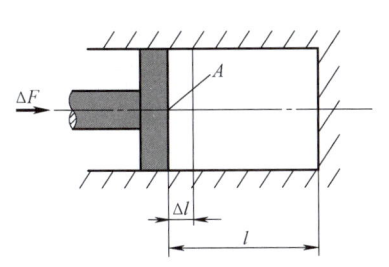

图 1-1 液压弹簧的刚度计算简图

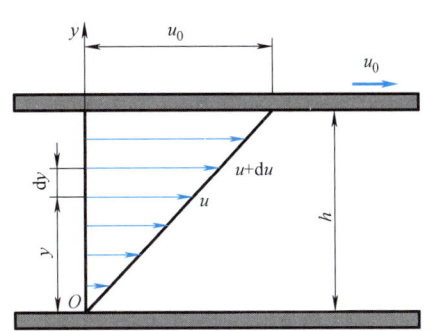

图 1-2 液体的黏性示意图

这就是牛顿的液体内摩擦定律。

液体的黏度是指它在单位速度梯度下流动时单位面积上产生的内摩擦力。黏度是衡量液体黏性的指标。黏度 μ 称为动力黏度，单位为 Pa·s（帕·秒）。在以前的 CGS 制中，μ 的单位为 P（泊，$dyn·s/cm^2$），$1Pa·s = 10P = 10^3 cP$（厘泊）。

液体的动力黏度与其密度的比值，称为液体的运动黏度 ν，即 $\nu = \mu/\rho$，单位为 m^2/s。在 CGS 制中，ν 的单位为 St（斯），$1m^2/s = 10^4 St = 10^6 cSt$（厘斯）= $10^6 mm^2/s$。就物理意义来说，ν 不是一个黏度的量，但习惯上常用它来标志液体黏度。液压传动工作介质的黏度等级是以 40℃时运动黏度（以 mm^2/s 计）的中心值来划分的，如某一种牌号 L-HL22 的普通液压油在 40℃时运动黏度的中心值为 $22mm^2/s$。

液体的黏度随液体的压力和温度而变。对液压传动工作介质来说，压力增大时，黏度增大。在一般液压系统使用的压力范围内，增大的数值很小，可以忽略不计。但液压传动工作介质的黏度对温度的变化十分敏感，如图 1-3 所示，温度升高，黏度下降。这个变化率的大小直接影响液压传动工作介质的使用，其重要性不亚于黏度本身。

4. 其他性质

液压传动工作介质还有其他一些性质，如稳定性（热稳定性、氧化稳

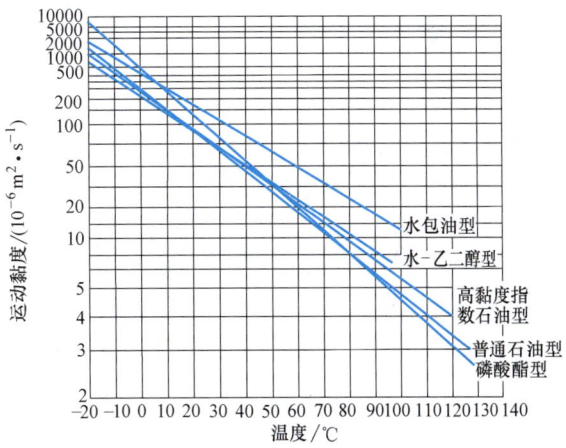

图 1-3 黏度和温度间的关系

定性、水解稳定性、剪切稳定性等）、抗泡沫性、抗乳化性、防锈性、润滑性以及相容性（对所接触的金属、密封材料、涂料等作用程度）等，都对它的选择和使用有重要影响。这些性质需要在精炼的矿物油中加入各种添加剂来获得，其含义较为明显，不多做解释，可参阅有关资料。

二、对液压传动工作介质的要求

工作介质是液压系统中十分重要的组成部分,如果说液压泵是液压系统的"心脏",那么液压传动工作介质就是液压系统的"血液",它在液压系统中不仅要完成传递能量和信号,润滑液压元件和轴承,减少摩擦和磨损,散热,防止锈蚀,还要传输、分离和沉淀系统中的非可溶性污染物质,以及为元件和系统失效提供和传递诊断信息等一系列重要功能。因此,液压系统能否可靠、有效、安全而经济地运行,与所选用的工作介质的性能密切相关。

不同的工作机械、不同的使用情况对液压传动工作介质的要求有很大的不同。为了很好地传递运动和动力,液压传动工作介质应具备如下性能:

1) 合适的黏度,$\nu_{40}=(15\sim68)\times10^{-6}\mathrm{m^2/s}$,较好的黏温特性。
2) 润滑性能好。
3) 质地纯净,杂质少。
4) 对金属和密封件有良好的相容性。
5) 对热、氧化、水解和剪切都有良好的稳定性。温度低于57℃时,油液的氧化进程缓慢之后,温度每增加10℃,氧化的程度增加一倍,所以控制液压传动工作介质的温度特别重要。
6) 抗泡沫性、抗乳化性、防锈性好,腐蚀性小。
7) 体积膨胀系数小,比热容大。
8) 流动点和凝固点低,闪点(明火能使油面上油蒸气闪燃,但油本身不燃烧时的温度)和燃点高。
9) 对人体无害,成本低。
10) 与产品和环境相容。液压系统不可能完全避免泄漏,泄漏的液压传动工作介质与液压设备所生产的产品应具有良好的相容性,不应对产品造成严重的污染与损坏;另一方面,目前国际上对保护人类生态环境的要求越来越高,在保护环境的立法越来越严格的情况下,也要求液压系统的工作介质与环境相容,泄漏后不会对环境造成污染。

此外对轧钢机、压铸机、挤压机和飞机等液压系统则须突出耐高温、热稳定、不腐蚀、无毒、不挥发、防火等要求。

三、工作介质的分类和选用

1. 分类

液压系统工作介质的品种以其代号和后面的数字组成,代号中 L 是石油产品的总分类号"润滑剂和有关产品",H 表示液压系统用的工作介质,数字表示为该工作介质的某个黏度等级。石油型液压油是最常用的液压系统工作介质,其各项性能都优于全损耗系统用油 L-AN(旧称机械油)。全损耗系统用油是一种低品位、浪费资源的产品,不再生产。HL 液压油已被列为全损耗系统用油的升级换代产品。石油型液压油黏度等级有自 15 至 150 等多种规格。液压系统工作介质的分类见表 1-3。

乳化型工作介质简称乳化液。它由两种互不相容的液体(如水和油)构成。液压系统乳化液分为两大类:一类是少量油分散在大量水中,称为水包油乳化液(O/W 也称高水基液);另一类是水分散在油中,称为油包水乳化液(W/O)。

表 1-3 液压系统工作介质的分类（摘自 GB/T 7631.2—2003）

分类	名称	代号	组成和特性	应用
石油型	精制矿物油	L-HH	无抑制剂的精制矿油	循环润滑油，低压液压系统
	普通液压油	L-HL	精制矿油，并改善其防锈性和抗氧化性	一般液压系统
	抗磨液压油	L-HM	HL 油，并改善其抗磨性	低、中、高液压系统，特别适合于有防磨要求带叶片泵的液压系统
	低温液压油	L-HV	HM 油，并改善其黏温性	能在 $-40 \sim -20℃$ 的低温环境中工作，用于户外工作的工程机械和船用设备的液压系统
	高黏度指数液压油	L-HR	HL 油，并改善其黏温性	黏温性优于 L-HV 油，用于数控机床液压系统和伺服系统
	液压导轨油	L-HG	HM 油，并具有抗黏-滑性	适用于导轨和液压系统共用一种油品的机床，对导轨有良好的润滑性和防爬性
	其他液压油		加入多种添加剂	用于高品质的专用液压系统
乳化型	水包油乳化液	L-HFAE		需要难燃液压液的场合
	油包水乳化液	L-HFB		
合成型	水-乙二醇液	L-HFC		
	磷酸酯液	L-HFDR		

水包油乳化液中油占 5%~10%（体积分数）。油的作用是作为各种添加剂的载体，和添加剂一起形成极微小的油滴，分散悬浮在水中。使用温度为 5~50℃。其特点是黏度低、泄漏大，系统压力不宜高于 7MPa，增黏型高水基液的工作压力不宜高于 14MPa；水的饱和蒸汽压高，易汽化，易气蚀，泵的吸油口应保持正压，泵的转速不应超过 1200r/min；而且，其润滑性远低于油，高水基泵的寿命只及液压泵的一半。水包油乳化液多用于液压支架及用液量特别大的液压系统。

油包水乳化液含油 60%（体积分数），水滴直径小于 1.5μm。其性能接近液压油，抗燃性高于液压油。使用油温不得高于 65℃，以免汽化。

水-乙二醇传动液是由水和乙二醇相溶，并加入水溶性稠化剂、抗氧防锈剂、油性抗磨剂以及抗泡剂等制成的。乙二醇占 20%~40%（体积分数），水占 35%~55%（体积分数），增黏剂占 10%~15%（体积分数），其余为添加剂。抗燃性优于液压油，使用温度为 $-20 \sim 50℃$，低温性能好，适用于飞机液压系统。润滑性不如液压油，液压泵的磨损比用液压油高 3~4 倍，系统压力应低于 14MPa。

磷酸酯传动液是由无水磷酸酯作为基础液，加入黏度指数剂等各种添加剂制成的。使用温度为 $-20 \sim 100℃$。它的抗燃性好，自燃点高，挥发性低，氧化稳定性好，润滑性好。但黏温性和低温性能较差，和丁腈橡胶不相容。有微毒，应避免和皮肤直接接触。适用于冶金设备、汽轮机等高温、高压系统，也常用于大型民航客机的液压系统。

2. 工作介质的选用原则

(1) 液压系统的工作条件 按系统中液压元件，主要是液压泵来确定工作介质的黏度，见表1-4。同时，要考虑工作压力范围、油膜承载能力、润滑性、系统温升程度、工作介质与密封材料和涂料是否相容等要求。

表1-4 按液压泵类型推荐用工作介质的黏度

液压泵类型		工作介质黏度 $\nu_{40}/(\text{mm}^2 \cdot \text{s}^{-1})$	
		液压系统温度 5~40℃	液压系统温度 40~80℃
齿轮泵		30~70	65~165
叶片泵	$p<7.0\text{MPa}$	30~50	40~75
	$p\geqslant 7.0\text{MPa}$	50~70	55~90
径向柱塞泵		30~80	65~240
轴向柱塞泵		40~75	70~150

(2) **液压系统的工作环境** 环境温度的变化范围、有无明火和高温热源、抗燃性等要求。还要考虑环境污染、毒性和气味等因素。

(3) **综合经济分析** 选择工作介质时要通盘考虑价格和使用寿命。例如高质量的液压油从一次购置的角度来看花费较大，但从使用寿命、元件更换、运行维护、生产效率的提高上讲，其花费又是较经济的。

四、液压系统的污染控制

工作介质的污染是液压系统发生故障的主要原因。它严重影响液压系统的可靠性及液压元件的寿命，因此工作介质的正确使用、管理以及污染控制，是提高液压系统的可靠性及延长液压元件使用寿命的重要手段。油液中的污染物质根据其物理形态可分为固体、液体和气体三种类型。其中液态污染物主要是从外界侵入系统的水；气态污染物主要是空气；固体污染物通常以颗粒状态存在于工作介质中，也是液压传动系统中最普遍、危害最大的污染物。因此，在此主要介绍固体污染物的产生、测定和控制。

1. 污染的根源

进入工作介质的固体污染物有四个主要根源，它们是：已被污染的新油、残留污染、侵入污染和内部生成污染。了解每一个根源，都是液压系统的污染控制措施和过滤器设置的主要考虑因素。

(1) **已被污染的新油** 虽然液压油和润滑油是在比较清洁的条件下精炼和调和的，但油液在运输和储存过程中受到管道、油桶和储油罐的污染。其污染物为灰尘、砂土、锈垢、水分和其他液体等。

(2) **残留污染** 液压系统和液压元件在装配和冲洗中的残留物，如毛刺、切屑、型砂、涂料、橡胶、焊渣和棉纱纤维等。

(3) **侵入污染** 液压系统运行过程中，由于油箱密封不完善以及元件密封装置损坏由系统外部侵入的污染物，如灰尘、砂土、切屑以及水分等。

(4) **内部生成污染** 液压系统运行中系统本身所生成的污染物。其中既有元件磨损剥离、被冲刷和腐蚀的金属颗粒或橡胶末，又有油液老化产生的污染物等。这一类污染物最具有危险性。

2. 污染引起的危害

液压系统的故障有75%以上是由工作介质污染所引起的。污染物颗粒具有各种形状和尺寸并由各种材料构成，大多数是磨粒性的。它们与元件表面相互作用时，产生磨粒磨损和表面疲劳。从元件表面犁削和切削出碎片，加速元件磨损，使内泄漏增加，降低液压泵、液压阀等液压元件的效率和精度，这些变化一开始很难觉察，尤其对液压泵来说，最终会引起失效。这种失效是不能恢复的退化失效。最容易引起磨损的颗粒是处于间隙尺寸的颗粒。

当一个大颗粒进入液压泵或液压阀时，可能使液压泵或液压阀卡死，或者堵塞液压阀的控制节流孔，引起突发失效。有时，颗粒或污染物妨碍液压阀的归位，使液压阀不能完全关闭，当液压阀再次打开时，该颗粒或污染物可能被冲走，于是，出现一种所谓的间歇失效，导致液压系统不能正常工作。

颗粒、污染物和油液氧化变质生成的黏性胶质堵塞过滤器，使液压泵运转困难，产生噪声。水分和空气的混入使工作介质的润滑性能降低，并使它加速氧化变质，产生气蚀，使液压元件加速腐蚀，液压系统出现振动和爬行等现象。

这些故障轻则影响液压系统的性能和使用寿命，重则损坏元件使元件失效，导致液压系统不能工作，危害是非常严重的。

3. 污染的测定

工作介质的污染度是指单位容积工作介质中固体颗粒污染物的含量。含量可用质量或颗粒数表示，因而相应的污染度测定方法有称重法和颗粒计数法两种。

（1）称重法 把 100mL 的工作介质样品进行真空过滤并烘干后，在精密天平上称出颗粒的质量，然后依标准定出污染等级。这种方法只能表示工作介质中污染物的总量，不能反映颗粒尺寸的大小及其分布情况。这种方法设备简单，操作方便，重复精度高，适用于工作介质日常性的质量管理场合。

（2）颗粒计数法 颗粒计数法是测定工作介质样品单位容积中不同尺寸范围内颗粒污染物的颗粒数，借以查明其区间颗粒含量（单位容积油液中含有某给定尺寸范围的颗粒数）或累计颗粒含量（单位容积油液中含有大于某给定尺寸的颗粒数）。目前，使用较普遍的有显微镜颗粒计数法和自动颗粒计数法。

显微镜颗粒计数法也是将 100mL 工作介质样品进行真空过滤，并把得到的颗粒经溶剂处理后，放在显微镜下，找出其尺寸大小及数量，然后依标准确定工作介质的污染度。这种方法的优点是能够直接看到颗粒的种类、大小及数量，从而可推测污染原因。但要求测试人员有熟练的操作技术，此测量方法操作时间长，精度低。

自动颗粒计数法是利用光源照射工作介质样品时，工作介质中颗粒在光电传感器上投影所发出的脉冲信号来测定工作介质的污染度的。由于信号的强弱和多少分别与颗粒的大小和数量有关，将测得的信号与标准颗粒产生的信号相比较，就可以算出工作介质样品中颗粒的大小与数量。这种方法能自动计数，测定简便、迅速、精确，可以及时从高压管道中抽样测定，因此得到了广泛的应用。但是此法不能直接观察到污染颗粒本身。

4. 污染度的等级

为了描述和评定工作介质污染的程度，以便对它进行控制，有必要规定出工作介质的污染度等级。下面介绍我国制定的国家标准 GB/T 14039—1993《液压系统工作介质固体颗粒污染等级代号》、GB/T 14039—2002《液压传动　油液　固体颗粒污染等级代号》和目前仍被采用的美国 NAS 1638 油液污染度等级。

我国制定的 GB/T 14039—1993《液压系统工作介质固体颗粒污染等级代号》等效采用

国际标准 ISO 4406：1987。固体颗粒污染等级代号由斜线隔开的两个标号组成：第一个标号表示 1mL 工作介质中大于 5μm 的颗粒数，第二个标号表示 1mL 工作介质中大于 15μm 的颗粒数。按显微镜颗粒计数法或自动颗粒计数法取得颗粒计数数据。针对大于 5μm 的颗粒数规定为第一个标号，针对大于 15μm 的颗粒数规定为第二个标号。两个标号间用斜线隔开。颗粒数与其标号的对应关系见表 1-5。例如：污染等级代号 18/15 表示在 1mL 给定工作介质中大于 5μm 的颗粒有 1300~2500 个，大于 15μm 的颗粒有 160~320 个。这种用双标号标志的污染等级代号来说明实质性的工程问题是较科学的，因为 5μm 左右的颗粒对堵塞元件缝隙的危害最大，而大于 15μm 的颗粒对元件的磨损作用最为显著，用它来反映工作介质污染度较为恰当，这种标准得到了普遍的采用。但是，现行的 NAS 1638 和 ISO 4406：1987 标准还有一个不足，它未报告小于 5μm 的颗粒数，但由于现代液压和润滑元件的精密程度的提

表 1-5　颗粒数与其标号的对应关系（GB/T 14039—1993）

1mL 中颗粒数		标　号	1mL 中颗粒数		标　号
>	≤		>	≤	
80000	160000	24	10	20	11
40000	80000	23	5	10	10
20000	40000	22	2.5	5	9
10000	20000	21	1.3	2.5	8
5000	10000	20	0.64	1.3	7
2500	5000	19	0.32	0.64	6
1300	2500	18	0.16	0.32	5
640	1300	17	0.08	0.16	4
320	640	16	0.04	0.08	3
160	320	15	0.02	0.04	2
80	160	14	0.01	0.02	1
40	80	13	0.005	0.01	0
20	40	12	0.0025	0.005	0.9

高，摩擦副间隙变小，对微细颗粒更敏感，因而对油液清洁度的要求越来越高。绝对精度为 1~3μm 的高精度过滤器早已应用于对油液清洁度要求高的液压系统。现有的油液污染等级标准不能满足对油液高清洁度的要求。因此在 ISO 4406：1999 中已提出了修改意见，如采用自动颗粒计数器测量油液污染颗粒时，建议增加一个反映大于 2μm 颗粒污染等级的代码，采用三个代码表示油液的污染度。例如：污染等级 18/16/13，其中第一个代码 18 表示每 1mL 油液中尺寸大于 4μm 的颗粒数，第二代码 16 表示尺寸大于 6μm 颗粒数，第三个代码 13 表示尺寸大于 14μm 的颗粒数。此外，ISO 4406：1999 还取消了原有的 0.9 代码，增加了 25、26、27、28 和大于 28 等 5 个代码，扩大了应用范围。如果采用显微镜测量油液污染颗粒时，仍用两个代码表示油液污染等级，为了与前述表达方式保持形式上的一致，缺少的一个代码以"＊"（表示颗粒数太多而无法计数）或"—"（表示不需要计数）表示，如—/16/13 等。鉴于液压技术的发展，我国即时修订了原来等价于 ISO 4406：1987 的 GB/T 14039—1993，修订后为 GB/T 14039—2002，它等价于 ISO 4406：1999。GB/T 14039—2002

中的颗粒污染等级代码见表 1-6。

表 1-6 GB/T 14039—2002 中的颗粒污染等级代码

每 1mL 的颗粒数		代 码	每 1mL 的颗粒数		代 码
大于	小于或等于		大于	小于或等于	
2500000		>28	80	160	14
1300000	2500000	28	40	80	13
640000	1300000	27	20	40	12
320000	640000	26	10	20	11
160000	320000	25	5	10	10
80000	160000	24	2.5	5	9
40000	80000	23	1.3	2.5	8
20000	40000	22	0.64	1.3	7
10000	20000	21	0.32	0.64	6
5000	10000	20	0.16	0.32	5
2500	5000	19	0.08	0.16	4
1300	2500	18	0.04	0.08	3
640	1300	17	0.02	0.04	2
320	640	16	0.01	0.02	1
160	320	15	0.00	0.01	0

注：代码小于 8 时，重复性受液样中所测得的实际颗粒数的影响。原始计数值应大于 20 个颗粒，如果不可能，则该尺寸范围的代码前应标注"≥"符号。

美国 NAS1638 污染等级分级标准见表 1-7。按 100mL 工作介质中在给定的颗粒尺寸区间内的最大允许颗粒数划分为 14 个等级，最清洁的为 00 级，污染最高的为 12 级。表 1-8 是典型液压系统的污染等级。

表 1-7 美国 NAS1638 污染等级分级标准（100mL 工作介质中颗粒数）

尺寸范围/μm	污染等级													
	00	0	1	2	3	4	5	6	7	8	9	10	11	12
	100mL 工作介质中所含颗粒数													
5~15	125	250	500	1000	2000	4000	8000	16000	32000	64000	128000	256000	512000	1024000
15~25	22	44	89	178	356	712	1425	2850	5700	11400	22800	45600	91200	182400
25~50	4	8	16	32	63	126	253	506	1012	2025	4050	8100	16200	32400
50~100	1	2	3	6	11	22	45	90	180	360	720	1440	2800	5760
>100	0	0	1	2	4	8	16	32	64	128	256	512	1024

5. 工作介质的污染控制

工作介质污染的原因很复杂，工作介质自身又在不断产生污染物，因此要彻底解决工作介质的污染问题是很困难的。为了延长液压元件的寿命，保证液压系统可靠地工作，将工作介质的污染度控制在某一限度内是较为切实可行的办法。

为了减少工作介质的污染，应采取如下一些措施：

表 1-8 典型液压系统的污染等级

系统类型 \ GB/T 14039(ISO 4406)	12/9	13/10	14/11	15/12	16/13	17/14	18/15	19/16	20/17	21/18	22/19
NAS1638	4	5	6	7	8	9	10	11	12		
污染极敏感的系统	■	■									
伺服系统		■	■								
高压系统			■	■							
中压系统				■	■	■					
低压系统						■	■				
低敏感系统							■	■			
数控机床液压系统				■	■	■					
机床液压系统					■	■	■				
一般机器液压系统						■	■	■			
行走机械液压系统							■	■	■		
重型设备液压系统								■	■	■	
重型和行走设备传动系统									■	■	■
冶金轧钢设备液压系统									■	■	■

1) 对元件和系统进行清洗，清除在加工和组装过程中残留的污染物，液压元件在加工的每道工序后都应净化，装配后应经严格的清洗。最后用系统工作时使用的工作介质对系统进行彻底地冲洗，达到系统要求的污染度后，将冲洗液换掉，注入新的工作介质后，才能正式运转。

2) 防止污染物从外界侵入。油箱呼吸孔上应装设高效的空气滤清器或采用密封油箱，工作介质应通过过滤器注入系统，活塞杆端应装防尘密封装置。

3) 在液压系统合适部位装设合适的过滤器，并定期检查、清洗或更换。具体内容详见第五章。

4) 控制工作介质的温度。工作介质温度过高会加速其氧化变质，产生各种生成物，缩短其使用期限。

5) 定期检查和更换工作介质。定期对液压系统的工作介质进行抽样检查，分析其污染度，如已不合要求，必须立即更换。在更换新的工作介质前，必须对整个液压系统彻底清洗一遍。

第二节　液体静力学

液体静力学主要是讨论液体静止时的平衡规律以及这些规律的应用。所谓"液体静止"，指的是液体内部质点间没有相对运动，不呈现黏性而言，至于盛装液体的容器，不论它是静止的或是匀速、匀加速运动都没有关系。

一、液体静压力及其特性

作用在液体上的力有两种，即质量力和表面力。单位质量液体受到的质量力称为单位质量力，在数值上就等于加速度。表面力是由与液体相接触的其他物体（如容器或其他液体）作用在液体上的力，这是外力；也可以是一部分液体作用在另一部分液体上的力，这是内力。单位面积上作用的表面力称为应力，它有法向应力和切向应力之分。当液体静止时，液体质点间没有相对运动，不存在摩擦力，所以静止液体的表面力只有法向力。液体内某点处单位面积 ΔA 上所受到的法向力 ΔF，称为压力 p（静压力），即

$$p = \lim_{\Delta A \to 0} \frac{\Delta F}{\Delta A} \tag{1-6}$$

如法向力 F 均匀地作用于面积 A 上，则压力可表示为

$$p = \frac{F}{A} \tag{1-7}$$

由于液体质点间的凝聚力很小，不能受拉，只能受压，所以液体的静压力具有两个重要特性：

1）液体静压力的方向总是作用面的内法线方向。
2）静止液体内任一点的液体静压力在各个方向上都相等。

二、液体静压力基本方程

1. 静压力基本方程

在重力作用下的静止液体，其受力情况如图 1-4a 所示，除了液体的重力、液面上的压力 p_0 以外，还有容器壁面对液体的压力。现要求得液体内离液面深度为 h 的 A 点处压力，可以在液体内取出一个通过该点的底面，底面积为 ΔA 的垂直小液柱，如图 1-4b 所示。小液柱的上顶与液面重合，这个小液柱在重力及周围液体的压力作用下，处于平衡状态，于是有

$$p\Delta A = p_0 \Delta A + F_G$$

这里的 F_G 即为液柱的自重，$F_G = \rho g h \Delta A$，所以有

$$p = p_0 + \rho g h \tag{1-8}$$

式中，g 为重力加速度。

式（1-8）即为液体静压力的基本方程，由此式可知：

1）静止液体内任一点处的压力由两部分组成，一部分是液面上的压力 p_0，另一部分是 ρg 与该点离液面深度 h 的乘积。当液面上只受大气压 p_a 作用时，点 A 处的静压力则为

$$p = p_a + \rho g h \tag{1-9}$$

2）同一容器中同一液体内的静压力随液体深度 h 的增加而线性地增加。
3）连通器内同一液体中深度相同的各点压力都相等。由压力相等的点组成的面称为等压面。在重力作用下静止液体中的等压面是一个水平面。

2. 静压力基本方程式的物理意义

如图 1-5 所示的盛有液体的密闭容器，液面压力为 p_0，选择一基准水平面 Ox，根据静压力基本方程式可以确定距液面深度 h 处的 A 点的压力 p，即

$$p = p_0 + \rho g h = p_0 + \rho g (z_0 - z)$$

式中，z_0 为液面与基准水平面的距离；z 为液体内点 A 与基准面间的距离。

整理后得

$$\frac{p}{\rho g}+z=\frac{p_0}{\rho g}+z_0 = 常数$$

或

$$\frac{p}{\rho}+zg=\frac{p_0}{\rho}+z_0 g = 常数 \qquad (1\text{-}10)$$

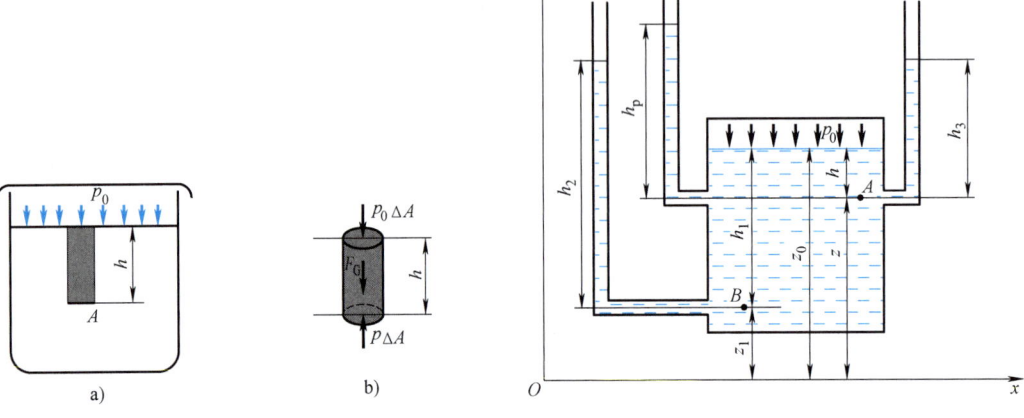

图 1-4 重力作用下的静止液体　　图 1-5 静压力基本方程式的物理意义

这是液体静压力基本方程式的另一种形式。其中 $z_0 g$ 表示 A 点的单位质量液体的位能；p/ρ 表示 A 点的单位质量液体的压力能。

如果在与 A 点等高的容器壁上，接一根上端封闭并抽去空气的玻璃管，可以看到在静压力的作用下，液体将沿玻璃管上升至高度 h_p，根据式（1-10）可得到

$$\frac{p}{\rho}+zg = zg + h_p g$$

所以

$$h_p = \frac{p}{\rho g}$$

这说明点 A 处的液体质点由于受到静压力的作用而具有 mgh_p 的势能。单位质量液体具有的位（势）能为 $h_p g$。以上关系对 B 点也相同。

式（1-10）说明了<u>静止液体中单位质量液体的压力能和位能可以互相转换，但各点的总能量却保持不变，即能量守恒</u>，这就是静压力基本方程式中包含的物理意义。

三、压力的表示方法及单位

压力的表示方法有两种：一种是以绝对真空作为基准所表示的压力，称为绝对压力；另一种是以大气压力作为基准所表示的压力，称为相对压力。由于大多数测压仪表所测得的压力都是相对压力，故相对压力也称表压力。绝对压力与相对压力的关系为

$$绝对压力 = 相对压力 + 大气压力$$

如果液体中某点处的绝对压力小于大气压力，这时在这个点上的绝对压力比大气压力小的那部分数值叫作真空度。即

真空度＝大气压力－绝对压力

由此可知，当以大气压力为基准计算压力时，基准以上的正值是表压力，基准以下的负值就是真空度。绝对压力、相对压力和真空度的相互关系如图1-6所示。

我国法定的压力单位称为帕斯卡，简称帕，符号为Pa，$1Pa = 1N/m^2$。由于此单位很小，工程上使用不便，因此常采用它的倍数单位兆帕，符号MPa，即

$$1MPa = 10^6 Pa$$

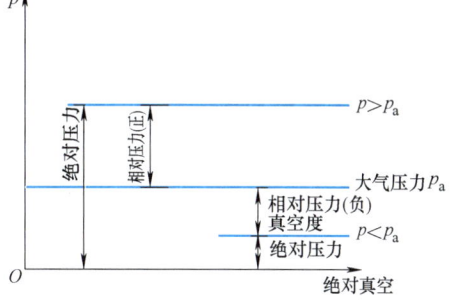

图1-6 绝对压力、相对压力和真空度的相互关系

我国过去在工程上采用工程大气压，也采用水柱高或汞柱高度等，这是因为液体内某一点处的表压力与它所在位置的高度 h 成正比，因此也可用液柱高度来表示表压力的大小。压力的单位及其他非法定计量单位的换算关系为

$$1at（工程大气压）= 1kgf/cm^2 = 9.8 \times 10^4 N/m^2$$
$$1mH_2O（米水柱）= 9.8 \times 10^3 N/m^2$$
$$1mmHg（毫米汞柱）= 1.33 \times 10^2 N/m^2$$

在液压技术中，目前还采用的压力单位有巴，符号为bar，即

$$1bar = 10^5 N/m^2 = 10 N/cm^2 \approx 1.02 kgf/cm^2$$

例1-1 如图1-7所示，容器内充满油液，活塞上的作用力 $F = 1000N$，活塞的面积 $A = 1 \times 10^{-3} m^2$，问活塞下方深度为 $h = 0.5m$ 处的压力等于多少？油液的密度 $\rho = 900 kg/m^3$。

解 根据式（1-8），$p = p_0 + \rho g h$，活塞和液面接触处的压力 $p_0 = F/A = 1000/(1 \times 10^{-3})$ N/$m^2 = 10^6 N/m^2$，因此深度为 h 处的液体压力为

$$p = p_0 + \rho g h = (10^6 + 900 \times 9.8 \times 0.5) N/m^2 = 1.0044 \times 10^6 N/m^2 \approx 10^6 N/m^2 = 1.0 MPa$$

由此可见，液体在受压的情况下，其液柱高度所引起的那部分压力 $\rho g h$ 与其相比，可以忽略不计，并认为整个液体内部的压力是近似相等的。因而对液压传动来说，一般不考虑液体位置高度对于压力的影响，可以认为静止液体内各处的压力都是相等的。

四、帕斯卡原理

盛放在密闭容器内的液体，其外加压力 p_0 发生变化时，只要液体仍保持其原来的静止状态不变，液体中任一点的压力均将发生同样大小的变化。这就是说，在密闭容器内，施加于静止液体上的压力将以等值同时传到各点。这就是静压传递原理或称帕斯卡原理。

下面以图1-8为例来说明帕斯卡原理的应用。图中垂直液压缸、水平液压缸的截面积分别为 A_1、A_2，活塞上作用的负载分别为 F_1、F_2。由于两缸互相连通，构成一个密闭容器，因此按帕斯卡原理，缸内压力处处相等，即 $p_1 \approx p_2$，于是

$$F_2 = \frac{A_2}{A_1} F_1 \tag{1-11}$$

如果垂直液压缸的活塞上没有负载，则当略去活塞自重及其他阻力时，不论怎样推动水

平液压缸的活塞,也不能在液体中形成压力,这说明 液压系统中的压力是由外界负载决定的。

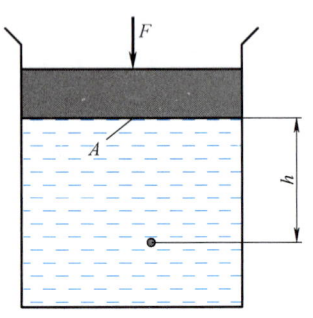

图 1-7 液体内压力计算图

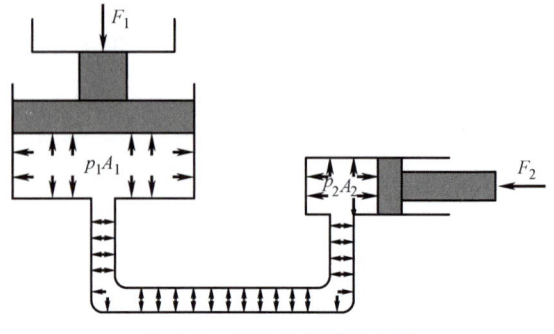

图 1-8 帕斯卡原理的应用

五、液体静压力对固体壁面的作用力

静止液体和固体壁面相接触时,固体壁面上各点在某一方向上所受静压作用力的总和,便是液体在该方向上作用于固体壁面上的力。在液压传动计算中质量力($\rho g h$)可以忽略,静压力处处相等,所以可认为作用于固体壁面上的压力是均匀分布的。

当固体壁面是一个平面时,如图 1-9a 所示,压力 p 作用在活塞(活塞盘径为 D、面积为 A)上的力 F 即为

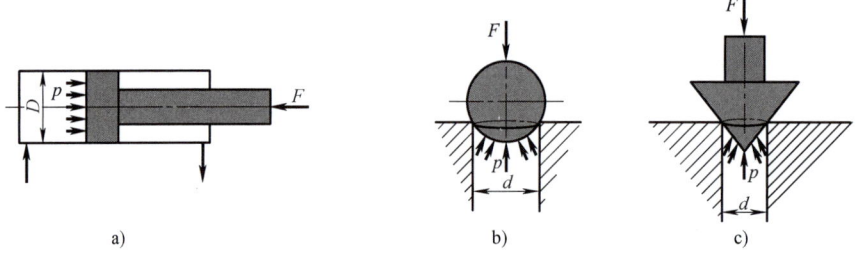

图 1-9 液压力作用在固体壁面上的力

$$F = pA = \frac{\pi D^2}{4} p$$

当固体壁面是一个曲面时,作用在曲面各点的液体静压力是不平行的,但是静压力的大小是相等的,因而作用在曲面上的总作用力在不同的方向也就不一样,因此必须首先明确要计算的是曲面上哪一个方向的力。

如图 1-9b、c 所示的球面和圆锥体面,要求液体静压力 p 沿垂直方向作用在球面和圆锥面上的力 F,就等于压力作用于该部分曲面在垂直方向的投影面积 A 与压力 p 的乘积,其作用点通过投影圆的圆心,其方向向上,即

$$F = pA = p \frac{\pi}{4} d^2$$

式中,d 为承压部分曲面投影圆的直径。

由此可见, 曲面上液压作用力在某一方向上的分力等于液体静压力和曲面在该方向的垂

直面内投影面积的乘积。

第三节　液体动力学

在液压传动中液压油总是在不断地流动着的，因此必须研究液体运动时的现象和规律，着重讨论作用在液体上的力以及这些力和液体运动特性之间的关系。本节主要讲三个基本方程——流量连续性方程、伯努利方程及动量方程，这三个方程是刚体力学中质量守恒、能量守恒以及动量守恒在流体力学中的具体体现，前两个用来解决压力、流速和流量之间的关系，后一个则用来解决流动液体与固体壁面之间的相互作用力问题。

液体在流动过程中，由于重力、惯性力、黏性摩擦力等的影响，其内部各处质点的运动状态是各不相同的，这些质点在不同时间、不同空间处的运动变化对液体的能量损耗有所影响，但对液压技术来说，使人感兴趣的只是整个液体在空间某特定点处或特定区域内的平均运动情况。此外，流动液体的状态还与液体的温度、黏度等参数有关。为了简化条件，便于分析，一般都在等温的条件下（因而可把黏度看作是常量，密度只与压力有关，且近似为常数）讨论液体的流动情况。

一、基本概念

1. 理想液体、定常流动和一维流动

研究液体流动时的运动规律必须考虑液体黏性的影响，当压力发生变化时，液体的体积会发生变化，但由于这个问题比较复杂，所以在开始分析时可以先假定液体为无黏性、不可压缩的理想液体，然后再根据试验结果，对理想液体的基本方程加以修正，使之比较符合实际情况。人们把既无黏性又不可压缩的液体称为理想液体。

液体流动时，若液体中任何一点的压力、速度和密度都不随时间而变化，则这种流动就称为定常流动（恒定流动或非时变流动）；反之，只要压力、速度和密度中有一个随时间变化，液体就是做非定常流动（非恒定流动或时变流动）。定常流动与时间无关，研究比较方便，而研究非定常流动就复杂得多。因此，在研究液压系统的静态性能时，往往将一些非定常流动问题适当简化，作为定常流动来处理。但在研究其动态性能时则必须按非恒定流动来考虑。

当液体整体做线形流动时，称为一维流动，当做平面或空间流动时，称为二维或三维流动。一维流动最简单，但是严格意义上的一维流动要求液流截面上各点处的速度矢量完全相同，这种情况在实际液流中极为少见。一般常把封闭容器内的液体流动按一维流动处理，再用试验数据来修正其结果，液压传动中对油液流动的分析讨论就是这样进行的。

2. 迹线、流线、流束和通流截面

迹线是流动液体的某一质点在某一时间间隔内在空间的运动轨迹。

流线是表示某一瞬时液流中各处质点运动状态的一条条曲线，在此瞬时，流线上各质点速度方向与该线相切，如图 1-10a 所示。在非定常流动时，由于各点速度可能随时间变化，因此流线形状也可能随时间而变化。在定常流动时，流线不随时间而变化，这样流线就与迹线重合。由于流动液体中任一质点在其一瞬时只能有一个速度，所以流线之间不可能相交，也不可能突然转折，流线只能是一条光滑的曲线。

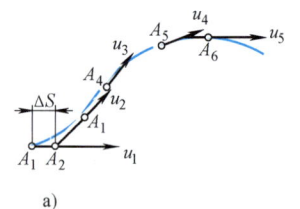 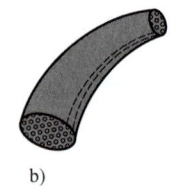 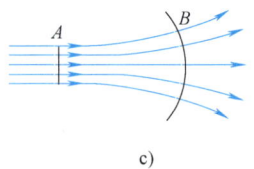

图 1-10 流线、流管和流束、通流截面

a)流线　b)流管和流束　c)通流截面

在液体的流动空间中任意画一不属于流线的封闭曲线,沿经过此封闭曲线上的每一点做流线,由这些流线组合的表面称为流管。流管内的流线群称为流束,如图 1-10b 所示,定常流动时,流管和流束形状不变。且流线不能穿越流管,故流管与真实管流相似,将流管断面无限缩小趋近于零,就获得了微小流管或微小流束。微小流束实质上与流线一致,可以认为运动的液体是由无数微小流束所组成的。

流束中与所有流线正交的截面称为通流截面,如图 1-10c 中的 A 面和 B 面,截面上每点处的流动速度都垂直于这个面。

流线彼此平行的流动称为平行流动,流线夹角很小或流线曲率半径很大的流动称为缓变流动。平行流动和缓变流动都可算是一维流动。

3. 流量和平均流速

单位时间内通过某通流截面的液体的体积称为流量。在法定计量单位制(或 SI 单位制)中流量的单位为 m^3/s(米^3/秒),在实际使用中,常用单位为 L/min(升/分)或 mL/s(毫升/秒)。

对于微小流束,由于通流截面积很小,可以认为通流截面上各点的流速 u 是相等的,所以通过该截面积 dA 的流量为 $dq = udA$,对此式进行积分,可得到整个通流截面面积 A 上的流量为

$$q = \int_A u dA \tag{1-12}$$

在工程实际中,通流截面上的流速分布规律很难真正知道,故直接从上式来求流量是困难的。为了便于计算,引入平均流速的概念,假想在通流截面上流速是均匀分布的,则流量等于平均流速乘以通流截面面积。令此流量与实际的不均匀流速通过的流量相等,即

$$q = \int_A u dA = vA$$

故平均流速

$$v = \frac{q}{A} \tag{1-13}$$

流量也可以用流过其截面的液体质量来表示,即质量流量 q_m。其计算公式为

$$q_m = \int_A \rho u dA = \rho \int_A u dA = \rho q \tag{1-14}$$

4. 流动液体的压力

静止液体内任意点处的压力在各个方向上都是相等的,可是在流动液体内,由于惯性力和黏性力的影响,任意点处在各个方向上的压力并不相等,但数值相差甚微。当惯性力很

小，且把液体当作理想液体时，流动液体内任意点处的压力在各个方向上的数值可以看作是相等的。

二、连续性方程

连续性方程是质量守恒定律在流体力学中的一种表达形式。如果液体做定常流动，且不可压缩，那么任取一流管（图1-11），两端通流截面面积为 A_1、A_2，在流管中取一微小流束，流束两端的截面积分别为 dA_1 和 dA_2，在微小截面上各点的速度可以认为是相等的，且分别为 u_1 和 u_2。根据质量守恒定律，在 dt 时间内流入此微小流束的质量应等于从此微小流束流出的质量，故有

$$\rho u_1 dA_1 dt = \rho u_2 dA_2 dt$$

即

$$u_1 dA_1 = u_2 dA_2$$

对整个流管，显然是微小流束的集合，由上式积分得

$$\int_{A_1} u_1 dA_1 = \int_{A_2} u_2 dA_2$$

即

$$q_1 = q_2$$

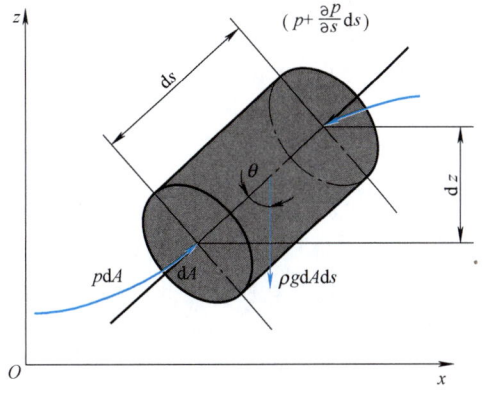

图1-11 连续性方程推导简图

如用平均速度表示，得

$$v_1 A_1 = v_2 A_2 \tag{1-15}$$

由于两通流截面是任意取的，故有

$$q = vA = 常数 \tag{1-16}$$

式（1-16）称为不可压缩液体做定常流动时的连续性方程。它说明通过流管任一通流截面的流量相等。此外还说明当流量一定时，流速和通流截面面积成反比。

三、伯努利方程

伯努利方程就是能量守恒定律在流动液体中的表现形式。要说明流动液体的能量问题，必须先讲述液流的受力平衡方程，亦即它的运动微分方程。由于问题比较复杂，在讨论时先从理想液体在微元流束中的流动情况着手，然后再扩展到实际液体在流束中的能量问题。

1. 理想液体的运动微分方程

如图1-12所示，在微小流束上，取截面面积为 dA、长为 ds 的微元体，现研究理想液体定常流动条件下在重力场中沿流线运动时其力的平衡关系。这一微元体的受力情况如图1-12所示，其中重力为 $\rho g dA ds$，压力作用在两端面上的力为

$$p dA - \left(p + \frac{\partial p}{\partial s} ds\right) dA$$

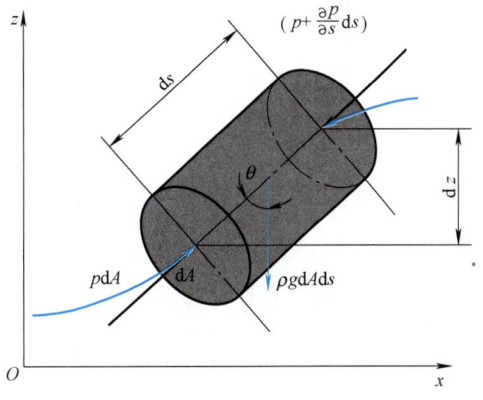

图1-12 流动液体上的作用力

式中，$\partial p/\partial s$ 为沿流线方向的压力梯度。

设该微元体在定常流动下的加速度为 a，由于定常流动时液体的流速 u 只是流线段长 s 的函数，即 $u=f(s)$，故

$$a=\frac{\mathrm{d}u}{\mathrm{d}t}=\frac{\partial u}{\partial s}\frac{\mathrm{d}s}{\mathrm{d}t}=u\frac{\partial u}{\partial s}$$

由牛顿运动定律 $\sum F=ma$，可得

$$p\mathrm{d}A-\left(p+\frac{\partial p}{\partial s}\mathrm{d}s\right)\mathrm{d}A-\rho g\mathrm{d}A\mathrm{d}s\cos\theta=\rho\mathrm{d}A\mathrm{d}su\frac{\partial u}{\partial s}$$

因为 $\partial z/\partial s=\cos\theta$，代入上式，化简后可得

$$\frac{1}{\rho}\frac{\partial p}{\partial s}+g\frac{\partial z}{\partial s}+u\frac{\partial u}{\partial s}=0$$

在定常流动时，p、z、u 均只是流线段长 s 的函数，故可进一步将上式简化为

$$\frac{1}{\rho}\mathrm{d}p+g\mathrm{d}z+u\mathrm{d}u=0 \tag{1-17}$$

这就是重力场中，理想液体沿流线做定常流动时的运动方程，即欧拉运动方程。它表示了单位质量液体的力平衡方程。

2. 理想液体的伯努利方程

将式 (1-17) 沿流线积分，便可得到理想液体微小流束的伯努利方程

$$\frac{p}{\rho}+gz+\frac{u^2}{2}=\text{常数} \tag{1-18a}$$

或对流线上任意两点且两边同除以 g 可得

$$\frac{p_1}{\rho g}+z_1+\frac{u_1^2}{2g}=\frac{p_2}{\rho g}+z_2+\frac{u_2^2}{2g} \tag{1-18b}$$

式 (1-18) 即为理想液体做定常流动的伯努利方程。其中式 (1-18a) 表明理想液体做定常流动时，沿同一流线对运动微分方程的积分为常数，沿不同的流线积分则为另一常数。这就是能量守恒规律在流体力学中的体现。式 (1-18b) 表明，理想液体做定常流动时，液流中任意截面处液体的总水头由压力水头 ($p/\rho g$)、位置水头 (z) 和速度水头 ($u^2/2g$) 组成，三者之间可互相转化，但总和为一定值。如图 1-13 所示，微小流束在 1、2 截面处的总水头高度为 H。其中 ac、$a'c'$ 表示压力水头和位置水头，称为静水头。bc、$b'c'$ 表示速度水头。

如果流动是在同一水平面内，或者流场中坐标的变化与其他流动参数相比可以忽略不计，于是式 (1-18) 可写成

$$\frac{p_1}{\rho}+\frac{u_1^2}{2}=\frac{p_2}{\rho}+\frac{u_2^2}{2} \tag{1-19}$$

该式表明，沿流线压力越低，速度越高。

3. 实际液体流束的伯努利方程

实际液体具有黏性，因此液体在流动时还需克服由于黏性所引起的摩擦阻力，这必然要消耗能量，设因黏性而消耗的能量为 h'_w，则实际液体微小流束的伯努利方程为

$$\frac{p_1}{\rho}+z_1g+\frac{u_1^2}{2}=\frac{p_2}{\rho}+z_2g+\frac{u_2^2}{2}+h'_w g \tag{1-20}$$

4. 实际液体总流的伯努利方程

前面已经求得实际液体微元流束的伯努利方程，现需求实际液体总流的伯努利方程。如图 1-14 所示的一段管流，两端的通流截面积各为 A_1、A_2，在此取出一微小流束，两端的通流截面积各为 dA_1 和 dA_2，其相应的压力、流速和高度分别为 p_1、u_1、z_1 和 p_2、u_2、z_2。这一微小流束的伯努利方程为式 （1-20），将式 （1-20） 的两端乘以相应的微小流量 dq（$dq = u_1 dA_1 = u_2 dA_2$），然后各自对管流的通流截面积 A_1 和 A_2 进行积分，得

$$\int_{A_1}\left(\frac{p_1}{\rho} + z_1 g\right) u_1 dA_1 + \int_{A_1} \frac{u_1^2}{2} u_1 dA_1 = \int_{A_2}\left(\frac{p_2}{\rho} + z_2 g\right) u_2 dA_2 + \int_{A_2} \frac{u_2^2}{2} u_2 dA_2 + \int_q h'_w g dq \tag{1-21}$$

式 （1-21） 中左端及右端前两项积分分别表示单位时间内流过 A_1 和 A_2 的流量所具有的总能量，而右端最后一项则表示管流内的液体从 A_1 流到 A_2 因黏性摩擦而损耗的能量。

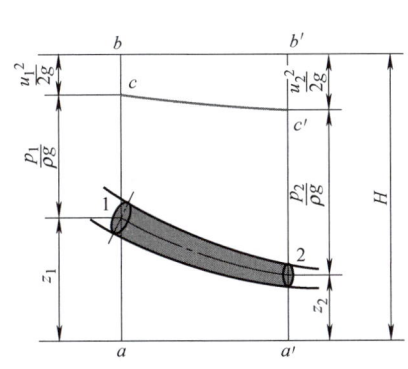

图 1-13 微小流束的水头线

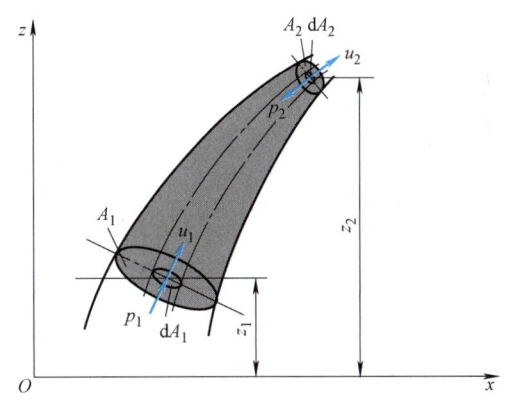

图 1-14 伯努利方程推导简图

为使式 （1-21） 便于使用，首先将图 1-14 中截面积 A_1 和 A_2 处的流动限于平行流动（或缓变流动），这时液流的通流截面 A_1、A_2 可视作平面，在通流截面上除重力外无其他质量力，因而通流截面上各点处的压力具有与静止液体相同的压力分布规律，即 $p/\rho + zg =$ 常数。

另一方面，用平均流速 v 代替管流截面积 A_1 或 A_2 上各点处不等的流速 u，且令单位时间内截面 A 处液流的实际动能和按平均流速计算出的动能之比为动能修正系数 α，即

$$\alpha = \frac{\frac{1}{2}\int_A \frac{u^2}{2} u dA}{\frac{1}{2}\int_A \frac{v^2}{2} v dA} = \frac{\int_A u^3 dA}{v^3 A} \tag{1-22}$$

而

$$\int_A u^3 dA = \int_A (v \pm \Delta u)^3 dA = \int_A (v^3 \pm 3v^2 \Delta u + 3v \Delta u^2 \pm \Delta u^3) dA$$

由于

$$\int_A \pm 3v^2 \Delta u dA = 0 \text{ 和} \int_A \pm \Delta u^3 dA = 0$$

所以

$$\int_A u^3 dA = \int_A (v^3 + 3v\Delta u^2) dA = v^3 A + \int_A 3v\Delta u^2 dA$$

因此式（1-22）可写成

$$\alpha = \frac{v^3 A + \int_A 3v\Delta u^2 dA}{v^3 A} = 1 + \frac{3\int_A \Delta u^2 dA}{v^2 A} \tag{1-23}$$

由式（1-23）可知，$\alpha>1$，α 与液体流动状态即截面上流速分布有关。流速分布越不均匀，α 值越大；流速分布较均匀时，α 值接近于 1（层流时 $\alpha=2$，湍流时 $\alpha\approx1$）。

此外，对液体在管流中流动时因黏性摩擦而产生的能量损耗，也用平均能量损耗的概念来处理，即令

$$h_w = \frac{\int_q h'_w dq}{q}$$

所以将上述关系代入式（1-21）并经整理可得

$$\frac{p_1}{\rho} + z_1 g + \frac{\alpha_1 v_1^2}{2} = \frac{p_2}{\rho} + z_2 g + \frac{\alpha_2 v_2^2}{2} + h_w g \tag{1-24}$$

式（1-24）就是仅受重力作用的实际液体在管流中做平行（或缓变）流动截面上的伯努利方程。它的物理意义是单位质量液体的能量守恒。其中，$h_w g$ 为单位质量液体从截面 A_1 流到截面 A_2 过程中的能量损耗。在应用时必须注意 z 和 p 是指截面的同一点上的两个参数，至于 A_1、A_2 上的点倒不一定都要取在同一条流线上，一般把这两个点都取在两截面的轴心处，不过是为了方便而已。同时两个计算通流截面应取在缓变流动处，但两截面之间的流动不受此限制。

5. 伯努利方程应用举例

例 1-2 如图 1-15 所示的水箱侧壁开有一小孔，水箱自由液面 1-1 与小孔 2-2 处的压力分别为 p_1 和 p_2，小孔中心到水箱自由液面的距离为 h，且 h 基本不变，若不计损失，求水从小孔流出的速度。

解 以小孔中心线为基准，根据伯努利方程应用的条件，选取截面 1-1 和 2-2 列伯努利方程：

在截面 1-1：$z_1 = h$　$p_1 = p_1$　$v_1 \approx 0$（设 $\alpha_1 \approx 1$）

在截面 2-2：$z_2 = 0$　$p_2 = p_a$　$v_2 = ?$（设 $\alpha_2 \approx 1$）根据式（1-24）有

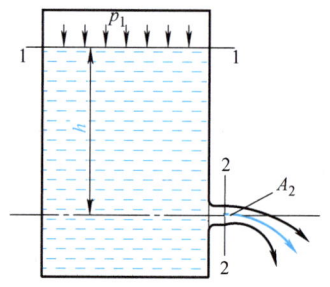

图 1-15　侧壁孔出流速度

$$\frac{p_1}{\rho} + z_1 g + \frac{v_1^2}{2} = \frac{p_2}{\rho} + z_2 g + \frac{v_2^2}{2}$$

代入各参数，即可写成

$$\frac{p_1}{\rho} + hg = \frac{p_a}{\rho} + \frac{v_2^2}{2}$$

所以

$$v_2 = \sqrt{2gh + \frac{2(p_1 - p_a)}{\rho}}$$

当 $p_1 = p_a$ 时

$$v_2 = \sqrt{2gh} \tag{1-25}$$

式（1-25）即为物理学中的托里切利公式。液体从开口容器的小孔流出的速度与自由落体速度公式相同。

当 $(p_1-p_a)/\rho \gg hg$ 时，$2gh$ 项可以略去，此时

$$v_2 = \sqrt{\frac{2}{\rho}(p_1-p_a)} = \sqrt{\frac{2}{\rho}\Delta p} \tag{1-26}$$

例 1-3 推导图 1-16 所示的文丘利流量计的流量公式。

解 根据伯努利方程的应用条件，选取 1-1 和 2-2 两个通流截面，设其面积、平均流速和压力分别为 A_1、v_1、p_1 和 A_2、v_2、p_2。如对通过此流量计的液流采用理想液体的伯努利方程（因 $h_1 = h_2$，取 $\alpha_1 = \alpha_2 = 1$），则有

$$\frac{p_1}{\rho} + \frac{v_1^2}{2} = \frac{p_2}{\rho} + \frac{v_2^2}{2}$$

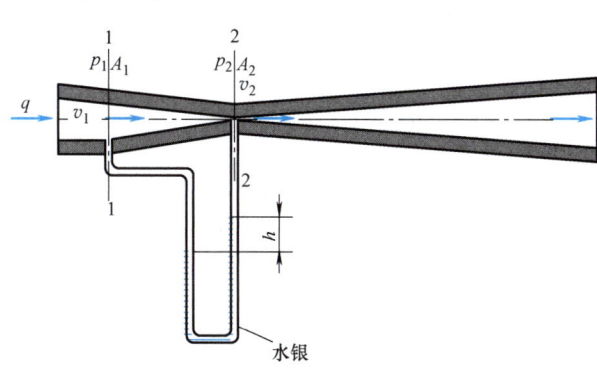

图 1-16 文丘利流量计

根据液流的连续性方程

$$A_1 v_1 = A_2 v_2$$

U 形管内的静压力平衡方程（设液体和水银的密度分别为 ρ 和 ρ'）

$$p_1 + \rho g h = p_2 + \rho' g h$$

由以上三式经整理可得

$$q = v_2 A_2 = \frac{A_2}{\sqrt{1-\left(\frac{A_2}{A_1}\right)^2}}\sqrt{\frac{2}{\rho}(p_1-p_2)} = \frac{A_2}{\sqrt{1-\left(\frac{A_2}{A_1}\right)^2}}\sqrt{\frac{2g(\rho'-\rho)}{\rho}h} = c\sqrt{h} \tag{1-27}$$

即流量可直接由水银差压计读数换算得到。

例 1-4 计算液压泵吸油腔的真空度或液压泵允许的最大吸油高度。

解 如图 1-17 所示，设液压泵的吸油口比油箱液面高 h，取油箱液面 1-1 和液压泵进口处截面 2-2 列伯努利方程，并取截面 1-1 为基准平面，则有

$$\frac{p_1}{\rho} + \frac{\alpha_1 v_1^2}{2} = \frac{p_2}{\rho} + hg + \frac{\alpha_2 v_2^2}{2} + h_w g$$

式中，p_1 为油箱液面压力，由于一般油箱液面与大气接触，故 $p_1 = p_a$；v_2 为液压泵的吸油口速度，一般取吸油管流速；v_1 为油箱液面流速，由于 $v_1 \ll v_2$，故可以将 v_1 忽略不计；p_2 为吸油口的绝对压力；$h_w g$ 为单位质量液体的能量损失。

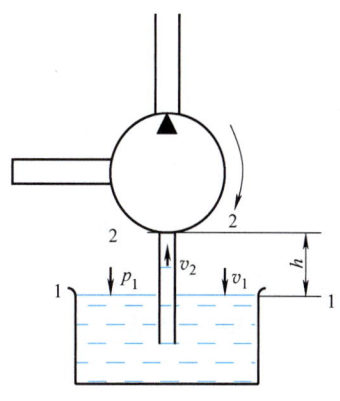

图 1-17 泵从油箱吸油示意图

据此，上式可简化为

$$\frac{p_a}{\rho} = \frac{p_2}{\rho} + hg + \frac{\alpha_2 v_2^2}{2} + h_w g$$

液压泵吸油口的真空度为

$$p_a - p_2 = \rho gh + \rho \frac{\alpha_2 v_2^2}{2} + \rho gh_w = \rho gh + \rho \frac{\alpha_2 v_2^2}{2} + \Delta p \tag{1-28}$$

由式（1-28）可知，**液压泵吸油口的真空度由三部分组成：①把油液提升到一定高度所需的压力；②产生一定的流速所需的压力；③吸油管内的压力损失**。液压泵吸油口真空度不能太大，即泵吸油口处的绝对压力不能太低，否则就会产生气穴现象，导致液压泵噪声过大，因而在实际使用中 h 一般应小于 500mm，有时为使吸油条件得以改善，采用浸入式或倒灌式安装，目的是使液压泵的吸油高度小于零。

四、动量方程

液体作用在固体壁面上的力，用动量定理来求解比较方便。动量定理指出：作用在物体上的力的大小等于物体在力作用方向上的动量的变化率，即

$$\sum F = \frac{d(mv)}{dt} \tag{1-29}$$

把动量定理应用到流动液体上时，须从流管中任意取出图 1-18 所示的被通流截面 A-A 和 B-B 所限制的液体体积并称之为控制体积，A-A 截面和 B-B 截面称为控制表面。此控制体积经 dt 时间后流至新的位置 $A'A'$、$B'B'$，在此控制体积内的微小流束中，取一流线段长为 ds、截面积为 dA、流速为 u 的微元，则这一段微元的动量为

$$\rho dA ds u = \rho dq ds$$

控制体内微小流速的动量为

$$dM = \int_{s_1}^{s_2} \rho dq ds = \rho dq(s_2 - s_1)$$

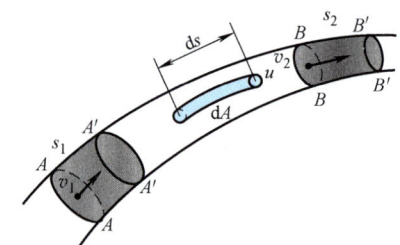

图 1-18　液流动量方程推导简图

整个控制体积液体的动量为

$$M = \int dM = \int_q \rho(s_2 - s_1) dq \tag{1-30}$$

式中，s_1、s_2 分别为 A-A 和 B-B 截面处的坐标。由动量定理可得

$$\sum F = \frac{dM}{dt} = \frac{d}{dt} \int_q \rho dq(s_2 - s_1) = \rho(s_2 - s_1)\frac{dq}{dt} + \int_q \rho(u_2 - u_1) dq$$

$$= \rho(s_2 - s_1)\frac{dq}{dt} + \int_q \rho u_2 dq - \int_q \rho u_1 dq$$

在工程实际应用中，往往用平均流速 v 代替实际流速 u，其误差用一动量修正系数 β 予以修正，故上式可改写为

$$\sum F = \rho(s_2 - s_1)\frac{dq}{dt} + \rho q \beta_2 v_2 - \rho q \beta_1 v_1 \tag{1-31}$$

式（1-31）即为流动液体的动量方程。方程左边 $\sum F$ 为作用于控制体积内液体上的所

有外力的总和，而等式右边第一项表示液体流量变化所引起的力，称为瞬态力；第二、三项表示流出控制表面和流入控制表面时的动量变化率，称为稳态力。如果控制体中的液体在所研究的方向上不受其他外力，只有液体与固体壁面的相互作用力，则该二力的作用力与反作用力大小相等，方向相反。液体作用在固体壁面的作用力分别称为瞬态液动力和稳态液动力。

定常流动时，$dq/dt=0$，故式（1-31）中只有稳态液动力，即

$$\sum F = \rho q \beta_2 v_2 - \rho q \beta_1 v_1 \tag{1-32}$$

式（1-31）、式（1-32）均为矢量表达式，在应用时可根据问题的具体要求向指定方向投影，列出该指定方向的动量方程，从而可求出作用力在该方向上的分量，然后加以合成。

动量修正系数 β 为液体流过某截面 A 的实际动量与以平均流速流过截面的动量之比，即

$$\beta = \frac{\rho \int_A u \, dq}{\rho q v} = \frac{\int_A u^2 \, dA}{qv} = \frac{\int_A (v \pm \Delta u)^2 \, dA}{qv} = \frac{\int_A (v^2 \pm 2v\Delta u + \Delta u^2) \, dA}{qv} = 1 + \frac{\int_A \Delta u^2 \, dA}{qv} \tag{1-33}$$

所以 $\beta>1$。当液流流速较大且分布较均（湍流）时，$\beta=1$；当液流流速较低且分布不均匀（层流）时，$\beta=1.33$。

例 1-5 计算图 1-19 所示液体对弯管的作用力。

解 如图 1-19 所示，取截面 1-1 和 2-2 间的液体为控制体积，首先分析作用在该控制体积上的外力。

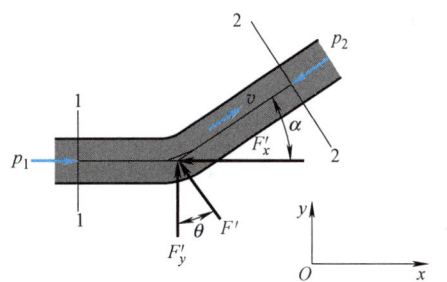

图 1-19 液体对弯管的作用

在控制表面上液体所受到的总压力为：$F_1 = p_1 A$，$F_2 = p_2 A$。设弯管对控制体积的作用力 F' 方向如图 1-19 所示，它在 x、y 方向上的分力分别为 F'_x 和 F'_y，列出在 x 方向和 y 方向的动量方程，有

x 方向 $\qquad F_1 - F'_x - F_2 \cos\alpha = \rho q v \cos\alpha - \rho q v$

故 $\qquad F'_x = F_1 - F_2 \cos\alpha + \rho q v (1-\cos\alpha)$

y 方向 $\qquad F'_y = \rho q v \sin\alpha + F_2 \sin\alpha$

即

$$F' = \sqrt{F'^2_x + F'^2_y}, \quad \theta = \arctan \frac{F'_x}{F'_y}$$

液体对弯管的作用力为 $F = -F'$，方向与 F' 相反。

例 1-6 图 1-20 所示为一针状锥阀，锥阀的锥角为 2ϕ，入口处的流速为 v_1，压力为 p_1，锥阀出口处的流速为 v_2，压力为大气压（$p_2=0$），求在外流式（图 1-20a）和内流式（图 1-20b）两种情况下的液流对锥阀阀芯的稳态液动力。

解 根据液体流动情况分别取控制体如图 1-20 所示，根据动量定理设阀芯对控制体的作用力为 F，方向如图 1-20 所示，对于图 1-20a 所示的外流式有

$$p \frac{\pi}{4} d^2 - F = \rho q (\beta_2 v_2 \cos\theta_2 - \beta_1 v_1 \cos\theta_1)$$

取 $\beta_1 = \beta_2 = 1$，因 $\theta_2 = \phi$，$\theta_2 = 90°$，且 v_1 相比于 v_2 很小，可略去，则

$$F = p\frac{\pi}{4}d^2 - \rho q v_2 \cos\phi$$

液流作用在阀芯上的力大小等于 F，方向向上，由上式可见，$\rho q v_2 \cos\phi$ 项是负值，故这部分力有使阀芯关闭的趋势。

对于图 1-20b 所示的内流式，有

$$p\frac{\pi}{4}(D^2 - d_2^2) - p\frac{\pi}{4}(D^2 - d^2) - F = \rho q (\beta_2 v_2 \cos\theta_2 - \beta_1 v_1 \cos\theta_1)$$

同样取 $\beta_1 = \beta_2 = 1$，$\theta_2 = \phi$，$\theta_2 = 90°$，$v_1 \ll v_2$，即

$$F = p\frac{\pi}{4}(d^2 - d_2^2) - \rho q v_2 \cos\phi$$

而液流作用在阀芯上的力大小等于 F，方向向下，由此可见，$\rho q v_2 \cos\phi$ 项是负的，这部分力有使阀芯开启的趋势。

实际上在图 1-20a 所示的外流式中，随着锥阀的开启，由锥顶至阀口因为流速不断加大，由伯努利方程可知，压力是逐渐下降的（这个压力分布相当复杂），故比起阀尚未开启时，液压力要小一点；此外，在推导过程中假设了 $v_1 \ll v_2$，这在阀开口较小时是正确的，随着阀的开度加大、流动形式的改变以及结构的影响，这假设就不一定成立了。因而锥阀开启过程中稳态液动力并不总是指向阀芯关闭的方向，应具体问题具体分析。

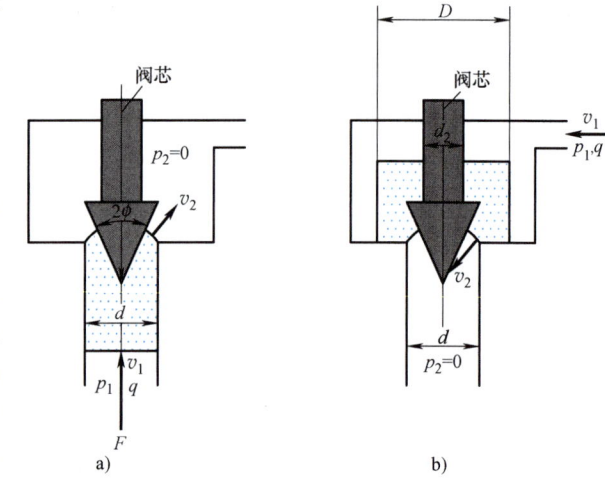

图 1-20 作用在锥阀上的轴向推力

第四节　定常管流的压力损失计算

实际液体具有黏性，在流动时就有阻力，为了克服阻力，就必然要消耗能量，这样就有能量损失。在液压传动中，能量损失主要表现为压力损失，这就是实际液体流动的伯努利方程式（1-24）中 h_w 项的含义。液压系统中的压力损失分为两类：一类是油液沿等直径直管流动时所产生的压力损失，称之为沿程压力损失。这类压力损失是由液体流动时的内、外摩擦力所引起的。另一类是油液流经局部障碍（如弯管、接头、管道截面突然扩大或收缩）时，由于液流的方向和速度的突然变化，在局部形成旋涡引起油液质点间，以及质点与固体壁面间相互碰撞和剧烈摩擦而产生的压力损失，称之为局部压力损失。

压力损失过大也就是液压系统中功率损耗的增加，这将导致油液发热加剧、泄漏量增加、效率下降和液压系统性能变坏。因此在液压技术中正确估算压力损失的大小，从而寻求减少压力损失的途径是有其实际意义的。液体在管道中的流动状态将直接影响液流的压力损失，所以先要介绍液流的两种流动状态，再分别叙述两种压力损失。

一、流态、雷诺数

1. 层流和湍流

19世纪末,雷诺(Reynolds)首先通过试验观察了水在圆管内的流动情况,发现当液体流速变化时,流动状态也变化。在低速流动时,着色液流的线条在注入点下游很长距离都能清楚看到;当流动受到干扰时,在扰动衰减后流动还能保持稳定;当流速大时,由于流动是不规则的,故使着色液体迅速扩散和混合。前一种状态称为层流,在层流时,液体质点互不干扰,液体的流动呈线性或层状,且平行于管道轴线;后一种状态称为湍流,在湍流时,液体质点的运动杂乱无章,除了平行于管道轴线的运动外,还存在着剧烈的横向运动。如图1-21所示,图1-21a所示为层流;图1-21b中色线开始折断,表明层流开始破坏;图1-21c中色线上下波动,并出现断裂,表明液体流动已趋于湍流;图1-21d中色线消失,表明液体流动是湍流。

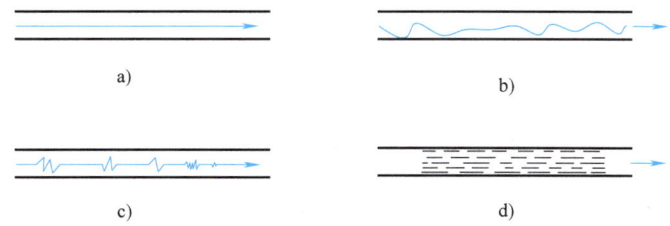

图 1-21 液流状态

层流和湍流是两种不同性质的流态。层流时,液体流速较低,质点受黏性制约,不能随意运动,黏性力起主导作用;但在湍流时,因液体流速较高,黏性的制约作用减弱,惯性力起主导作用。液体流动时究竟是层流还是湍流,常用雷诺数来判别。

2. 雷诺数

试验表明,液体在圆管中的流动状态不仅与管内的平均流速 v 有关,还和管径 d、液体的运动黏度 ν 有关,但是真正决定液流流动状态的是用这三个数所组成的一个称为雷诺数(Re)的无量纲数,即

$$Re = \frac{vd}{\nu} \tag{1-34}$$

这就是说,液体流动时的雷诺数若相同,则它的流动状态也相同。另一方面液流由层流转变为湍流时的雷诺数和由湍流转变为层流的雷诺数是不同的,前者称为上临界雷诺数,后者称为下临界雷诺数,后者数值小,所以一般都用后者作为判别液流状态的依据,简称临界雷诺数。当液流实际流动时的雷诺数小于临界雷诺数时,液流为层流;反之液流则为湍流。常见液流管道的临界雷诺数可由试验求得,见表1-9。

表 1-9 常见液流管道的临界雷诺数

管道的形状	临界雷诺数	管道的形状	临界雷诺数
光滑的金属圆管	2000~2300	有环槽的同心环状缝隙	700
橡胶软管	1600~2000	有环槽的偏心环状缝隙	400
光滑的同心环状缝隙	1100	圆柱形滑阀阀口	260
光滑的偏心环状缝隙	1000	锥阀阀口	20~100

对于非圆截面管道来说，Re 可用下式来计算

$$Re = \frac{4vR}{\nu} \tag{1-35}$$

式中，R 为通流截面的水力半径。它等于液流的有效截面积 A 和它的湿周（通流截面上与液体接触的固体壁面的周长）χ 之比，即

$$R = \frac{A}{\chi} \tag{1-36}$$

例如液体流经直径为 d 的圆截面管道时的水力半径为

$$R = \frac{A}{\chi} = \frac{\frac{1}{4}\pi d^2}{\pi d} = \frac{d}{4}$$

将 R = d/4 代入式（1-35），即可得到式（1-34）。

又如正方形的管道每边长为 b，则湿周为 4b，因而水力半径 R = b²/(4b) = b/4。水力半径大小对管道通流能力影响很大。水力半径大，表明液流与管壁接触少，通流能力大；水力半径小，表明液流与管壁接触多，通流能力小，容易堵塞。

二、液体在直管中流动时的压力损失

液体在直管中流动时的压力损失称为沿程压力损失。它除与管道的长度、内径和液体的流速、黏度等有关外，还与液体的流动状态有关。液体在圆管中的层流流动是液压传动中最常见的现象，在设计和使用液压系统时就希望管道中的液流保持这种状态。

（一）层流时的压力损失

当液体在等直径直管中做层流流动时其沿程压力损失可以进行理论计算求得。

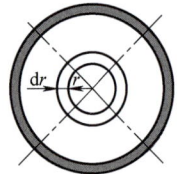
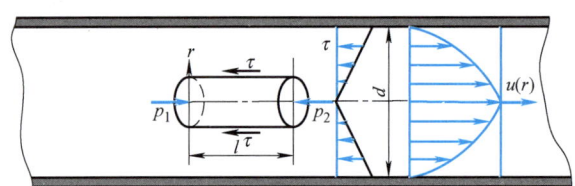

图 1-22　圆管中的层流

1. 液流在通流截面上的速度分布规律

如图 1-22 所示，液体在一直径为 d 的圆管中自左向右做层流流动。在管流中取一轴线与管道轴线重合的微小圆柱体，微小圆柱体长为 l，半径为 r，作用在小圆柱体两端的压力分别为 p_1 和 p_2，圆柱表面作用有切应力 τ，在轴线方向上的受力平衡方程为

$$(p_1 - p_2)\pi r^2 - 2\pi r l \tau = 0$$

由牛顿内摩擦定律可知

$$\tau = -\mu \frac{du}{dr}$$

式中，负号表示流速 u 随 r 的增加而降低，将此式代入上式积分可得

$$u = -\frac{p_1 - p_2}{4\mu l} r^2 + C$$

由边界条件：当 $r = d/2$ 时，$u = 0$，可求得积分常数 C，即

$$C = \frac{(p_1 - p_2)}{16\mu l} d^2$$

代入上式可得

$$u = \frac{(p_1 - p_2)}{4\mu l}\left(\frac{d^2}{4} - r^2\right) \tag{1-37}$$

从式中可看出，液体做层流运动时，在通流截面上的速度分布规律呈旋转抛物体状，且当 $r = 0$ 处（即管中心）流速最大，其值为

$$u_{max} = \frac{(p_1 - p_2)}{16\mu l} d^2 \tag{1-38}$$

2. 圆管中的流量

通过整个通流截面的流量可通过对式（1-37）积分求得，即

$$q = \int_A u dA = \int_0^{d/2} \frac{(p_1 - p_2)}{4\mu l}\left(\frac{d^2}{4} - r^2\right) 2\pi r dr = \frac{\pi d^4}{128\mu l}\Delta p \tag{1-39}$$

式中，d 为管道的内径（m）；l 为管道的长度（m）；μ 为在管道中流动的液体的动力黏度（N·s/m²）；Δp 为管道 l 长度上的压力降（压力损失）（N/m²），$\Delta p = p_1 - p_2$；q 为通过管道的流量（m³/s）。

因此，圆管通流截面上的平均流速为

$$v = \frac{q}{A} = \frac{\frac{\pi d^4}{128\mu l}\Delta p}{\frac{\pi d^2}{4}} = \frac{d^2}{32\mu l}\Delta p \tag{1-40}$$

比较式（1-38）和式（1-40）可见，液体在圆管中做层流流动时，其中心处的最大流速正好等于其平均流速的两倍，即 $u_{max} = 2v$。

3. 沿程压力损失

由式（1-39）可得其沿程压力损失为

$$\Delta p_f = \frac{128\mu l}{\pi d^4} q$$

因为 $q = v\pi d^2/4$，$\mu = \rho\nu$，$Re = dv/\nu$，代入并整理得

$$\Delta p_f = \frac{64}{Re}\frac{l}{d}\rho g\frac{v^2}{2g} = \lambda\frac{l}{d}\rho g\frac{v^2}{2g} \tag{1-41}$$

式中，λ 称为沿程阻力系数，λ 的理论值为 $64/Re$，水在做层流流动时的实际阻力系数和理论值是很接近的。液压油在金属圆管中做层流流动时，常取 $\lambda = 75/Re$，在橡胶管中 $\lambda = 80/Re$。

（二）湍流时的压力损失

湍流流动现象是很复杂的，完全用理论方法加以研究至今未获得令人满意的成果，故仍用试验的方法加以研究，再辅以理论解释，因而湍流状态下液体流动的压力损失仍用式（1-41）来计算，式中的 λ 值不仅与雷诺数 Re 有关，而且与管壁表面粗糙度 Δ 有关，具体的 λ 值见表 1-10。

表 1-10 圆管湍流时的 λ 值

雷诺数 Re	λ 值计算公式
$Re<22\left(\dfrac{d}{\Delta}\right)^{\frac{8}{7}}$ $3000<Re<10^5$	$\lambda = 0.3164/Re^{0.25}$
$10^5 \leqslant Re \leqslant 10^8$	$\lambda = 0.308/(0.842-\lg Re)^2$
$22\left(\dfrac{d}{\Delta}\right)^{\frac{8}{7}} < Re < 597\left(\dfrac{d}{\Delta}\right)^{\frac{9}{8}}$	$\lambda = \left[1.14-2\lg\left(\dfrac{\Delta}{d}+\dfrac{21.25}{Re^{0.9}}\right)\right]^{-2}$
$Re > 597\left(\dfrac{d}{\Delta}\right)^{\frac{9}{8}}$	$\lambda = 0.11\left(\dfrac{\Delta}{d}\right)^{0.25}$

注：钢管的 $\Delta=0.004$mm，铜管的 $\Delta=0.0015\sim0.01$mm，橡胶软管的 $\Delta=0.03$mm。

三、局部压力损失

局部压力损失是液体流经如阀口、弯管、通流截面变化等局部阻力处所引起的压力损失。液流通过这些局部阻力处时，由于液流方向和流速均发生变化，在这些地方形成旋涡，使液体的质点间相互撞击，从而产生了能量损耗。

局部压力损失的计算公式为

$$\Delta p_r = \zeta \frac{\rho v^2}{2} \qquad (1\text{-}42)$$

式中，ζ 为局部阻力系数，一般由试验确定，也可查阅有关液压传动设计手册；v 为液体的平均流速，一般情况下均指局部阻力后部的流速。

ζ 的值仅在液流流经突然扩大的截面时可用理论推导方法求得，见下例。

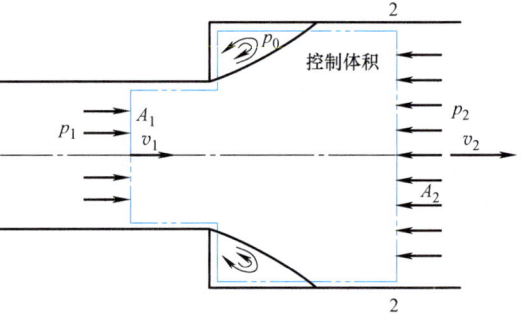

图 1-23 突然扩大处的局部损失

例 1-7 推导图 1-23 所示的液流流经突然扩大截面时的压力损失。

解 在图中取 1-1 和 2-2 截面列出伯努利方程

$$\frac{p_1}{\rho} + \frac{\alpha_1 v_1^2}{2} = \frac{p_2}{\rho} + \frac{\alpha_2 v_2^2}{2} + h_f g + h_r g$$

式中，$h_f g$ 和 $h_r g$ 分别为单位质量液体的沿程压力损失和局部压力损失，由于这里两截面之间的间距很小，$h_f g$ 可略去不计。

另将两截面 1-1 和 2-2 间的液体取为控制体积，根据动量方程，有

$$p_1 A_1 + p_0 (A_2-A_1) - p_2 A_2 = \rho q (\beta_2 v_2 - \beta_1 v_1)$$

式中符号如图 1-23 所示。根据液流的连续性方程有 $q = A_1 v_1 = A_2 v_2$，且由试验可知 $p_0 = p_1$，由以上各式可得到

$$h_r g = v_2 (\beta_2 v_2 - \beta_1 v_1) + \frac{\alpha_1 v_1^2 - \alpha_2 v_2^2}{2}$$

对于湍流来说，$\alpha_1 = \alpha_2 = \beta_2 = \beta_1 = 1$，所以上式可写成用突然扩大后的平均流速表示的局部压力损失

$$\Delta p_r = \rho g h_r = \zeta_1 \frac{\rho v_2^2}{2} \tag{1-43}$$

式中，ζ_1 为局部阻力损失系数，$\zeta_1 = (A_2/A_1 - 1)^2$。

若液体从管道流入一个大容腔，则可用突然扩大前的速度表示，即

$$\Delta p_r = \zeta_2 \frac{\rho v_1^2}{2} \tag{1-44}$$

式中，$\zeta_2 = (1 - A_1/A_2)^2$，当 $A_2 \gg A_1$ 时，$\zeta_2 = 1$，因此突然扩大截面处的局部能量损失为 $\rho v_1^2/2$，这说明进入突然扩大截面处液体的全部动能会因液流扰动而全部损失掉，变为热能而散失。

对于液流通过各种标准液压元件的局部损失，一般可从产品技术规格中查得，但所查到的数据是在额定流量 q_n 时的压力损失 Δp_n，若实际通过流量 q 与其不一致时，可按下式计算

$$\Delta p = \left(\frac{q}{q_n}\right)^2 \Delta p_n \tag{1-45}$$

四、管路系统中的总压力损失与压力效率

管路系统中的总压力损失等于所有直管中的沿程压力损失和局部压力损失之和，即

$$\sum \Delta p = \sum \lambda \frac{l}{d} \frac{\rho v^2}{2} + \sum \zeta \frac{\rho v^2}{2} \tag{1-46}$$

必须指出，应用式（1-46）计算总压力损失时，只有在两相邻局部损失之间的距离大于直径 10~20 倍时才成立，否则液流受前一个局部阻力的干扰还没稳定下来，就经历下一个局部阻力，它所受的扰动将更为严重，因而会使式（1-46）算出的压力损失值比实际数值小得多。

考虑存在压力损失，一般液压系统中液压泵的工作压力 p_p 应比执行元件的工作压 p_1 高 $\Sigma \Delta p$，即

$$p_p = p_1 + \sum \Delta p$$

所以管路系统的压力效率为

$$\eta_{L_p} = \frac{p_1}{p_p} = \frac{p_p - \sum \Delta p}{p_p} = 1 - \frac{\sum \Delta p}{p_p} \tag{1-47}$$

第五节　孔口和缝隙流动

一、孔口液流特性

在液压系统的管路中，装有截面突然收缩的装置，称为节流装置（如节流阀）。突然收缩处的流动叫节流，一般均采用各种形式的孔口来实现节流。由前述内容可知，液体流经孔口时要产生局部压力损失，使系统发热，油液黏度下降，系统的泄漏增加，这是不利的一方面。在液压传动及控制中要人为地制造这种节流装置来实现对流量和压力的控制。

1. 流经薄壁小孔的流量

当小孔的通流长度 l 与孔径 d 之比 $l/d \leqslant 0.5$ 时称之为薄壁小孔。如图 1-24 所示，液体流经薄壁小孔时，因 $D \gg d$，通流截面 1-1 的流速较低，流过小孔时液体质点突然加速，在惯性力作用下，流过小孔后的液流形成一个收缩截面 2-2，对圆形小孔，此收缩截面离孔口的距离约为 $d/2$，然后再扩散，这一过程，造成能量损失，并使油液发热，收缩截面面积 A_0 和孔口截面积 A 的比值称为收缩系数 C_c，即

$$C_c = \frac{A_0}{A}$$

收缩系数决定于雷诺数、孔口及其边缘形状、孔口离管道侧壁的距离等因素。如管道直径 D 与小孔直径 d 的比值 $D/d > 7$ 时，收缩作用不受管道侧壁的影响，此时的收缩称之为完全收缩。取截面 1-1 和收缩截面 2-2 列伯努利方程（各参数如图 1-24 所示，且设 $\alpha = 1$），则有

$$\frac{p_1}{\rho} + \frac{v_1^2}{2} = \frac{p_2}{\rho} + \frac{v_2^2}{2} + \zeta \frac{v_2^2}{2}$$

由于 $D \gg d$，$v_1 \ll v_2$，故 v_1 可忽略不计，上式经整理后可得

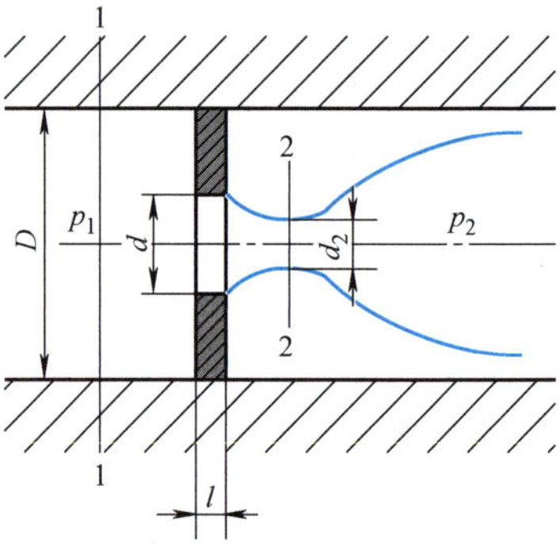

图 1-24 液体在薄壁小孔中的流动

$$v_2 = \frac{1}{\sqrt{1+\zeta}} \sqrt{\frac{2}{\rho}(p_1 - p_2)} = C_v \sqrt{\frac{2}{\rho}\Delta p} \qquad (1\text{-}48)$$

式中，$C_v = 1/\sqrt{1+\zeta}$，为速度系数。

由此即可求得液流通过薄壁小孔的流量

$$q = v_2 A_0 = C_v C_c A \sqrt{\frac{2}{\rho}\Delta p} = C_d A \sqrt{\frac{2}{\rho}\Delta p} \qquad (1\text{-}49)$$

式中，$C_d = C_v C_c$，为小孔流量系数。

C_d 和 C_c 一般由试验确定，通常 D/d 较大，一般在 7 以上，液流为完全收缩，液流在小孔处呈湍流状态，雷诺数较大，薄壁小孔的收缩系数 C_c 取 0.61~0.63，速度系数 C_v 取 0.97~0.98，这时 $C_d = 0.61~0.62$；当不完全收缩时，$C_d \approx 0.7~0.8$。

2. 流经细长小孔的流量计算

所谓细长小孔，一般指小孔的长径比 $l/d > 4$ 时的情况。液体流经细长小孔时，一般都是层流状态，所以可直接应用前面已导出的直管流量公式（1-39）来计算，当孔口直径为 d，截面积为 $A = \pi d^2/4$ 时，可写成

$$q = \frac{d^2}{32\mu l} A \Delta p \qquad (1\text{-}50)$$

比较式（1-49）和式（1-50）不难发现，通过孔口的流量与孔口的面积、孔口前后的压力差以及孔口形式决定的特性系数有关。由式（1-49）可知，通过薄壁小孔的流量与油液的黏度无关，因此流量受油温变化的影响较小，但流量与孔口前后的压力差呈非线性关系；由式（1-50）可知，油液流经细长小孔的流量与小孔前后的压差 Δp 的一次方成正比，同时由于公式中也包含油液的黏度 μ，因此流量受油温变化的影响较大。为了分析问题的方便起

见，将式（1-49）和式（1-50）一并用下式表示，即

$$q = KA\Delta p^m \tag{1-51}$$

式中，A 为孔口截面面积（m^2）；Δp 为孔口前后的压力差（N/m^2）；m 为由孔口形状决定的指数，$0.5 \leq m \leq 1$，当孔口为薄壁小孔时，$m = 0.5$，当孔口为细长孔时，$m = 1$；K 为孔口的形状系数，当孔口为薄壁孔时，$K = C_d\sqrt{2/\rho}$，当孔口为细长孔时，$K = d^2/(32\mu l)$。

式（1-51）在分析不同孔口的流量及其特性时经常用到。

二、缝隙液流特性

液压系统是由一些元件、管接头和管道组成的，每一部分都是由一些零件组成的，在这些零件之间，通常需要有一定的配合间隙，由此带来了泄漏现象，同时液压油也总是从压力较高处流向系统中压力较低处或大气中，前者称为内泄漏，后者称为外泄漏。

泄漏主要是由压力差与间隙造成的。泄漏量过大会影响液压元件和系统的正常工作，另一方面泄漏也将使系统的效率降低，功率损耗加大，因此研究液体流经间隙的泄漏规律，对提高液压元件的性能和保证液压系统正常工作是十分重要的。

由于液压元件中相对运动的零件之间的间隙很小，一般在几微米到几十微米之间，水力半径也小，又由于液压油具有一定的黏度，因此油液在间隙中的流动状态通常为层流。

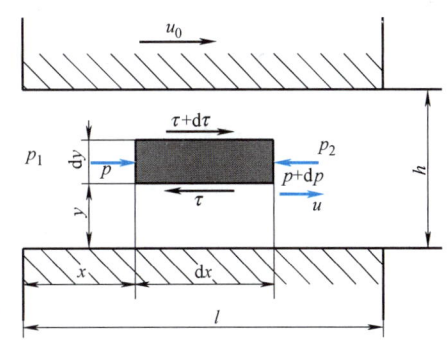

图 1-25　平行平板间隙流动

（一）平行平板的间隙流动

如图 1-25 所示，设平板长为 l，宽为 b（图中未画出），两平行平板间的间隙为 h，且 $l \gg h$，$b \gg h$，液体不可压缩，质量力可忽略不计，黏度为常数，则在流动液体中取一微小单元体 $dxdy$（宽度方向取单位长），作用在它与液流相垂直的两个表面（面积为 $dy \times 1$）上的压力为 p 和 $p+dp$，作用在它与液流相平行的两个表面（面积为 $dy \times 1$）上的单位面积摩擦力为 τ 和 $\tau+d\tau$，因此它的受力平衡方程为

$$pdy + (\tau+d\tau)dx = (p+dp)dy + \tau dx$$

经整理并将 $\tau = \mu du/dy$ 代入后有

$$\frac{d^2u}{dy^2} = \frac{1}{\mu}\frac{dp}{dx}$$

对上式两次积分可得

$$u = \frac{1}{2\mu}\frac{dp}{dx}y^2 + C_1 y + C_2 \tag{1-52}$$

式中，C_1、C_2 为边界条件所确定的积分常数。下面分两种情况讨论。

1. 固定平行平板间隙流动（压差流动）

上、下两平板均固定不动，液体因间隙两端的压差作用而在间隙中流动，称为压差流动。边界条件为：当 $y = 0$ 时，$u = 0$；当 $y = h$ 时，$u = 0$。将此边界条件代入式（1-52），可得

$$C_1 = -\frac{h}{2\mu}\frac{dp}{dx}, \quad C_2 = 0$$

所以

$$u = -\frac{1}{2\mu}(h-y)y\frac{dp}{dx}$$

于是有

$$q = \int_A u dA = \int_0^h -\frac{1}{2\mu}(h-y)y\frac{dp}{dx}b dy = -\frac{bh^3}{12\mu}\frac{dp}{dx}$$

因为

$$\frac{dp}{dx} = \frac{p_2-p_1}{l} = -\frac{p_1-p_2}{l} = -\frac{\Delta p}{l}$$

代入流速及流量公式得

$$u = \frac{\Delta p}{2\mu l}(h-y)y \tag{1-53}$$

$$q = \frac{bh^3}{12\mu l}\Delta p \tag{1-54}$$

从以上两式可以看出，在间隙中的速度分布规律呈抛物线状，通过间隙的流量与间隙的三次方成正比，因此必须严格控制间隙量，以减少泄漏。

2. 两平行平板有相对运动时的间隙流动

(1) 两平行平板有相对运动速度 v，但无压差时的流动 这种流动称为纯剪切流动。其边界条件为：当 $y=0$ 时，$u=0$；当 $y=h$ 时，$u=v$，且 $dp/dx=0$。将其代入式（1-52），得 $C_1 = v/h$，$C_2 = 0$，所以有

$$u = \frac{v}{h}y \tag{1-55}$$

由式（1-55）可知，速度沿 y 方向呈线性分布。其流量为

$$q = \int_A u dA = \int_0^h \frac{v}{h}y dy = \frac{bh}{2}v \tag{1-56}$$

(2) 两平行平板既有相对运动，两端又存在压差时的流动 这是一种普遍情况，其速度和流量是以上两种情况的线性叠加，即

$$u = \frac{\Delta p}{2\mu l}(h-y)y \pm \frac{v}{h}y \tag{1-57}$$

$$q = \frac{bh^3}{12\mu l}\Delta p \pm \frac{bh}{2}v \tag{1-58}$$

式（1-57）和式（1-58）中正负号是这样决定的：当长平板相对于短平板的运动方向和压差流动方向一致时取"+"号；反之，取"-"号。此外，如果将泄漏所造成的功率损失写成

$$P_1 = \Delta pq = \Delta p\left(\frac{bh^3}{12\mu l}\Delta p + \frac{bh}{2}v\right) \tag{1-59}$$

由此式可得出结论：缝隙 h 越小，泄漏功率损失也越小。但是 h 的减小会使液压元件中的摩擦功率损失增大，因而缝隙 h 有一个使这两种功率损失之和达到最小的最佳值，并不是越小越好。

(二) 圆柱环形间隙流动

液压元件中液压缸缸体与活塞之间的间隙，阀体与滑阀阀芯之间的间隙中的流动均属这种情况。

1. 同心环形间隙在压差作用下的流动

图 1-26 所示为同心环形间隙流动，当 $h/r \ll 1$ 时（相当于液压元件内配合间隙的情况），可以将环形缝隙间的流动近似地看作是平行平板缝隙间的流动，只要将 $b = \pi d$ 代入式(1-58)，就可得到这种情况下的流动，即

$$q = \frac{\pi d h^3}{12\mu l}\Delta p \tag{1-60}$$

2. 偏心环形间隙在压差作用下的流动

实际上形成间隙的两个圆柱表面不可能完全同心，而常带有一定的偏心量。如图 1-27 所示，内、外圆柱表面的半径分别为 r 和 R，偏心量为 e，设在任意角度 β 处取 $d\beta$ 所对应的内外圆柱表面所形成的间隙，其间隙大小为 h，由于 $d\beta$ 取得很小，故可视作两条平行平板间的间隙，通过该间隙的流量为

$$dq = \frac{bh^3}{12\mu l}\Delta p = \frac{\Delta p}{12\mu l}h^3 \Delta p R d\beta$$

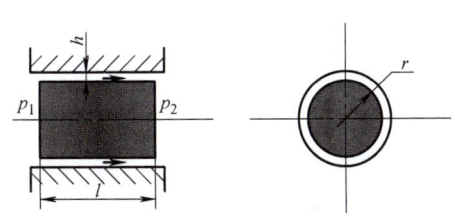

图 1-26 同心环形间隙间的液流

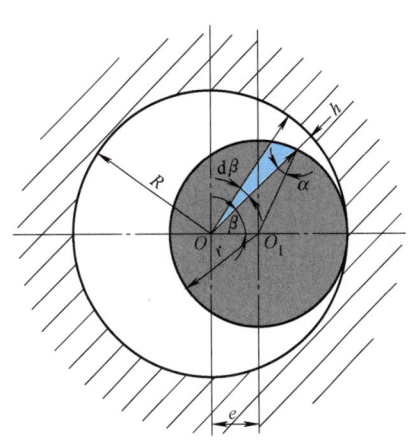

图 1-27 偏心环形间隙间的液流

由图 1-27 可知

$$h = R - e\cos\beta - r\cos\alpha$$

又因 α 很小，所以上式可写成

$$h = R - r - e\cos\beta = h_0 - e\cos\beta = h_0(1 - \varepsilon\cos\beta)$$

式中，h_0 为在同心时的间隙量，$h_0 = R - r$；ε 为相对偏心量，$\varepsilon = e/h_0$。

所以

$$dq = \frac{\Delta p}{12\mu l}h^3(1 - \varepsilon\cos\beta)^3 R d\beta$$

对上式积分即可得到液体在压差作用下流过偏心环形间隙的流量

$$q = \int \mathrm{d}q = \int_0^{2\pi} \frac{\Delta p}{12\mu l} Rh_0^3(1-\varepsilon\cos\beta)^3 \mathrm{d}\beta = \frac{\pi \mathrm{d}h_0^3}{12\mu l}\Delta p(1+1.5\varepsilon^2) \tag{1-61}$$

当 $\varepsilon = 0$ 时，即为同心时压差作用下的流量公式；当处于完全偏心时，$\varepsilon = 1$，这时式（1-61）可写成

$$q = 2.5 \frac{\pi \mathrm{d}h_0^3}{12\mu l}\Delta p \tag{1-62}$$

由此式可见，完全偏心时的流量为同心时的 2.5 倍。

3. 内外圆柱表面有相对运动且又存在压差的流动

由式（1-60）和式（1-61）可得到

$$q = \frac{\pi \mathrm{d}h_0^3}{12\mu l}\Delta p (1+1.5\varepsilon^2) \pm \frac{\pi \mathrm{d}h_0}{2}v \tag{1-63}$$

式中，第一项为压差流动的流量，第二项为纯剪切流动的泄漏，当长圆柱表面相对短圆柱表面的运动方向与压差流动方向一致时取"＋"号，反之取"－"号。

（三）流经平行圆盘间隙径向流动的流量

如图 1-28 所示，上圆盘与下圆盘形成的间隙为 h，液流由圆盘中心孔流入，在压差作用下向四周沿径向呈放射形流出。柱塞泵的滑履与斜盘之间以及某些静压支承均属这种流动。

在半径 r 处取宽度为 $\mathrm{d}r$ 的液层，将液层展开，可近似看作平行平板间的间隙流动，在 r 处的流速为 u_r，因此有

$$u_r = -\frac{1}{2\mu}(h-y)y\frac{\mathrm{d}p}{\mathrm{d}r}$$

$$q = \int_0^h u_r 2\pi r \mathrm{d}y = \int_0^h -\frac{1}{2\mu}(h-y)y\frac{\mathrm{d}p}{\mathrm{d}r}2\pi r \mathrm{d}y = -\frac{2\pi r}{2\mu}\frac{\mathrm{d}p}{\mathrm{d}r}\int_0^h (h-y)y\mathrm{d}y = -\frac{\pi r h^3}{6\mu}\frac{\mathrm{d}p}{\mathrm{d}r}$$

所以

$$\frac{\mathrm{d}p}{\mathrm{d}r} = -\frac{6\mu q}{\pi r h^3}$$

对上式积分可得

$$p = -\frac{6\mu q}{\pi h^3}\ln r + C$$

由边界条件：$r = r_2$ 时，$p = p_2$ 得

$$C = \frac{6\mu q}{\pi h^3}\ln r_2 + p_2$$

代入上式，得压力沿径向的分布规律为

$$p = \frac{6\mu q}{\pi h^3}\ln\frac{r_2}{r} + p_2 \tag{1-64}$$

当 $r = r_1$ 时，$p = p_1$，则

$$\Delta p = p_1 - p_2 = \frac{6\mu q}{\pi h^3}\ln\frac{r_2}{r_1}$$

由上式可得流量为

$$q = \frac{\pi h^3 \Delta p}{6\mu \ln \dfrac{r_2}{r_1}} \quad (1\text{-}65)$$

作用于平面上的总液压力为

$$F = \pi r_1^2 p_1 + \int_{r_1}^{r_2} p 2\pi r \mathrm{d}r$$

当圆盘外侧为大气压力，即 $p_2=0$ 时，可得

$$F = \frac{\pi}{2}\left(\frac{r_2^2 - r_1^2}{\ln \dfrac{r_2}{r_1}}\right) p_1 \quad (1\text{-}66)$$

（四）圆锥状环形间隙流动

图 1-29 所示为圆锥状环形间隙的流动。若将这一间隙展开成平面，则是一个扇形，相当于平行圆盘间隙的一部分，所以可根据平行圆盘间隙流动的流量公式，导出这种流动情况下的流量公式。

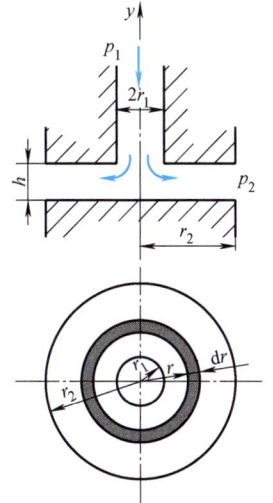

图 1-28 平行圆盘间隙间的液流

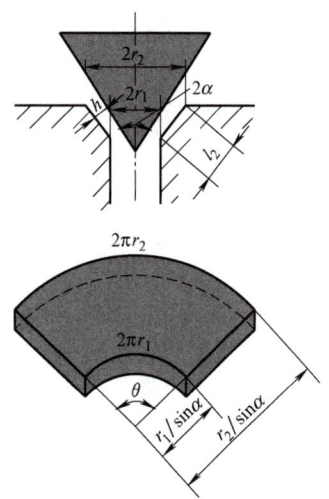

图 1-29 圆锥状环形间隙间的液流

从几何关系可以得到当圆锥的半锥角为 α 时展开的扇形中心角 θ 为

$$\theta = \frac{2\pi r_1}{\dfrac{r_1}{\sin\alpha}} = 2\pi \sin\alpha$$

把通过此扇形块的流量看作是平行圆盘间隙流量的一部分，即在平行圆盘中，中心角为 2π，而现在扇形中心角为 $2\pi\sin\alpha$，将式（1-65）中的 π 代以 $\pi\sin\alpha$，即可得其流量公式为

$$q = \frac{\pi \sin\alpha \, h^3}{6\mu \ln \dfrac{r_2}{r_1}} \Delta p \quad (1\text{-}67)$$

例 1-8 已知液压缸中活塞直径 $d=100\text{mm}$，长 $l=100\text{mm}$，活塞与液压缸同心时间隙 $h=$

0.1mm,$\Delta p = 2.0\text{MPa}$,油液的动力黏度为$\mu = 0.1\text{Pa}\cdot\text{s}$。求:①同心时的泄漏量;②完全偏心时的泄漏量;③当活塞以 6m/min 速度与压力差同向运动且液压缸完全偏心时的泄漏量。

解 1)同心时泄漏量 q

$$q = \frac{\pi d h^3}{12\mu l}\Delta p = \frac{3.14\times 0.1\times (0.0001)^3}{12\times 0.1\times 0.1}\times 2.0\times 10^6 \text{m}^3/\text{s} = 5.23\times 10^{-6}\text{m}^3/\text{s}$$

2)缸体与活塞完全偏心时的泄漏量 q'

$$q' = 2.5q = 13.08\times 10^{-6}\text{m}^3/\text{s}$$

3)完全偏心且活塞以 6m/min 的速度与压差同向运动时,可以认为液压缸缸体为长圆柱表面,活塞为短圆柱表面,所以由此可知长圆柱表面此时相对于短圆柱表面的运动方向与压差方向相反,所以式(1-63)中应取"-"号,则有

$$q'' = q' - \frac{\pi d h_0}{2}v = \left[13.08\times 10^{-6} - \frac{3.14\times 0.1\times 0.0001\times 6}{2\times 60}\right]\text{m}^3/\text{s}$$
$$= 11.51\times 10^{-6}\text{m}^3/\text{s}$$

例 1-9 某圆锥阀,其半锥角 $\alpha = 20°$,$r_1 = 2\text{mm}$,$r_2 = 7\text{mm}$,间隙 $h = 1\text{mm}$,阀的进出口压力差 $\Delta p = 1.0\text{MPa}$,油液的黏度 $\mu = 0.1\text{Pa}\cdot\text{s}$,求通过阀的流量。

解 由式(1-67)可得

$$q = \frac{\pi\sin\alpha h^3}{6\mu\ln\frac{r_2}{r_1}}\Delta p = \frac{3.14\times\sin 20°\times(0.001)^3}{6\times 0.1\times\ln(7/2)}\times 1.0\times 10^6\text{m}^3/\text{s} = 1.43\times 10^{-3}\text{m}^3/\text{s}$$

第六节 空穴现象

在流动的液体中,因某点处的压力低于空气分离压而产生气泡的现象,称之为空穴现象。空穴现象使液压装置产生噪声和振动,使金属表面受到腐蚀。为了了解空穴现象产生的机理,先介绍一下液压油的空气分离压和饱和蒸气压。

一、油液的空气分离压和饱和蒸气压

油液中都溶解有一定量的空气,一般溶解 5%~6%(体积分数)的空气,油液能溶解的空气量与绝对压力成正比,在大气压下正常溶解于油液中的空气,当压力低于大气压时,就成为过饱和状态。在一定的温度下,如压力降低到某一值时,过饱和的空气将从油液中分离出来形成气泡,这一压力值称为该温度下的空气分离压。含有气泡的液压油的体积弹性模量将减小,所含的气泡越多,液压油的体积弹性模量将越低。

当液压油在某温度下的压力低于某一数值时,油液本身迅速汽化,产生大量蒸气气泡,这时的压力称为液压油在该温度下的饱和蒸气压。一般来说,液压油的饱和蒸气压相当小,比空气分离压小得多,因此,要使液压油不产生大量气泡,它的压力最低不得低于液压油所在温度下的空气分离压。

二、节流口处的空穴现象

当液流流经如图 1-30 所示的节流口的喉部位置时,根据伯努利方程,该处的压力要降

低。如压力低于液压油工作温度下的空气分离压，溶解在油液中的空气将迅速地大量分离出来，变成气泡。这些气泡随着液流流到下游压力较高的部位处时，会因承受不了高压而破灭，产生局部的液压冲击，发出噪声并引起振动，当附着在金属表面上的气泡破灭时，它所产生的局部高温和高压会使金属剥落，使表面粗糙，或出现海绵状的小洞穴，节流口下游部位常可发现这种腐蚀的痕迹，这种现象称为气蚀。

在液压元件中，只要某点处的压力低于液压油所在温度的空气分离压，就会产生空穴现象。如液压泵中，当液压泵吸油管直径太小，吸油管阻力太大，滤网堵塞，或液压泵转速过高，因而使其吸油腔的压力低于液压油工作温度下的空气分离压时，液压泵便产生空穴现象，使液压泵吸油不足，流量下降，噪声激增，输出流量和压力剧烈波动，系统无法稳定地工作，严重时使泵的机件腐蚀，出现气蚀现象。

三、减小空穴现象的措施

在液压系统中的任何地方，只要压力低于空气分离压，就会发生空穴现象。为了防止空穴现象的产生，就是要防止液压系统中的压力过度降低。具体措施有：

1）减小流经节流小孔前后的压力差，一般希望小孔前后的压力比 $p_1/p_2<3.5$。

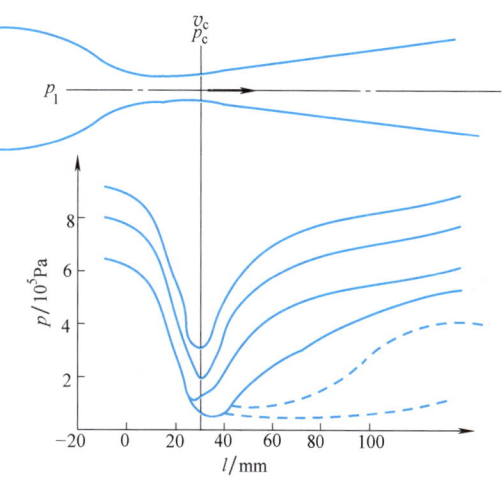

图 1-30　节流口处的空穴现象

2）正确设计液压泵的结构参数，适当加大吸油管内径，使吸油管中液流速度不致太高，尽量避免急剧转弯或存在局部狭窄处，接头应有良好的密封，过滤器要及时清洗或更换滤芯以防堵塞，对高压泵宜设置辅助泵向液压泵的吸油口供应足够的低压油。

3）提高零件的抗气蚀能力——增加零件的机械强度，采用抗腐蚀能力强的金属材料，提高零件的表面加工质量等。

第七节　液压冲击

在液压系统中，由于某种原因，液体压力在一瞬间会突然升高，产生很高的压力峰值，这种现象称为液压冲击。液压冲击的压力峰值往往比正常工作压力高好几倍，且常伴有巨大的振动和噪声，使液压系统产生温升，有时会使一些液压元件或管件损坏，并使某些液压元件（如压力继电器、液压控制阀等）产生误动作，导致设备损坏，因此，搞清液压冲击的本质，估算出它的压力峰值并研究抑制措施，是十分必要的。

一、液压冲击产生的原因

如图 1-31 所示，有一较大的容腔（如液压缸或蓄能器）和在另一端装有阀门的

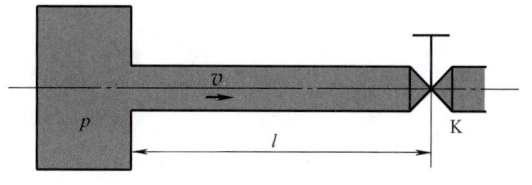

图 1-31　液压冲击

管道相连，容腔的体积较大，认为其中的压力 p 是恒定的，阀门开启时，管道内的液体以流速 v 流过，当不考虑管中的压力损失时，压力均等于 p。

当阀门 K 瞬间关闭时，管道中便产生液压冲击，其过程见表 1-11。液压冲击的实质主要是管道中的液体因突然停止运动而导致动能向压力能的瞬时转变。

另外，液压系统中运动着的工作部件突然制动或换向时，工作部件的动能将引起液压执行元件的回油腔和管路内的油液产生液压激振，导致液压冲击。

表 1-11 液压冲击过程

时间	过程
$t=0$	阀门瞬间闭死
$t=0 \to l/c$	管中液体自阀门开始向容腔方向依次停下，动能变为压力能，认为有一高压波以波速 c 由阀门向容腔推进
$t=l/c$	整个管内液体 $v=0$，处在冲击压力作用下，容腔和管道交界面处压力不平衡，管道中的压力大于容腔中的压力
$t=l/c \to 2l/c$	由交界面开始，管中液体依次向容腔方向松动，以流速 v 向左运动，压力依次恢复正常压力 p，认为有一正常压力波由容腔向阀门推进
$t=2l/c$	管中液体恢复正常压力 p，但以流速 v 向左运动，液体有脱离阀门的趋势
$t=2l/c \to 3l/c$	从阀门开始管中液体依次停下，压力也依次下降为低压，认为有一低压波由阀门向容腔推进
$t=3l/c$	整个管中液体 $v=0$，处在低压作用下，容腔和管道的交界面处压力又不平衡，容腔中的压力大于管道中的压力
$t=3l/c \to 4l/c$	由容腔开始，液体依次向阀门方向流动，恢复正常压力 p 和正常流速 v，认为一正常压力波由容腔向阀门推进
$t=4l/c$	管中液体以流速 v 向右运动，压力为正常压力 p，和液压冲击未发生前情况一样，如此结束液压冲击的一个循环
$t>4l/c$	以后的过程周而复始地继续下去。但由于液体有黏性，液体和管道有弹性，所以在液压冲击过程中要消耗能量，实际上，液压冲击时管道中的压力变化是一个围绕正常压力 p 逐渐衰减的振荡过程

液压系统中某些元件的动作不够灵敏，也会产生液压冲击。如系统压力突然升高，但溢流阀反应迟钝，不能迅速打开时，便产生压力超调，也即压力冲击。

二、液体突然停止运动时产生的液压冲击

在图 1-31 中，设管道的截面积为 A，长度为 l，管道中液流的流速为 v，密度为 ρ。当管道的末端突然关闭时，液体立即停止运动。根据能量转化和守恒定律，液体的动能 $\rho A l v^2/2$，转化为液体的弹性能 $A l \Delta p^2/(2K')$，即

$$\frac{1}{2}\rho A l v^2 = \frac{1}{2}\frac{Al}{K'}\Delta p^2$$

所以

$$\Delta p = \rho\sqrt{\frac{K'}{\rho}}v = \rho c v \qquad (1-68)$$

式中，Δp 为液压冲击时压力的升高值（N/m²）；K' 为液体的等效体积模量（N/m²）；c 为冲击波在管中的传播速度（m/s），$c=\sqrt{K'/\rho}$。

由式（1-68）可知，对于一定的某种油液和管道材质来说，ρ 和 c 均为定值，因此唯一能减小 Δp 的办法是加大管道的通流截面以降低 v 值。一般若将 v 限制在 4.5m/s 以内，Δp 一般不会超过 5.0MPa，这一压力峰值在一般液压传动系统中可以认为是安全的。

液压冲击波在管中的传播速度 c 可按下式计算

$$c=\sqrt{\frac{K'}{\rho}}=\frac{\sqrt{K/\rho}}{\sqrt{1+\frac{d}{\delta}\frac{K}{E}}} \qquad (1\text{-}69)$$

式中，K 为液压油的体积模量（N/m²）；d 为管道内径（m）；δ 为管道壁厚（m）；E 为管道材料的弹性模量（N/m²）。

冲击波在管道中的液压油内的传播速度 c 一般为 890~1270m/s。

式（1-68）仅适用于管道瞬间关死的情况，亦即阀门的关闭时间 t 小于压力波来回一次所需的时间 t_c（临界关闭时间）的情况，即

$$t<t_c \quad (t_c=2l/c) \qquad (1\text{-}70)$$

凡满足式（1-70）的称为完全冲击，否则便是非完全冲击。非完全冲击时引起的压力峰值比完全冲击时低，可按下式计算

$$\Delta p=\rho cv\frac{t_c}{t} \qquad (1\text{-}71)$$

如果阀门不是关死，而是部分关闭，使液流流速从 v 降低到 v'，即冲击前后的稳态流速变化值为 $\Delta v=v-v'$，这种情况下只要在式（1-68）和式（1-71）中以 Δv 代替 v，便可求得相应条件下的压力升高值 Δp。

知道了 Δp，便可求得出现冲击后管道中的最大压力 $p_{\max}$

$$p_{\max}=p+\Delta p \qquad (1\text{-}72)$$

式中，p 为正常工作压力（N/m²）。

例 1-10 已知某管道的内径为 $d=200$mm，壁厚 $\delta=10$mm，液体在管中初始流速 $v=2$m/s，压力 $p=2.0$MPa，液体的体积模量 $K=2.0\times10^3$MPa，管壁材料的弹性模量 $E=2.0\times10^5$MPa。当阀突然关闭时，试求最大压力升高值 Δp。

解 先计算冲击波传播速度 c。设液体的密度 $\rho=900$kg/m³，由式（1-69）可得

$$c=\frac{\sqrt{\frac{K}{\rho}}}{\sqrt{1+\frac{d}{\delta}\frac{K}{E}}}=\frac{\sqrt{\frac{2\times10^9}{900}}}{\sqrt{1+\frac{200\times2\times10^9}{10\times2\times10^{11}}}}\text{m/s}=1360.8\text{m/s}$$

所以

$$\Delta p=\rho cv=900\times1360.8\times2\text{N/m}^2=24.5\times10^5\text{Pa}$$

三、运动部件制动时产生的液压冲击

设总质量为 $\sum M$ 的运动部件在制动时的减速时间为 Δt，速度的减小值为 Δv，则根据动量定理可近似地求得系统中的冲击压力 Δp，因

$$\Delta pA\Delta t=\sum M\Delta v$$

所以

$$\Delta p = \frac{\sum M \Delta v}{A \Delta t} \tag{1-73}$$

式中，A 为液压缸的有效工作面积（m^2）。

上式计算所得的结果，因忽略了阻尼、泄漏等因素，是近似值，但在估算时偏于安全考虑。

四、减小液压冲击的措施

由以上分析可知，采取以下措施可减小液压冲击：

1）使直接冲击改变为间接冲击，这可用减慢阀的关闭速度和减小冲击波传递距离来达到。

2）限制管中油液的流速 v。

3）用橡胶软管或在冲击源处设置蓄能器，以吸收液压冲击的能量。

4）在容易出现液压冲击的地方，安装限制压力升高的安全阀。

习 题

1-1 液压油的体积为 $18 \times 10^{-3} m^3$，质量为 16.1kg，求此液压油的密度。

1-2 某液压油在大气压下的体积为 $50 \times 10^{-3} m^3$，当压力升高后，其体积减小到 $49.9 \times 10^{-3} m^3$，设液压油的体积模量为 $K = 700.0$MPa，求压力升高值。

1-3 图 1-32 所示为一黏度计，若 $D = 100$mm，$d = 98$mm，$l = 200$mm，外筒转速 $n = 8$r/s 时，测得的转矩 $T = 70$N·cm，试求其油液的动力黏度。

1-4 用恩氏黏度计测得某液压油（$\rho = 850$kg/m^3）200mL 流过的时间为 $t_1 = 153$s，20℃ 时 200mL 的蒸馏水流过的时间为 $t_2 = 51$s，求该液压油的恩氏黏度°E、运动黏度 ν 和动力黏度 μ 各为多少？

1-5 如图 1-33 所示，具有一定真空度的容器用一根管子倒置于液面与大气相通的水槽中，液体在管中上升的高度 $h = 1$m，设液体的密度为 $\rho = 1000$kg/m^3，试求容器内的真空度。

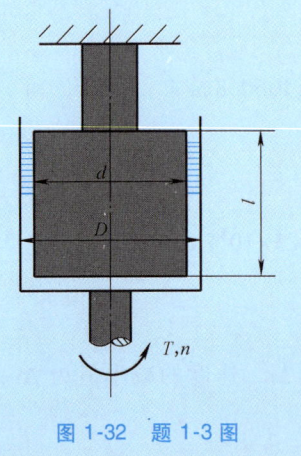

图 1-32 题 1-3 图

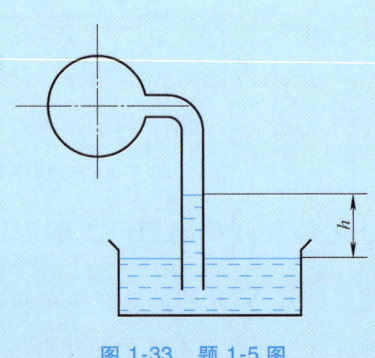

图 1-33 题 1-5 图

1-6 如图 1-34 所示,有一直径为 d、质量为 m 的活塞浸在液体中,并在力 F 的作用下处于静止状态。若液体的密度为 ρ,活塞浸入深度为 h,试确定液体在测压管内的上升高度 x。

1-7 图 1-35 所示容器 A 中的液体的密度 $\rho_A = 900 \text{kg/m}^3$,B 中液体的密度为 $\rho_B = 1200 \text{kg/m}^3$,$z_A = 200\text{mm}$,$z_B = 180\text{mm}$,$h = 60\text{mm}$,U 形管中的测压介质为汞,试求 A、B 之间的压力差。

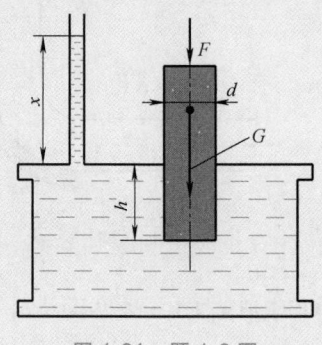

图 1-34 题 1-6 图

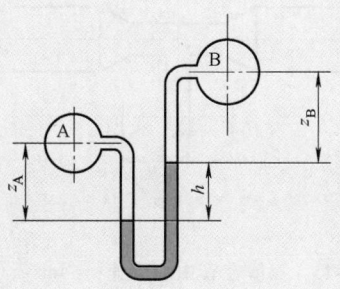

图 1-35 题 1-7 图

1-8 图 1-36 所示为水平截面是圆形的容器,上端开口,求作用在容器底面的作用力。若在开口端加一活塞,连活塞自重在内,作用力为 30kN,问容器底面的总作用力为多少?

1-9 如图 1-37 所示,已知水深 $H = 10\text{m}$,截面 $A_1 = 0.02\text{m}^2$,截面 $A_2 = 0.04\text{m}^2$,求孔口的出流流量以及点 2 处的表压力(取 $\alpha = 1$,$\rho = 1000\text{kg/m}^3$,不计损失)。

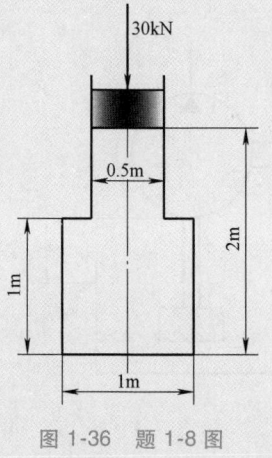

图 1-36 题 1-8 图

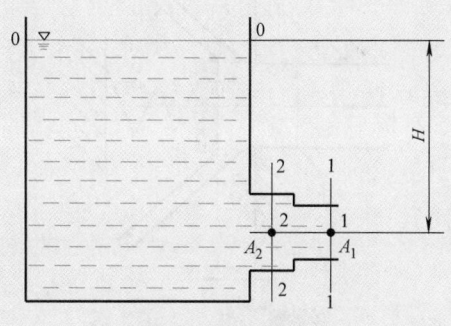

图 1-37 题 1-9 图

1-10 图 1-38 所示为一抽吸设备水平放置,其出口和大气相通,细管处截面积 $A_1 = 3.2 \times 10^{-4} \text{m}^2$,出口处管道截面积 $A_2 = 4A_1$,$h = 1\text{m}$,求开始抽吸时,水平管中所必须通过的流量 q(液体为理想液体,不计损失)。

1-11 图 1-39 所示为一水平放置的固定导板。将直径 $d = 0.1\text{m}$,流速为 $v = 20\text{m/s}$ 的射流转过 $90°$ 角,求导板作用于液体的合力大小及方向($\rho = 1000\text{kg/m}^3$)。

1-12 如图 1-40 所示的液压系统的安全阀,阀座直径 $d = 25\text{mm}$,当系统压力为 5.0MPa 时,阀的开度为 $x = 5\text{mm}$,通过的流量 $q = 600\text{L/min}$,若阀的开启压力为 4.3MPa,油液的密度 $\rho = 900\text{kg/m}^3$,弹簧刚度 $k = 20\text{N/mm}$,求油液出流角 α。

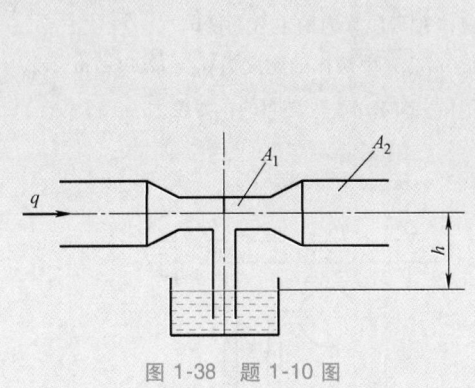

图 1-38 题 1-10 图

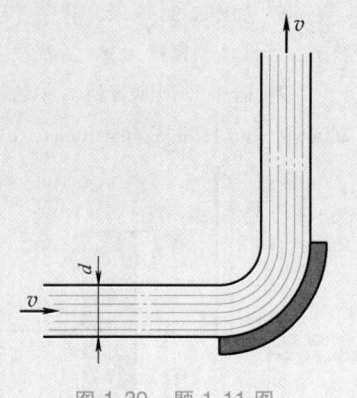

图 1-39 题 1-11 图

1-13 液体在管中的流速 $v=4\mathrm{m/s}$，管道内径 $d=60\mathrm{mm}$，油液的运动黏度 $\nu=30\times10^{-6}\mathrm{m^2/s}$，试确定流态。若要保证其为层流，其流速应为多少？

1-14 图 1-41 所示的液压泵的流量 $q=32\mathrm{L/min}$，液压泵吸油口距离液面高度 $h=500\mathrm{mm}$，吸油管直径 $d=20\mathrm{mm}$。粗滤网的压力降为 $0.01\mathrm{MPa}$，油液的密度 $\rho=900\mathrm{kg/m^3}$，油液的运动黏度为 $\nu=20\times10^{-6}\mathrm{m^2/s}$，求液压泵吸油口处的真空度。

1-15 运动黏度 $\nu=40\times10^{-6}\mathrm{m^2/s}$ 的油液通过水平管道，油液密度 $\rho=900\mathrm{kg/m^3}$，管道内径为 $d=10\mathrm{mm}$，$l=5\mathrm{m}$，进口压力 $p_1=4.0\mathrm{MPa}$，问流速为 $3\mathrm{m/s}$ 时，出口压力 p_2 为多少？

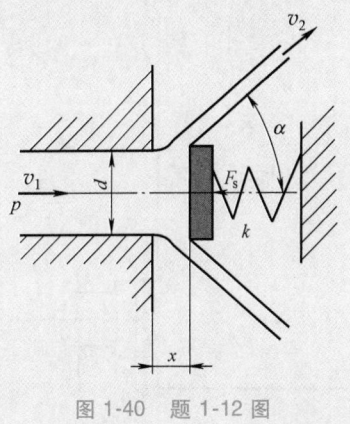

图 1-40 题 1-12 图

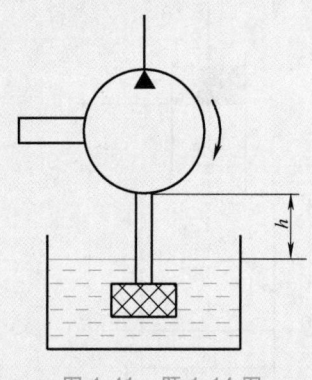

图 1-41 题 1-14 图

1-16 有一薄壁节流小孔，通过的流量 $q=25\mathrm{L/min}$ 时，压力损失为 $0.3\mathrm{MPa}$，试求节流孔的通流面积。设流量系数 $C_d=0.61$，油液的密度 $\rho=900\mathrm{kg/m^3}$。

1-17 如图 1-42 所示，柱塞直径 $d=19.9\mathrm{mm}$，缸套直径 $D=20\mathrm{mm}$，长 $l=70\mathrm{mm}$，柱塞在力 $F=40\mathrm{N}$ 作用下向下运动，并将油液从缝隙中挤出，若柱塞与缸套同心，油液的动力黏度 $\mu=0.784\times10^{-3}\mathrm{Pa\cdot s}$，问柱塞下落 $0.1\mathrm{m}$ 所需的时间。

1-18 图 1-43 所示的液压系统从蓄能器 A 到电磁阀 B 的距离 $l=4\mathrm{m}$，管径 $d=20\mathrm{mm}$，壁厚 $\delta=1\mathrm{mm}$，钢的弹性模量 $E=2.2\times10^5\mathrm{MPa}$，油液的体积模量 $K=1.33\times10^3\mathrm{MPa}$，管路中油液原先以 $v=5\mathrm{m/s}$、$p_0=2.0\mathrm{MPa}$ 流经电磁阀，求当阀瞬间关闭、$0.02\mathrm{s}$ 关闭和 $0.05\mathrm{s}$ 关闭时，在管路中达到的最大压力为多少？

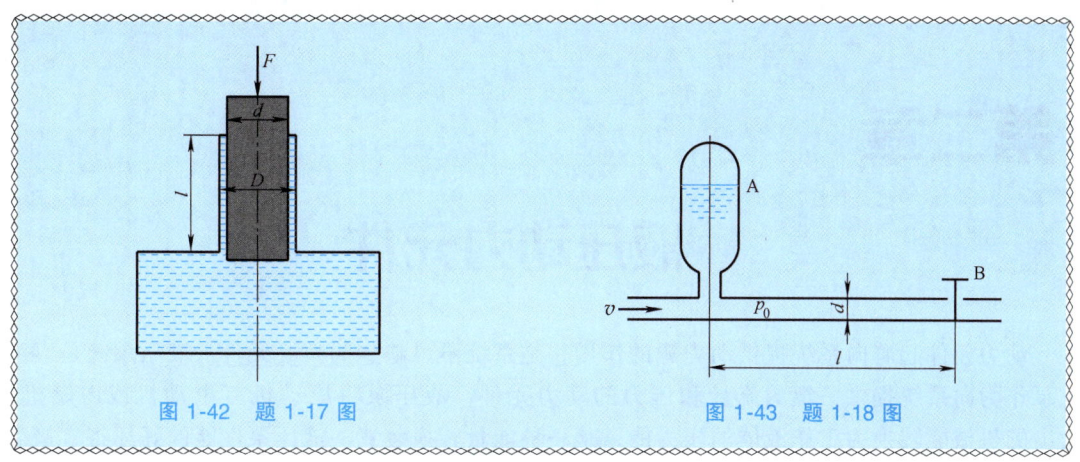

图 1-42 题 1-17 图   图 1-43 题 1-18 图

两弹一星
功勋科学家：最长的一天

第二章 液压动力元件

动力元件起着向系统提供动力源的作用，是系统不可缺少的核心元件。液压系统是以液压泵作为向系统提供一定的流量和压力的动力元件，液压泵将原动机（电动机或内燃机）输出的机械能转换为工作液体的压力能，是一种能量转换装置。液压泵性能的好坏将直接影响液压系统工作的可靠性和稳定性。

第一节 液压泵概述

一、液压泵的工作原理及特点

1. 液压泵的工作原理

液压泵都是依靠密封容积变化的原理来进行工作的，故一般称为容积式液压泵。图2-1所示是一单柱塞液压泵的工作原理图，柱塞2装在缸体3中形成一个密封容积a，柱塞2在弹簧4的作用下始终压紧在偏心轮1上。原动机驱动偏心轮1旋转使柱塞2做往复运动，使密封容积a的大小发生周期性的交替变化。当a由小变大时就形成部分真空，使油箱中油液在大气压作用下，经吸油管顶开单向阀6进入油腔a而实现吸油；反之，当a由大变小时，a腔中吸满的油液将顶开单向阀5流入系统而实现压油。这样液压泵就将原动机输入的机械能转换成液体的压力能，原动机驱动偏心轮不断旋转，液压泵就不断地吸油和压油。

2. 液压泵的特点

单柱塞液压泵具有一切容积式液压泵的基本特点：

1）具有若干个密封且又可以周期性变化的空间。液压泵的输出流量与此空间的容积变化量和单位时间内的变化次数成正比，与其他因素无关。这是容积式液压泵的一个重要特性。

2）油箱内液体的绝对压力必须恒等于或大于大气压力。这是容积式液压泵能够吸入油液的外部条件。因此，为保证液压泵正常吸油，油箱必须与大气相通，或采用密闭的充压油箱。

3）具有相应的配流机构。将吸液腔和排液腔隔开，保证液压泵有规律地连续吸排液体。液压泵的结构原理不同，其配流机构也不相同。图2-1

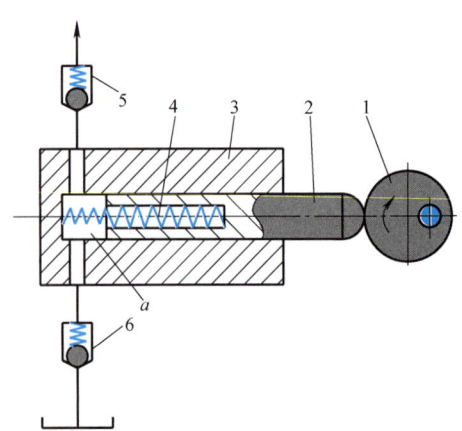

图 2-1 液压泵的工作原理图
1—偏心轮 2—柱塞 3—缸体
4—弹簧 5、6—单向阀

所示的单柱塞泵的配油机构就是单向阀 5、6。

容积式液压泵中的油腔处于吸油时称为吸油腔，处于压油时称为压油腔。吸油腔的压力取决于吸油高度和吸油管路的阻力。吸油高度过高或吸油管路阻力太大，会使吸油腔真空度过高而影响液压泵的自吸性能，压油腔的压力则取决于外负载和排油管路的压力损失，从理论上讲排油压力与液压泵的流量无关。

容积式液压泵排油的理论流量取决于液压泵的有关几何尺寸和转速，而与排油压力无关，但排油压力要影响泵的内泄漏和油液的压缩量，从而影响泵的实际输出流量，所以液压泵的实际输出流量随排油压力的升高而降低。

液压泵按其在单位时间内所能输出的油液的体积是否可调节而分为定量泵和变量泵两类；按结构形式可分为齿轮式液压泵、叶片式液压泵和柱塞式液压泵三大类。

二、液压泵的主要性能参数

1. 压力

（1）工作压力　液压泵实际工作时的输出压力称为工作压力。工作压力取决于外负载的大小和排油管路上的压力损失，而与液压泵的流量无关。

（2）额定压力　液压泵在正常工作条件下，按试验标准规定连续运转的最高压力称为液压泵的额定压力。

（3）最高允许压力　在超过额定压力的条件下，根据试验标准规定，允许液压泵短暂运行的最高压力值，称为液压泵的最高允许压力。

2. 排量和流量

（1）排量 V　液压泵每转一周，由其密封容积几何尺寸变化计算而得的排出液体的体积称为液压泵的排量。排量可以调节的液压泵称为变量泵，排量不可以调节的液压泵则称为定量泵。

（2）理论流量 q_t　理论流量是指在不考虑液压泵泄漏流量的条件下，在单位时间内所排出的液体体积。显然，如果液压泵的排量为 V，其主轴转速为 n，则该液压泵的理论流量 q_t 为

$$q_t = Vn \tag{2-1}$$

式中，V 为液压泵的排量（m^3/r）；n 为主轴转速（r/s）。

（3）实际流量 q　液压泵在某一具体工况下，单位时间内所排出的液体体积称为实际流量，它等于理论流量 q_t 减去泄漏和压缩损失后的流量 q_l，即

$$q = q_t - q_l \tag{2-2}$$

（4）额定流量 q_n　液压泵在正常工作条件下，按试验标准规定（如在额定压力和额定转速下）必须保证的流量。

3. 功率和效率

（1）液压泵的功率损失　液压泵的功率损失有容积损失和机械损失两部分。

1）容积损失。容积损失是指液压泵在流量上的损失，液压泵的实际输出流量总是小于其理论流量，其主要原因是液压泵内部高低压腔之间的泄漏、油液的压缩以及在吸油过程中由于吸油阻力太大、油液黏度大以及液压泵转速高等原因而导致油液不能全部充满密封工作腔。液压泵的容积损失用容积效率来表示，它等于液压泵的实际输出流量 q 与其理论流量 q_t

之比，即

$$\eta_V = \frac{q}{q_t} = \frac{q_t - q_1}{q_t} = 1 - \frac{q_1}{q_t} \tag{2-3}$$

因此液压泵的实际输出流量 q 为

$$q = q_t \eta_V = V n \eta_V \tag{2-4}$$

液压泵的容积效率随着液压泵工作压力的增大而减小，且随液压泵的结构类型不同而异。

2) **机械损失**。机械损失是指液压泵在转矩上的损失。液压泵的实际输入转矩 T_i 总是大于理论上所需要的转矩 T_t，其主要原因是由于液压泵泵体内相对运动部件之间因机械摩擦而引起的摩擦转矩损失以及液体的黏性而引起的摩擦损失。液压泵的机械损失用机械效率表示，它等于液压泵的理论转矩 T_t 与实际输入转矩 T_i 之比，设转矩损失为 T_1，则液压泵的机械效率为

$$\eta_m = \frac{T_t}{T_i} = \frac{1}{1 + \frac{T_1}{T_t}} \tag{2-5}$$

（2）**液压泵的功率**

1) **输入功率 P_i**。液压泵的输入功率 P_i 是指作用在液压泵主轴上的机械功率，当输入转矩为 T_i、角速度为 ω 时，有

$$P_i = T_i \omega \tag{2-6}$$

2) **输出功率 P**。液压泵的输出功率是指液压泵在工作过程中的实际吸、压油口间的压差 Δp 和输出流量 q 的乘积，即

$$P = \Delta p q \tag{2-7}$$

式中，Δp 为液压泵吸、压油口之间的压力差（N/m²）；q 为液压泵的输出流量（m³/s）；P 为液压泵的输出功率（W）。

在工程实际中，若液压泵吸、压油口的压力差 Δp 的计量单位用 MPa 表示，输出流量 q 的单位用 L/min 表示，则液压泵的输出功率 P 可表示为

$$P = \frac{\Delta p q}{60} \tag{2-8}$$

式中，P 为输出功率（kW）。

在实际的计算中，若油箱通大气，液压泵吸、压油口的压力差 Δp 往往用液压泵出口压力 p 代替。

（3）**液压泵的总效率** 液压泵的总效率是指液压泵的实际输出功率与其输入功率的比值，即

$$\eta = \frac{P}{P_i} = \frac{\Delta p q}{T_i \omega} = \frac{\Delta p q_t \eta_V}{\dfrac{T_t \omega}{\eta_m}} = \eta_V \eta_m \tag{2-9}$$

由式（2-9）可知，液压泵的总效率等于其容积效率与机械效率的乘积，所以液压泵的输入功率也可写成

$$P_i = \frac{\Delta pq}{\eta} \tag{2-10}$$

图 2-2a 所示为液压泵的功率流程图。液压泵的各个参数和压力之间的关系如图 2-2b 所示。

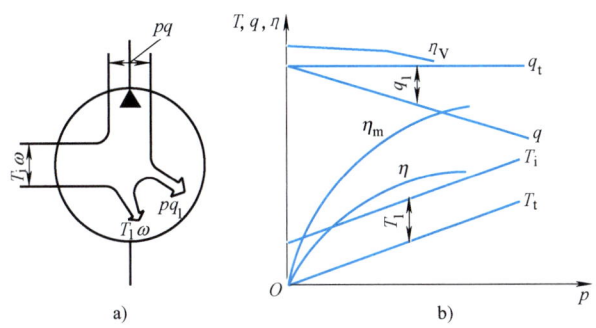

图 2-2 液压泵的功率流程图及特性曲线

第二节 齿轮泵

齿轮泵是液压系统中广泛采用的一种液压泵，它一般做成定量泵，按结构不同，齿轮泵分为外啮合齿轮泵和内啮合齿轮泵，而以外啮合齿轮泵应用最广。

一、外啮合齿轮泵

（一）外啮合齿轮泵的工作原理

图 2-3 所示为外啮合齿轮泵的工作原理，它由装在壳体内的一对齿轮所组成，齿轮两侧有端盖（图中未示出），壳体、端盖和齿轮的各个齿间槽组成了许多密封工作腔。当齿轮按图示方向旋转时，右侧吸油腔由于相互啮合的轮齿逐渐脱开，密封工作容积逐渐增大，形成部分真空，因此油箱中的油液在外界大气压力的作用下，经吸油管进入吸油腔，将齿间槽充满，并随着齿轮旋转，把油液带到左侧压油腔内。在压油区一侧，由于轮齿在这里逐渐进入啮合，密封工作腔容积不断减小，油液便被挤出去，从压油腔输送到压力管路中去。在齿轮泵的工作过程中，只要两齿轮的旋转方向不变，其吸、排油腔的位置也就确定不变。这里啮合点处的齿面接触线分隔高、低压两腔并起着配油作用，因此在齿轮泵中不需要设置专门的配流机构，这是它和其他类型容积式液压泵的不同之处。

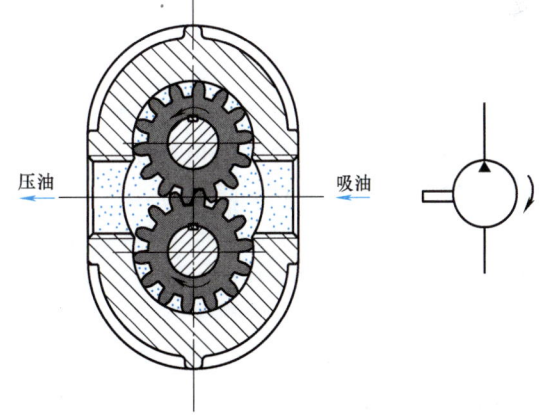

图 2-3 外啮合齿轮泵的工作原理

（二）外啮合齿轮泵的排量和流量计算

外啮合齿轮泵排量的精确计算应依啮合原理来进行，近似计算时可认为排量等于它的两个齿轮的齿间槽容积之总和，假设齿间槽的容积等于轮齿的体积，则齿轮泵的排量可以近似地等于其中一个齿轮的所有轮齿体积与齿间槽容积之和。即以齿顶圆为外圆、直径为 $(z-2)m$ 的圆为内圆的圆环为底，以齿宽为高所形成的环形筒的体积，当齿轮的模数为 m、齿宽为 B、齿数为 z 时，排量为

$$V = \frac{\pi}{4}\{[(z+2)m]^2 - [(z-2)m]^2\}B = 2\pi m^2 zB \tag{2-11}$$

实际上齿间槽的容积比轮齿的体积稍大些，经大量试验验证，通常取

$$V = 6.66zm^2B \tag{2-12}$$

因此，当驱动齿轮泵的原动机转速为 n 时，外啮合齿轮泵的理论流量和实际输出流量分别为

$$q_t = 6.66zm^2Bn \tag{2-13}$$

$$q = 6.66zm^2Bn\eta_V \tag{2-14}$$

式中，η_V 为外啮合齿轮泵的容积效率。

以上计算的是外啮合齿轮泵的平均流量，实际上随着啮合点位置的不断改变，吸、排油腔的每一瞬时的容积变化率是不均匀的，因此齿轮泵的瞬时流量是脉动的，设 q_{max}、q_{min} 表示最大、最小瞬时流量，则流量脉动率 σ 可用下式表示

$$\sigma = \frac{q_{max} - q_{min}}{q} \times 100\% \tag{2-15}$$

理论研究表明，外啮合齿轮泵齿数越少，脉动率 σ 就越大，其值最高可达 20% 以上，内啮合齿轮泵的流量脉动率要小得多。

（三）外啮合齿轮泵的结构特点和优缺点

外啮合齿轮泵的泄漏、困油和径向液压力不平衡是影响齿轮泵性能指标和寿命的三大问题。各种不同齿轮泵的结构特点之所以不同，都是因为采用了不同结构措施来解决这三大问题。

1. 泄漏

齿轮泵存在着三个可能产生泄漏的部位：齿轮端面和端盖间，齿轮外圆和壳体内孔间，以及两个齿轮的齿面啮合处。其中对泄漏影响最大的是齿轮端面和端盖间的轴向间隙，通过轴向间隙的泄漏量可占总泄漏量的 75%~80%，因为这里泄漏途径短，泄漏面积大。轴向间隙过大，泄漏量多，会使容积效率降低；但间隙过小，齿轮端面和端盖之间的机械摩擦损失增加，会使泵的机械效率降低。因此设计和制造时必须严格控制泵的轴向间隙。

2. 困油

根据齿轮啮合原理，齿轮泵要平稳工作，齿轮啮合的重合度 ε 必须大于 1（通常 $\varepsilon = 1.05~1.3$），也就是说要求在一对轮齿即将脱开啮合前，后面的一对轮齿就要开始啮合。就在两对轮齿同时啮合的这一小段时间内，留在齿间的油液困在两对轮齿和前后泵盖所形成的一个密闭空间中，如图 2-4a 所示，当齿轮继续旋转时，这个空间的容积逐渐减小，直到两个啮合点 A、B 处于节点两侧的对称位置时，如图 2-4b 所示，这时封闭容积减至最小。由于油液的可压缩性很小，当封闭空间的容积减小时，被困的油液受挤压，压力急剧上升，油液从零件接合面的缝隙中被强行挤出，使齿轮和轴承受到很大的径向力；当齿轮继续旋转，这个封闭容积又逐渐增大到图 2-4c 所示的最大位置，容积增大时又会造成局部真空，使油液

中溶解的气体分离，产生气穴现象，这些都将使齿轮泵产生强烈的噪声，这就是齿轮泵的困油现象。

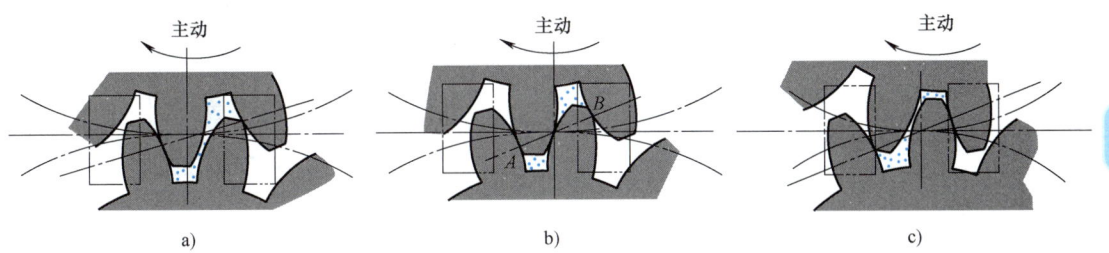

图 2-4 困油现象

消除困油的方法，通常是在齿轮泵的两侧端盖上铣两条卸荷槽（如图 2-4 中双点画线所示），当封闭容积减小时，使其与压油腔相通（图 2-4a）；而当封闭容积增大时，使其与吸油腔相通（图 2-4c）。一般的齿轮泵两卸荷槽是非对称开设的，往往向吸油腔偏移，但无论怎样，两槽间的距离 a

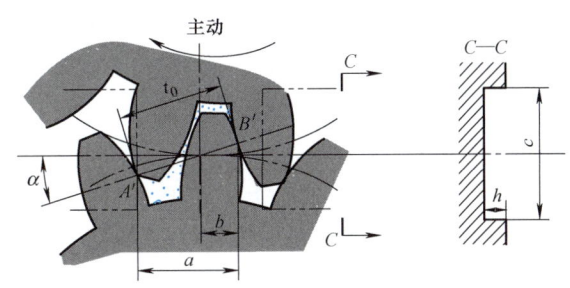

图 2-5 非对称卸荷槽尺寸

必须保证在任何时候都不能使吸油腔和压油腔相互串通。对于分度圆压力角 $\alpha = 20°$、模数为 m 的标准渐开线齿轮，$a = 2.78m$，当卸荷槽为非对称时，在压油腔一侧必须保证 $b = 0.8m$，另一方面为保证卸荷槽畅通，要求槽宽 $c > 2.5m$，槽深 $h \geq 0.8m$，如图 2-5 所示。

3. 径向不平衡力

在齿轮泵中，作用在齿轮外圆上的压力是不相等的，在压油腔和吸油腔处齿轮外圆和齿廓表面承受着工作压力和吸油腔压力，在齿轮和壳体内孔的径向间隙中，可以认为压力由压油腔压力逐渐分级下降到吸油腔压力，这些液体压力综合作用的结果，相当于给齿轮一个径向的作用力（即不平衡力）使齿轮和轴承受载。工作压力越大，径向不平衡力也越大。径向不平衡力很大时能使轴弯曲，齿顶与壳体产生接触，同时加速轴承的磨损，降低轴承的寿命。为了减小径向不平衡力的影响，有的泵上采取了缩小压油口的办法，使压力油仅作用在一个齿到两个齿的范围内，同时适当增大径向间隙，使齿轮在压力作用下，齿顶不能和壳体相接触。

4. 优缺点

外啮合齿轮泵的优点是结构简单，尺寸和质量小，制造方便，价格低廉，工作可靠，自吸能力强（容许的吸油真空度大），对油液污染不敏感，维护容易。它的缺点是一些机件承受不平衡径向力，磨损严重，泄漏大，工作压力的提高受到限制。此外，它的流量脉动大，因而压力脉动和噪声都比较大。

（四）提高外啮合齿轮泵压力的措施

要提高齿轮泵的压力，必须要减少端面的泄漏，一般采用齿轮端面间隙自动补偿的办法。图 2-6 所示为齿轮泵端面间隙的自动补偿原理。利用特制的通道把泵内压油腔的压力油引到浮动轴套的外侧,产生液压作用力,使轴套压向齿轮端面,这个力必须大于齿轮端面作用在轴套内侧的作用力,才能保证在各种压力下,轴套始终自动贴紧齿轮端面,减少泵内通过端面的泄漏,达到提高压力的目的。

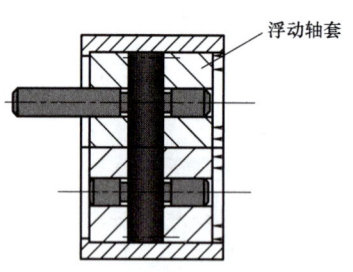

图 2-6 齿轮泵端面间隙的自动补偿原理

(五)齿轮泵的主要性能

(1) 压力 齿轮泵一般用于低压(<2.5MPa)大流量的系统。具有良好补偿措施的中小排量的齿轮泵的最高工作压力可达 25MPa 以上,大排量的齿轮泵的许用压力也可达 16~20MPa。

(2) 排量 工程上使用的齿轮泵的排量范围为 0.05~800mL/r,常用的是 2.5~250mL/r。

(3) 转速 微型齿轮泵的最高转速可达 20000r/min 以上,常用的为 1000~3000r/min,必须注意的是,其工作转速不能小于 300~500r/min。

(4) 效率 低压齿轮泵的效率 η_p 较低(一般小于 0.6),带补偿措施的齿轮泵的效率 η_p 可达到 0.8~0.9。

(5) 寿命 低压齿轮泵的寿命为 3000~5000h,高压外啮合齿轮泵在额定压力下的寿命一般只有几百小时,高压内啮合齿轮泵的寿命可达 2000~3000h。

二、螺杆泵和内啮合齿轮泵

1. 螺杆泵

螺杆泵实质上是一种外啮合的摆线齿轮泵,泵内的螺杆可以有两个,也可以有三个。图 2-7 所示为三螺杆泵的工作原理。三

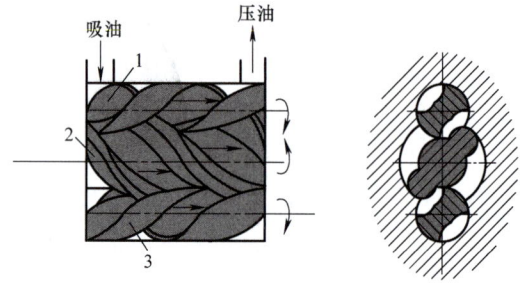

图 2-7 三螺杆泵的工作原理
1、3—从动螺杆 2—主动螺杆

个相互啮合的双头螺杆装在壳体内,主动螺杆 2 为凸螺杆,从动螺杆 1 和 3 是凹螺杆。三个螺杆的外圆与壳体的对应弧面保持着良好的配合。在横截面内,它们的齿廓由几对摆线共轭曲线组成。螺杆的啮合线把主动螺杆和从动螺杆的螺旋槽分割成多个相互隔离的密封工作腔。随着螺杆的旋转,这些密封工作腔一个接一个地在左端形成,不断地从左向右移动(主动螺杆每转一周,每个密封工作腔移动一个螺旋导程),并在右端消失。密封工作腔形成时,它的容积逐渐增大,进行吸油;密封工作腔消失时容积逐渐缩小,将油压出。螺杆泵的螺杆直径越大,螺旋槽越深,排量就越大;螺杆越长,吸油口和压油口之间的密封层次越多,密封就越好,泵的额定压力就越高。

螺杆泵结构简单、紧凑,体积和质量小,运转平稳,输油均匀,噪声小,容许采用高转速,容积效率较高(达 90%~95%),对油液的污染不敏感,因此它在一些精密机床的液压系统中得到了应用。螺杆泵的主要缺点是螺杆形状复杂,加工较困难,不易保证精度。

2. 内啮合齿轮泵

内啮合齿轮泵有渐开线齿轮泵和摆线齿轮泵(又名转子泵)两种,如图 2-8 所示,它们的工作原理和主要特点与外啮合齿轮泵完全相同。在渐开线齿形的内啮合齿轮泵中,小齿轮

和内齿轮之间要装一块月牙形的隔板，以便把吸油腔和压油腔隔开（图 2-8a）。在摆线齿形的内啮合齿轮泵中，小齿轮和内齿轮只相差一个齿，因而不需设置隔板（图 2-8b）。内啮合齿轮泵中的小齿轮为主动轮。

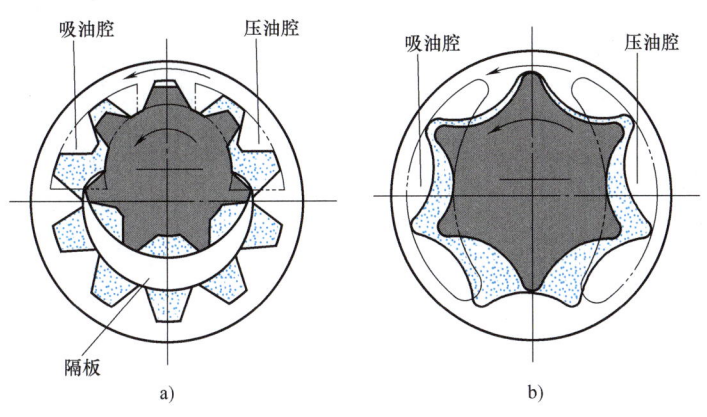

图 2-8 内啮合齿轮泵
a）渐开线齿轮泵 b）摆线齿轮泵

内啮合齿轮泵结构紧凑，尺寸和质量小，由于齿轮转向相同，相对滑动速度小，磨损小，使用寿命长，流量脉动远小于外啮合齿轮泵，因而压力脉动和噪声都较小；内啮合齿轮泵容许使用高转速（高转速下的离心力能使油液更好地充入密封工作腔），可获得较高的容积效率。摆线内啮合齿轮泵排量大，结构更简单，而且由于齿轮啮合的重合度大，传动平稳，吸油条件更为良好。

内啮合齿轮泵的缺点是齿形复杂，加工精度要求高，需要专门的制造设备，造价较贵，随着工业技术的发展，它的应用将会越来越广泛。

第三节　叶片泵

叶片泵的结构较齿轮泵复杂，但其工作压力较高，且流量脉动小，工作平稳，噪声较小，寿命较长。所以它被广泛应用于机械制造中的专用机床、自动线等中低压液压系统中，但其结构复杂，吸油特性不太好，对油液的污染也比较敏感。

根据各密封工作容积在转子旋转一周吸、排油液次数的不同，叶片泵分为两类，即完成一次吸、排油液的单作用叶片泵和完成两次吸、排油液的双作用叶片泵。单作用叶片泵多用于变量泵，工作压力最大为 7.0MPa，双作用叶片泵均为定量泵，一般最大工作压力也为 7.0MPa，结构经改进的高压叶片泵最大工作压力可达 16.0~21.0MPa。

一、单作用叶片泵

1. 单作用叶片泵的工作原理

单作用叶片泵的工作原理如图 2-9 所示，单作用叶片泵由转子 1、定子 2、叶片 3 和端盖等组成。定子具有圆柱形内表面，定子和转子间有偏心距 e，叶片装在转子槽中，并可在槽内滑动，当转子回转时，由于离心力的作用，使叶片紧靠在定子内壁，这样在定子、转子、叶片和两侧配油盘间就形成若干个密封的工作空间，当转子按图示的方向回转时，在图的右部，叶片逐渐伸出，叶片间的工作空间逐渐增大，从吸油口吸油，这是吸油腔。在图的左部，叶片被定子内壁逐渐压进槽内，工作空间逐渐缩小，将油液从压油口压出，这就是压油腔。在吸油腔和压油腔之间，有一段封油区，把吸油腔和压油腔隔开，这种叶片泵转子每转一周，每个工作空间完成一次吸油和压油，因此称为单作用叶片泵。转子不停地旋转，泵就不断地吸液和排液。

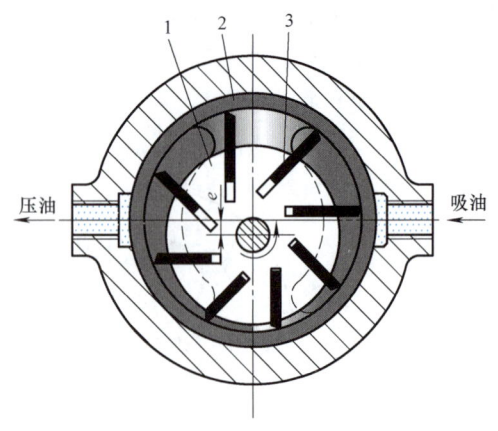

图 2-9　单作用叶片泵的工作原理
1—转子　2—定子　3—叶片

2. 单作用叶片泵的排量和流量计算

单作用叶片泵的排量为各工作容积在转子旋转一周时所排出的液体的总和，如图 2-10 所示，两个叶片形成的一个工作容积 V' 近似地等于扇形体积 V_1 和 V_2 之差，即

$$V' = V_1 - V_2 = \frac{1}{2}B\beta\left[(R+e)^2 - (R-e)^2\right]$$

$$= \frac{4\pi}{z}ReB$$

式中，R 为定子的内半径；e 为转子与定子之间的偏心距；B 为定子的宽度；β 为相邻两叶片间的夹角，$\beta = 2\pi/z$，z 为叶片的个数。

因此，单作用叶片泵的排量为

$$V = zV' = 4\pi ReB \tag{2-16}$$

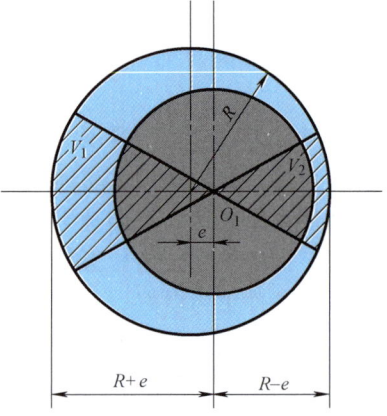

图 2-10　单作用叶片泵的排量计算简图

故当单作用叶片泵转速为 n，泵的容积效率为 η_V 时，泵的理论流量和实际流量分别为

$$q_t = Vn = 4\pi ReBn \tag{2-17}$$

$$q = q_t\eta_V = 4\pi ReBn\eta_V \tag{2-18}$$

在式（2-16）~式（2-18）的计算中并未考虑叶片的厚度以及叶片的倾角对单作用叶片泵排量和流量的影响，实际上叶片在槽中伸出和缩进时，叶片槽底部也有吸油和压油过程，一般在单作用叶片泵中，压油腔和吸油腔处的叶片的底部是分别和压油腔及吸油腔相通的，因而叶片槽底部的吸油和压油恰好补偿了叶片厚度及倾角所占据体积而引起的排量和流量的减小，这就是在计算中不考虑叶片厚度和倾角影响的缘故。

单作用叶片泵的流量是有脉动的，理论分析表明，泵内叶片数越多，流量脉动率越小，此外，叶片数为奇数的泵的脉动率比叶片数为偶数的泵的脉动率小，所以单作用叶片泵的叶片数均为奇数，一般为 13 片或 15 片。

3. 单作用叶片泵的特点

1）改变定子和转子之间的偏心便可改变流量。偏心反向时，吸油、压油方向也相反。

2）处在压油腔的叶片顶部受到压力油的作用，要把叶片推入转子槽内。为了使叶片顶部可靠地和定子内表面相接触，压油腔一侧的叶片底部要通过特殊的沟槽和压油腔相通。吸油腔一侧的叶片底部要和吸油腔相通，这里的叶片仅靠离心力的作用顶在定子内表面上。

3) 由于转子受到不平衡的径向液压作用力，所以这种泵一般不宜用于高压。

二、双作用叶片泵

（一）双作用叶片泵的工作原理

双作用叶片泵的工作原理如图 2-11 所示，它是由定子 1、转子 2、叶片 3 和配油盘（图中未画出）等组成的。转子和定子中心重合，定子内表面近似为椭圆柱形，该椭圆形由两段长半径圆弧、两段短半径圆弧和四段过渡曲线所组成。当转子转动时，叶片在离心力（建压后）和根部压力油的作用下，在转子槽内向外移动而压向定子内表面，在叶片、定子的内表面、转子的外表面和两侧配油盘间就形成若干个密封空间，当转子按图示方向顺时针旋转时，处在小圆弧上的密封空间经过渡曲线而运动到大圆弧的过程中，叶片外伸，密封空间的容积增大，要吸入油液；再从大圆弧经过渡曲线运动到小圆弧的

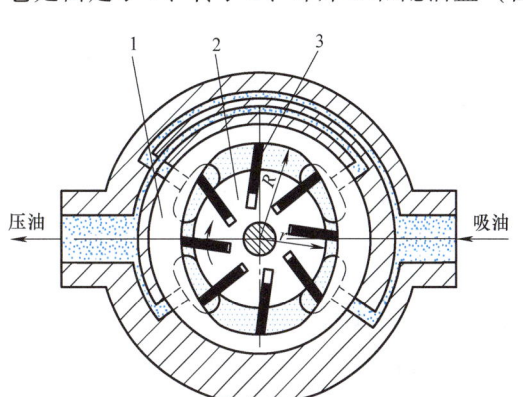

图 2-11 双作用叶片泵的工作原理
1—定子 2—转子 3—叶片

过程中，叶片被定子内壁逐渐压进槽内，密封空间容积变小，将油液从压油口压出。因而，转子每转一周，每个工作空间要完成两次吸油和压油，称之为双作用叶片泵。这种叶片泵由于有两个吸油腔和两个压油腔，并且各自的中心夹角是对称的，作用在转子上的油液压力相互平衡，因此双作用叶片泵又称为卸荷式叶片泵，为了要使径向力完全平衡，密封空间数（即叶片数）应当是双数。

（二）双作用叶片泵的排量和流量计算

双作用叶片泵的排量计算简图如图 2-12 所示，由于转子在转一周的过程中，每个密封空间完成两次吸油和压油，当定子的大圆弧半径为 R，小圆弧半径为 r，定子宽度为 B，两叶片间的夹角为 $\beta=2\pi/z$ 弧度时，每个密封容积排出的油液体积为半径为 R 和 r、扇形角为 β、厚度为 B 的两扇形体积之差的两倍，在不考虑叶片的厚度和倾角影响时，双作用叶片泵的排量为

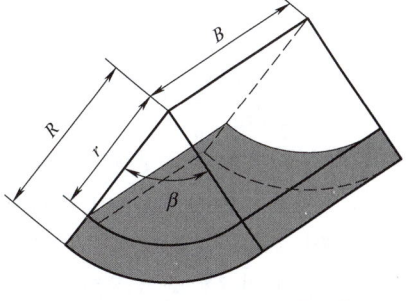

图 2-12 双作用叶片泵的排量计算简图

$$V' = 2z \frac{1}{2}\beta(R^2-r^2)B = 2\pi(R^2-r^2)B \quad (2\text{-}19)$$

一般在双作用叶片泵中，叶片底部全部接通压力油腔，因而叶片在槽中做往复运动时，叶片槽底部的吸油和压油不能补偿由于叶片厚度所造成的排量减小，为此双作用叶片泵当叶片厚度为 b、叶片安放的倾角为 θ 时的排量为

$$V = 2\pi(R^2-r^2)B - 2\frac{R-r}{\cos\theta}bzB = 2B\left[\pi(R^2-r^2) - \frac{R-r}{\cos\theta}bz\right] \quad (2\text{-}20)$$

转速为 n、容积效率为 η_V 时，双作用叶片泵的理论流量和实际输出流量分别为

$$q_t = Vn = 2B\left[\pi(R^2 - r^2) - \frac{R-r}{\cos\theta}bz\right]n \tag{2-21}$$

$$q = q_t\eta_V = 2B\left[\pi(R^2 - r^2) - \frac{R-r}{\cos\theta}bz\right]n\eta_V \tag{2-22}$$

双作用叶片泵如不考虑叶片厚度，泵的输出流量是均匀的，但实际上叶片是有厚度的，而且叶片底部槽与压油腔相通，因此泵的输出流量将出现微小的脉动，但其脉动率较其他形式的泵（螺杆泵除外）小得多，且在叶片数为 4 的整数倍时最小，为此双作用叶片泵的叶片数一般为 12 片或 16 片。

（三）双作用叶片泵的结构特点

1. 配油盘

双作用叶片泵的配油盘如图 2-13 所示，在盘上有两个吸油窗口 2、4 和两个压油窗口 1、3，窗口之间为封油区，通常应使封油区对应的中心角 α 稍大于或等于两个叶片之间的夹角 β，否则会使吸油腔和压油腔连通，造成泄漏，当两个叶片间的密封油液从吸油区过渡到封油区（长半径圆弧处）时，其压力基本上与吸油压力相同，但当转子再继续旋转一个微小角度时，该密封腔突然与压油腔相通，使其中油液压力突然升高，油液的体积突然收缩，压油腔中的油液倒流进该腔，使液压泵的瞬时流量突然减小，引起液压泵的流量脉动、压力脉动和噪声，为此在配油盘的压油窗口靠叶片从封油区进入压油区的一边开有一个截面形状为三角形的三角槽（又称眉毛槽），使两叶片之间的封闭油液在未进入压油区之前就通过该三角槽与压力油相通，使其压力逐渐上升，因而缓减了流量和压力脉动，并降低了噪声。槽 c 与压油腔相通并与转子叶片槽底部相通，使叶片的底部作用有压力油。

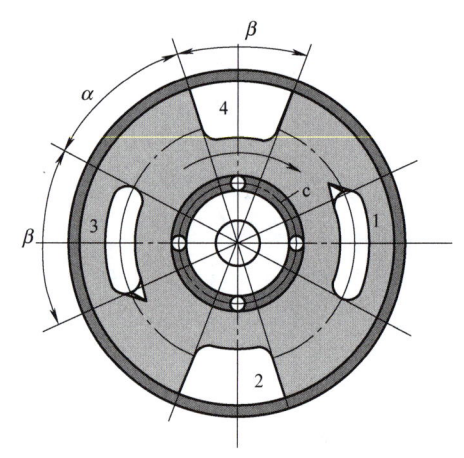

图 2-13 双作用叶片泵的配油盘

1、3—压油窗口 2、4—吸油窗口

2. 定子曲线

双作用叶片泵的定子曲线直接影响泵的性能，如流量均匀性、噪声、磨损等。定子曲线是由四段圆弧和四段过渡曲线组成的。过渡曲线应保证叶片贴紧在定子内表面上，保证叶片在转子槽中径向运动时速度和加速度的变化均匀，使叶片对定子的内表面的冲击尽可能小。

过渡曲线如采用阿基米德螺旋线，则叶片泵的流量理论上没有脉动，可是叶片在大、小圆弧和过渡曲线的连接点处产生很大的径向加速度，对定子产生冲击，造成连接点处严重磨损，并产生噪声。在连接点处用小圆弧进行修正，可以改善这种情况。在双作用叶片泵中大多采用"等加速-等减速"曲线，如图 2-14a 所示。这种曲线的极坐标方程为

$$\left.\begin{array}{l}\rho = r + \dfrac{2(R-r)}{\alpha^2}\theta^2 \quad \left(0 < \theta < \dfrac{\alpha}{2}\right) \\[2mm] \rho = 2r - R + \dfrac{4(R-r)}{\alpha}\left(\theta - \dfrac{\theta^2}{2\alpha}\right) \quad \left(\dfrac{\alpha}{2} < \theta < \alpha\right)\end{array}\right\} \tag{2-23}$$

式中符号如图 2-14 所示。

由式（2-23）可求出叶片的径向速度 $d\rho/dt$ 和径向加速度 $d^2\rho/dt^2$，可以知道：当 $0<\theta<\alpha/2$ 时，叶片的径向加速度为等加速，当 $\alpha/2<\theta<\alpha$ 时为等减速。由于叶片的速度变化均匀，故不会对定子内表面产生很大的冲击，但是，在 $\theta=0$、$\theta=\alpha/2$ 和 $\theta=\alpha$ 处，叶片的径向加速度仍有突变，还会产生一些冲击，如图 2-14b 所示。所以有些新型的叶片泵采用了三次以上的高次曲线作为过渡曲线。

3. 叶片的倾角

叶片在工作过程中，受离心力和叶片根部压力油的作用，与定子紧密接触。当叶片转至压油区时，定子内表面迫使叶片推向转子中心，它的工作情况和凸轮相似，叶片与定子内表面接触有

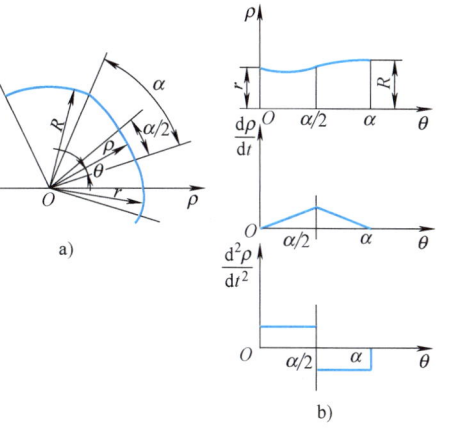

图 2-14 双作用叶片泵的定子曲线

一压力角为 φ，且大小是变化的，其变化规律与叶片径向速度变化规律相同，即从零逐渐增加到最大，又从最大逐渐减小到零，因而在双作用叶片泵中，将叶片顺着转子回转方向前倾一个 θ 角，这样可使压力角减小为 φ'，并减小侧向力 F_T，使叶片在槽中移动灵活，并可减少磨损，如图 2-15 所示，根据双作用叶片泵定子内表面的几何参数，其压力角的最大值 $\varphi_{max}\approx 24°$。一般取 $\theta=\varphi_{max}/2$，因而叶片泵叶片的倾角 θ 一般取 $10°\sim 14°$。YB 型叶片泵的叶片相对于转子径向连线前倾 $13°$。但近年的研究表明，叶片倾角并非完全必要，某些高压双作用叶片泵的转子槽是径向的，且使用情况良好。

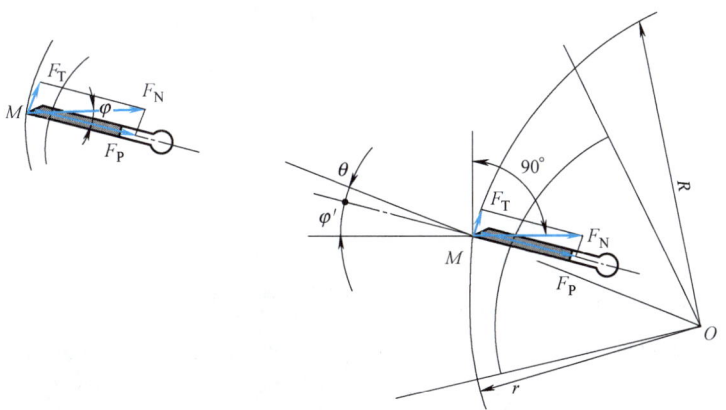

图 2-15 双作用叶片泵叶片的倾角

（四）提高双作用叶片泵压力的措施

由于一般双作用叶片泵的叶片底部通压力油，就使得处于吸油区的叶片顶部和底部的液压作用力不平衡，叶片顶部以很大的压紧力抵在定子吸油区的内表面上，使磨损加剧，影响叶片泵的使用寿命，尤其是工作压力较高时，磨损更严重，因此吸油区叶片两端压力不平衡，限制了双作用叶片泵工作压力的提高。所以在高压叶片泵的结构上必须采取措施，使叶片压向定子的作用力减小，常用的措施有：

(1) 减小作用在叶片底部的油液压力　将泵压油腔的油液通过阻尼槽或内装式小减压阀通到吸油区的叶片底部，使叶片经过吸油腔时，叶片压向定子内表面的作用力不致过大。

(2) 减小叶片底部承受压力油作用的面积　图 2-16a 所示为复合式叶片（也称子母叶片）结构，通过配油盘使 K 腔总是接通压力油，并引入母子叶片间的小腔 c 内，而母叶片底部 L 腔则借助于虚线所示的油孔始终与顶部油液的压力相同。这样，当叶片处在吸油腔时，只有 c 腔的高压油作用而压向定子内表面，减小了叶片和定子内表面间的作用力。

图 2-16b 所示为阶梯叶片结构，在这里，油室 d 始终和压力油相通，而叶片的底部则和所在腔相通。这样，叶片在 d 室内油液压力作用下压向定子表面，由于作用面积减小，使其作用力不致太大，但这种结构的工艺性较差。

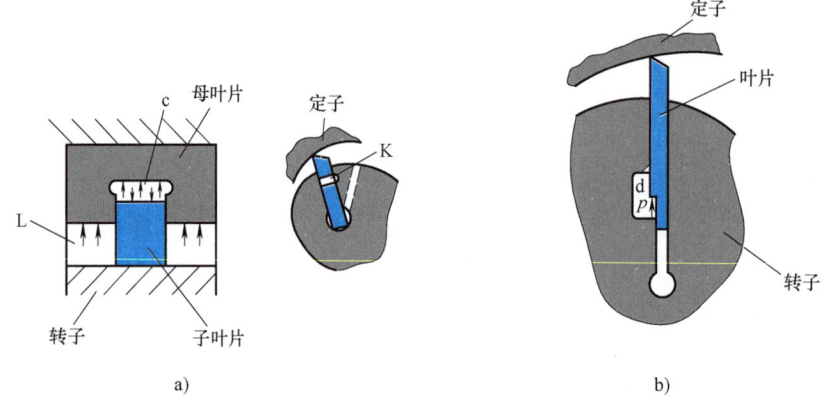

图 2-16　减小叶片作用面积的高压叶片泵叶片结构

(3) 使叶片顶部和底部的液压作用力平衡　图 2-17a 所示为双叶片结构，叶片槽中有两个可以做相对滑动的叶片 1 和 2，每个叶片都有一棱边与定子内表面接触，在叶片的顶部形成一个油腔口，叶片底部油腔 b 始终与压油腔相通，并通过两叶片间的小孔 c 与油腔 a 相连通，因而使叶片顶端和底部的液压作用力得到平衡。

图 2-17b 所示为叶片装弹簧的结构，这种结构叶片 1 较厚，顶部与底部有孔相通，叶片底部的油液是由叶片顶部经叶片中的孔引入的，因此叶片上下油腔油液的作用力基本平衡，为使叶片紧贴定子内表面，保证密封，在叶片根部装有弹簧。

三、双级叶片泵和双联叶片泵

1. 双级叶片泵

为了得到较高的工作压力，也可以不用高压叶片泵，而用双级叶片泵。双级叶片泵是由两个普通压力的单级叶片泵装在一个泵体内在油路上串接而成的，如果单级泵的压力可达 7.0MPa，双级泵的工作压力就可达 14.0MPa。

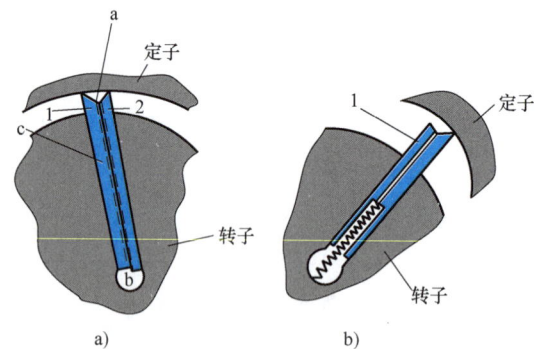

图 2-17　叶片液压力平衡的高压叶片泵叶片结构

双级叶片泵的工作原理如图 2-18 所示，两个单级叶片泵的转子装在同一根传动轴上，当传动轴回转时就带动两个转子一起转动。第一级泵经吸油管从油箱吸油，输出的油液就送入第二级泵的吸油口，第二级泵的输出油液经管路送往工作系统。设第一级泵输出压力为 p_1，第二级泵输出压力为 p_2，正常工作时 $p_2 = 2p_1$。但是由于两个泵的定子内壁曲线和宽度等不可能做得完全一样，两个单级泵排量就不可能完全相等。如果第二级泵排量大于第一级泵，第二级泵的吸油压力（也就是第一级泵的输出压力）就要降低，第二级泵前后压力差就加大，因此载荷就增大；反之，第一级泵的载荷就增大。为了平衡两个泵的载荷，在泵体内设有载荷平衡阀。第一级泵和第二级泵的输出油路分别经管路 1 和 2 通到平衡阀的大滑阀和小滑阀的端面，两滑阀的面积比为 $A_1/A_2 = 2$。当第一级泵的流量大于第二级时，油液压力 p_1 就增大，使 $p_1 > p_2/2$，因此 $p_1 A_1 > p_2 A_2$，平衡阀被推向右，第一级泵的多余油液从管路 1 经阀口流回第一级泵的进油管路，使两个泵的载荷获得平衡；当第二级泵的流量大于第一级时，油压 p_1 就降低，使 $p_1 A_1 < p_2 A_2$，平衡阀被推向左，第二级泵输出的部分油液从管路 2 经阀口流回第二级泵的进油口而获得平衡；当两个泵的排量绝对相等时，平衡阀两边的阀口都封闭。

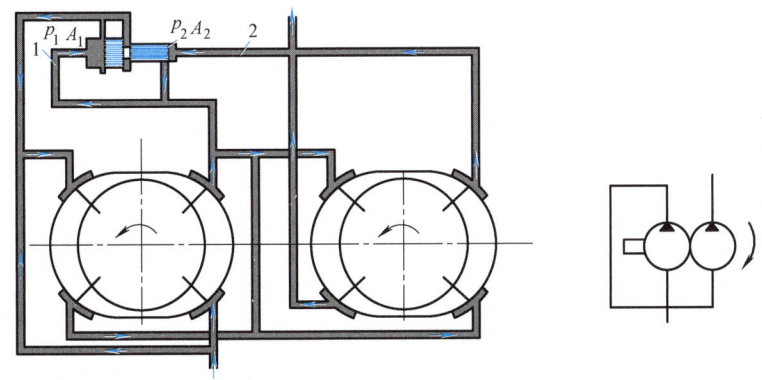

图 2-18 双级叶片泵的工作原理

2. 双联叶片泵

双联叶片泵是由两个单级叶片泵装在一个泵体内在油路上并联组成的。两个叶片泵的转子由同一传动轴带动旋转，并各有独立的出油口，两个泵可以是相等流量的，也可以是不等流量的。

双联叶片泵常用于有快进和工作进给要求的机械加工专用机床中，这时双联泵由一小流量泵和一大流量泵组成，当快速进给时，两个泵同时供油（此时压力较低），当工作进给时，由小流量泵供油（此时压力较高），同时在油路系统上使大流量泵卸荷，这与采用一个高压大流量的泵相比，可以节省能源，减少油液发热。这种双联叶片泵也常用于机床液压系统中需要两个互不影响的独立油路中。

四、限压式变量叶片泵

1. 限压式变量叶片泵的工作原理

限压式变量叶片泵是单作用叶片泵，根据前面介绍的单作用叶片泵的工作原理，改变定子和转子间的偏心距 e 就能改变泵的输出流量，限压式变量叶片泵能借助输出压力的大小自动改变偏心距 e 的大小来改变输出流量。当压力低于某一可调节的限定压力时，泵的输出流量最大；当压力高于限定压力时，随着压力的增加，泵的输出流量线性地减少，其工作原理如图 2-19 所示。图中，1 为转子，在转子槽中装有叶片，2 为定子，3 为配油盘上的吸油窗口，8为压油窗口，9为调压弹簧，10为调压螺钉，4为柱塞，5为螺钉（调节流量）。泵的出口经通道7与柱塞缸6相通。在泵未运转时，定子在调压弹簧9的作用下，紧靠柱塞4，并使柱塞4靠在螺钉5上。这时，定子和转子有一偏心量e_0。调节螺钉5的位置，便可改变e_0。当泵的出口压力p较低时，则作用在柱塞4上的液压力也较小，若此液压力小于上端的弹簧作用力，当柱塞的面积为A，调压弹簧的刚度为k_s，预压缩量为x_0时，有

$$pA < k_s x_0 \tag{2-24}$$

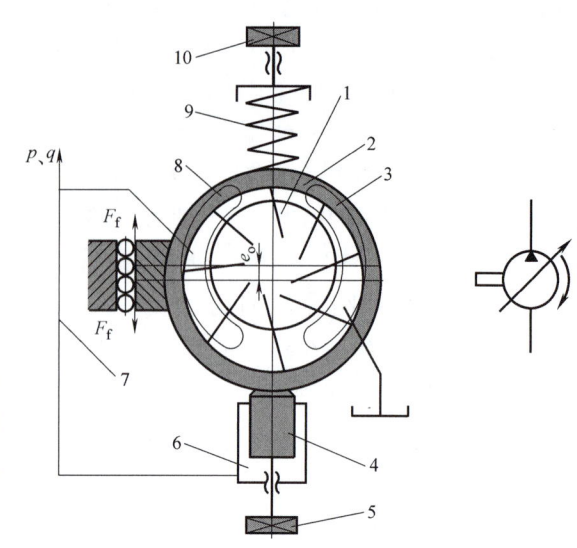

图2-19 限压式变量叶片泵的工作原理
1—转子 2—定子 3—吸油窗口 4—柱塞 5—螺钉 6—柱塞缸
7—通道 8—压油窗口 9—调压弹簧 10—调压螺钉

此时，定子相对于转子的偏心量最大，输出流量最大。随着外负载的增大，液压泵的出口压力p也将随之提高，当压力升至与弹簧力相平衡的控制压力p_B时，有

$$p_B A = k_s x_0 \tag{2-25}$$

当压力进一步升高，就有$pA > k_s x_0$，这时，若不考虑定子移动时的摩擦力，液压作用力就要克服弹簧力推动定子向上移动，随之泵的偏心量减小，泵的输出流量也减小。p_B称为泵的限定压力，即泵处于最大流量时所能达到的最高压力，调节调压螺钉10，可改变弹簧的预压缩量x_0，即可改变p_B的大小。

设定子的最大偏心量为e_0，偏心量减小时，弹簧的附加压缩量为x，则定子移动后的偏心量e为

$$e = e_0 - x \tag{2-26}$$

这时定子上的受力平衡方程式为

$$pA = k_s (x_0 + x) \tag{2-27}$$

将式（2-25）、式（2-27）代入式（2-26）可得

$$e = e_0 - \frac{A(p - p_B)}{k_s} \quad (p \geqslant p_B) \tag{2-28}$$

式（2-28）表示了泵的工作压力与偏心量的关系，由式（2-28）可以看出，泵的工作压力越高，偏心量就越小，泵的输出流量也就越小，且当$p = k_s(e_0 + x_0)/A$时，泵的输出流量为零，控制定子移动的作用力是将液压泵出口的压力油引到柱塞上，然后再加到定子上去，这种控制方式称为外反馈式。

2. 限压式变量叶片泵的特性曲线

限压式泵在工作过程中，当工作压力p小于预先调定的压力p_B时液压作用力不能克服弹簧的预紧力，这时定子的偏心距保持最大偏心量不变，因此泵的输出流量q_A不变，但由

于供油压力增大时，泵的泄漏流量 q_1 也增加，所以泵的实际输出流量 q 也略有减少，如图 2-20 所示的限压式变量叶片泵的特性曲线中的 AB 段所示。调节螺钉 5（见图 2-19），可调节最大偏心量（初始偏心量）的大小，从而改变泵的最大输出流量 q_A，特性曲线 AB 段上下平移，当泵的供油压力 p 超过预先调整的压力 p_B 时，液压作用力大于弹簧的预紧力，此时弹簧受压，定子向偏心量减小的方向移动，使泵的输出流量减小，压力越高，弹簧压缩量越大，偏心量越小，输出流量越小，其变化规律如特性曲线 BC 段所示。调节调压弹簧 9（见图 2-19），

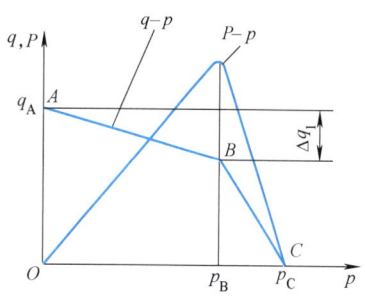

图 2-20 限压式变量叶片泵的特性曲线

可改变限定压力 p_B 的大小，这时特性曲线 BC 段左右平移，而改变调压弹簧的刚度 k_s 时，可以改变 BC 段的斜率，弹簧越"软"（k_s 值越小），BC 段越陡，p_{max} 值越小；反之，弹簧越"硬"（k_s 值越大），BC 段越平坦，p_{max} 值也越大。当定子和转子之间的偏心量为零时，系统压力达到最大值 $p_C=p_{max}$。该压力称为截止压力，实际上由于泵的泄漏存在，当偏心量尚未达到零时，泵实际向系统输出的流量已为零。

3. 限压式变量叶片泵与双作用叶片泵的区别

1) 在限压式变量叶片泵中，当叶片处于压油区时，叶片底部通压力油，当叶片处于吸油区时，叶片底部通吸油腔，这样，叶片的顶部和底部的液压力基本平衡，这就避免了双作用叶片泵在吸油区定子内表面严重磨损的问题。并且，如果在吸油腔叶片底部仍通压力油，叶片顶部就会给定子内表面以较大的摩擦力，以致减弱了压力反馈的作用。

2) 叶片也有倾角，但倾斜方向正好与双作用叶片泵相反。这是因为限压式变量叶片泵的叶片上下压力是平衡的，叶片在吸油区向外运动主要依靠其旋转时的离心惯性作用。根据力学分析，这样的倾斜方向更有利于叶片在离心惯性作用下向外伸出。

3) 限压式变量叶片泵结构复杂，轮廓尺寸大，相对运动的机件多，泄漏较大，轴上受有不平衡的径向液压力，噪声较大，容积效率和机械效率都没有双作用叶片泵高；但是，它能按负载压力自动调节流量，在功率使用上较为合理，可减少油液发热。

限压式变量叶片泵对既要实现快速行程，又要实现工作进给（慢速移动）的执行元件来说是一种合适的油源：快速行程需要大的流量，负载压力较低，正好使用特性曲线的 AB 段；工作进给时负载压力升高，需要流量减少，正好使用其特性曲线的 BC 段，因而合理调整拐点压力 p_B 是使用该泵的关键。目前这种泵被广泛用于要求执行元件有快、慢速和保压阶段的中低压系统中，有利于节能和简化回路。

五、叶片泵的主要性能

(1) **压力** 中低压叶片泵的额定压力一般为 6.3MPa，双作用高压叶片泵的最高工作压力可达 28~30MPa，变量叶片泵的压力一般不超过 17.5MPa。

(2) **排量** 叶片泵的排量范围为 0.5~4200mL/r，常用的双作用叶片泵为 2.5~300mL/r，变量叶片泵为 6~120mL/r。

(3) **转速** 小排量双作用叶片泵的最高转速可达 8000~10000r/min，一般排量的叶片泵为 1500~2000r/min，常用的变量叶片泵最高转速大约为 3000r/min，但最低转速不能小于

600~900r/min。

(4) **效率** 双作用叶片泵的容积效率较高,可达93%~95%,但机械效率较低,其总效率与齿轮泵差不多。

(5) **寿命** 叶片泵的寿命高于齿轮泵,高压叶片泵的使用寿命可达5000h以上。

第四节 柱塞泵

柱塞泵是靠柱塞在缸体中做往复运动造成密封容积的变化来实现吸油与压油的液压泵。与齿轮泵和叶片泵相比,柱塞泵有许多优点:①构成密封容积的零件为圆柱形的柱塞和缸体孔,加工方便,可得到较高的配合精度,密封性能好,在高压下工作仍有较高的容积效率;②只需改变柱塞的工作行程就能改变流量,易于实现变量;③柱塞泵主要零件均受压应力,材料强度性能可得以充分利用。由于柱塞泵压力高,结构紧凑,效率高,流量调节方便,故在需要高压、大流量、大功率的系统中和流量需要调节的场合,如龙门刨床、拉床、液压机、工程机械、矿山冶金机械、船舶上得到了广泛的应用。

柱塞泵按柱塞的排列和运动方向不同,可分为径向柱塞泵和轴向柱塞泵两大类。

一、径向柱塞泵

1. 径向柱塞泵的工作原理

径向柱塞泵的工作原理如图2-21所示,柱塞1径向排列安装在缸体2中,缸体由原动机带动连同柱塞1一起旋转,所以缸体2一般称为转子,柱塞1在离心力(或低压油)的作用下抵紧定子4内壁,当转子按图示顺时针方向回转时,由于定子和转子之间有偏心距e,柱塞绕经上半周时向外伸出,柱塞底部的容积逐渐增大,形成部分真空,因此便经过衬套3(衬套3是压紧在转子内,并和转子一起回转)上的油孔从配油轴5的吸油口b吸油;当柱塞转到下半周时,定子内壁将柱塞向里推,柱塞底部的容积逐渐减小,向配油轴的压油口c压油;当转子回转一周时,每个柱塞底部的密封容积完成一次吸压油,转子连续运转,即完成吸压油工作。配油轴固定不动,油液从配油轴上半部的两个孔a流入;从下半部两个油孔d压出,为了进行配油,配油轴5在和衬套3接触的一段加工出上下两个缺口,形成吸油口b和压油口c,留下的部分形成封油区,封油区的宽度应能封住衬套上的吸压油孔,以防吸油口和压油口相连通,但尺寸也不能大得太多,以免产生困油现象。

径向柱塞泵的流量因偏心距e的大小而不同,若偏心距e做成可调的(一般是使定子做水平移动以调节偏心量),就成为变量泵,如偏心距的方向改变后,进油口和压油口也随之互相变换,这就是双向变量泵。

由于径向柱塞泵径向尺寸大,结构较复杂,自吸能力差,且配油轴受到径向不平衡液压力的作用,易于磨损,从而限制了其转速和压力的提高。

2. 径向柱塞泵的排量和流量计算

当转子和定子之间的偏心距为e时,柱塞在缸体孔中的行程为$2e$,设柱塞个数为z,直径为d时,泵的排量为

$$V=\frac{\pi}{4}d^2(2e)z \tag{2-29}$$

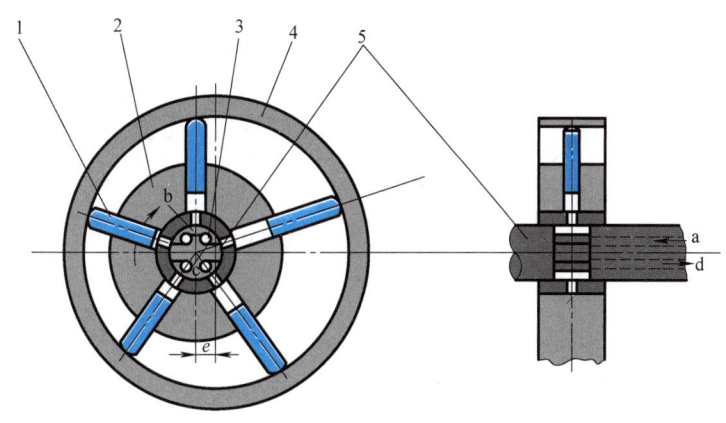

图 2-21 径向柱塞泵的工作原理
1—柱塞　2—缸体　3—衬套　4—定子　5—配油轴

设泵的转速为 n，容积效率为 η_V，则泵的实际输出流量为

$$q = \frac{\pi}{4}d^2(2e)zn\eta_V = \frac{\pi d^2}{2}ezn\eta_V \tag{2-30}$$

由于径向柱塞泵中的柱塞在缸体中移动速度是变化的，因此泵的输出流量是有脉动的，当柱塞较多且为奇数时，流量脉动也较小。

二、轴向柱塞泵

（一）轴向柱塞泵的工作原理

轴向柱塞泵是将多个柱塞轴向配置在一个共同缸体的圆周上，并使柱塞中心线和缸体中心线平行的一种泵，轴向柱塞泵有直轴式（斜盘式）和斜轴式（摆缸式）两种形式。图 2-22a 所示为直轴式轴向柱塞泵的工作原理，这种泵主要由缸体 1、配油盘 2、柱塞 3 和斜盘 4 组成。柱塞沿圆周均匀分布在缸体内。斜盘与缸体轴线倾斜一角度，柱塞靠机械装置或低压油作用下压紧在斜盘上（图中为弹簧），配油盘 2 和斜盘 4 固定不转，当原动机通过传动轴使缸体转动时，由于斜盘的作用，迫使柱塞在缸体内做往复运动，并通过配油盘的配油窗口进行吸油和压油。如图 2-22a 中所示回转方向，当缸体转角在 $\pi \sim 2\pi$ 范围内，柱塞向外伸出，柱塞底部的密封工作容积增大，通过配油盘的吸油窗口吸油；在 $0 \sim \pi$ 范围内，柱塞被斜盘推入缸体，使密封容积减小，通过配油盘的压油窗口压油。缸体每转一周，每个柱塞各完成吸、压油一次，如改变斜盘倾角 γ，就能改变柱塞行程的长度，即改变液压泵的排量，改变斜盘倾角方向，就能改变吸油和压油的方向，即成为双向变量泵。

配油盘上吸油窗口和压油窗口之间的封油区宽度 l 应稍大于柱塞缸体底部通油孔宽度 l_1，但不能相差太大，否则会发生困油现象。一般在两配油窗口的两端部开有三角形卸荷槽，以减少冲击和噪声。

图 2-22b 所示为斜轴式轴向柱塞泵的工作原理。缸体轴线相对传动轴轴线成一倾斜角 γ，传动轴端部用万向铰链、连杆与缸体中的每个柱塞相连接，当传动轴转动时，通过万向铰链、连杆使柱塞和缸体一起转动，并迫使柱塞在缸体中做往复运动，借助配油盘进行吸油和压油。这类泵的优点是变量范围大，泵的强度较高，但和上述直轴式相比，其结构较复

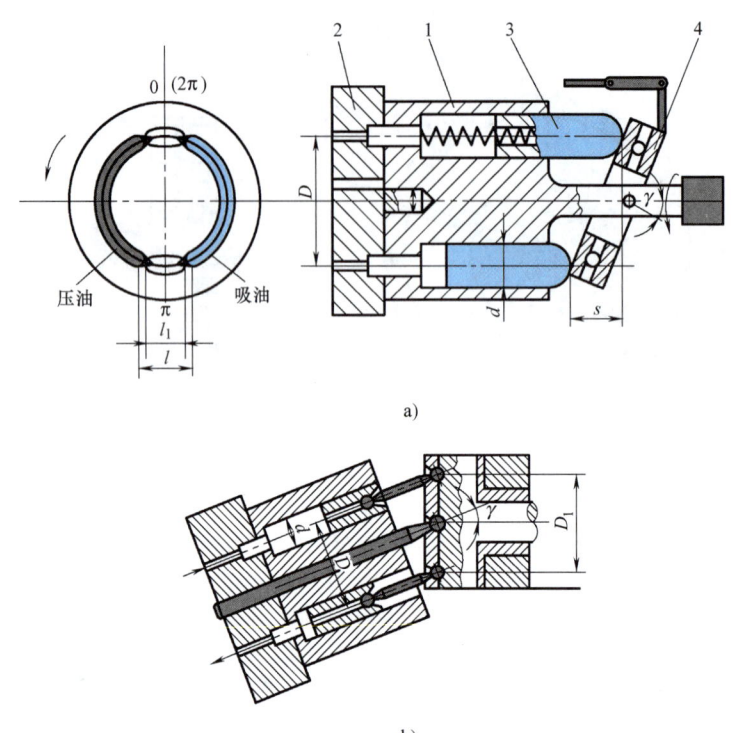

图 2-22 轴向柱塞泵的工作原理
a）直轴式 b）斜轴式
1—缸体 2—配油盘 3—柱塞 4—斜盘

杂，外形尺寸和质量均较大。

轴向柱塞泵的结构紧凑，径向尺寸小，惯性小，容积效率高，目前最高压力可达40.0MPa，甚至更高，一般用于工程机械、压力机等高压系统中，但其轴向尺寸较大，轴向作用力也较大，结构比较复杂。

（二）轴向柱塞泵的排量和流量计算

如图 2-22 所示，柱塞直径为 d，柱塞分布圆直径为 D，斜盘倾角为 γ 时，柱塞的行程 $s = D\tan\gamma$，所以当柱塞数为 z 时，轴向柱塞泵的排量为

$$V = \frac{\pi}{4}d^2 D\tan\gamma z \tag{2-31}$$

设泵的转速为 n，容积效率为 η_V，则泵的实际输出流量为

$$q = \frac{\pi}{4}d^2 D\tan\gamma z n \eta_V \tag{2-32}$$

实际上，由于柱塞在缸体孔中的运动不是恒速的，因而输出流量是有脉动的，当柱塞数为奇数时，脉动较小，且柱塞数多脉动也较小，因而一般常用的柱塞泵的柱塞个数为 7、9 或 11。

（三）轴向柱塞泵的结构特点

1. 典型结构

图 2-23 所示为一种直轴式轴向柱塞泵的结构。图中 11 为斜盘、7 为柱塞、3 为缸体、4

为配油盘、6为传动轴。这里柱塞的球状头部装在滑履9内,以缸体为支撑的弹簧2通过钢球推压回程盘10,回程盘和柱塞滑履一同转动。在排液过程中借助斜盘11推动柱塞做轴向运动;在吸油时依靠回程盘、钢球和弹簧组成的回程装置将滑履紧紧压在斜盘表面上滑动,弹簧2一般称为回程弹簧,这样的泵具有自吸能力。在滑履与斜盘相接触的部分有一油室,它通过柱塞中间的小孔与缸体中的工作腔相连,压力油进入油室后在滑履与斜盘的接触面间形成了一层油膜,起着静压支承的作用,使滑履作用在斜盘上的力大大减小;因而磨损也减小。传动轴6通过左边的花键带动缸体3旋转,由于滑履9贴紧在斜盘表面上,柱塞在随缸体旋转的同时在缸体中做往复运动。缸体中柱塞底部的密封工作容积是通过配油盘4与泵的进出口相通的。随着传动轴的转动,液压泵就连续地吸油和排油。

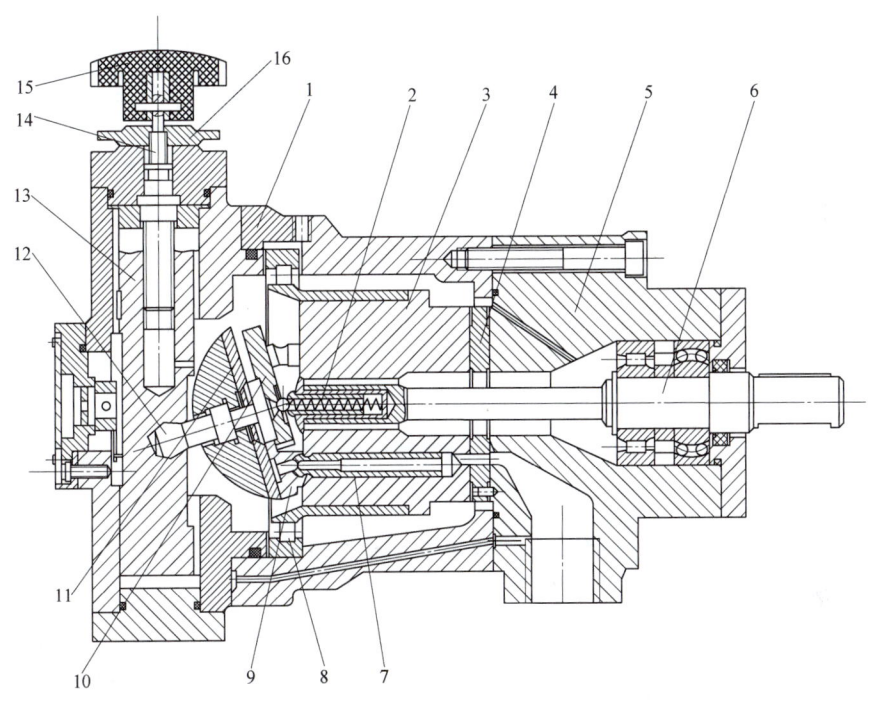

图 2-23 直轴式轴向柱塞泵的结构

1—泵体 2—弹簧 3—缸体 4—配油盘 5—前泵体 6—传动轴 7—柱塞 8—轴承
9—滑履 10—回程盘 11—斜盘 12—轴销 13—变量活塞 14—丝杠 15—手轮 16—螺母

2. 变量机构

由式(2-32)可知,若要改变轴向柱塞泵的输出流量,只要改变斜盘的倾角 γ,即可改变轴向柱塞泵的排量和输出流量。下面介绍常用的轴向柱塞泵的手动变量机构和伺服变量机构的工作原理。

(1) 手动变量机构 如图 2-23 所示,转动手轮 15,使丝杠 14 转动,带动变量活塞 13 做轴向移动(因导向键的作用,变量活塞只能做轴向移动,不能转动)。通过轴销 12 使斜盘 11 绕变量机构壳体上的圆弧导轨面的中心(即为钢球中心)旋转,从而使斜盘倾角改变,达到变量的目的,当流量达到要求时,可用螺母 16 锁紧。这种变量机构结构简单,但操纵不轻便,且不能在工作过程中变量。

(2) 伺服变量机构 图 2-24a 所示为轴向柱塞泵的伺服变量机构,以此机构代替图 2-23

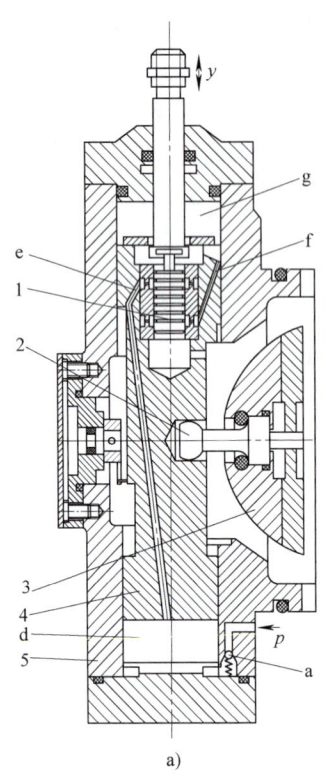
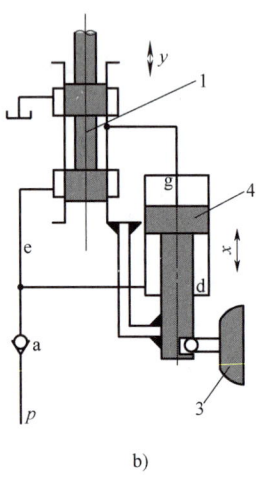

图 2-24 轴向柱塞泵的伺服变量机构
1—阀芯 2—球铰 3—斜盘 4—活塞 5—壳体

所示轴向柱塞泵中的手动变量机构,就成为手动伺服变量泵。其工作原理为:泵输出的高压油由通道经单向阀口进入变量机构壳体 5 的下腔 d,液压力作用在变量活塞 4 的下端。当与伺服阀阀芯 1 相连接的拉杆不动时(图示状态),变量活塞 4 的上腔 g 处于封闭状态,变量活塞不动,斜盘 3 在某一相应的位置上。当使拉杆向下移动时,推动阀芯 1 一起向下移动,d 腔的压力油经通道 e 进入上腔 g。由于变量活塞上端的有效面积大于下端的有效面积,向下的液压力大于向上的液压力,故变量活塞 4 也随之向下移动,直到将通道 e 的油口封闭为止。变量活塞的移动量等于拉杆的位移量,当变量活塞向下移动时,通过轴销带动斜盘 3 摆动,斜盘倾斜角增加,泵的输出流入随之增加;当拉杆带动伺服阀阀芯向上运动时,阀芯将通道 f 打开,上腔 g 通过卸压通道 f 接通油箱而卸压,变量活塞向上移动,直到阀芯将卸压通道关闭为止。它的移动量也等于拉杆的移动量。这时斜盘也被带动做相应的摆动,使倾斜角减小,泵的流量也随之相应地减小。图 2-24b 所示为该伺服机构的工作原理图。由以上可知,伺服变量机构是通过操纵液压伺服阀动作,利用泵输出的压力油推动变量活塞来实现变量的。故加在拉杆上的力很小,控制灵敏。拉杆可用手动方式或机械方式操作,斜盘可以倾斜±18°,故在工作过程中泵的吸压油方向可以变换,因而这种泵可做双向变量液压泵。

除了以上介绍的两种变量机构以外,轴向柱塞泵还有很多种变量机构。如恒功率变量机构、恒压变量机构、恒流量变量机构等,这些变量机构与轴向柱塞泵的泵体部分组合就成为各种不同变量方式的轴向柱塞泵,在此不一一介绍。

(四)双端面配油轴向柱塞泵简介

双端面配油轴向柱塞泵是一种双端面进油、单端面排油、靠吸油自冷却的新型轴向柱塞泵。该泵的工作原理和自冷却原理如图 2-25 所示,由于在结构上采用双端面进油,因而去掉了泄漏回油管路,并使冷却流量与容积效率无关,这种泵可在普通的轴向柱塞泵的基础上改制,其结构简单效率高,质量小,温升低,寿命长,转速范围大(最高可达 3000r/min),工作压力高(最大可达 40.0~80.0MPa),但由于在斜盘上开有进油槽,因而这种泵无法做成双向变量泵和液压马达。

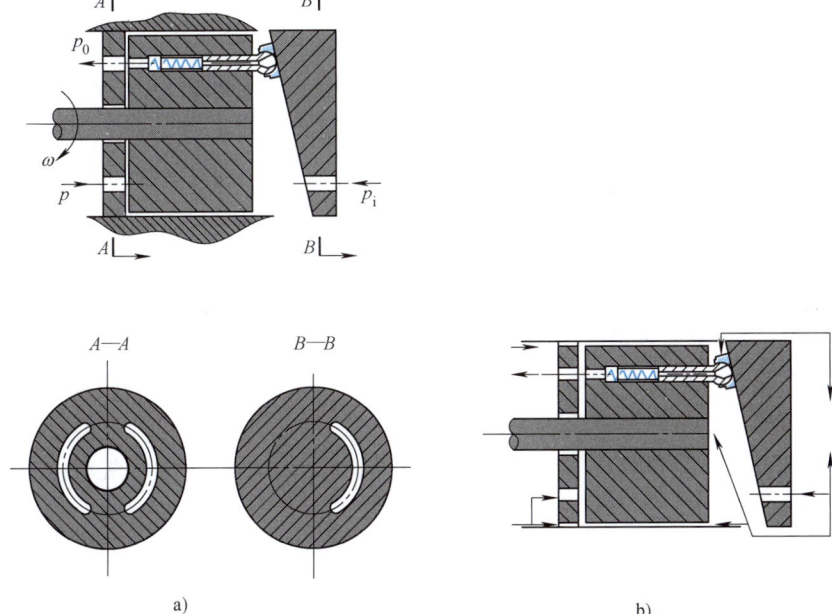

图 2-25 双端面配油轴向柱塞泵的工作原理和自冷却原理
a) 工作原理 b) 自冷却原理

三、柱塞泵的主要性能

(1) 压力 柱塞泵主要应用在高压(16~32MPa)的场合,广泛应用的轴向柱塞泵的额定压力可达 40~48MPa,某些专用柱塞泵的最高压力可达 160MPa。

(2) 排量 柱塞泵的排量范围分布较广,最小的可达到 0.1mL/r,最大的超过 3000mL/r。

(3) 转速 柱塞泵的许用转速较高,小排量的可超过 10000r/min,中等排量(10~200mL/r)的转速范围为 3000~5000r/min,大规格的柱塞泵在有辅助泵供油的情况下也可达到 2000r/min 以上。但大中规格的阀式配油的柱塞泵的转速都比较低。

(4) 效率 柱塞泵具有较高的容积效率和机械效率,其总效率可达到 0.9 以上。

(5) 寿命 柱塞泵在额定工况下有较长的使用寿命,最高可达 10000~12000h。

第五节 液压泵的噪声

噪声对人们的健康十分有害,随着工业生产的发展,工业噪声对人们的影响越来越严重，已引起人们的关注。目前液压技术正向着高压、大流量和大功率的方向发展，产生的噪声也随之增加，而在液压系统中的噪声，液压泵的噪声占有很大的比例。因此，研究减小液压系统的噪声，特别是液压泵的噪声，已引起液压界广大工程技术人员和专家学者的重视。

液压泵的噪声大小和液压泵的种类、结构、大小、转速以及工作压力等很多因素有关。

一、产生噪声的原因

1）泵的流量脉动和压力脉动，造成泵构件振动。这种振动有时还可能产生谐振。谐振频率可以是流量脉动频率的 2 倍、3 倍或更大，泵的基本频率及其谐振频率若和机械的或液压的自然频率相一致，则噪声便大大增加。研究结果表明，转速增加对噪声的影响一般比压力增加还要大。

2）泵的工作腔从吸油腔突然与压油腔相通，或从压油腔突然和吸油腔相通时，油液流量和压力突变会产生噪声。

3）空穴现象。当泵吸油腔中的压力小于油液所在温度下的空气分离压时，溶解在油液中的空气要析出而变成气泡，这种带有气泡的油液进入高压腔时，气泡被击破，形成局部的高频压力冲击，从而引起噪声。

4）泵内流道截面突然扩大和收缩、急拐弯，以及流道截面过小而导致液体湍流、漩涡及喷流，使噪声加大。

5）由于机械原因，如转动部分不平衡、轴承不良、泵轴的弯曲等机械振动引起的机械噪声。

二、降低噪声的措施

1）减少和消除液压泵内部油液压力的急剧变化。
2）可在液压泵的出口安装消声器，吸收液压泵流量及压力脉动。
3）当液压泵安装在油箱上时，使用橡胶垫减振。
4）压油管的一段用高压软管，对液压泵和管路的连接进行隔振。
5）采用直径较大的吸油管，减小管道局部阻力，防止液压泵产生空穴现象；采用大容量的吸油过滤器，防止油液中混入空气；合理设计液压泵，提高零件刚度。

第六节　液压泵的选用

液压泵是向液压系统提供一定流量和压力的油液的动力元件，它是每个液压系统不可缺少的核心元件，合理地选择液压泵对于降低液压系统的能耗、提高系统的效率、降低噪声、改善工作性能和保证系统的可靠工作都十分重要。

选择液压泵的原则是：根据主机工况、功率大小和系统对工作性能的要求，首先确定液压泵的类型，然后按系统所要求的压力、流量大小确定其规格型号。表 2-1 列出了液压系统中常用液压泵的主要性能比较。

一般来说，由于各类液压泵有各自突出的特点，其结构、功用和运转方式各不相同，因此应根据不同的使用场合选择合适的液压泵。一般在机床液压系统中，往往选用双作用叶片泵和限压式变量叶片泵；而在筑路机械、港口机械以及小型工程机械中，往往选择抗污染能力较强的齿轮泵；在负载大、功率大的场合往往选择柱塞泵。

表 2-1 液压系统中常用液压泵的主要性能比较

性 能	外啮合齿轮泵	双作用叶片泵	限压式变量叶片泵	径向柱塞泵	轴向柱塞泵	螺杆泵
输出压力	低压	中压	中压	高压	高压	低压
流量调节	不能	不能	能	能	能	不能
效率	低	较高	较高	高	高	较高
输出流量脉动	很大	很小	一般	一般	一般	最小
自吸特性	好	较差	较差	差	差	好
对油的污染敏感性	不敏感	较敏感	较敏感	很敏感	很敏感	不敏感
噪声	大	小	较大	大	大	最小

习 题

2-1 某液压泵的输出压力为 5MPa，排量为 10mL/r，机械效率为 0.95，容积效率为 0.9，当转速为 1200r/min 时，泵的输出功率和驱动泵的电动机的功率各为多少？

2-2 某液压泵的转速为 950r/min，排量 $V_p = 168$mL/r，在额定压力 29.5MPa 和同样转速下，测得的实际流量为 150L/min，额定工况下的总效率为 0.87，求：

1) 泵的理论流量 q_t。
2) 泵的容积效率 η_V 和机械效率 η_m。
3) 泵在额定工况下，所需电动机驱动功率 P_t。
4) 驱动泵的转矩 T_i。

2-3 某变量叶片泵转子外径 $d = 83$mm，定子内径 $D = 89$mm，叶片宽度 $B = 30$mm，试求：

1) 叶片泵排量为 16mL/r 时的偏心量 e。
2) 叶片泵最大可能的排量 V_{max}。

2-4 一变量轴向柱塞泵，共 9 个柱塞，其柱塞分布圆直径 $D = 125$mm，柱塞直径 $d = 16$mm，若液压泵以 3000r/min 转速旋转，其输出流量 $q = 50$L/min，问斜盘角度为多少（忽略泄漏的影响）？

2-5 一限压式变量叶片泵的特性曲线如图 2-26 所示，设 $p_B < p_{max}/2$，试求该泵输出的最大功率和此时的压力。

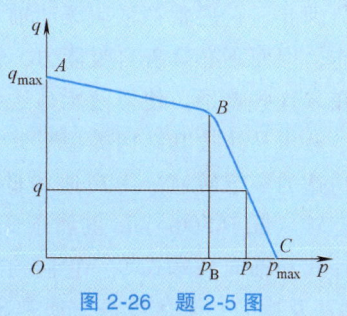

图 2-26 题 2-5 图

两弹一星
功勋科学家：王大珩

第三章 液压执行元件

液压执行元件是将液压泵提供的液压能转变为机械能的能量转换装置，它包括液压缸和液压马达。液压马达习惯上是指输出旋转运动的液压执行元件，而把输出直线运动（其中包括输出摆动运动）的液压执行元件称为液压缸。

第一节 液压马达

一、液压马达的特点及分类

从能量转换的观点来看，液压泵与液压马达是可逆工作的液压元件，向任何一种液压泵输入工作液体，都可使其变成液压马达工况；反之，当液压马达的主轴由外力矩驱动旋转时，也可变为液压泵工况。因为它们具有同样的基本结构要素——密闭而又可以周期变化的容积和相应的配油机构。

但是，由于液压马达和液压泵的工作条件不同，对它们的性能要求也不一样，所以同类型的液压马达和液压泵之间，仍存在许多差别。首先液压马达应能够正、反转，因而要求其内部结构对称；液压马达的转速范围需要足够大，特别是对它的最低稳定转速有一定的要求，因此，它通常都采用滚动轴承或静压滑动轴承；其次液压马达由于在输入压力油条件下工作，因而不必具备自吸能力，但需要一定的初始密封性，才能提供必要的起动转矩。由于存在着这些差别，使得液压马达和液压泵在结构上比较相似，但不能可逆工作。

液压马达按其结构类型来分可以分为齿轮式、叶片式、柱塞式和其他形式，也可以按液压马达的额定转速分为高速和低速两大类。额定转速高于 500r/min 的属于高速液压马达，额定转速低于 500r/min 的属于低速液压马达。高速液压马达的基本形式有齿轮式、螺杆式、叶片式和轴向柱塞式等。它们的主要特点是转速较高，转动惯量小，便于起动和制动，调节（调速及换向）灵敏度高。通常高速液压马达输出转矩不大（仅几十牛·米到几百牛·米）所以又称为高速小转矩液压马达。低速液压马达的基本形式是径向柱塞式，此外在轴向柱塞式、叶片式和齿轮式中也有低速的结构形式。低速液压马达的主要特点是排量大、体积大、转速低（有时可达每分钟几转甚至零点几转），因此可直接与工作机构连接，不需要减速装置，使传动机构大为简化。通常低速液压马达输出转矩较大（可达几千牛·米到几万牛·米），所以又称为低速大转矩液压马达。

二、液压马达的工作原理

常用液压马达的结构与同类型的液压泵很相似。下面以叶片式和径向柱塞式液压马达为例对其工作原理做简单介绍。

1. 叶片式液压马达

图 3-1 所示为叶片式液压马达的工作原理及其图形符号。当压力油通入压油腔后，在叶片 1、3（或 5、7）上，一面作用有压力油，另一面为低压油。由于叶片 3 伸出的面积大于叶片 1 伸出的面积，因此作用于叶片 3 上的总液压力大于作用于叶片 1 上的总液压力，于是压力差使叶片带动转子做逆时针方向旋转。作用于其他叶片如 5、7 上的液压力，其作用原理同上。叶片 2、6 两面同时受压力油作用，受力平衡对转子不产生作用转矩。叶片式液压马达的输出转矩与液压马达的排量和液压马达进出油口之间的压力差有关，其转速由输入液压马达的流量大小来决定。

由于液压马达一般都要求能正反转，所以叶片式液压马达的叶片要径向放置。为了使叶片根部始终通有压力油，在回、压油腔通入叶片根部的通路上应设置单向阀。为了确保叶片式液压马达在压力油通入后能正常起动，必须使叶片顶部和定子内表面紧密接触，以保证良好的密封，因此在叶片根部应设置预紧弹簧。

叶片式液压马达体积小，转动惯量小，动作灵敏，可适用于换向频率较高的场合；但其泄漏量较大，低速工作时不稳定。因此叶片式液压马达一般用于转速高、转矩小和动作要求灵敏的场合。

2. 径向柱塞式液压马达

图 3-2 所示为径向柱塞式液压马达的工作原理。当压力油经固定的配油轴 4 的窗口进入缸体 3 内柱塞 1 的底部时，柱塞向外伸出，紧紧顶住定子 2 的内壁。由于定子与缸体存在一偏心距 e。在柱塞与定子接触处，定子对柱塞的反作用力为 F_N。力 F_N 可分解为 F_F 和 F_T 两个分力。当作用在柱塞底部的油液压力为 p，柱塞直径为 d，力 F_F 与 F_N 之间的夹角为 φ 时，它们分别为

$$F_F = p\frac{\pi}{4}d^2, \qquad F_T = F_F \tan\varphi$$

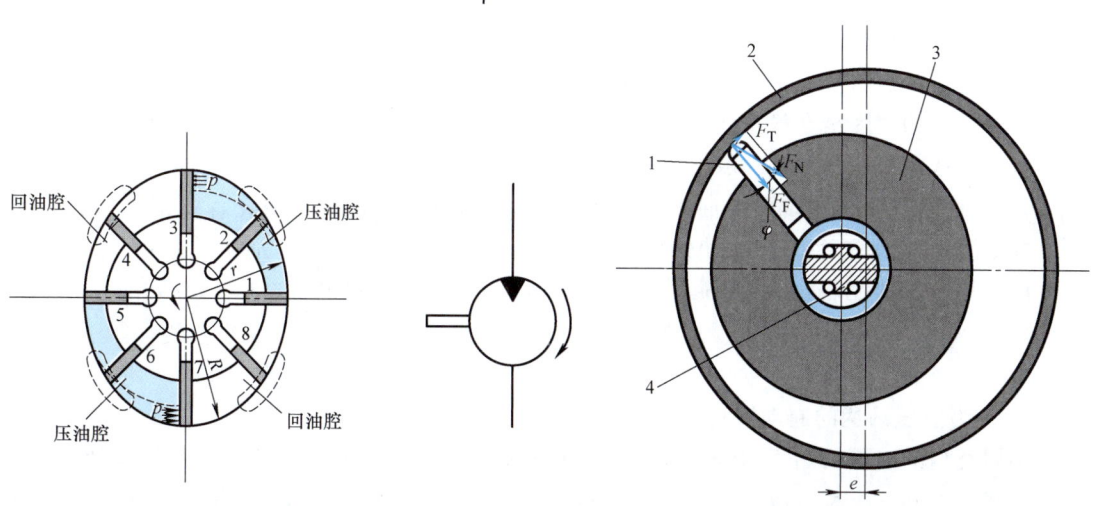

图 3-1 叶片式液压马达的工作原理及其图形符号

图 3-2 径向柱塞马达的工作原理
1—柱塞 2—定子 3—缸体 4—配油轴

力 F_T 对缸体产生一转矩，使缸体旋转。缸体再通过端面连接的传动轴向外输出转矩和转

速。以上分析的是一个柱塞产生转矩的情况。由于在压油区作用有好几个柱塞，在这些柱塞上所产生的转矩都使缸体旋转，并输出转矩。径向柱塞液压马达多用于低速大转矩的情况下。

三、液压马达的基本参数和基本性能

1. 液压马达的排量、排量与转矩的关系

液压马达在工作中输出的转矩大小是由负载转矩所决定的。但是，推动同样大小的负载，工作容腔大的马达的压力要低于工作容腔小的马达的压力，所以说工作容腔的大小是液压马达工作能力的重要标志。

液压马达工作容腔大小的表示方法和液压泵相同，也用排量 V 表示。液压马达的排量是个重要的参数。根据排量的大小，可以计算在给定压力下液压马达所能输出转矩的大小，也可以计算在给定的负载转矩下马达工作压力的大小。当液压马达进、出油口之间的压力差为 Δp，输入液压马达的流量为 q，液压马达输出的理论转矩为 T_t，角速度为 ω，如果不计损失，液压泵输出的液压功率应当全部转化为液压马达输出的机械功率，即

$$\Delta p q = T_t \omega \tag{3-1}$$

又因为 $\omega = 2\pi n$，$q = Vn$，所以液压马达的理论转矩为

$$T_t = \frac{\Delta p V}{2\pi} \tag{3-2}$$

2. 液压马达的机械效率和起动机械效率

由于液压马达内部不可避免地存在各种摩擦，实际输出的转矩 T 总要比理论转矩 T_t 小些，即

$$T = \frac{\Delta p V \eta_m}{2\pi} \tag{3-3}$$

式中，η_m 为液压马达机械效率。

除此以外，在同样的压力下，液压马达由静止到开始转动的起动状态的输出转矩要比运转中的转矩小，这给液压马达带载起动造成了困难，所以起动性能对液压马达是很重要的。起动转矩降低的原因是在静止状态下的摩擦因数最大，在摩擦表面出现相对滑动后摩擦因数明显减小，这是机械摩擦的一般性质。对液压马达来说，更为重要的是静止状态润滑油膜被挤掉，基本上变成了干摩擦。一旦马达开始运动，随着润滑油膜的建立，摩擦阻力立即下降，并随滑动速度增大和油膜变厚而减小。

液压马达起动性能的指标用起动机械效率 η_{m0} 表示，其表达式为

$$\eta_{m0} = \frac{T_0}{T_t} \tag{3-4}$$

式中，T_0 为液压马达的起动转矩。

不同类型的液压马达，内部受力部件的力平衡情况不同，摩擦力的大小不同，所以 η_{m0} 也不尽相同。同一类型的液压马达，摩擦副的力平衡设计不同，其 η_{m0} 也有高低之分。例如有的齿轮式液压马达的 η_{m0} 只有 0.6 左右，而高性能低速大转矩液压马达却可达到 $\eta_{m0}=0.90$ 左右，相差颇大。所以，如果液压马达带载起动，必须注意到所选择的液压马达的起动性能。

3. 液压马达的转速和低速稳定性

液压马达的转速取决于供液的流量 q 和液压马达本身的排量 V。由于液压马达内部有泄漏，并不是所有进入马达的液体都推动液压马达做功，一小部分液体因泄漏损失掉了，所以马达的实际转速要比理想情况低一些，即

$$n = \frac{q}{V}\eta_V \tag{3-5}$$

式中，η_V 为液压马达的容积效率。

在工程实际中，液压马达的转速和液压泵的转速一样，其计量单位多用 r/min（转/分）表示。

当液压马达工作转速过低时，往往保持不了均匀的速度，进入时动时停的不稳定状态，这就是所谓的爬行现象。若要求高速液压马达不超过 10r/min、低速大转矩液压马达不超过 3r/min 的速度工作，则并不是所有的液压马达都能满足要求的。

产生爬行现象的原因和其低速摩擦阻力特性有关。通常的阻力是随速度增大而增大的，而在静止和低速区域工作的马达内部的摩擦阻力，当工作速度增大时非但不增大，反而减小，形成了所谓"负特性"的阻力。另一方面，液压马达和负载是由液压油被压缩后压力升高而被推动的，因此可用图 3-3a 所示的物理模型表示低速区域液压马达的工作过程：

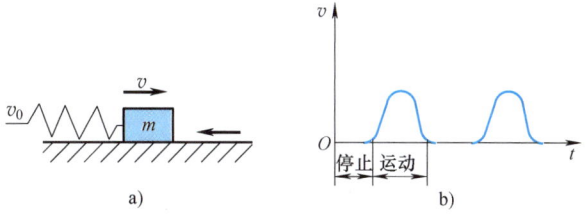

图 3-3　液压马达爬行的物理模型

以匀速 v_0 推弹簧的一端（相当于高压下不可压缩的工作介质）使质量为 m 的物体（相当于马达和负载质量、转动惯量）克服"负特性"的摩擦阻力运动。当质量 m 静止或速度很低时阻力大，弹簧不断压缩，增加推力。只有等到弹簧压缩到其推力大于静摩擦力时才开始运动。但是一旦物体开始运动，阻力突然减小，物体突然加速运动，其结果又使弹簧的压缩量减小，推力减小，物体依靠惯性前移一段路程后就停止下来，直到弹簧的移动又使弹簧压缩，推力增加，物体再一次跃动为止，形成图 3-3b 所示的时动时停的状态。对液压马达来说，这就是爬行现象。

另外，液压马达排量本身及泄漏量也在随转子转动的相位角变化做周期性波动，这也会造成马达转速的波动。当马达在低速运转时，被转动惯性所掩盖的转速波动清楚地表现出来，形成爬行现象。

一般来说，低速大转矩液压马达的低速稳定性要比高速马达为好。低速大转矩马达的排量大，因而尺寸大，即便是在低转速下工作，摩擦副的滑动速度也不致过低，加之马达排量大，泄漏的影响相对变小，马达本身的转动惯量大，所以容易得到较好的低速稳定性。

4. 调速范围

当负载从低速到高速在很宽的范围内工作时，也要求液压马达能在较大的调速范围下工作，否则就需要有能换挡的变速机构，使传动机构复杂化。液压马达的调速范围以允许的最大转速和最低稳定转速之比表示，即

$$i = \frac{n_{\max}}{n_{\min}} \tag{3-6}$$

显然，调速范围宽的液压马达应当既有好的高速性能，又有好的低速稳定性。

第二节 液压缸

一、液压缸的分类

液压缸按其结构形式，可以分为活塞缸、柱塞缸和摆动缸三类。活塞缸和柱塞缸实现往复运动，输出推力和速度，摆动缸则能实现小于360°的往复摆动，输出转矩和角速度。液压缸除单个使用外，还可以几个组合起来或与其他机构组合起来，以实现特殊的功用。

（一）活塞式液压缸

活塞式液压缸根据其使用要求不同可分为双杆式和单杆式两种。

1. 双杆式活塞缸

双杆式活塞缸是活塞两端都有一根直径相等的活塞杆伸出。根据安装方式不同又可以分为缸筒固定式和活塞杆固定式两种。图3-4a所示为缸筒固定式双杆活塞缸。它的进、出油口布置在缸筒两端，活塞通过活塞杆带动工作台移动，当活塞的有效行程为 l 时，整个工作台的运动范围为 $3l$，所以工作台占地面积大，一般适用于小型机床。当工作台行程要求较长时，可采用图3-4b所示的活塞杆固定的形式，这时，缸体与工作台相连，活塞杆通过支架固定在机床上，动力由缸体传出。这种安装形式中，工

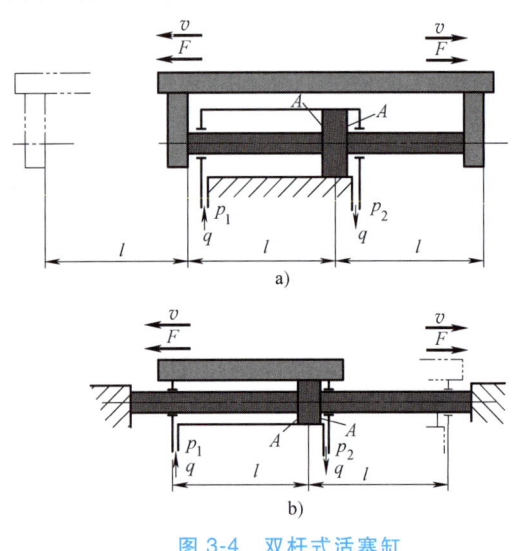

图3-4 双杆式活塞缸

作台的移动范围只等于液压缸有效行程 l 的两倍（$2l$），因此占地面积小。进、出油口可以设置在固定不动的空心活塞杆的两端，使油液从活塞杆中进出，也可设置在缸体的两端，但必须使用软管连接。

由于双杆活塞缸两端的活塞杆直径通常是相等的，因此它左、右两腔的有效面积也相等。当分别向左、右腔输入相同压力和相同流量的油液时，液压缸左、右两个方向的推力和速度相等。当活塞的直径为 D，活塞杆的直径为 d，液压缸进、出油腔的压力为 p_1 和 p_2，输入流量为 q 时，双杆活塞缸的推力 F 和速度 v 为

$$F = A(p_1 - p_2) = \frac{\pi}{4}(D^2 - d^2)(p_1 - p_2) \tag{3-7}$$

$$v = \frac{q}{A} = \frac{4q}{\pi(D^2 - d^2)} \tag{3-8}$$

式中，A 为活塞的有效工作面积。

双杆活塞缸在工作时，设计成一个活塞杆是受拉的，而另一个活塞杆不受力，因此这种液压缸的活塞杆可以做得细些。

2. 单杆式活塞缸

如图 3-5 所示，活塞只有一端带活塞杆。单杆液压缸也有缸体固定和活塞杆固定两种形式，但它们的工作台移动范围都是活塞有效行程的两倍。

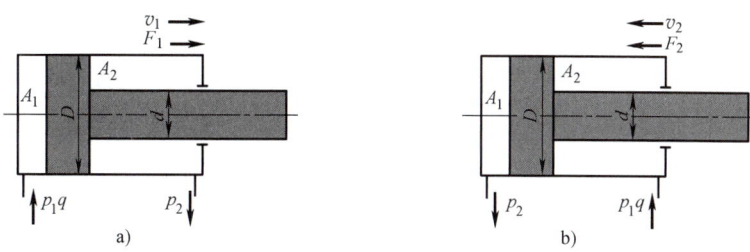

图 3-5　单杆式活塞缸

单杆活塞缸由于活塞两端有效面积不等，如果以相同流量的压力油分别进入液压缸的左、右腔，活塞移动的速度与进油腔的有效面积成反比，即油液进入无杆腔时有效面积大，速度慢，进入有杆腔时有效面积小，速度快；而活塞上产生的推力则与进油腔的有效面积成正比。

如图 3-5a 所示，当输入液压缸的油液流量为 q，液压缸进出油口压力分别为 p_1 和 p_2 时，其活塞上所产生的推力 F_1 和速度 v_1 分别为

$$F_1 = A_1 p_1 - A_2 p_2 = \frac{\pi}{4}\left[(p_1-p_2)D^2 + p_2 d^2\right] \tag{3-9}$$

$$v_1 = \frac{q}{A_1} = \frac{4q}{\pi D^2} \tag{3-10}$$

当油液从图 3-5b 所示的右腔（有杆腔）输入时，其活塞上所产生的推力 F_2 和速度 v_2 分别为

$$F_2 = A_2 p_1 - A_1 p_2 = \frac{\pi}{4}\left[(p_1-p_2)D^2 - p_1 d^2\right] \tag{3-11}$$

$$v_2 = \frac{q}{A_2} = \frac{4q}{\pi(D^2-d^2)} \tag{3-12}$$

由式（3-9）～式（3-12）可知，由于 $A_1 > A_2$，所以 $F_1 > F_2$，$v_1 < v_2$。若把两个方向上的输出速度 v_1 和 v_2 的比值称为速度比，记作 λ_v，则 $\lambda_v = v_2/v_1 = 1/[1-(d/D)^2]$。因此，活塞杆直径越小，$\lambda_v$ 越接近于 1，活塞两个方向的速度差值也就越小；如果活塞杆较粗，活塞两个方向运动的速度差值就较大。在已知 D 和 λ_v 的情况下，也就可以较方便地确定 d。

如果向单杆活塞缸的左右两腔同时通压力油，如图 3-6 所示，即所谓的差动连接。做差动连接的单杆活塞式液压缸称为差动液压缸。开始工作时差动缸左右两腔的油液压力相同，但是由于左腔（无杆腔）的有效面积大于右腔（有杆腔）的有效面积，故活塞向右运动，同时使右腔中排出的油液（流量为 q'）也进入左腔，加大了流入左腔的流量（$q+q'$），从而也加快了活塞移动的速度。实际上活塞在运动时，由于差动缸两腔间的管路中有压力损失，所以右腔中油液的压力稍大

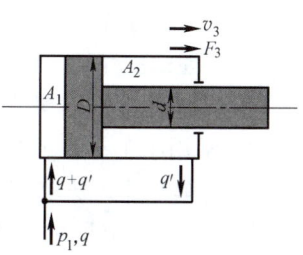

图 3-6　差动缸

于左腔油液压力。而这个差值一般都较小可以忽略不计，则差动缸活塞推力 F_3 和运动速度 v_3 分别为

$$F_3 = p_1(A_1 - A_2) = p_1 \frac{\pi}{4} d^2 \qquad (3\text{-}13)$$

$$v_3 = \frac{q+q'}{A_1} = \frac{q + \frac{\pi}{4}(D^2 - d^2)v_3}{\frac{\pi}{4}D^2}$$

即

$$v_3 = \frac{4q}{\pi d^2} \qquad (3\text{-}14)$$

由式（3-13）和式（3-14）可知，差动连接时液压缸的推力比非差动连接时小，速度比非差动连接时大，正好利用这一点，可在不加大油源流量的情况下得到较快的运动速度，这种连接方式被广泛应用于组合机床的液压动力滑台和其他机械设备的快速运动中。

如果要求快速运动和快速退回速度相等，即使 $v_2 = v_3$，则由式（3-12）和式（3-14）可得 $D = \sqrt{2}\,d$。

（二）柱塞缸

柱塞缸是一种单作用液压缸，其工作原理如图 3-7a 所示，柱塞与工作部件连接，缸筒固定在机体上。当压力油进入缸筒时，推动柱塞带动运动部件向右运动，但反向退回时必须靠其他外力或自重驱动。柱塞缸通常成对反向布置使用，如图 3-7b 所示。当柱塞的直径为 d，输入液压油的流量为 q，压力为 p 时，其柱塞上所产生的推力 F 和速度 v 分别为

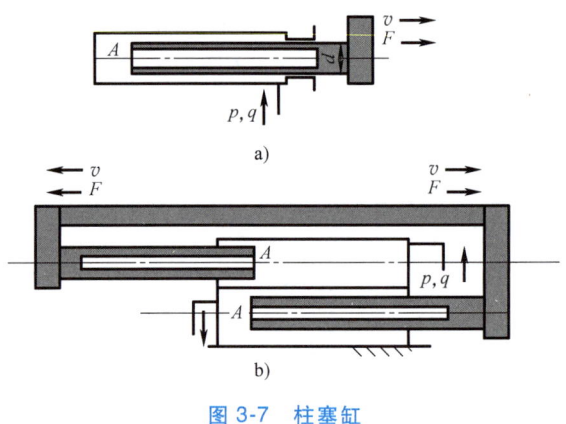

图 3-7 柱塞缸

$$F = pA = p\frac{\pi}{4}d^2 \qquad (3\text{-}15)$$

$$v = \frac{q}{A} = \frac{4q}{\pi d^2} \qquad (3\text{-}16)$$

柱塞式液压缸的主要特点是柱塞与缸筒无配合要求，缸筒内孔不需精加工，甚至可以不加工，运动时由缸盖上的导向套来导向，所以它特别适用在行程较长的场合。

（三）摆动缸

摆动式液压缸也称摆动液压马达。当它通入压力油时，它的主轴能输出小于 360°的摆动运动，常用于工夹具夹紧装置、送料装置、转位装置以及需要周期性进给的系统中。图 3-8a 所示为单叶片式摆动缸，它的摆动角度较大，可达 300°。当摆动缸进、出油口压力分别为 p_1 和 p_2，输入流量为 q 时，它的输出转矩 T 和角速度 ω 分别为

$$T = b\int_{R_1}^{R_2}(p_1 - p_2)r\,\mathrm{d}r = \frac{b}{2}(R_2^2 - R_1^2)(p_1 - p_2) \qquad (3\text{-}17)$$

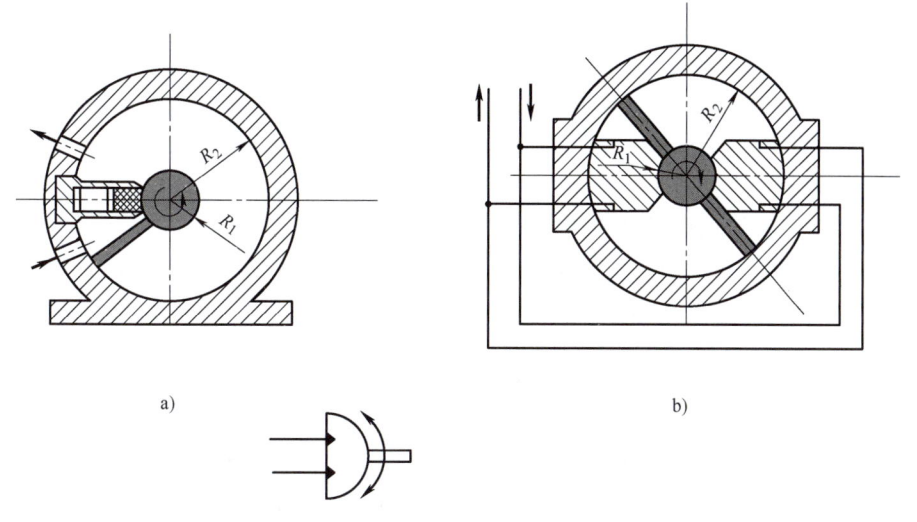

图 3-8 摆动缸及其图形符号

$$\omega = 2\pi n = \frac{2q}{b(R_2^2 - R_1^2)} \tag{3-18}$$

式中，b 为叶片的宽度；R_1、R_2 为叶片底部、顶部的回转半径。

图 3-8b 所示为双叶片式摆动缸，它的摆动角度较小，可达 150°，它的输出转矩是单叶片式的两倍，而角速度则是单叶片式的一半。

（四）其他液压缸

1. 增压缸

增压缸又称增压器。在某些短时或局部需要高压液体的液压系统中，常用增压缸与低压大流量泵配合作用。单作用增压缸的工作原理如图 3-9a 所示，它有单作用和双作用两种形式。当低压为 p_1 的油液推动增压缸的大活塞时，大活塞推动与其连成一体的小活塞输出压力为 p_2 的高压液体。当大活塞直径为 D、小活塞直径为 d 时

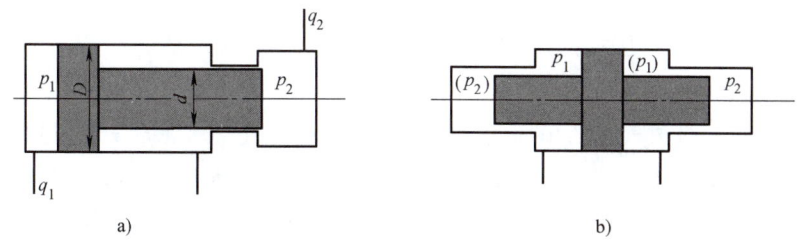

图 3-9 增压缸

$$p_2 = p_1 \left(\frac{D}{d}\right)^2 = K p_1 \tag{3-19}$$

式中，$K = D^2/d^2$，称为增压比，它代表其增压能力。显然增压能力是在降低有效流量的基础上得到的，也就是说增压缸仅仅是增大输出的压力，并不能增大输出的能量。

单作用增压缸在小活塞运动到终点时，不能再输出高压液体，需要将活塞退回到左端位置，再向右行时才又输出高压液体，即只能在一次行程中输出高压液体。为了克服这一缺

点,可采用双作用增压缸,如图 3-9b 所示,由两个高压端连续向系统供油。

2. 伸缩缸

伸缩缸由两个或多个活塞式液压缸套装而成,前一级活塞缸的活塞是后一级活塞缸的缸筒。伸出时可获得很长的工作行程,缩回时可保持很小的结构尺寸。伸缩缸被广泛用于起重运输车辆上。

图 3-10 所示是套筒式伸缩缸的工作原理,外伸动作是逐级进行的。首先是最大直径的缸筒以最低的油液压力开始外伸,当到达行程终点后,稍小直径的缸筒开始外伸,直径最小的末级最后伸出。随着工作级数增多,外伸缸筒直径越来越小,工作油液压力随之升高,工作速度变快。伸缩缸可以是图 3-10a 所示的单作用式,也可以是图 3-10b 所示的双作用式,前者靠外力回程,而后者靠液压回程。

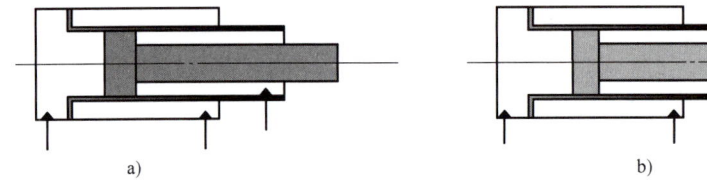

图 3-10 套筒式伸缩缸的工作原理

3. 齿轮缸

齿轮缸又称无杆式活塞缸,它由两个柱塞缸和一套齿轮齿条传动装置组成,如图 3-11 所示。当压力油推动活塞左右往复运动时,齿条就推动齿轮件往复旋转,从而齿轮驱动工作部件(如组合机床中的旋转工作台)做周期性的往复旋转运动。

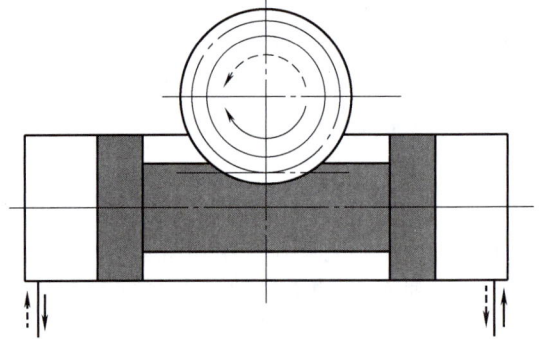

图 3-11 齿轮缸

二、液压缸的典型结构和组成

(一)液压缸的典型结构举例

图 3-12 所示为单杆液压缸的结构,它主要由缸底 1、缸筒 7、缸头 18、活塞 21、活塞杆 8、导向套 12、缓冲套 6、无杆端缓冲套 24、缓冲节流阀 11、带放气孔的单向阀 2 以及密封装置等组成。缸筒 7 与法兰 3、10 焊接成一个整体,然后通过螺钉与缸底 1、缸头 18 连接。图中用半剖面的方法表示了活塞与缸筒、活塞杆与缸盖之间的两种密封形式:上部为橡塑组合密封,下部为唇形密封。该液压缸具有双向缓冲功能,工作时压力油经进油口、单向阀进入工作腔,推动活塞运动,当活塞运动到终点前,缓冲套切断油路,排油只能经节流阀排出,起节流缓冲作用(图中左端只画了单向阀,右端只画了节流阀)。

(二)液压缸的组成

从上面所述的液压缸典型结构中可以看到,液压缸的结构基本上可以分为缸筒和缸盖、活塞和活塞杆、密封装置、缓冲装置和排气装置五个部分。

1. 缸筒与缸盖

图 3-13 所示为常用缸筒和缸盖的连接方式。在设计过程中,采用何种连接方式主要取

第三章 液压执行元件

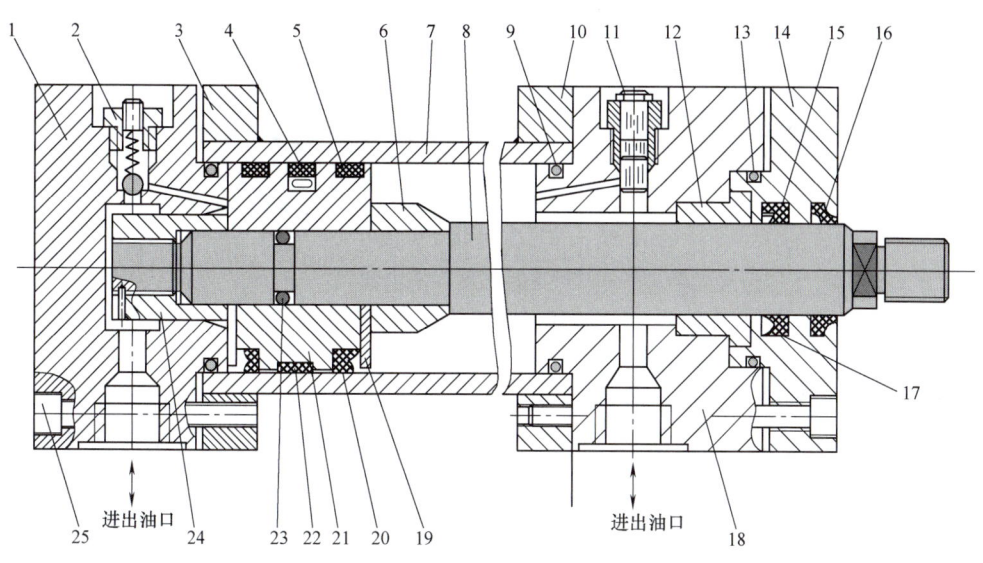

图 3-12 单杆液压缸的结构

1—缸底 2—单向阀 3、10—法兰 4—格来圈密封 5、22—导向环 6—缓冲套 7—缸筒 8—活塞杆
9、13、23—O 形密封圈 11—缓冲节流阀 12—导向套 14—缸盖 15—斯特圈密封 16—防尘圈
17—Y 形密封圈 18—缸头 19—护环 20—Y_x 密封圈 21—活塞 24—无杆端缓冲套 25—连接螺钉

决于液压缸的工作压力、缸筒的材料和具体工作条件。当工作压力 $p<10\mathrm{MPa}$ 时可使用铸铁缸筒,它的连接方式多用图 3-13a 所示的法兰连接,这种结构易于加工和装拆,但外形尺寸较大。当工作压力 $p<20\mathrm{MPa}$ 时多使用无缝钢管,$p>20\mathrm{MPa}$ 时多使用铸钢或锻钢。它与缸盖的连接方式常用图 3-13b、c 所示的半环连接和螺纹连接。采用半环连接装拆方便,但缸筒壁部因开了环形槽而削弱了强度,为此有时要加厚缸壁。采用螺纹连接时,缸筒端部结构复杂,外径加工时要求保证内外径同心,装卸时要使用专用工具,但外形尺寸和质量均较小,常用于无缝钢管或铸钢制的缸筒上。

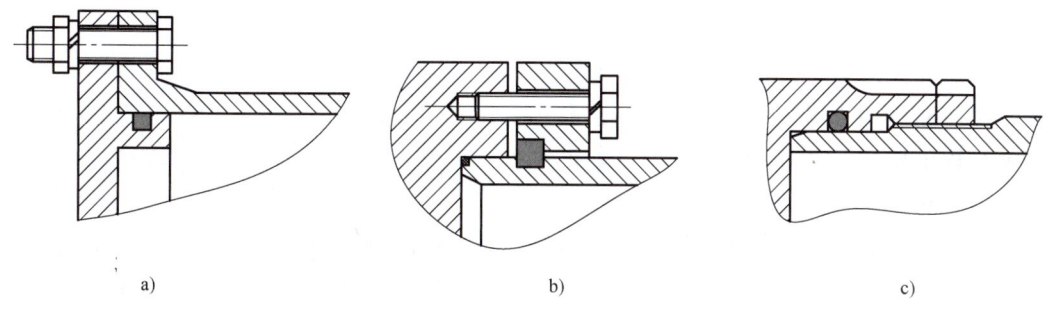

图 3-13 常用缸筒和缸盖的连接方式

2. 活塞和活塞杆

活塞和活塞杆连接的方式很多,但无论采用何种连接方式,都必须保证连接可靠。图 3-14 所示为活塞和活塞杆的连接方式。螺纹连接结构(图 3-14a)简单,装拆方便,但在高压大负载下需备有螺母防松装置。半环连接结构(图 3-14b)较复杂,装拆不便,但工作较可靠。此外活塞和活塞杆也有制成整体式结构的,但它只适用于尺寸较小的场合。活塞一般

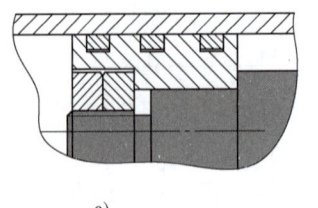 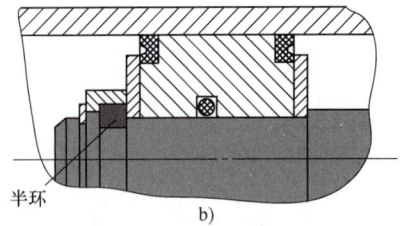

图 3-14 活塞和活塞杆的连接方式

用耐磨铸铁制造，活塞杆则不论是空心的还是实心的，大多用钢料制造。

3. 密封装置

液压缸的密封装置用以防止油液的泄漏（液压缸一般不允许外泄并要求内泄漏尽可能小）。密封装置设计得好坏对于液压缸的静、动态性能有着重要的影响。一般要求密封装置应具有良好的密封性，尽可能长的寿命，制造简单，拆装方便，成本低。液压缸的密封主要指活塞、活塞杆处的动密封和缸盖等处的静密封，如图 3-12 中的 O 形密封圈和 Y 形密封圈，以及组合式密封装置（格来圈）。有关密封装置的结构、材料、安装和使用等详见第五章。

4. 缓冲装置

当液压缸所驱动的工作部件质量较大、移动速度较快时，由于具有的动量大，致使在行程终了时，活塞与端盖发生撞击，造成液压冲击和噪声，甚至严重影响工作精度和引起整个系统及元件的损坏，为此在大型、高速或要求较高的液压缸中往往要设置缓冲装置。

尽管液压缸中的缓冲装置结构形式很多，但其工作原理都是相同的，即当活塞行程到终点而接近缸盖时，增大液压缸回油阻力，使回油腔中产生足够大的缓冲压力，使活塞减速，从而防止活塞撞击缸盖。因此，缓冲机构的设计不仅要考虑在较短的缓冲行程中吸收较大的动能，而且缓冲腔压力的变化要比较平缓，峰值压力应小于液压缸的额定压力的 1.5 倍。

液压缸中常见的缓冲装置如图 3-15 所示。图 3-15a 所示为间隙式缓冲装置，当活塞移近缸盖时，活塞上的凸台进入缸盖的凹腔，将封闭在回油腔中的油液从凸台和凹腔之间的环状间隙 δ 中挤压出去，使回油腔中压力升高而形成缓冲压力，从而使活塞减慢了移动速度。这种缓冲装置结构简单，但缓冲压力不可调节，且实现减速所需行程较长，适用于移动部件惯性不大、移动速度不太高的场合。图 3-15b 所示为可调节流缓冲装

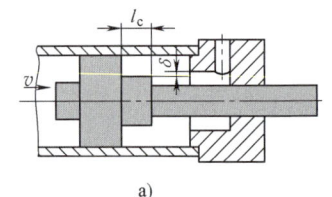
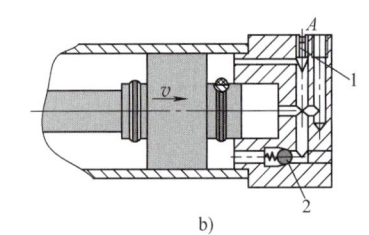
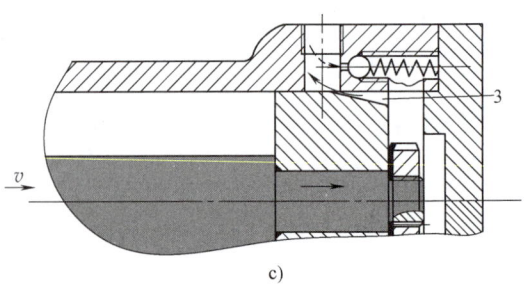

图 3-15 液压缸的缓冲装置

1—针形节流阀　2—单向阀　3—轴向斜槽

置，它不但有凸台和凹腔等结构，而且在缸盖中还装有针形节流阀 1 和单向阀 2。当活塞移近缸盖时，凸台进入凹腔，由于凸台和凹腔间的间隙较小（有时用一 O 形密封圈挡油），所以回油腔中的油液只能经针状节流阀流出，从而在回油腔中形成缓冲压力，使活塞受到制动作用。这种缓冲装置可以根据负载情况调整节流阀开口的大小，改变缓冲压力的大小，因此适用范围较广。图 3-15c 所示为可变节流缓冲装置，它在活塞上开有横截面为三角形的轴向斜槽 3，当活塞移动接近液压缸缸盖时，活塞与缸盖间的油液须经轴向三角槽流出，从而在回油腔中形成缓冲压力使活塞受到制动作用。这种缓冲装置在缓冲过程中能自动改变其节流口大小（随着活塞运动速度的降低而相应关小节流口），因而使缓冲作用均匀，冲击压力小，制动位置精度高。

5. 排气装置

当液压系统长时间停止工作，系统中的油液由于自重的作用和其他原因而流出，这时易使空气进入系统。如果液压缸中有空气或油液中混入空气，都会使液压缸运动不平稳，因此一般的液压系统在开始工作前都应使系统中的空气排出。为此可在液压缸的最高部位（那里往往是空气聚积的地方）设置排气装置。排气装置通常有两种：一种是在液压缸的最高部位处开排气孔，并用管道连接排气阀进行排气；另一种是在液压缸的最高部位安放排气塞，如图 3-16 所示。两种排气装置都是在液压缸排气时打开（让活塞全行程往复移动数次），排气完毕后关闭。

三、液压缸的设计和计算

液压缸的设计是整个液压系统设计的重要内容之一。由于液压缸是液压传动的执行元件，它和主机工作机构有直接的联系。对于不同的机械设备及其工作机构，液压缸具有不同的用途和工作要求，因此在设计液压缸

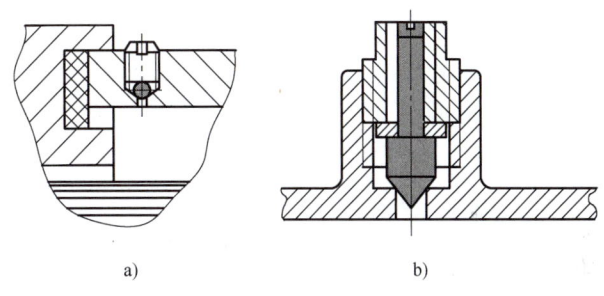

图 3-16 排气装置

之前，必须对整个液压系统进行工况分析，编制负载图，选定系统的工作压力（详见第八章），然后根据使用要求选择结构类型，按负载情况、运动要求、最大行程等确定其主要工作尺寸，进行强度、稳定性和缓冲验算，最后再进行结构设计。

1. 液压缸设计中应注意的问题

不同的液压缸有不同的设计内容和要求。一般在设计液压缸的结构时应注意以下几个问题：

1) 尽量使液压缸的活塞杆在受拉状态下承受最大负载，或在受压状态下具有良好的纵向稳定性。

2) 考虑液压缸行程终了处的制动问题和液压缸的排气问题。缸内如无缓冲装置和排气装置，系统中需有相应的措施。但是并非所有的液压缸都要考虑这些问题。

3) 根据主机的工作要求和结构设计要求，正确确定液压缸的安装、固定方式，但液压缸只能一端定位。

4) 液压缸各部分的结构需根据推荐的结构形式和设计标准进行设计，尽可能做到结构简单、紧凑，加工、装配和维修方便。

2. 液压缸主要尺寸的确定

液压缸的缸筒内径 D，是根据负载的大小和选定的工作压力，或运动速度和输入的流量，依式（3-7）~式（3-19）有关公式计算之后，再从 GB/T 2348—1993（等效于 ISO 3320：1987）中选取最近的标准值而得出的。

（1）活塞杆直径 d 液压缸活塞杆的直径 d 通常先满足液压缸速度或速比的要求来选择，然后再校核其结构强度和稳定性，若速比为 λ_v，则

$$d = D\sqrt{\frac{\lambda_v - 1}{\lambda_v}} \tag{3-20}$$

（2）液压缸缸筒长度 L 液压缸的缸筒长度 L 由最大工作行程长度决定，缸筒的长度一般最好不超过其内径的 20 倍。

（3）最小导向长度 当活塞杆全部外伸时，从活塞支承面中点到导向套滑动面中点的距离称为最小导向长度 H（图 3-17）。如果导向长度过小，将使液压缸的初始挠度（间隙引起的挠度）增大，影响液压缸的稳定性，因此设计时必须保证有一最小导向长度。对于一般的液压缸，当液压缸的最大行程为 L，缸筒直径为 D 时，最小导向长度为

$$H \geq \frac{L}{20} + \frac{D}{2} \tag{3-21}$$

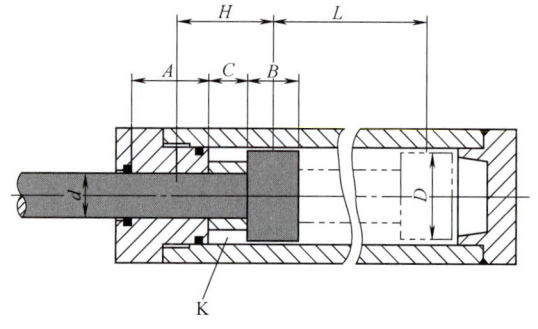

图 3-17 导向长度

活塞的宽度 B，一般取 $B = (0.6 \sim 1.0)D$；导向套滑动面的长度 A，在 $D < 80\text{mm}$ 时，取 $A = (0.6 \sim 1.0)D$，在 $D > 80\text{mm}$ 时，取 $A = (0.6 \sim 1.0)d$。为保证最小导向长度，过分增大 A 和 B 都是不适宜的，必要时可在导向套与活塞之间装一隔套（图中零件 K）。隔套的长度 C 由需要的最小导向长度 H 决定，即

$$C = H - \frac{1}{2}(A + B) \tag{3-22}$$

3. 强度校核

液压缸的缸筒壁厚 δ、活塞杆直径 d 和缸盖处固定螺栓的直径，在高压系统中必须进行强度校核。

（1）缸筒壁厚校核 液压缸缸筒壁厚校核时分薄壁和厚壁两种情况。当 $D/\delta \geq 10$ 时为薄壁，壁厚按下式进行校核

$$\delta \geq \frac{p_y D}{2[\sigma]} \tag{3-23}$$

式中，D 为缸筒内径；p_y 为缸筒试验压力，当缸的额定压力 $p_n \leq 16\text{MPa}$ 时取 $p_y = 1.5 p_n$，当 $p_n > 16\text{MPa}$ 时取 $p_y = 1.25 p_n$；$[\sigma]$ 为缸筒材料的许用应力，$[\sigma] = R_m/n$，R_m 为材料抗拉强度，n 为安全系数，一般取 $n = 5$。

当 $D/\delta < 10$ 时，壁厚按下式进行校核

$$\delta \geq \frac{D}{2}\left(\sqrt{\frac{[\sigma] + 0.4 p_y}{[\sigma] - 1.3 p_y}} - 1\right) \tag{3-24}$$

在使用式（3-23）、式（3-24）进行校核时，若液压缸缸筒与缸盖采用半环连接，δ 应取缸筒壁厚最小处的值。

（2）**活塞杆直径校核** 活塞杆直径 d 的校核按下式进行

$$d \geqslant \sqrt{\frac{4F}{\pi[\sigma]}} \tag{3-25}$$

式中，F 为活塞杆上的作用力；$[\sigma]$ 为活塞杆材料的许用应力，$[\sigma] = R_m/1.4$。

（3）**液压缸盖固定螺栓直径校核** 液压缸缸盖固定螺栓在工作过程中同时承受拉应力和扭应力，其螺栓直径可按下式校核

$$d_s \geqslant \sqrt{\frac{5.2kF}{\pi z[\sigma]}} \tag{3-26}$$

式中，F 为液压缸负载；z 为固定螺栓个数；k 为螺纹拧紧系数，$k = 1.12 \sim 1.5$；$[\sigma] = R_{eL}/(1.2 \sim 2.5)$，$R_{eL}$ 为材料的下屈服强度。

4. 缓冲计算

液压缸的缓冲计算主要是估计缓冲时液压缸内出现的最大冲击压力，以便用来校核缸筒强度、制动距离是否符合要求。缓冲计算中如发现工作腔中的液压能和工作部件的动能不能全部被缓冲腔所吸收时，制动中就可能产生活塞和缸盖相碰现象。

液压缸在缓冲时，缓冲腔内产生的液压能 E_1 和工作部件产生的机械能 E_2 分别为

$$E_1 = p_c A_c l_c \tag{3-27}$$

$$E_2 = p_p A_p l_c + \frac{1}{2}mv_0^2 - F_f l_c \tag{3-28}$$

式中，l_c 为缓冲长度；p_c 为缓冲腔中的平均缓冲压力；p_p 为高压腔中油液压力；A_c、A_p 为缓冲腔、高压腔的有效工作面积；m 为工作部件总质量；v_0 为工作部件运动速度；F_f 为摩擦力。

式（3-28）中右边第一项为高压腔中的液压能，第二项为工作部件的动能，第三项为摩擦能。

当 $E_1 = E_2$ 时，工作部件的机械能全部被缓冲腔液体所吸收，由上两式得

$$p_c = \frac{E_2}{A_c l_c} \tag{3-29}$$

若缓冲装置为节流口可调式缓冲装置，在缓冲过程中的缓冲压力逐渐降低，假定缓冲压力线性地降低，则最大的缓冲压力即冲击压力为

$$p_{cmax} = p_c + \frac{mv_0^2}{2A_c l_c} \tag{3-30}$$

若缓冲装置为节流口变化式缓冲装置，则由于缓冲压力 p_c 始终不变，最大缓冲压力的值即如式（3-29）所示。

5. 液压缸稳定性校核

对受压的活塞杆来说，一般其直径 d 应不小于长度 l 的 $1/15$。当 $l/d \geqslant 15$ 时，须进行稳定性校核，应使活塞杆所承受的负载 F 小于使其保持工作稳定的临界负载 F_k。F_k 的值与活塞杆的材料、截面形状、直径和长度，以及液压缸的安装方式等因素有关。验算可按材料力学有关公式进行，此处不再赘述。

习 题

3-1 已知某液压马达的排量 $V=250\text{mL/r}$,液压马达入口压力 $p_1=10.5\text{MPa}$,出口压力 $p_2=1.0\text{MPa}$,其总效率 $\eta=0.9$,容积效率 $\eta_V=0.92$,当输入流量 $q=22\text{L/min}$ 时,试求液压马达的实际转速 n 和液压马达的输出转矩 T。

3-2 一个液压泵,当负载压力为 8MPa 时,输出流量为 96L/min,负载压力为 10MPa 时,输出流量为 94L/min,用此泵带动一排量为 80mL/r 的液压马达。当负载转矩为 120N·m 时,马达的机械效率为 0.94,转速为 1100r/min。试求此时液压马达的容积效率。

3-3 图 3-18 所示两个结构相同相互串联的液压缸,无杆腔的面积 $A_1=100\times10^{-4}\text{m}^2$,有杆腔面积 $A_2=80\times10^{-4}\text{m}^2$,缸 1 输入压力 $p_1=0.9\text{MPa}$,输入流量 $q_1=12\text{L/min}$,不计损失和泄漏,求:

1)两缸承受相同负载($F_1=F_2$)时,该负载的大小及两缸的运动速度。

2)当缸 2 的输入压力是缸 1 的一半($p_2=p_1/2$)时,两缸各能承受多少负载?

3)当缸 1 不承受负载($F_1=0$)时,缸 2 能承受多少负载?

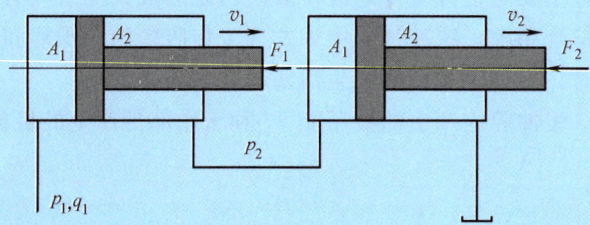

图 3-18 题 3-3 图

3-4 某一差动液压缸,要求① $v_{快进}=v_{快退}$,② $v_{快进}=2v_{快退}$,求:活塞面积 A_1 和活塞杆面积 A_2 之比应为多少?

3-5 单叶片摆动液压马达的供油压力 $p_1=2\text{MPa}$,供油流量 $q=25\text{L/min}$,回油压力 $p_2=0.3\text{MPa}$,缸体内径 $D=240\text{mm}$。叶片安装轴直径 $d=80\text{mm}$,设输出轴的圆周转角速度 $\omega=0.7\text{rad/s}$,试求叶片的宽度 b 和输出轴的转矩 T。

两弹一星
功勋科学家:王希季

第四章 液压控制元件

第一节 概述

在液压系统中,除需要液压泵供油和液压执行元件来驱动工作装置外,还要配备一定数量的液压控制阀来对液流的流动方向、压力的高低以及流量的大小进行预期的控制,以满足负载的工作要求。因此,液压控制阀是直接影响液压系统工作过程和工作特性的重要元件。

各类液压控制阀虽然形式不同,控制的功能各有所异,但都具有共性。首先,在结构上,所有阀都有阀体、阀芯(座阀或滑阀)和驱使阀芯动作的元部件(如弹簧、电磁铁)等组成;其次,在工作原理上,所有阀的阀口大小,阀进、出油口间的压差以及通过阀的流量之间的关系都符合孔口流量公式($q=KA\Delta p^m$),只是各种阀控制的参数各不相同而已。如压力阀控制的是压力,流量阀控制的是流量等。因而,根据其内在联系、外部特征、结构和用途等方面的不同,可将液压阀按不同的方式进行分类。液压控制阀的分类见表4-1。

表4-1 液压控制阀的分类

分类方法	种 类	详细分类
按用途分	压力控制阀	溢流阀、减压阀、顺序阀、比例压力控制阀、压力继电器等
	流量控制阀	节流阀、调速阀、分流阀、比例流量控制阀等
	方向控制阀	单向阀、液控单向阀、换向阀、比例方向控制阀等
按操纵方式分	人力操纵阀	手把及手轮、踏板、杠杆
	机械操纵阀	挡块、弹簧、液压、气动
	电动操纵阀	电磁铁控制、电-液联合控制
按连接方式分	管式连接	螺纹式连接、法兰式连接
	板式及叠加式连接	单层连接板式、双层连接板式、集成块连接、叠加阀
	插装式连接	螺纹式插装、法兰式插装

液压传动系统对液压控制阀的基本要求为:
1)动作灵敏,使用可靠,工作时冲击和振动要小,使用寿命长。
2)油液通过液压阀时压力损失要小,密封性能好,内泄漏要小,无外泄漏。
3)结构简单、紧凑,安装、维护、调整方便,通用性好。

第二节　方向控制阀

方向控制阀主要用来通断油路或改变油液流动的方向，从而控制液压执行元件的起动或停止，改变其运动方向。它主要有单向阀和换向阀。

一、单向阀

单向阀的主要作用是控制油液的单向流动。液压系统中对单向阀的主要性能要求是：正向流动阻力损失小，反向时密封性能好，动作灵敏。图 4-1a 所示为一种管式普通单向阀的结构，压力油从阀体左端的通口流入时，克服弹簧 3 作用在阀芯 2 上的力，使阀芯向右移动，打开阀口，并通过阀芯上的径向孔 a、轴向孔 b 从阀体右端的通口流出；但是压力油从阀体右端的通口流入时，液压力和弹簧力一起使阀芯压紧在阀座上，使阀口关闭，油液无法通过。单向阀的图形符号如图 4-1b 所示。

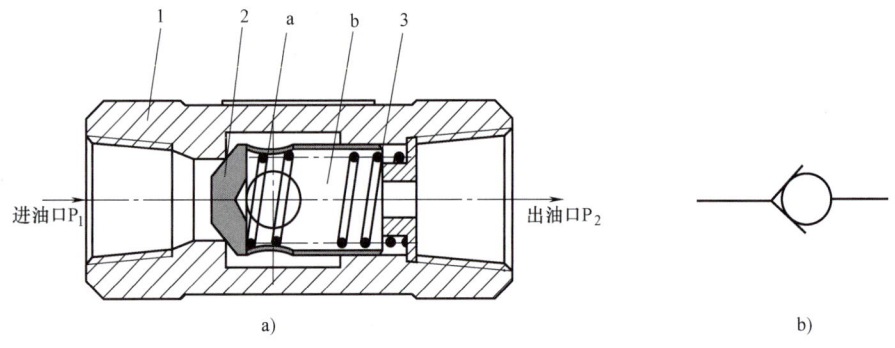

图 4-1　单向阀的结构及其图形符号
1—阀套　2—阀芯　3—弹簧

单向阀中的弹簧主要是用来克服阀芯的摩擦阻力和惯性力，从而使单向阀工作灵敏可靠，所以普通单向阀的弹簧刚度一般都选得较小，以免油液流动时产生较大的压力降。一般单向阀的开启压力为 $0.035 \sim 0.05$ MPa，当通过其额定流量时的压力损失不应超过 $0.1 \sim 0.3$ MPa，若将单向阀中的弹簧换成较大刚度的弹簧时，可将其置于回油路中作背压阀使用，此时阀的开启压力为 $0.2 \sim 0.6$ MPa。

除了一般的单向阀外，还有液控单向阀。图 4-2a 所示为一种液控单向阀的结构，当控制油口 K 处无压力油通入时，它的工作和普通单向阀一样，压力油只能从进油口 P_1 流向出油口 P_2，不能反向流动。当控制油口 K 处有压力油通入时，控制活塞 1 右侧 a 腔通泄油口（图中未画出），在液压力作用下活塞向右移动，推动顶杆 2 顶开阀芯，使油口 P_1 和 P_2 接通，油液就可以从 P_2 口流向 P_1 口。在图示形式的液控单向阀结构中，控制油口 K 处通入的控制压力最小须为主油路压力的 30%~50%（而在高压系统中使用的，带卸荷阀芯的液控单向阀其最小控制压力约为主油路压力的 5%）。图 4-2b 所示为液控单向阀的图形符号。

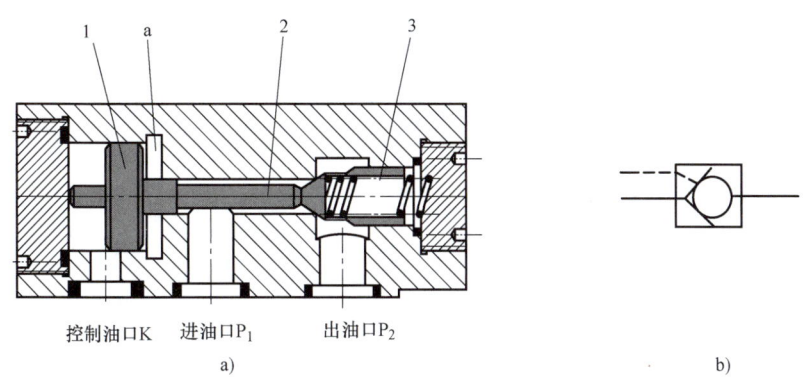

图 4-2 液控单向阀的结构及其图形符号
1—活塞　2—顶杆　3—阀芯

二、换向阀

换向阀是利用阀芯对阀体的相对运动,使油路接通、关断或变换油流的方向,从而实现液压执行元件及其驱动机构的起动、停止或变换运动方向。

液压传动系统对换向阀性能的主要要求是:①油液流经换向阀时压力损失要小;②互不相通的油口间的泄漏要小;③换向要平稳、迅速且可靠。

换向阀的种类很多,其分类方式也各有不同,一般来说按阀芯相对于阀体的运动方式来分有滑阀和转阀两种;按操作方式来分有手动、机动、电磁动、液动和电液动等多种;按阀芯工作时在阀体中所处的位置有二位和三位等;按换向阀所控制的通路数不同有二通、三通、四通和五通等。系列化和规格化了的标准换向阀由专门的工厂生产。

(一) 换向阀的工作原理

图 4-3a 所示为滑阀式换向阀的工作原理,当阀芯向右移动一定的距离时,由液压泵输出的压力油从阀的 P 口经 A 口输向液压缸左腔,液压缸右腔的油经 B 口流回油箱,液压缸活塞向右运动;反之,若阀芯向左移动某一距离时,液流反向,活塞向左运动。

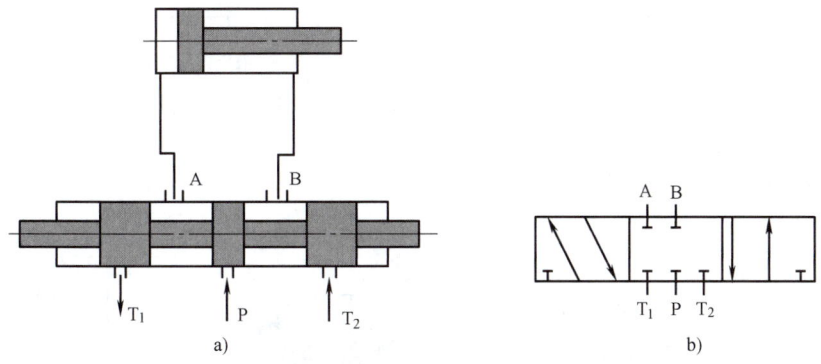

图 4-3 换向阀的工作原理及其图形符号

图 4-3a 中的换向阀可绘制成图 4-3b 所示的图形符号,由于该换向阀阀芯相对于阀体有中位、左位和右位三个工作位置,通常用一个粗实线方框符号代表一个工作位置,因而有三

个方框；而该换向阀共有 P、A、B、T_1 和 T_2 五个油口，所以每一个方框中表示油路的通路与方框共有五个交点，在中间位置，由于各油口之间互不相通，用 "⊥" 或 "⊤" 来表示，而当阀芯向左移动时，表示该换向阀左位工作，即 P 与 A、B 与 T_2 相通；反之，则 P 与 B、A 与 T_1 相通。因此该换向阀被称之为三位五通换向阀。图 4-4 所示为常用换向阀的位和通路符号。

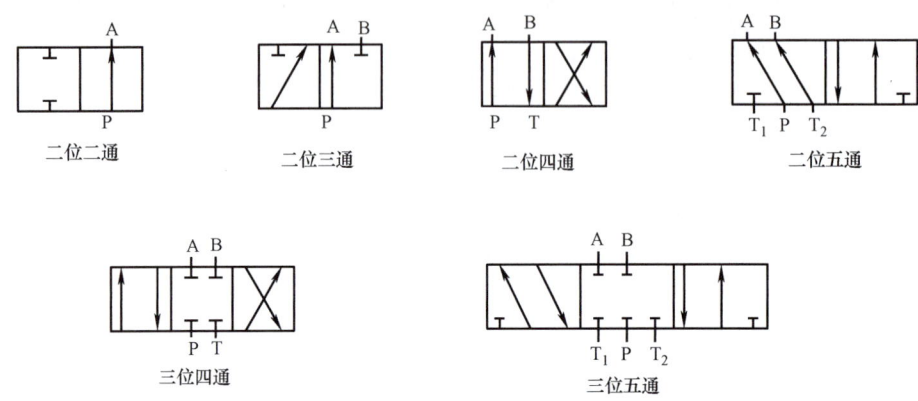

图 4-4　换向阀的位和通路符号

换向阀中阀芯相对于阀体的运动需要有外力操纵来实现，常用的操纵方式有：手动、机动（行程）、电磁动、液动和电液动，其符号如图 4-5 所示，不同的操纵方式与图 4-4 所示的换向阀的位和通路符号组合就可以得到不同的换向阀，如三位四通电磁换向阀、三位五通液动换向阀等。

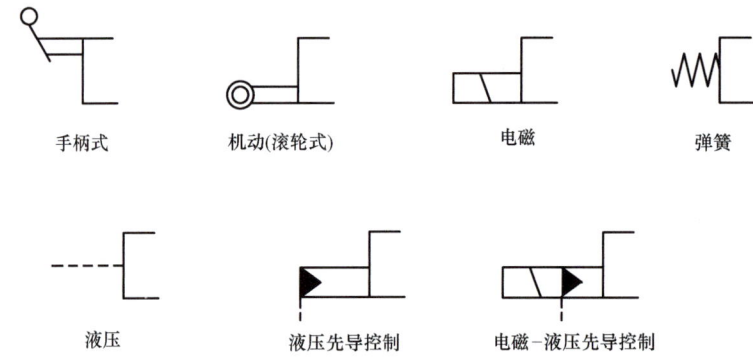

图 4-5　换向阀操纵方式符号

图 4-6a 所示为转动式换向阀（简称转阀）的工作原理，该阀由阀体 1、阀芯 2 和使阀芯转动的操纵手柄 3 组成，在图示位置，通口 P 和 A 相通、B 和 T 相通；当操纵手柄转换到 "止" 位置时，通口 P、A、B 和 T 均不相通；当操纵手柄转换到另一位置时，则通口 P 和 B 相通，A 和 T 相通。图 4-6b 所示为它的图形符号。

（二）换向阀的结构

在液压传动系统中广泛采用的是滑阀

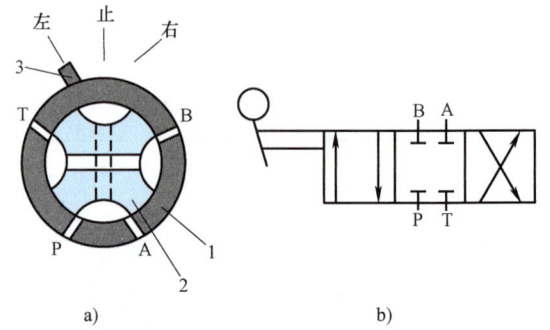

图 4-6　转阀的工作原理及其图形符号

1—阀体　2—阀芯　3—操纵手柄

式换向阀，在这里主要介绍滑阀式换向阀的几种典型结构。

1. 手动换向阀

手动换向阀是利用手动杠杆来改变阀芯位置实现换向的，如图 4-7 所示。

图 4-7a 所示为自动复位式手动换向阀，放开手柄 1，阀芯 2 在弹簧 3 的作用下自动回复中位，该阀适用于动作频繁、工作持续时间短的场合，操作比较安全，常用于工程机械的液压传动系统中。

如果将该阀阀芯右端弹簧 3 的部位改为图 4-7b 所示的形式，即成为可在三个位置定位的手动换向阀。图 4-7c、d 所示为其图形符号图。

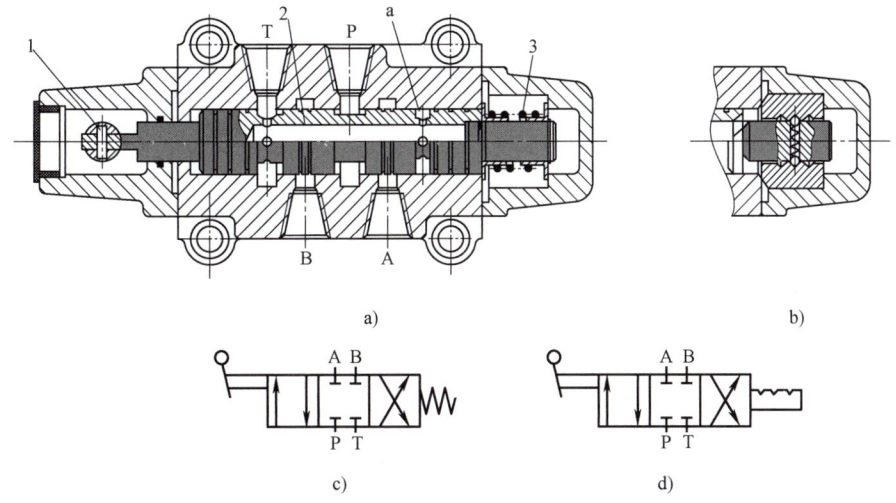

图 4-7 手动换向阀的结构及其图形符号
1—手柄 2—阀芯 3—弹簧

2. 机动换向阀

机动换向阀又称行程阀，它主要用来控制机械运动部件的行程，它是借助于安装在工作台上的挡铁或凸轮来迫使阀芯移动，从而控制油液的流动方向，机动换向阀通常是二位的，有二通、三通、四通和五通几种，其中二位二通机动阀又分常闭和常开两种。

图 4-8a 所示为滚轮式二位二通常闭式机动换向阀，在图示位置阀芯 2 被弹簧 3 压向左端，油腔 P 和 A 不通，当挡铁或凸轮压住滚轮 1 使阀芯 2 移动到右端时，就使油腔 P 和 A

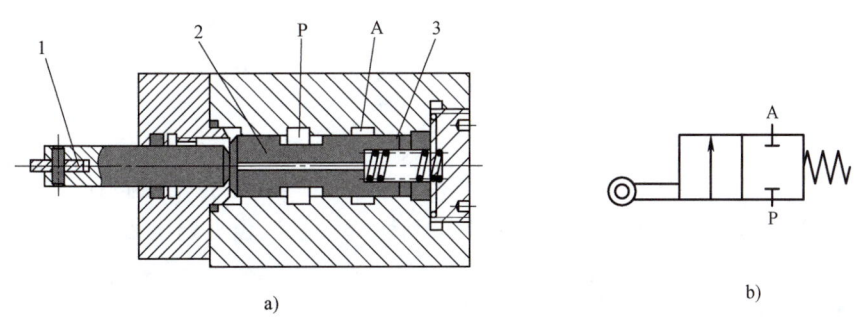

图 4-8 机动换向阀的结构及其图形符号
1—滚轮 2—阀芯 3—弹簧

接通。图 4-8b 所示为其图形符号。

3. 电磁换向阀

电磁换向阀是利用电磁铁的通电吸合与断电释放而直接推动阀芯来控制液流方向的。它是电气系统与液压系统之间的信号转换元件，它的电气信号由液压设备中的按钮开关、限位开关、行程开关等电气元件发出，从而可以使液压系统方便地实现各种操作及自动顺序动作。

电磁铁按使用电源的不同，可分为交流和直流两种。按衔铁工作腔是否有油液又可分为"干式"和"湿式"。交流电磁铁起动力较大，不需要专门的电源，吸合、释放快，动作时间为 0.01~0.03s；其缺点是若电源电压下降 15% 以上，则电磁铁吸力明显减小，若衔铁不动作，干式电磁铁会在 10~15min 后烧坏线圈（湿式电磁铁为 1~1.5h），且冲击及噪声较大，寿命低，因而在实际使用中交流电磁铁允许的切换频率一般为 10 次/min，不得超过 30 次/min。直流电磁铁工作较可靠，吸合、释放动作时间为 0.05~0.08s，允许使用的切换频率较高，一般可达 120 次/min，最高可达 300 次/min，且冲击小、体积小、寿命长。此外，还有一种本整形电磁铁，其电磁铁是直流的，但电磁铁本身带有整流器，通入的交流经整流后再供给直流电磁铁。目前，国外新发展了一种油浸式电磁铁，不但衔铁，而且激磁线圈也都浸在油液中工作，它具有寿命更长、工作更平稳可靠等特点，但由于造价较高，应用面不广。

图 4-9a 所示为二位三通交流电磁阀的结构。在图示位置，油口 P 和 A 相通，油口 B 断开；当电磁铁通电吸合时，推杆 1 将阀芯 2 推向右端，这时油口 P 和 A 断开，而与 B 相通。当电磁铁断电释放时，弹簧 3 推动阀芯复位。图 4-9b 所示为其图形符号。

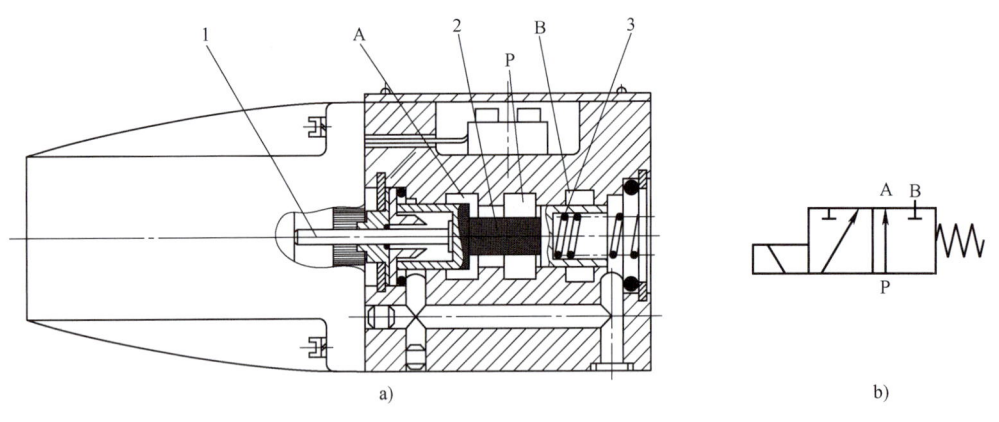

图 4-9 二位三通电磁阀的结构及其图形符号
1—推杆 2—阀芯 3—弹簧

如前所述，电磁阀就其工作位置来说，有二位和三位等。二位电磁阀有一个电磁铁，靠弹簧复位；三位电磁阀有两个电磁铁，图 4-10 所示为一种三位五通电磁换向阀的结构和图形符号。

4. 液动换向阀

液动换向阀是利用控制油路的压力油来改变阀芯位置的换向阀。图 4-11 所示为三位四通液动换向阀的结构及其图形符号。阀芯是由其两端密封腔中油液的压差来移动的，当控制

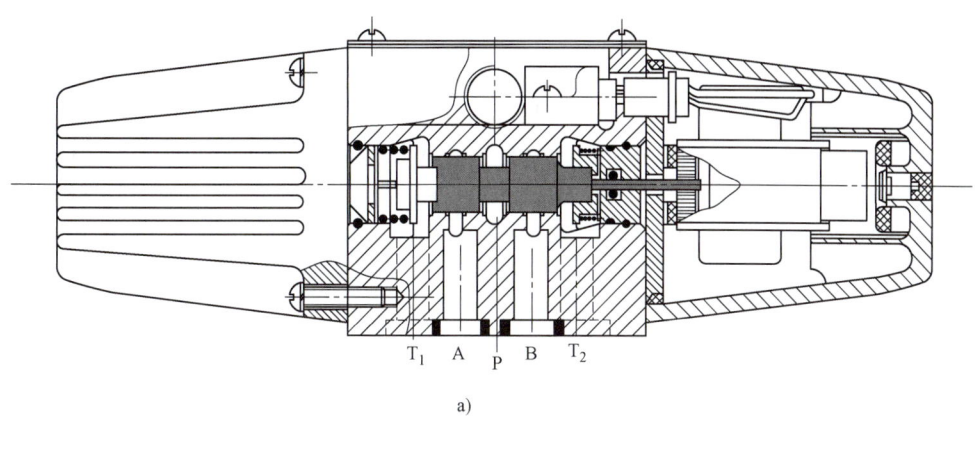

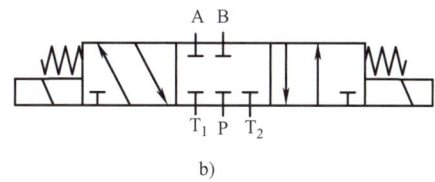

图 4-10 三位五通电磁换向阀的结构及其图形符号

油路的压力油从阀右边的控制油口 K_2 进入滑阀右腔时，K_1 接通回油，阀芯向左移动，使压力油口 P 与 B 相通，A 与 T 相通；当 K_1 接通压力油，K_2 接通回油时，阀芯向右移动，使得 P 与 A 相通，B 与 T 相通；当 K_1、K_2 都通回油时，阀芯在两端弹簧和定位套作用下回到中间位置。

5. 电液换向阀

在大中型液压设备中，当通过阀的流量较大时，作用在滑阀上的摩擦力和液动力较大，此时电磁换向阀的电磁铁推力相对地太小，需要用电液换向阀来代替电磁换向阀。电液换向阀由电磁滑阀和液动滑阀组合而成。电磁滑阀起先导作用，它可以改变控制液流的方向，从而改变液动滑阀阀芯的位置。由于操纵液动滑阀的液压推力可以很大，所以主阀芯的尺寸可以做得很大，允许有较大的油液流量通过。这样用较小的电磁铁就能控制较大的液流。

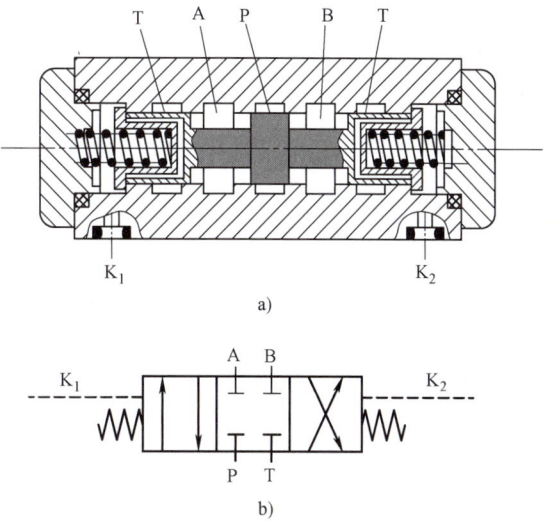

图 4-11 三位四通液动换向阀的结构及其图形符号

图 4-12 所示为弹簧对中型三位四通电液换向阀的结构及其图形符号。当先导电磁阀左边的电磁铁通电后使其阀芯向右边位置移动，来自主阀 P 口或外接油口的控制压力油可经先导电磁阀的 A 口和左单向阀进入主阀左端容腔，并推动主阀阀芯向右移动，这时主阀芯右端容腔中的控制油液可通过右边的节流阀经先导电磁阀的 B 口和 T 口，再从主阀的 T 口或外接油口流回油箱（主阀芯的移动速度可

由右边的节流阀调节)。使主阀 P 与 A、B 与 T 的油路相通；反之，由先导电磁阀右边的电磁铁通电，可使 P 与 B、A 与 T 的油路相通；当先导电磁阀的两个电磁铁均不带电时，先导阀阀芯在其对中弹簧作用下回到中位，此时来自主阀 P 口或外接油口的控制压力油不再进入主阀芯的左、右两容腔，主阀芯左、右两腔的油液通过先导阀中间位置的 A、B 两油口与先导阀 T 口相通（图 4-12b），再从主阀的 T 口或外接油口流回油箱。主阀芯在两端对中弹簧的预压力的推动下，依靠阀体定位，准确地回到中位，此时主阀的 P、A、B 和 T 油口均不通。电液换向阀除了上述的弹簧对中以外还有液压对中的，在液压对中的电液换向阀中，先导式电磁阀在中位时，A、B 两油口均与控制压力油口 P 连通，而油口 T 则封闭，其他方面与弹簧对中的电液换向阀基本相似。

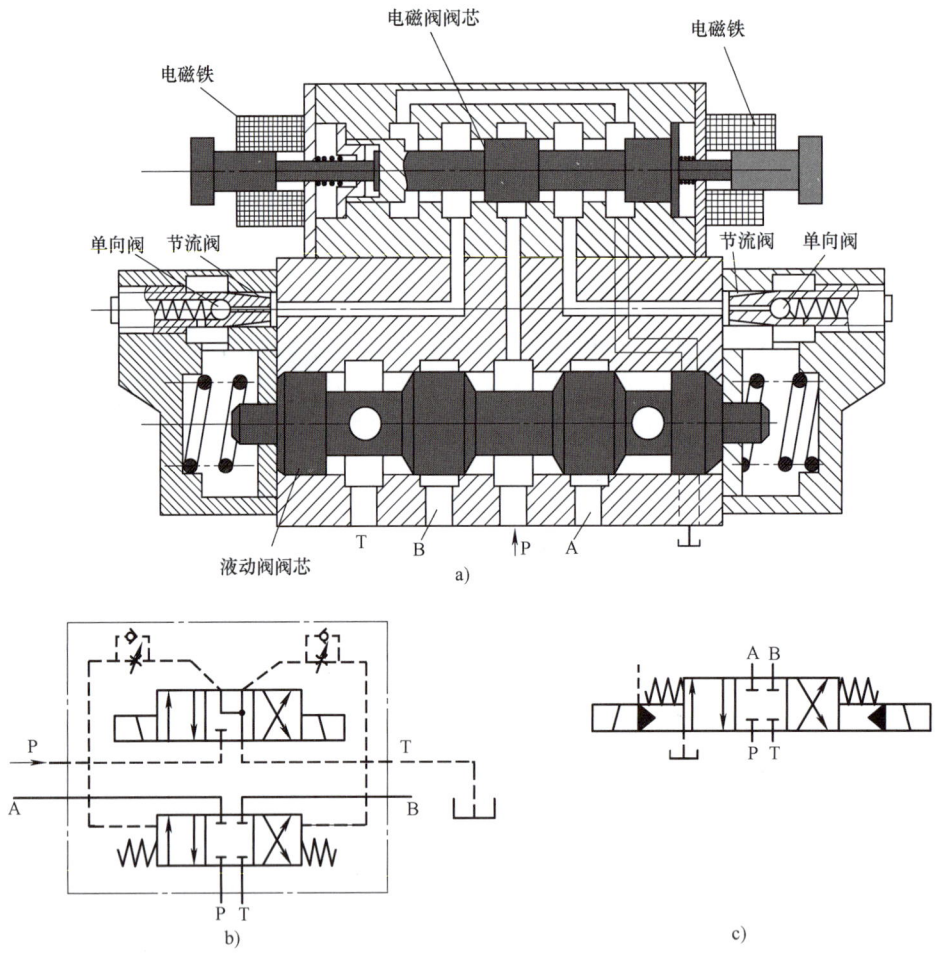

图 4-12 三位四通电液换向阀的结构及其图形符号

(三) 换向阀的性能和特点

1. 中位机能

对于各种操纵方式的三位四通和五通的换向滑阀，阀芯在中间位置时各油口的连通情况称为换向阀的中位机能。不同的中位机能，可以满足液压系统的不同要求。表 4-2 为常见三位换向阀的中位机能。由表 4-2 可以看出，不同的中位机能是通过改变阀芯的形状和尺寸得到的。

在分析和选择三位换向阀的中位机能时，通常考虑以下几点：

(1) **系统保压**　当 P 口被堵塞时，系统保压，液压泵能用于多缸系统；当 P 口不太通畅地与 T 口相通时（如 X 型），系统能保持一定的压力供控制油路使用。

(2) **系统卸荷**　P 口通畅地与 T 口相通时，系统卸荷。

表 4-2　常见三位换向阀的中位机能

中位机能型式	中间位置时的滑阀状态	中间位置的图形符号	
		三位四通	三位五通
O			
H			
Y			
J			
C			
P			
K			
X			
M			
U			

（3）换向平稳性与精度　当 A、B 两口都堵塞时，换向过程中易产生液压冲击，换向不平稳，但换向精度高；反之，A、B 两口都通 T 口时，换向过程中工作部件不易制动，换向精度低，但液压冲击小。

（4）起动平稳性　阀在中位时，液压缸某腔如通油箱，则起动时该腔内因无足够的油液起缓冲作用，起动不平稳。

（5）液压缸"浮动"和在任意位置上停止　阀在中位时，当 A、B 两油口互通时，卧式液压缸呈"浮动"状态，可利用其他机构移动工作台，调整其位置；当 A、B 两口堵塞或与 P 口连接（在非差动情况下），则可以使液压缸在任意位置处停下来。

三位换向阀除了在中间位置时有各种滑阀机能外，有时也把阀芯在其一端位置时的油口连通情况设计成特殊的机能，这时分别用两个字母来表示滑阀在中间状态和一端状态的滑阀机能，常用的有 OP 型和 MP 型等，它们的图形符号如图 4-13 所示。OP 型和 MP 型滑阀机能主要用于差动连接回路，以得到快速行程。

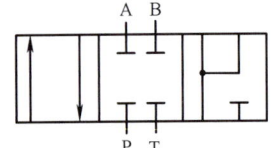 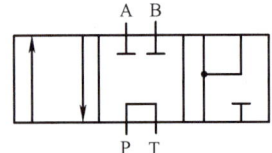

图 4-13　OP 型、MP 型滑阀中位机能的图形符号

2. 滑阀的液动力

由液流的动量定律可知，油液通过换向阀时作用在阀芯上的液动力有稳态液动力和瞬态液动力两种。滑阀上的稳态液动力是在阀芯移动完毕、开口固定之后，液流流过阀口时因动量变化而作用在阀芯上的有使阀口关小趋势的力，其值与通过阀的流量大小有关，流量越大，液动力也越大，因而使换向阀切换的操纵力也应越大。由于在滑阀式换向阀中稳态液动力相当于一个回复力，故它对滑阀性能的影响是使滑阀的工作趋于稳定。滑阀上的瞬态液动力是滑阀在移动过程中（即开口大小发生变化时），阀腔液流因加速或减速而作用在阀芯上的力，这个力与阀芯的移动速度有关（即与阀口开度的变化率有关），而与阀口开度本身无关，且瞬态液动力对滑阀工作稳定性的影响要视具体结构而定，在此不做详细分析。

3. 滑阀的液压卡紧现象

一般滑阀的阀孔和阀芯之间有很小的间隙，当缝隙均匀且缝隙中有油液时，移动阀芯所需的力只需克服黏性摩擦力，数值是相当小的。但在实际使用中，特别是在中、高压系统中，当阀芯停止运动一段时间后（一般约 5min 以后），这个阻力可以大到几百牛顿，使阀芯重新移动十分费力，这就是所谓的液压卡紧现象。

引起液压卡紧的原因，有的是由于脏物进入缝隙而使阀芯移动困难，有的是由于缝隙过小，油温升高时造成阀芯膨胀而卡死，但是主要原因是来自滑阀副几何形状误差和同心度变化所引起的径向不平衡液压力。如图 4-14a 所示，当阀芯和阀体孔之间无几何形状误差且轴线平行但不重合时，阀芯周围间隙内的压力分布是线性的（图中 A_1 和 A_2 线所示），且各向相等，阀芯上不会出现不平衡的径向力；当阀芯因加工误差而带有倒锥（锥部大端朝向高压腔）且轴线平行而不重合时，阀芯周围间隙内的压力分布如图 4-14b 中曲线 A_1 和 A_2 所示，这时阀芯将受到径向不平衡力（图中阴影部分）的作用而使偏心距越来越大，直到两者表面接触为止，这时径向不平衡力达到最大值；但是，如阀芯带有顺锥（锥部大端朝向低压腔）时，产生的径向不平衡力将使阀芯和阀孔间的偏心距减小；图 4-14c 所示为阀芯表面有局部凸起，相当于阀芯碰伤、残留毛刺或缝隙中楔入脏物时，阀芯受到的径向不平衡力将使阀芯的凸起部分推向孔壁。

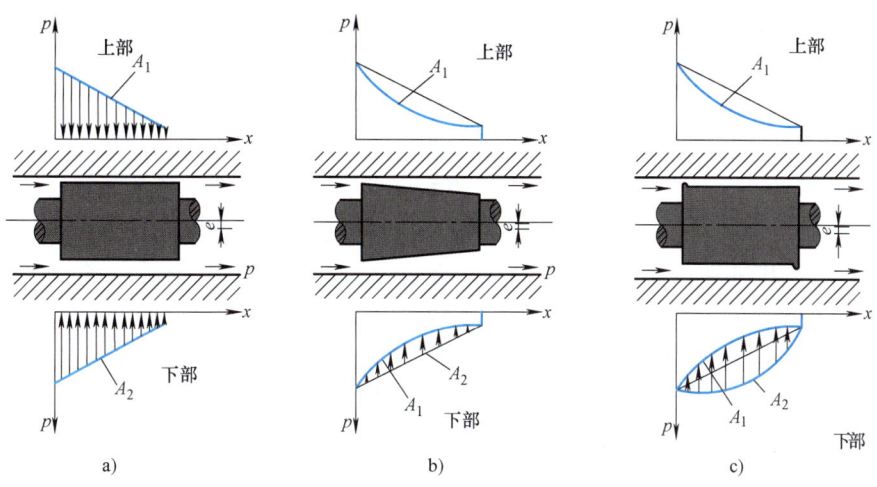

图 4-14　滑阀上的径向力

当阀芯受到径向不平衡力作用而和阀孔相接触后，缝隙中存留液体被挤出，阀芯和阀孔间的摩擦变成半干摩擦乃至干摩擦，因而使阀芯重新移动时所需的力增大了许多。

滑阀的液压卡紧现象不仅存在于换向阀中，其他的液压阀也普遍存在，在高压系统中更为突出，特别是滑阀的停留时间越长，液压卡紧力越大，以致造成移动滑阀的推力（如电磁铁推力）不能克服卡紧阻力，使滑阀不能复位。

为了减小径向不平衡力，一方面应严格控制阀芯和阀孔的制造精度，另一方面在阀芯上开环形均压槽，也可以大大减小径向不平衡力，如图 4-15 所示，一般环形均压槽的尺寸是：宽 0.3～0.5mm，深 0.5～0.8mm，槽距 1～5mm。

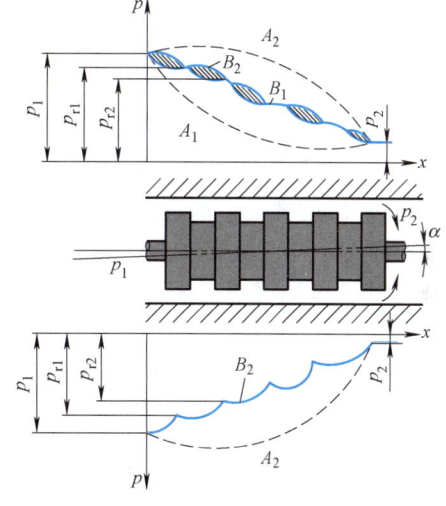

图 4-15　滑阀环形槽的作用

第三节　压力控制阀

在液压传动系统中，控制油液压力高低的液压阀称为压力控制阀，简称压力阀。这类阀的共同点是利用作用在阀芯上的液压力和弹簧力相平衡的原理工作的。

在具体的液压系统中，根据工作需要的不同，对压力控制的要求是各不相同的。有的需要限制液压系统的最高压力，如安全阀；有的需要稳定液压系统中某处的压力值（或者压力差、压力比等），如溢流阀、减压阀等定压阀；还有的是利用液压力作为信号控制其动作，如顺序阀、压力继电器等。

一、溢流阀的基本结构及其工作原理

溢流阀的主要作用是对液压系统定压或进行安全保护。几乎在所有的液压系统中都要用到它,其性能好坏对整个液压系统的正常工作有很大影响。

(一) 溢流阀的作用和性能要求

1. 溢流阀的作用

在液压系统中用来维持定压是溢流阀的主要用途。它常用于节流调速系统中,和流量控制阀配合使用,调节进入系统的流量,并保持系统的压力基本恒定。如图4-16a所示,溢流阀2并联于系统中,进入液压缸4的流量由节流阀3调节。由于定量泵1的流量大于液压缸4所需的流量,油压升高,将溢流阀2打开,多余的油液经溢流阀2流回油箱。因此,在这里溢流阀的功用就是在不断的溢流过程中保持系统压力基本不变。

用于过载保护的溢流阀一般称为安全阀。如图4-16b所示的变量泵调速系统。在正常工作时,溢流阀2关闭,不溢流,只有在系统发生故障压力升至安全阀的调整值时,阀口才打开,使变量泵排出的油液经溢流阀2流回油箱,以保证液压系统的安全。

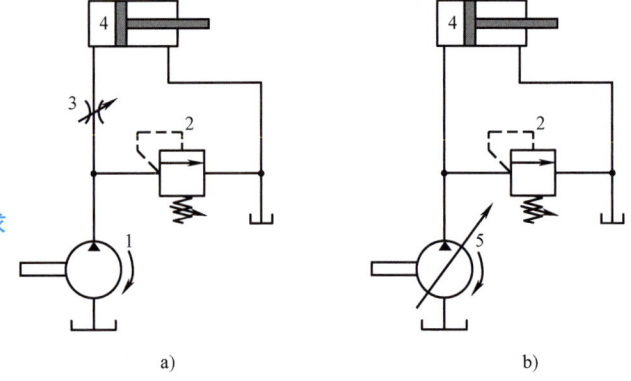

图4-16 溢流阀的作用
1—定量泵 2—溢流阀 3—节流阀 4—液压缸 5—变量泵

2. 液压系统对溢流阀的性能要求

1) 定压精度高。当流过溢流阀的流量发生变化时,系统中的压力变化要小,即静态压力超调要小。

2) 灵敏度要高。如图4-16a所示,当液压缸4突然停止运动时,溢流阀2要迅速开大。否则,定量泵1输出的油液将因不能及时排出而使系统压力突然升高,并超过溢流阀的调定压力,使系统中各元件及辅助件受力增加,影响其寿命。溢流阀的灵敏度越高,则动态压力超调越小。

3) 工作要平稳且无振动和噪声。

4) 当阀关闭时密封要好,泄漏要小。

对于经常开启的溢流阀,主要要求前三项性能;而对于安全阀,则主要要求第2)和第4)两项性能。其实,溢流阀和安全阀都是同一结构的阀,只不过是在不同要求时有不同的作用而已。

(二) 溢流阀的结构和工作原理

常用的溢流阀按其结构形式和基本动作方式可归结为直动式和先导式两种。

1. 直动式溢流阀

直动式溢流阀是依靠系统中的压力油直接作用在阀芯上与弹簧力等相平衡,以控制阀芯的启闭动作。图4-17a所示是一种低压直动式溢流阀,P是进油口,T是回油口,进口压力油经阀芯3中间的阻尼孔a作用在阀芯的底部端面上,当进油压力较小时,阀芯在弹簧2的作用下处于下端位置,将P和T两油口隔开。当进油口压力升高,在阀芯下端所产生的作用力超过弹簧的压紧力F_s等时,阀芯上升,阀口被打开,将多余的油液排回油箱,阀芯上的阻尼孔 a 用来对阀芯的动作产生阻尼，以提高阀的工作平衡性，调整螺母 1 可以改变弹簧的压紧力，这样也就调整了溢流阀进口处的油液压力 p。

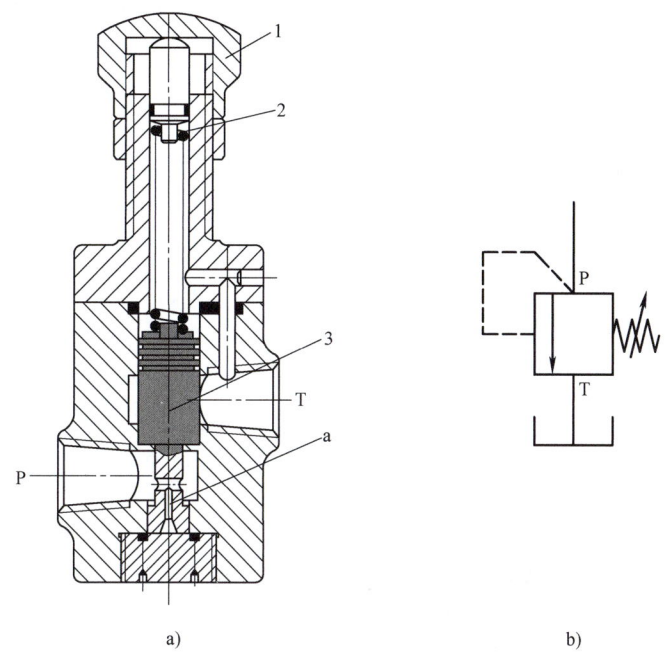

图 4-17 低压直动式溢流阀的结构及其图形符号

1—螺母　2—弹簧　3—阀芯

当溢流阀稳定工作时，作用在阀芯上的油液压力、弹簧的压紧力 F_s、稳态轴向液动力 F_{bs}、阀芯的自重 G 和摩擦力 F_f 是平衡的，它们可以用下式表示

$$pA_R = F_s + F_{bs} + G \pm F_f \tag{4-1}$$

式中，p 为进油口压力；A_R 为阀芯承受油液压力的面积。

若忽略液动力、阀芯的自重和摩擦力，则式（4-1）可写成

$$p = \frac{F_s}{A_R} \tag{4-2}$$

由式（4-2）可以看出，溢流阀是利用被控压力作为信号来改变弹簧的压缩量，从而改变阀口的通流面积和系统的溢流量来达到定压目的的。当系统压力升高时，阀芯上升，阀口通流面积增加，溢流量增大，进而使系统压力下降。溢流阀内部通过阀芯的平衡和运动构成的这种负反馈作用是其定压作用的基本原理，也是所有定压阀的基本工作原理。由式（4-2）可知，弹簧力的大小与控制压力成正比，因此如要提高被控压力，一方面可用减小阀芯的面积来达到；另一方面则需增大弹簧力，因受结构限制，需采用大刚度的弹簧，这样，在阀芯相同位移的情况下，弹簧力变化较大。因而该阀的定压精度就低。所以，这种低压直动式溢流阀一般用于压力小于 2.5MPa 的小流量场合。图 4-17b 所示为直动式溢流阀的图形符号。由图 4-17a 还可看出，在常位状态下，溢流阀进、出油口之间是不相通的，而且作用在阀芯上的液压力是由进口油液压力产生的，经溢流阀阀芯的泄漏油液经内泄漏通道进入回油口 T。

直动式溢流阀采取适当的措施也可用于高压大流量。例如，德国 Rexroth 公司开发的通

径为 6~20mm 的压力为 40~63MPa，通径为 25~30mm 的压力为 31.5MPa 的直动式溢流阀，最大流量可达到 330L/min，其中较为典型的锥阀式结构如图 4-18a 所示。图 4-18b 所示为锥阀式结构的局部放大图，在锥阀的下部有一阻尼活塞 3，活塞的侧面铣扁，以便将压力油引到活塞底部，该活塞除了能增加运动阻尼以提高阀的工作稳定性外，还可以使锥阀导向而在开启后不会倾斜。此外，锥阀上部有一个偏流盘 1，盘上的环形槽用来改变液流方向，一方面以补偿锥阀 2 的液动力；另一方面由于液流方向的改变，产生一个与弹簧力相反方向的射流力，当通过溢流阀的流量增加时，虽然因锥阀阀口增大引起弹簧力增加，但由于与弹簧力方向相反的射流力同时增加，结果抵消了弹簧力的增量，有利于提高阀的通流流量和工作压力。

2. 先导式溢流阀

图 4-19 所示为先导式溢流阀的结构及其图形符号。在图中压力油从 P 口进入，通过阻尼孔 3 后作用在导阀 4 上，当进油口压力较低，导阀上的液压作用力不足以克服导阀右边的弹簧 5 的作用力时，导阀关闭，没有油液流过阻尼孔，所以主阀芯 2 两端压力相等，在较软的主阀弹簧 1 作用下主阀芯 2 处于最下端位置，溢流阀阀口 P 和 T 隔断，没有溢流。

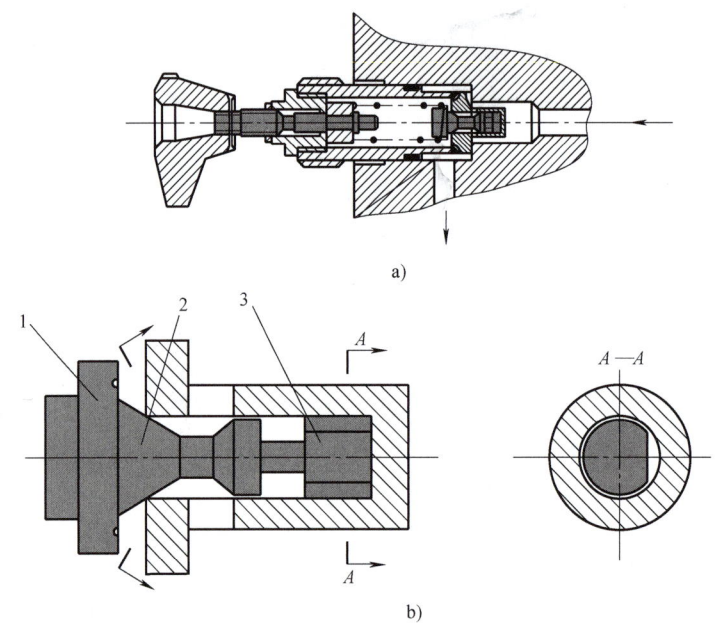

图 4-18 直动式锥型溢流阀
1—偏流盘　2—锥阀　3—活塞

当进油口压力升高到作用在导阀上的液压力大于导阀弹簧作用力时，导阀打开，压力油就可通过阻尼孔、经导阀流回油箱，由于阻尼孔的作用，使主阀芯上端的液压力 p_2 小于下端压力 p_1，当这个压力差作用在面积为 A_R 的主阀芯上的力等于或超过主阀弹簧力 F_s、轴向稳态液动力 F_{bs}、摩擦力 F_t 和主阀芯自重 G 的合力时，主阀芯开启，油液从 P 口流入，经主阀阀口由 T 口流回油箱，实现溢流，即有

$$\Delta p = p_1 - p_2 \geq \frac{F_s + F_{bs} + G + F_t}{A_R} \tag{4-3}$$

由式（4-3）可知，由于油液通过阻尼孔而产生的 p_1 与 p_2 之间的压差值不太大，所以

主阀芯只需一个小刚度的软弹簧即可；而作用在导阀 4 上的液压力 p_2 与其导阀阀芯面积的乘积即为导阀弹簧 5 的调压弹簧力，由于导阀阀芯一般为锥阀，受压面积较小，所以用一个刚度不太大的弹簧即可调整较高的开启压力 p_2，用螺钉调节导阀弹簧的预紧力，就可调节溢流阀的溢流压力。

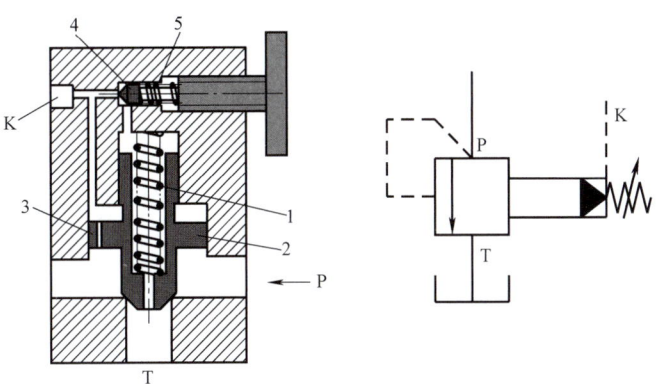

图 4-19 先导式溢流阀的结构及其图形符号
1—主阀弹簧 2—主阀芯 3—阻尼孔 4—导阀 5—弹簧

先导式溢流阀有一个远程控制口 K，如果将 K 口用油管接到另一个远程调压阀（远程调压阀的结构和溢流阀的先导控制部分一样），调节远程调压阀的弹簧力，即可调节溢流阀主阀芯上端的液压力，从而对溢流阀的溢流压力实现远程调压。但是，远程调压阀所能调节的最高压力不得超过溢流阀本身导阀的调整压力。当远程控制口 K 通过二位二通阀接通油箱时，主阀芯上端的压力接近于零，主阀芯上移到最高位置，阀口开得很大。由于主阀弹簧较软，这时溢流阀 P 口处压力很低，系统的油液在低压下通过溢流阀流回油箱，实现卸荷。

（三）溢流阀的性能

溢流阀的性能包括溢流阀的静态性能和动态性能，在此做一简单的介绍。

1. 静态性能

（1）压力调节范围　压力调节范围是指调压弹簧在规定的范围内调节时，系统压力能平稳地上升或下降，且压力无突跳及迟滞现象时的最大和最小调定压力。溢流阀的最大允许流量为其额定流量，在额定流量下工作时溢流阀应无噪声，溢流阀的最小稳定流量取决于它的压力平稳性要求，一般规定为额定流量的 15%。

（2）启闭特性　启闭特性是指溢流阀在稳态情况下从开启到闭合的过程中，被控压力与通过溢流阀的溢流量之间的关系。它是衡量溢流阀定压精度的一个重要指标，一般用溢流阀处于额定流量、调定压力 p_s 时，开始溢流的开启压力 p_K 及停止溢流的闭合压力 p_B 与 p_s 的百分比来衡量，前者称为开启比 $\bar{p}_K$，后者称为闭合比 $\bar{p}_B$，即

$$\bar{p}_K = \frac{p_K}{p_s} \times 100\% \tag{4-4}$$

$$\bar{p}_B = \frac{p_B}{p_s} \times 100\% \tag{4-5}$$

式中，p_s 可以是溢流阀调压范围内的任何一个值，显然上述两个百分比越大，则两者越接近，溢流阀的启闭特性就越好，一般应使 $\bar{p}_K \geq 90\%$，$\bar{p}_B \geq 85\%$。直动式和先导式溢流阀的启闭特性曲线如图 4-20 所示。

（3）卸荷压力　当溢流阀的远程控制 K 口与油箱相连时，额定流量下的压力损失称为卸荷压力。

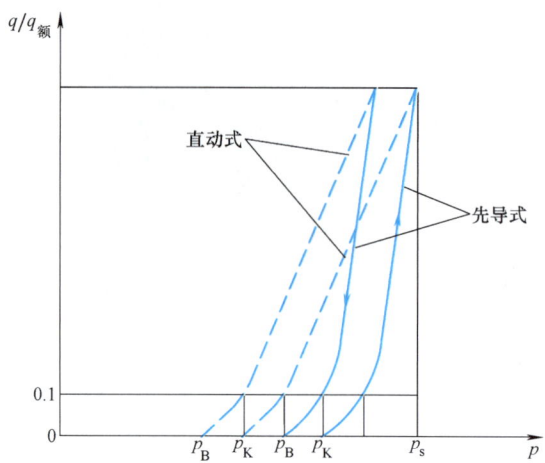

图 4-20 直动式和先导式溢流阀的启闭特性曲线

2. 动态性能

当溢流阀在溢流量发生由零至额定流量的阶跃变化时,它的进口压力,也就是它所控制的系统压力,将如图 4-21 所示的那样迅速升高并超过额定压力的调定值,然后逐步衰减到最终稳定压力,从而完成其动态过渡过程。

定义最高瞬时压力峰值与额定压力调定值 p_s 的差值为压力超调量 Δp,则压力超调率 $\overline{\Delta p}$ 为

$$\overline{\Delta p} = \frac{\Delta p}{p_s} \times 100\% \quad (4-6)$$

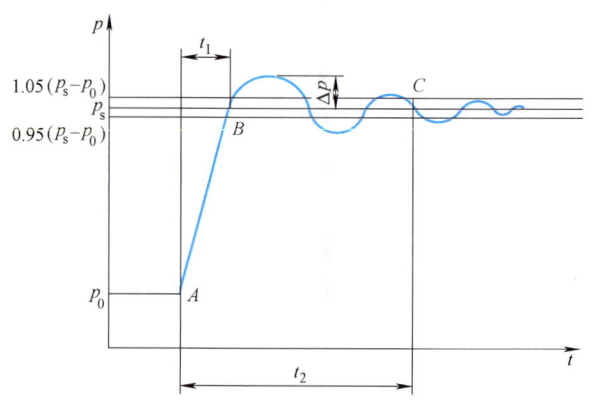

图 4-21 流量阶跃变化时溢流阀的进口压力响应特性曲线

它是衡量溢流阀动态定压误差的一个性能指标,一个性能良好的溢流阀 $\overline{\Delta p} \leq 10\% \sim 30\%$。

图 4-21 所示的 t_1 称之为系统响应时间;t_2 称之为过渡过程时间。溢流阀的响应时间会略大于 t_1。显然,t_1 也表示了溢流阀响应时间的快慢,t_2 则反映了溢流阀动态过程的长短。

二、减压阀

减压阀是使出口压力(二次压力)低于进口压力(一次压力)的一种压力控制阀。其作用是用来减低液压系统中某一回路的油液压力,使用一个油源能同时提供两个或几个不同压力的输出。减压阀在各种液压设备的夹紧系统、润滑系统和控制系统中应用较多。此外,当油液压力不稳定时,在回路中串入一减压阀可得到一个稳定的较低的输出压力。根据减压阀所控制的压力不同,它可分为定值输出减压阀、定差减压阀和定比减压阀。

(一)定值输出减压阀

1. 工作原理

图 4-22a 所示为直动式减压阀的结构及其图形符号。P_1 口是进油口,P_2 口是出油口,阀不工作时,阀芯在弹簧作用下处于最下端位置,阀的进、出油口是相通的,即阀是常开

的。若出口压力增大，使作用在阀芯下端的压力大于弹簧力时，阀芯上移，关小阀口，这时阀处于工作状态。若忽略其他阻力，仅考虑作用在阀芯上的液压力和弹簧力相平衡的条件，则可以认为出口压力基本上维持在某一定值——调定值上。这时如出口压力减小，阀芯就下移，开大阀口，阀口处阻力减小，压降减小，使出口压力回升到调定值；反之，若出口压力增大，则阀芯上移，关小阀口，阀口处阻力加大，压降增大，使出口压力下降到调定值。

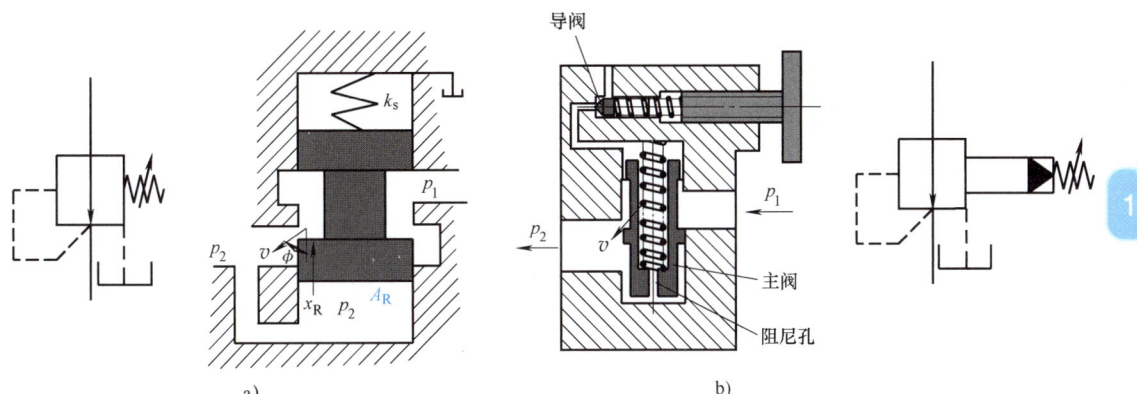

图 4-22　减压阀的结构及其图形符号

图 4-22b 所示为先导式减压阀的工作原理及其图形符号，可仿前述先导式溢流阀来推演，这里不再赘述。

将先导式减压阀和先导式溢流阀进行比较，它们之间有如下几点不同之处：

1) 减压阀保持出口压力基本不变，而溢流阀保持进口处压力基本不变。
2) 在不工作时，减压阀进、出油口互通，而溢流阀进、出油口不通。
3) 为保证减压阀出口压力的调定值恒定，它的导阀弹簧腔需通过泄油口单独外接油箱；而溢流阀的出油口是通油箱的，所以其导阀的弹簧腔和泄漏油可通过阀体上的通道和出油口相通，不必单独外接油箱。

2．工作特性

理想的减压阀在进口压力、流量发生变化或出口负载增加时，其出口压力 p_2 总是恒定不变。但实际上 p_2 是随 p_1、q 变化的，或随负载的增大而有所变化。由图 4-22a 可知，当忽略阀芯的自重和摩擦力，当稳态液动力为 F_{bs} 时，阀芯上的力平衡方程为

$$p_2 A_R + F_{bs} = k_s(x_c + x_R) \tag{4-7}$$

式中，x_c 为当阀芯开口变化量 $x_R = 0$ 时弹簧的预压缩量，其余符号见图，即

$$p_2 = \frac{k_s(x_c + x_R) - F_{bs}}{A_R} \tag{4-8}$$

若忽略液动力 F_{bs}，且 $x_R \ll x_c$ 时，则有

$$p_2 \approx \frac{k_s}{A_R} x_c = 常数 \tag{4-9}$$

这就是减压阀出口压力可基本上保持定值的原因。

减压阀的特性曲线如图 4-23 所示。当减压阀进油口压力 p_1 基本恒定时，若通过的流量 q 增加，则阀芯开口变化量 x_R 加大，出口压力 p_2 略微下降。在如图 4-22b 所示的先导式减

压阀中，出油口压力的调整值越低，它受流量变化的影响就越大。

当减压阀的出油口不输出油液时，它的出口压力基本上仍能保持恒定，此时有少量的油液通过减压阀阀口经先导阀和泄油管流回油箱，保持该阀处于工作状态，如图 4-22b 所示。

（二）定差减压阀

定差减压阀是使进、出油口之间的压力差等于或近似于不变的减压阀，其工作原理及其图形符号如图 4-24 所示。高压油 p_1 经节流口减压后以低压 p_2 流出，同时，低压油经阀芯中心孔将压力传至阀芯上腔，则其进、出油液压力在阀芯有效作用面积上的压力差与弹簧力相平衡，即

$$\Delta p = p_1 - p_2 = \frac{k_s(x_c + x_R)}{\frac{\pi}{4}(D^2 - d^2)} \tag{4-10}$$

式中，x_c 为当阀芯开口变化量 $x_R = 0$ 时弹簧（其弹簧刚度为 k_s）的预压缩量，其余符号如图所示。由式(4-10)可知，只要尽量减小阀口变化量 x_R，就可使压力差 Δp 近似地保持为定值。

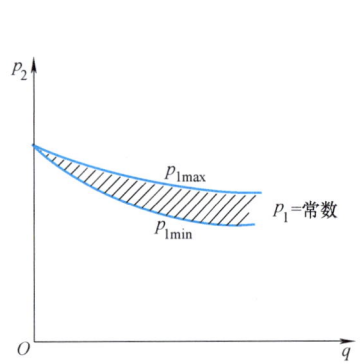

图 4-23　减压阀的特性曲线

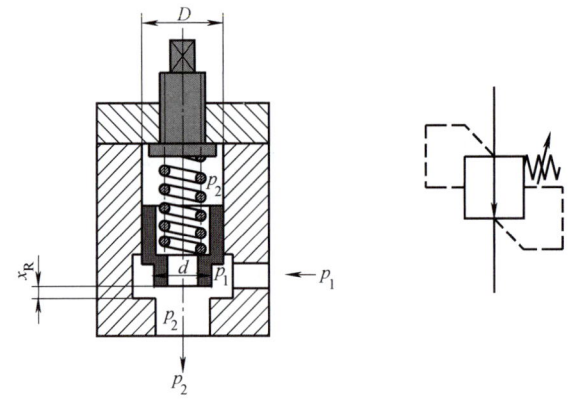

图 4-24　定差减压阀的工作原理及其图形符号

（三）定比减压阀

定比减压阀能使进、出油口压力的比值维持恒定。图 4-25 所示为其工作原理及其图形符号。阀芯在稳态时忽略稳态液动力、阀芯的自重和摩擦力，可得到力平衡方程为

$$p_1 A_1 + k_s(x_c + x_R) = p_2 A_2 \tag{4-11}$$

式中，k_s 为阀芯下端弹簧刚度；x_c 是阀芯开口变化量 $x_R = 0$ 时的弹簧的预压缩量；其他符号如图所示。若忽略弹簧力（刚度较小），则有（减压比）

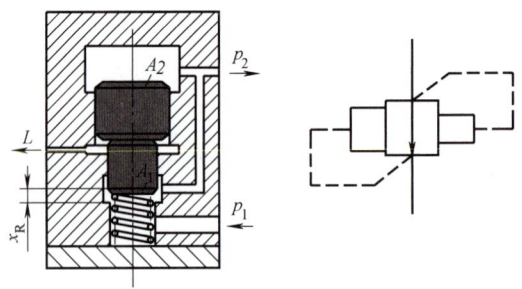

图 4-25　定比减压阀的工作原理及其图形符号

$$\frac{p_2}{p_1} = \frac{A_1}{A_2} \tag{4-12}$$

由式（4-12）可见，选择阀芯的作用面积 A_1 和 A_2，便可得到所要求的压力比，且比值近似恒定。

三、顺序阀

顺序阀用来控制液压系统中各执行元件动作的先后顺序。依控制压力方式的不同，顺序阀又可分为内控式和外控式两种。前者用阀的进油口压力控制阀芯的启闭，后者用外来的控制压力油控制阀芯的启闭（即液控顺序阀）。顺序阀也有直动式和先导式两种，前者一般用于低压系统，后者用于中高压系统。

图 4-26 所示为直动式顺序阀的工作原理及其图形符号。当进油口压力 p_1 较低时，阀芯在弹簧作用下处于下端位置，进油口和出油口不相通。当作用在阀芯下端的油液的液压力大于弹簧的预紧力时，阀芯向上移动，阀口打开，油液便经阀口从出油口流出，从而操纵另一执行元件或其他元件动作。由图可见，顺序阀和溢流阀的结构基本相似，不同的只是顺序阀的出油口通向系统的另一压力油路，而溢流阀的出油口通油箱，此外，由于顺序阀的进、出油口均为压力油，所以它的泄油口 L 必须单独外接油箱。

直动式外控顺序阀的工作原理及其图形符号如图 4-27 所示，和上述顺序阀的差别仅仅在于其下部有一控制油口 K，阀芯的启闭是利用通入控制油口 K 的外部控制油来控制的。

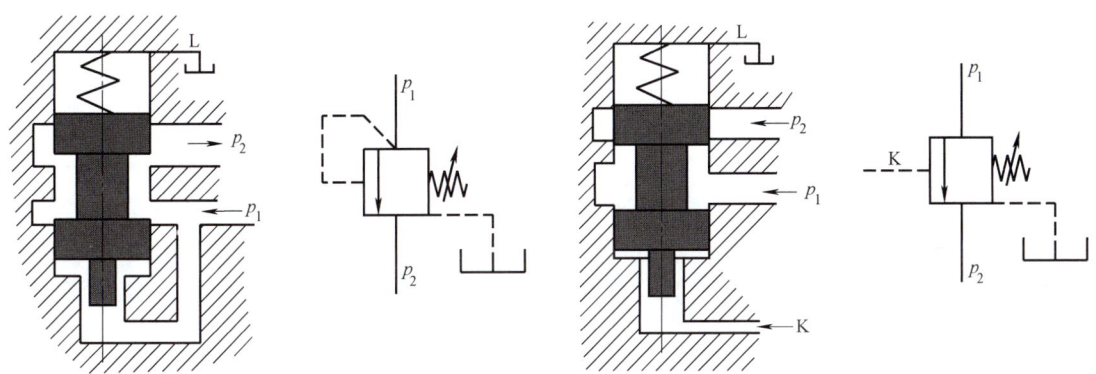

图 4-26　直动式顺序阀的工作原理及其图形符号　　图 4-27　直动式外控顺序阀的工作原理及其图形符号

图 4-28 所示为先导式顺序阀的工作原理及其图形符号，其工作原理可仿前述先导式溢流阀推演，在此不再重复。

四、压力继电器

压力继电器是一种将油液的压力信号转换成电信号的电液控制元件。当油液压力达到压力继电器的调定压力时，即发出电信号，以控制电磁铁、电磁离合器、继电器等元件动作，使油路卸压、换向，执行元件实现顺序动作，或关闭电动机，使系统停止工作，起安全保护作

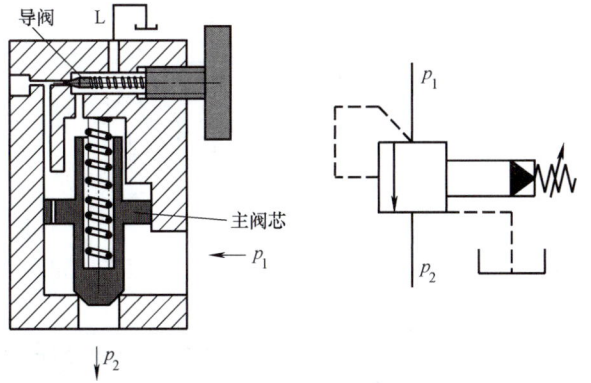

图 4-28　先导式顺序阀的工作原理及其图形符号

用等。图4-29所示为常用柱塞式压力继电器的工作原理及其图形符号。当从压力继电器下端进油口通入的油液压力达到调定压力值时，推动柱塞1上移，此位移通过杠杆2放大后推动开关4动作，改变弹簧3的压缩量即可调节压力继电器的动作压力。

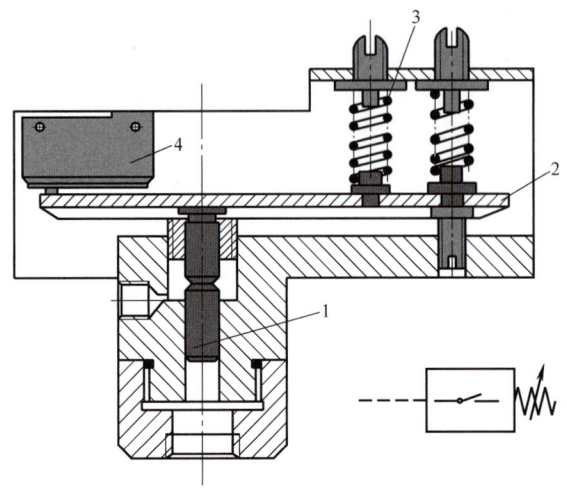

图4-29　压力继电器的工作原理及其图形符号

1—柱塞　2—杠杆　3—弹簧　4—开关

第四节　流量控制阀

液压系统中执行元件运动速度的大小，由输入执行元件的油液流量的大小来确定。流量控制阀就是依靠改变阀口通流面积（节流口局部阻力）的大小或通流通道的长短来控制流量的液压阀。常用的流量控制阀有普通节流阀、压力补偿和温度补偿调速阀、溢流节流阀和分流集流阀等。

一、流量控制原理及节流口形式

节流阀的节流口通常有薄壁小孔、细长小孔和厚壁小孔三种基本形式，但无论节流口采用何种形式，通过节流口的流量 q 与其前后压力差 Δp 的关系均可用式（1-51）来表示，即 $q = KA\Delta p^m$。节流阀的特性曲线如图4-30所示，由图可知：

（1）**压差对流量的影响**　节流阀两端压差 Δp 变化时，通过它的流量要发生变化，三种结构形式的节流口中，通过薄壁小孔的流量受到压差改变的影响最小。

（2）**温度对流量的影响**　油温影响油液黏度。对于细长小孔，油温变化时，流量也会随之改变；对于薄壁小孔，黏度对流量几乎没有影响，故油温变化时，流量基本不变。

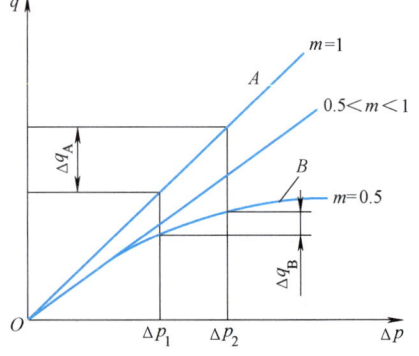

图4-30　节流阀的特性曲线

(3) 节流口的堵塞　节流阀的节流口可能因油液中的杂质或由于油液氧化后析出的胶质、沥青等而局部堵塞，这就改变了原来节流口通流面积的大小，使流量发生变化，尤其是当开口较小时，这一影响更为突出，严重时会完全堵塞而出现断流现象。因此节流口的抗堵塞性能也是影响流量稳定性的重要因素，尤其会影响流量阀的最小稳定流量。一般节流口通流面积越大、节流通道越短和水力直径越大，越不容易堵塞，当然油液的清洁度也对堵塞产生影响。一般流量控制阀的最小稳定流量为 0.05L/min。

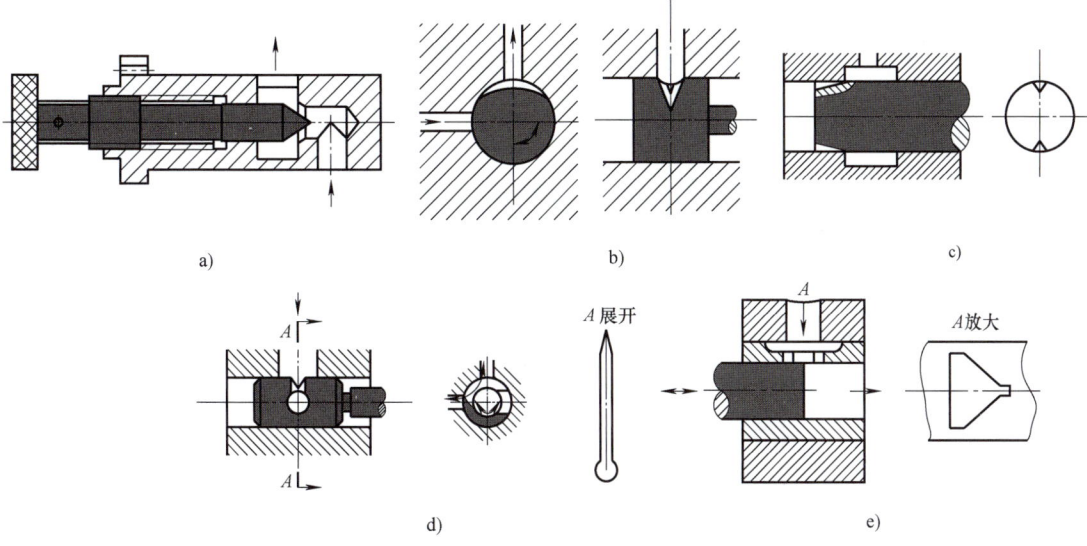

图 4-31　常用节流口的形式

综上所述，为保证流量稳定，节流口的形式以薄壁小孔较为理想。图 4-31 所示为常用节流口的形式。图 4-31a 所示为针阀式节流口，其通道长，湿周大，易堵塞，流量受油温影响较大，一般用于对性能要求不高的场合；图 4-31b 所示为偏心槽式节流口，其性能与针阀式节流口相同，但容易制造，其缺点是阀芯上的径向力不平衡，旋转阀芯时比较费力，一般用于压力较低、流量较大和流量稳定性要求不高的场合；图 4-31c 所示为轴向三角槽式节流口，其结构简单，水力直径中等，可得到较小的稳定流量，且调节范围较大，但节流通道有一定的长度，油温变化对流量有一定的影响，目前应用最为广泛；图 4-31d 所示为周向缝隙式节流口，沿阀芯周向开有一条宽度不等的狭槽，转动阀芯就可改变开口大小，阀口做成薄刃形，通道短，水力直径大，不易堵塞，油温变化对流量影响小，因此其性能接近于薄壁小孔，适用于低压小流量场合；图 4-31e 所示为轴向缝隙式节流口，在阀孔的衬套上加工出图示薄壁阀口，阀芯做轴向移动即可改变开口大小，其性能与图 4-31d 所示节流口相似。

在液压传动系统中，节流元件与溢流阀并联于液压泵的出口，构成恒压油源，使泵

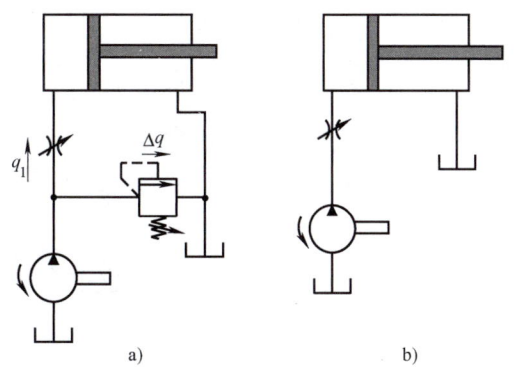

图 4-32　节流元件的作用

出口的压力恒定。如图 4-32a 所示，此时节流阀和溢流阀相当于两个并联的液阻，液压泵输出流量 q_p 不变，流经节流阀进入液压缸的流量 q_1 和流经溢流阀的流量 Δq 的大小，由节流阀和溢流阀液阻的相对大小来决定。若节流阀的液阻大于溢流阀的液阻，则 $q_1 < \Delta q$；反之，则 $q_1 > \Delta q$。节流阀是一种可以在较大范围内以改变液阻来调节流量的元件。因此，可以通过调节节流阀的液阻，来改变进入液压缸的流量，从而调节液压缸的运动速度；但若在回路中仅有节流阀而没有与之并联的溢流阀（图4-32b），则节流阀就起不到调节流量的作用。液压泵输出的液压油全部经节流阀进入液压缸，改变节流阀节流口的大小，只是改变液流流经节流阀的压力降。节流口小，流速快；节流口大，流速慢，而总的流量是不变的，因此液压缸的运动速度不变。所以，节流元件用来调节流量是有条件的，即要求有一个接受节流元件压力信号的环节（与之并联的溢流阀或恒压变量泵），通过这一环节来补偿节流元件的流量变化。

液压传动系统对流量控制阀的主要要求有：
1）较大的流量调节范围，且流量调节要均匀。
2）当阀前、后压力差发生变化时，通过阀的流量变化要小，以保证负载运动的稳定性。
3）油温变化对通过阀的流量影响要小。
4）液流通过全开阀时的压力损失要小。
5）当阀口关闭时阀的泄漏量要小。

二、普通节流阀

1. 工作原理

图 4-33 所示为一种普通节流阀的结构及其图形符号。这种节流阀的节流通道呈轴向三角槽式。压力油从进油口 P_1 流入孔道 a 和阀芯 1 左端的三角槽进入孔道 b，再从出油口 P_2 流出。调节手柄 3，可通过推杆 2 使阀芯做轴向移动，改变节流口的通流截面积来调节流量。阀芯在弹簧的作用下始终贴紧在推杆上，这种节流阀的进、出油口可互换。

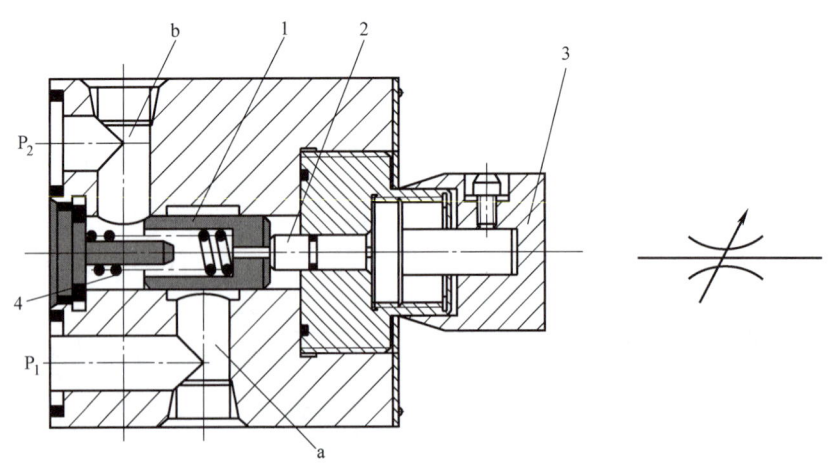

图 4-33　普通节流阀的结构及其图形符号
1—阀芯　2—推杆　3—手柄　4—弹簧

2. 节流阀的刚性

节流阀的刚性表示它抵抗负载变化的干扰、保持流量稳定的能力，即当节流阀开口量不变时，由于阀前后压力差 Δp 的变化，引起通过节流阀的流量发生变化的情况。流量变化越小，节流阀的刚性越大；反之，其刚性则小。如果以 T 表示节流阀的刚度，则有

$$T = \frac{\mathrm{d}\overline{\Delta p}}{\mathrm{d}q} \tag{4-13}$$

将式（1-51）代入，可得

$$T = \frac{\Delta p^{1-m}}{KAm} \tag{4-14}$$

从节流阀的特性曲线（图 4-34）可以发现，节流阀的刚度 T 相当于流量曲线上某点的切线和横坐标夹角 β 的余切，即

$$T = \cot\beta \tag{4-15}$$

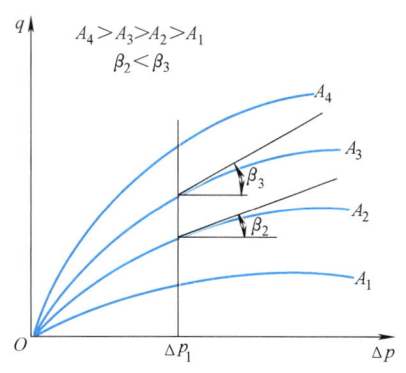

图 4-34 不同开口时节流阀的流量特性曲线

由图 4-34 和式（4-14）可以得出如下结论：

1) 同一节流阀，阀前、后压力差 Δp 相同，节流开口小时，刚度大。

2) 同一节流阀，在节流开口一定时，阀前、后压力差 Δp 越小，刚度越低。为了保证节流阀具有足够的刚度，节流阀只能在某一最低压力差 Δp 的条件下，才能正常工作，但提高 Δp 将引起压力损失的增加。

3) 取小的指数 m 可以提高节流阀的刚度，因此在实际使用中多希望采用薄壁小孔式节流口，即 $m = 0.5$ 的节流口。

三、节流阀的压力和温度补偿

普通节流阀由于刚性差，在节流开口一定的条件下通过它的工作流量受工作负载（即其出口压力）变化的影响，不能保持执行元件运动速度的稳定，因此只适用于工作负载变化不大和速度稳定性要求不高的场合。由于工作负载的变化很难避免，为了改善调速系统的性能，通常是对节流阀进行压力补偿，即采取措施使节流阀前、后压力差在负载变化时始终保持不变。由 $q = KA\Delta p^m$ 可知，当 Δp 基本保持不变时，通过节流阀的流量只由其开口大小来决定。节流阀的压力补偿有两种方式：一种是将定差减压阀与节流阀串联起来，组合成调速阀；另一种是将稳压溢流阀与节流阀并联起来，组合成溢流节流阀。这两种压力补偿方式是利用流量变动所引起油路压力的变化，通过阀芯的负反馈动作来自动调节节流部分的压力差，使其基本保持不变。

油温的变化也必然会引起油液黏度的变化，从而导致通过节流阀的流量发生相应的改变，为此出现了温度补偿调速阀。

1. 调速阀

如图 4-35 所示，调速阀是在节流阀 2 前面串接一个定差减压阀 1 组合而成的。液压泵的出口（即调速阀的进口）压力 p_1 由溢流阀调定，基本上保持恒定。调速阀出口处的压力 p_3 由液压缸负载 F 决定。油液先经减压阀产生一次压力降，将压力降到 p_2，节流阀的出口

压力 p_3 又经反馈通道口作用到减压阀的上腔 b,当减压阀的阀芯在弹簧力 F_s、油液压力 p_2 和 p_3 作用下处于某一平衡位置时(忽略摩擦力和液动力等),则有

$$p_2 A_1 + p_2 A_2 = p_3 A + F_s \tag{4-16}$$

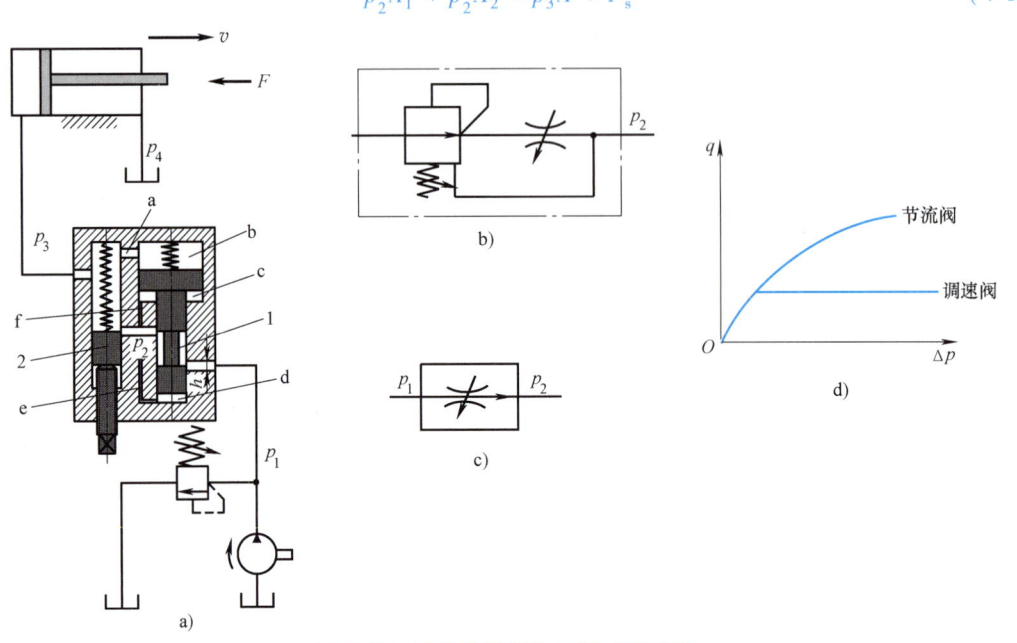

图 4-35 调速阀的结构及其图形符号

1—定差减压阀　2—节流阀

式中,A、A_1 和 A_2 分别为 b 腔、c 腔和 d 腔内的压力油作用于阀芯的有效面积,且 $A = A_1 + A_2$,故

$$p_2 - p_3 = \Delta p = \frac{F_s}{A} \tag{4-17}$$

因为弹簧刚度较低,且工作过程中减压阀阀芯位移很小,可以认为 F_s 基本保持不变。故节流阀两端压力差 (p_2-p_3) 也基本保持不变,这就保证了通过节流阀的流量稳定。

当调速阀的进、出口压力差 $\Delta p = p_1 - p_3$ 由于某种原因发生变化时,节流阀两端的压差 (p_2-p_3) 是如何保持不变呢?当调速阀的出口处的油液压力 p_3 由于负载增加而增加时,作用在减压阀阀芯上端的液压力也随之增加,阀芯失去平衡而向下移动,于是开口 h 增大,液阻减小(即减压阀的减压作用减小),使 p_2 也增加,直到阀芯在新的位置上达到平衡为止。故当 p_3 增加时,p_2 也增加,其差值基本保持不变;当负载减小时,情况相似。当调速阀进口压力 p_1 增大时,由于一开始减压阀芯来不及运动,减压阀的液阻没有变化,故 p_2 在这一瞬时也增加,阀芯 1 因失去平衡而向上移动,使开口 h 减小,液阻增加,又使 p_2 减小,故 $\Delta p = (p_2-p_3)$ 仍保持不变。总之无论调速阀的进口油液压力 p_1、出口油液压力 p_3 发生变化时,由于定差减压阀的自动调节作用,节流阀前、后压差总能保持不变,从而保持流量稳定。由图 4-35d 可以看出,节流阀的流量随压力差变化较大,而调速阀在压力差大于一定数值后,流量基本上保持恒定。当压力差很小时,由于减压阀阀芯被弹簧推至最下端,减压阀阀口全开,不起稳定节流阀前后压力差的作用,故这时调速阀的性能与节流阀相同,所以当调速阀正常工作

时，至少要求有 0.4~0.5MPa 以上的压力差。图 4-35b、c 所示为其图形符号。

2. 温度补偿调速阀

普通调速阀的流量虽然已能基本上不受外部负载变化的影响，但是当流量较小时，节流口的通流面积较小，这时节流口的长度与通流截面水力直径的比值相对地增大，因而油液的黏度变化对流量的影响也增大，所以当油温升高后油液的黏度变小时，流量仍会增大，为了减小温度对流量的影响，可以采用温度补偿调速阀。

温度补偿调速阀的压力补偿原理部分与普通调速阀相同，由 $q = KA\Delta p^m$ 可知，当 Δp 不变时，由于黏度下降，K 值（$m \neq 0.5$ 的孔口）上升，此时只有适当减小节流阀的开口面积才能保证 q 不变。图 4-36 所示为温度补偿原理，在节流阀阀芯和调节螺钉之间放置一个温度膨胀系数较大的聚氯乙烯推杆，当油温升高时，本来流量增加，这时温度补偿杆伸长使节流口变小，从而补偿了油温对流量的影响，在 20~60℃ 的温度范围内流量的变化率不超过 10%，最小稳定流量可达 20mL/min（3.3×10^{-7} m³/s）。

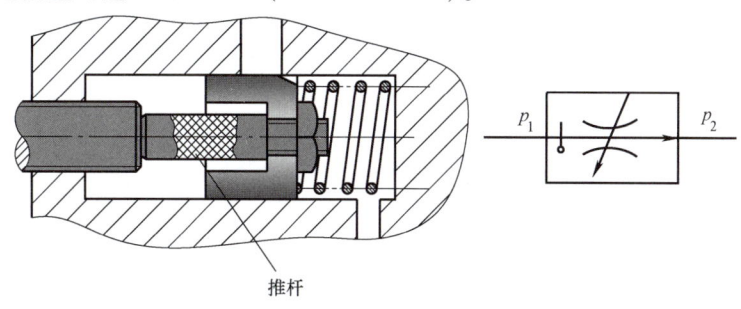

图 4-36 温度补偿原理

3. 溢流节流阀（旁通型调速阀）

溢流节流阀也是一种压力补偿型节流阀。图 4-37 所示为其工作原理及其图形符号，从液压泵输出的油液一部分经节流阀 4 进入液压缸左腔推动活塞向右运动，另一部分经溢流阀 3 的溢流口流回油箱，溢流阀 3 阀芯的上端 a 腔同节流阀 4 后的油液相通，其压力为 p_2；腔 b 和下端腔 c 同溢流阀 3 阀芯前的油液相通，其压力即为泵的压力 p_1，当液压缸活塞上的负载 F 增大时，压力 p_2 升高，a 腔的压力也升高，使溢流阀 3 阀芯下移，关小溢流口，这样就使液压泵的供油压力 p_1 增加，从而使节流阀 4 的前、后压力差 (p_1-p_2) 基本保持不变；同理，当负载减小时，压力 p_2 下降，由于溢流阀 3 的阀芯相应动作，也可使 (p_1-p_2) 基本保持不变，这种溢流节流阀一般附带一个安全阀 2，以

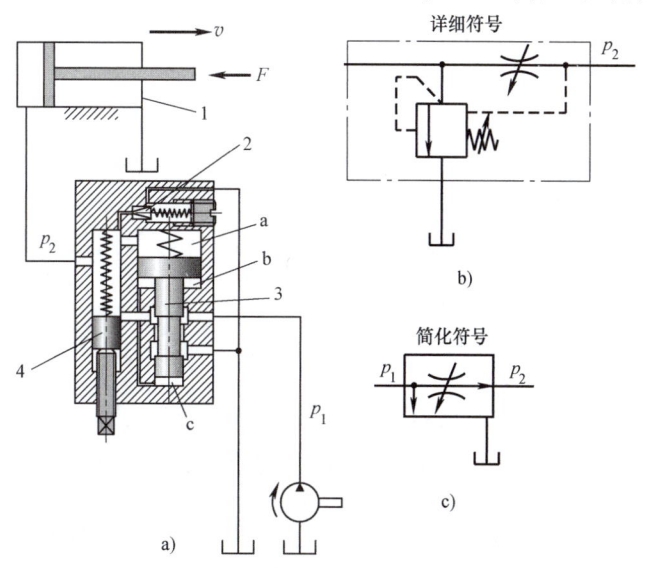

图 4-37 溢流节流阀的工作原理及其图形符号

1—液压缸 2—安全阀 3—溢流阀 4—节流阀

避免系统过载。图4-37b、c所示为该阀的图形符号。

溢流节流阀是通过p_1随p_2的变化来使流量基本上保持恒定的，它与调速阀虽都具有压力补偿的作用，但其组成调速系统时是有区别的，调速阀无论装在执行元件的进油路上或回油路上，执行元件上负载变化时，液压泵出口处压力都由溢流阀保持不变，而溢流节流阀是通过p_1随p_2（负载的压力）的变化来使流量基本上保持恒定的，因而使用溢流节流阀具有功率损耗低、发热量小的优点。但是，溢流节流阀中流过的流量比调速阀大（一般是系统的全部流量），阀芯运动时的阻力较大，弹簧较硬，其结果使节流阀前后压差Δp加大（须达0.3~0.5MPa），因此它的稳定性稍差。

第五节　叠加式液压阀

叠加式液压阀简称叠加阀，它是近三十年内发展起来的集成式液压元件，采用这种阀组成液压系统时，不需要另外的连接块，它以自身的阀体作为连接体直接叠合而成所需的液压传动系统。

叠加阀的工作原理与一般液压阀基本相同，但在具体结构和连接尺寸上则不相同，它自成系列，每个叠加阀既有一般液压元件的控制功能，又起到通道体的作用，每一种通径系列的叠加阀其主油路通道和螺栓连接孔的位置都与所选用的相应通径的换向阀相同，因此同一通径的叠加阀都能按要求叠加起来组成各种不同控制功能的系统。用叠加阀组成的液压系统具有以下特点：

1）用叠加阀组成的液压系统，结构紧凑，体积和质量小。
2）叠加阀液压系统安装简便，装配周期短。
3）液压系统如有变化，改变工况，需要增减元件时，组装方便迅速。
4）元件之间实现无管连接，消除了因油管、管接头等引起的泄漏、振动和噪声。
5）整个系统配置灵活，外观整齐，维护保养容易。
6）标准化、通用化和集成化程度较高。

通常使用的叠加阀有$\phi6mm$、$\phi10mm$、$\phi16mm$、$\phi20mm$和$\phi32mm$五个通径系列，额定工作压力为20MPa，额定流量为10~200L/min。

叠加阀的分类与一般液压阀相同，它同样分为压力控制阀、流量控制阀和方向控制阀三大类，其中方向控制阀仅有单向阀类，主换向阀是普通的板式阀，不属于叠加阀。现对几个常用的叠加阀做一简单的介绍。

一、叠加式溢流阀

先导型叠加式溢流阀由主阀和导阀两部分组成，如图4-38所示，主阀芯6为单向阀二级同心结构，先导阀即为锥阀式结构。图4-38a所示为Y_1-F10D-P/T型溢流阀的结构原理图，其中Y表示溢流阀，F表示压力等级（$p=20MPa$），10表示为$\phi10mm$通径系列，D表示叠加阀，P/T表示该元件进油口为P，出油口为T。图4-38b所示为其图形符号。据使用情况不同，还有P_1/T型，其图形符号如图4-38c所示，这种阀主要用于双泵供油系统的高压泵的调压和溢流。

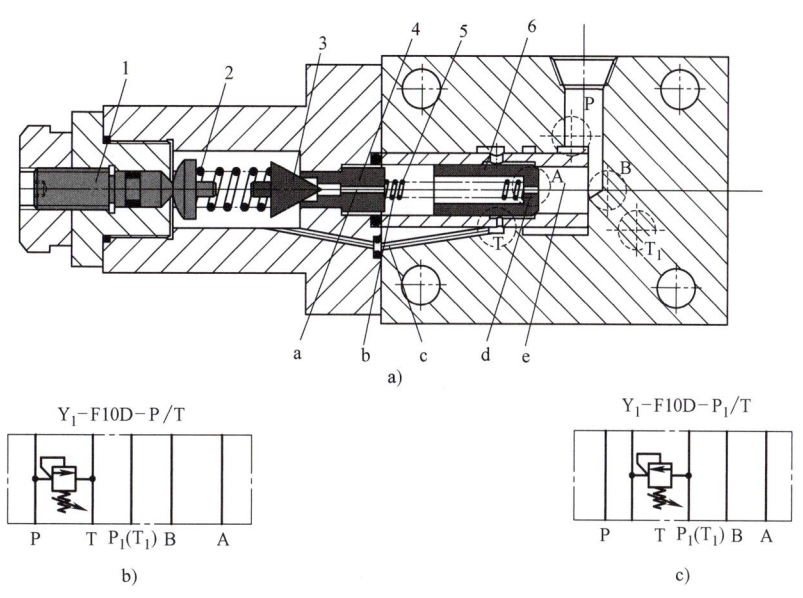

图 4-38 叠加式溢流阀的结构及其图形符号
1—推杆 2—弹簧 3—锥阀 4—阀座 5—弹簧 6—主阀芯

叠加式溢流阀的工作原理同一般的先导式溢流阀，它利用主阀芯两端的压力差来移动主阀芯，以改变阀口的开度，油腔 e 和进油口 P 相通，c 和回油口 T 相通，压力油作用于主阀芯 6 的右端，同时经阻尼小孔 d 流入阀芯左端，并经小孔 a 作用于锥阀 3 上，当系统压力低于溢流阀的调定压力时，锥阀 3 关闭，阻尼孔 d 没有液流流过，主阀芯两端液压力相等，主阀芯 6 在弹簧 5 作用下处于关闭位置；当系统压力升高并达到溢流阀的调定值时，锥阀 3 在液压力作用下压缩导阀弹簧 2 并使阀口打开。于是主阀腔的油液经锥阀阀口和孔 c 流入 T 口，当油液通过主阀芯上的阻尼孔 d 时，便产生压差，使主阀芯两端产生压力差，在这个压力差的作用下，主阀芯克服弹簧力和摩擦力向左移动，使阀口打开，溢流阀便实现在一定压力下溢流。调节弹簧 2 的预压缩量便可改变该叠加式溢流阀的调整压力。

二、叠加式调速阀

图 4-39a 所示为 QA-F6/10D-BU 型单向调速阀的结构原理。QA 表示流量阀，F 表示压力等级（20MPa），6/10D 表示该阀阀芯通径为 ϕ6mm，而其接口尺寸属于 ϕ10mm 系列的叠加式液压阀，BU 表示该阀适用于出口节流（回油路）调速的液压缸 B 腔油路上，其工作原理与一般调速阀基本相同。当压力为 p 的油液经 B 口进入阀体后；经小孔 f 流至单向阀 1 左侧的弹簧腔，液压力使锥阀式单向阀关闭，压力油经另一孔道进入减压阀 5（分离式阀芯），油液经控制口后，压力降为 p_1，压力为 p_1 的油液经阀芯中心小孔 a 流入阀芯左侧弹簧腔，同时作用于大阀芯左侧的环形面积上，当油液经节流阀 3 的阀口流入 e 腔并经出油口 B′引出的同时，油液又经油槽 d 进入油腔 c，再经孔道 b 进入减压阀大阀芯右侧的弹簧腔。这时通过节流阀的油液压力为 p_2，减压阀阀芯上受到 p_1、p_2 的压力和弹簧力的作用而处于平衡，从而保证了节流阀两端压力差（p_1-p_2）为常数，也就保证了通过节流阀的流量基本不变。图 4-39b 所示为其图形符号。

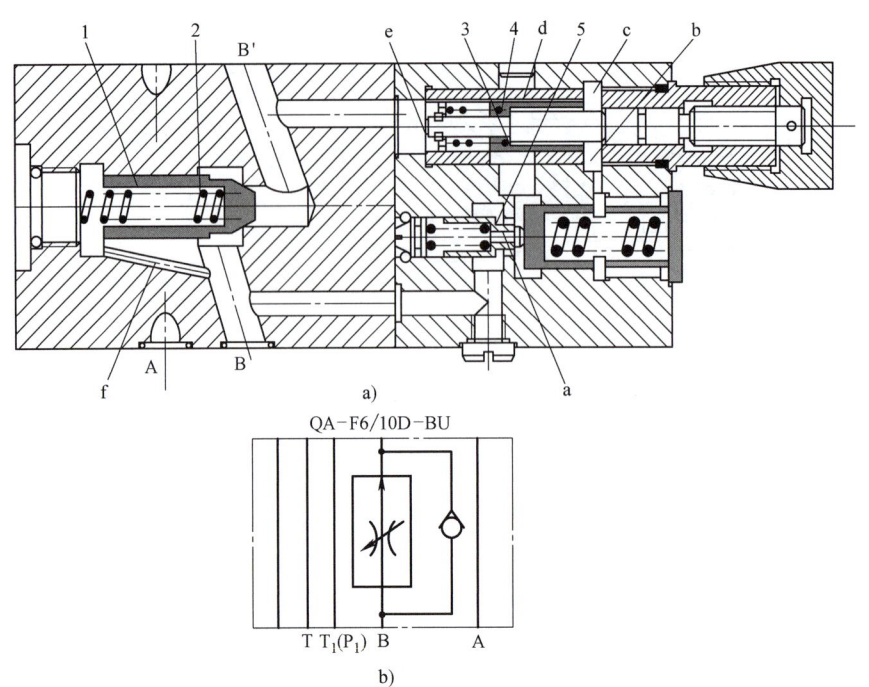

图 4-39 叠加式调速阀的结构及其图形符号
1—单向阀 2—弹簧 3—节流阀 4—弹簧 5—减压阀

第六节 二通式插装阀

插装式锥阀又称插装式二位二通阀,在高压大流量的液压系统中应用很广,由于插装式元件已标准化,将几个插装式元件组合一下便可组成复合阀。按功能可分为插装压力控制阀、插装流量控制阀和插装方向控制阀;按控制方式可分为通断式和比例式插装阀;按安装方式可分为盖板插装阀和螺纹插装阀。它和普通液压阀相比较,具有下述优点:

1) 通流能力大,特别适用于大流量的场合,它的最大通径可达 200~250mm,通过的最大流量可达 10000L/min。
2) 阀芯动作灵敏,抗堵塞能力强。
3) 密封性好,泄漏小,油液流经阀口压力损失小。
4) 结构简单,易于实现标准化。

一、二通式插装阀（盖板插装阀）的工作原理及基本组成

图 4-40 所示为二通式插装阀的结构及其图形符号。它主要由阀芯 4、阀套 2 和弹簧 3 等组成,1 为控制盖板,有控制口 C 与锥阀单元的上腔相通。将此锥阀单元插入有两个通道 A、B（主油路）的阀体 5 中,控制盖板对锥阀单元的启闭起控制作用。锥阀单元上配置不同的盖板就可以实现各种不同的工作机能。若干个不同工作机能的锥阀单元组装在一个阀体内,实现集成化,就可组成所需的液压回路和系统。设油口 A、B、C 的油液压力和有效面积分别为 p_a、p_b、p_c 和 A_a、A_b、A_c。其面积关系为 $A_c = A_a + A_b$。若不考虑锥阀的自重、液动力和摩擦力等的影响,当

$$p_a A_a + p_b A_b < p_c A_c + F_s \tag{4-18}$$

时，阀口关闭，油口 A、B 不通；当

$$p_a A_a + p_b A_b > p_c A_c + F_s \tag{4-19}$$

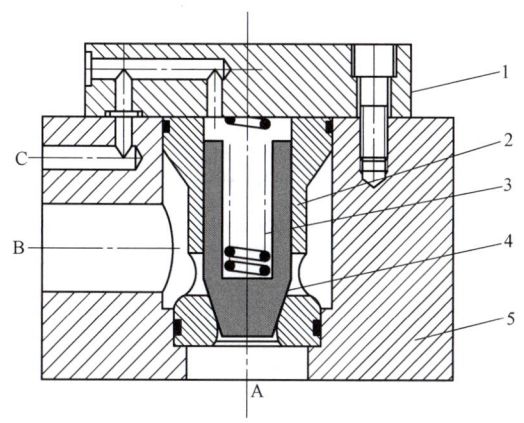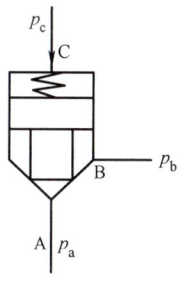

图 4-40 二通式插装阀的结构及其图形符号
1—控制盖板 2—阀套 3—弹簧 4—阀芯 5—阀体

时，阀口打开，油路 A、B 接通。以上两式中 F_s 为弹簧力。由以上两式可以看出，改变控制口 C 的油液压力 p_c，可以控制 A、B 油口的通断。当控制油口 C 接油箱（卸荷），阀芯下部的液压力超过上部弹簧力时，阀芯被顶开，至于液流的方向，视 A、B 口的压力大小而定。当 $p_a > p_b$ 时，液流由 A 至 B；当 $p_a < p_b$ 时，液流由 B 至 A。当控制口 C 接通压力油，且 $p_c \geqslant p_a$、$p_c \geqslant p_b$，则阀芯在上、下端压力差和弹簧的作用下关闭油口 A 和 B，这样，锥阀就起到逻辑元件的"非"门的作用，所以二通式插装阀又被称之为逻辑阀。

二通式插装阀通过不同的盖板和各种先导阀组合，便可构成方向控制阀、压力控制阀和流量控制阀。

（一）插装式方向控制阀

1. 作单向阀

将 C 腔与 A 或 B 连通，即成为单向阀，连接方法不同其导通方式也不同，如图 4-41a 所示。在控制盖板上接一个二位三通液动阀来变换 C 腔的压力，即成为液控单向阀，如图 4-41b 所示。

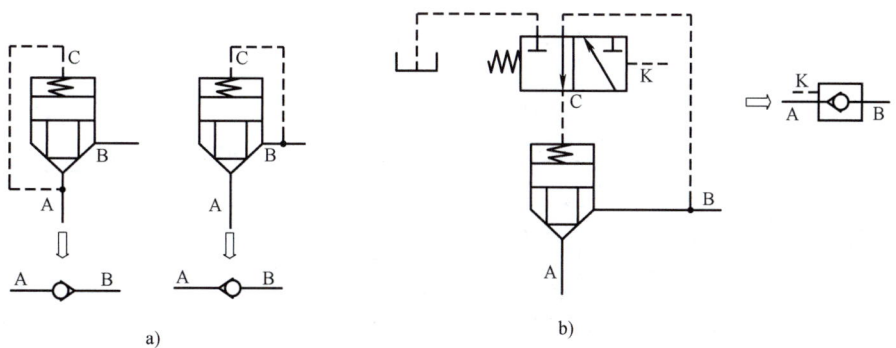

图 4-41 二通式插装阀用作单向阀

2. 作二位二通阀

用一个二位三通电磁阀来转换 C 腔压力，就成为一个二位二通阀，如图 4-42 所示。在图 4-42a 中，当电磁阀断电时，液流 B 不能流向 A，如果要使两个方向都起切断作用，可在控制油路中加一个梭阀（图 4-42b），梭阀的作用相当于两个单向阀，只要图中的二位三通电磁阀不通电，不管油口 A、B 哪个压力高，锥阀始终可靠地关闭。

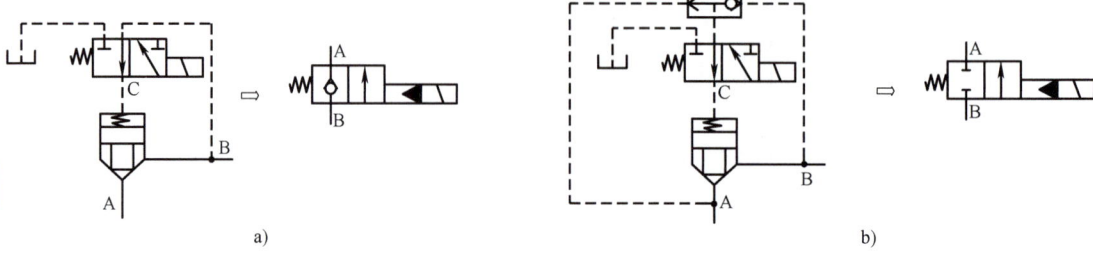

图 4-42 二通式插装阀用作二位二通阀

3. 作三通阀

将两个锥阀单元再加上一个电磁先导阀就组成一个三通阀。如图 4-43 所示，用一个二位四通阀来转换两个锥阀控制腔中的压力，在图示电磁阀断电状态，左面的锥阀打开，右面的锥阀关闭，即 A 通 T，P 与 A 不通；当电磁阀通电时，P 通 A，A 与 T 不通。

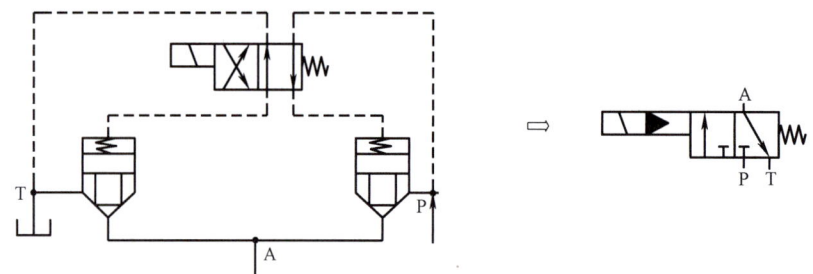

图 4-43 二通式插装阀用作二位三通阀

4. 作四通阀

用四个锥阀单元及相应的先导阀就组成一个四通阀。如图 4-44 所示，用一个二位四通

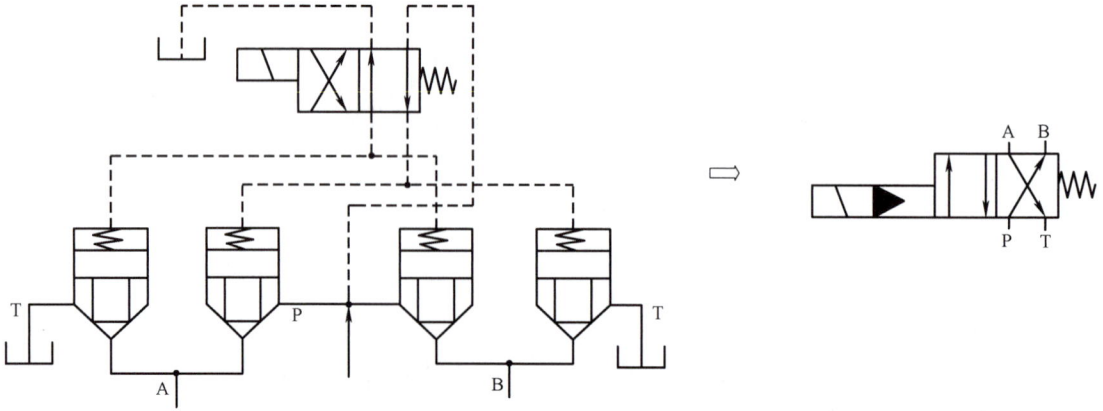

图 4-44 二通式插装阀用作二位四通阀

电磁先导阀来对四个锥阀进行控制，就成为一个相应于二位四通的电液换向阀，图 4-45 所示则用四个先导阀分别对四个锥阀进行控制，理论上有 16 种通路状态，但其中有五种状态是相同的，故可得 12 种状态，如表 4-3 所示。由此可以看出，通过先导阀控制可以得到除 M 型以外的各种滑阀机能，它相当于一个多位多机能的四通阀（表 4-3 中"1"表示通电，"0"表示失电）。

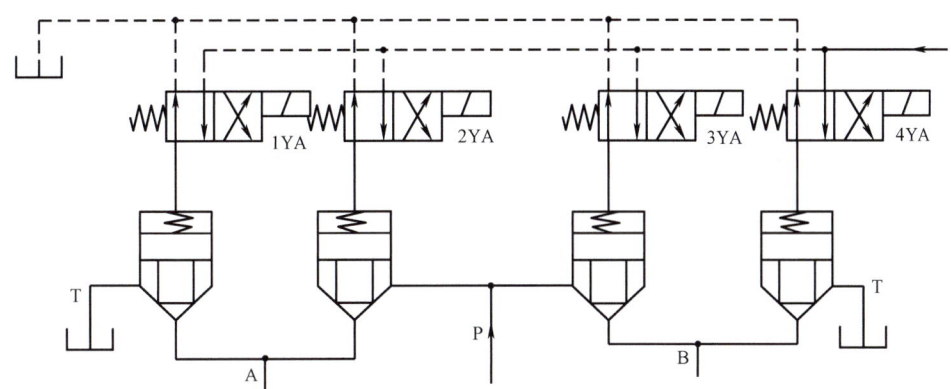

图 4-45　二通式插装阀用作多机能三位四通阀

表 4-3　先导阀控制状态下的滑阀机能

1YA	2YA	3YA	4YA	中位机能	1YA	2YA	3YA	4YA	中位机能
1	1	1	1		1	0	1	0	
1	1	1	0		1	0	0	1	
1	1	0	1		0	1	1	1	
1	1	0	0		0	1	1	0	
0	1	0	1		0	1	0	1	
0	0	1	1		0	0	1	0	
1	0	0	0		0	0	0	1	
0	1	0	0		0	0	0	0	

（二）插装式压力控制阀

图 4-46a 所示为二通式插装阀用作压力阀的工作原理。A 腔压力油经阻尼小孔进入控制腔 C，并与先导压力阀进口相通，B 腔接油箱，这样锥阀的开启压力可由先导压力阀来调节。其工作原理与先导式溢流阀完全相同，当 B 腔不接油箱而接负载时，就成为一个顺序

阀了；在 C 腔再接一个二位二通电磁阀就成为电磁溢流阀（图 4-46b）。图 4-46c 所示为减压阀原理图。减压阀的阀芯采用常开的滑阀式阀芯，B 腔为进油口，A 腔为出油口。A 腔的压力油经阻尼小孔后与控制腔 C 相通，并与先导压力阀进口相通，其工作原理和普通先导式减压阀相同。

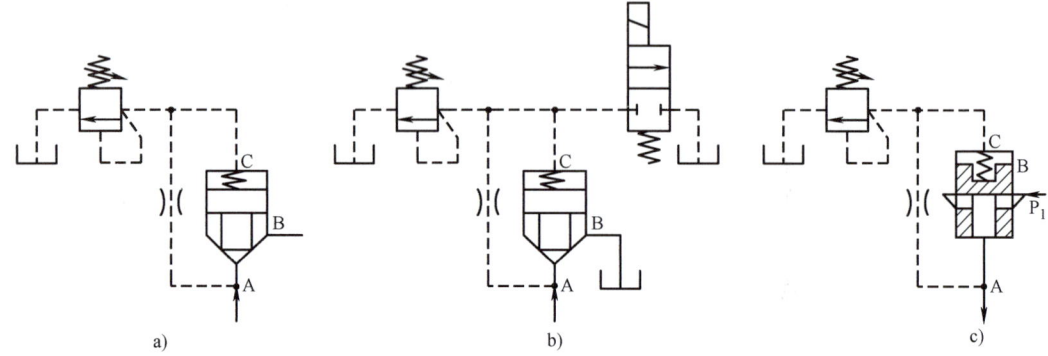

图 4-46 二通式插装阀用作压力阀

（三）插装式流量控制阀

若用机械或电气的方式限制锥阀阀芯的行程，以改变阀口的通流面积的大小，则锥阀可起流量控制阀的作用。图 4-47a 表示二通式插装阀用作流量控制的节流阀。图 4-47b 所示为在节流阀前串接一减压阀，减压阀阀芯两端分别与节流阀进、出油口相通，利用减压阀的压力补偿功能来保证节流阀两端的压差不随负载的变化而变化，这样就成为一个调速阀。

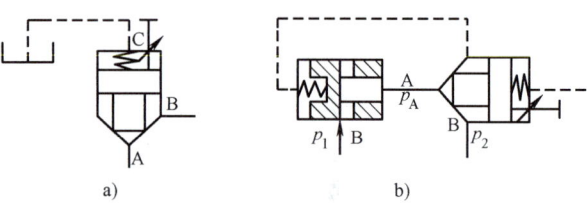

图 4-47 插装式锥阀用作流量控制阀

二、螺纹插装阀

螺纹插装阀是二通式插装阀在连接方式上的变革，由于采用螺纹连接，使安装简洁方便，整个体积也相对较小。图 4-48 所示为螺纹插装直动式溢流阀的典型结构。阀芯采用锥阀式，当阀芯运动时，弹簧腔油液通过阀芯上开的轴向孔和径向小孔与回油口 T 连通。螺纹插装阀与二通式插装阀一样，几乎可以实现所有压力、流量、方向类型的阀类功能。它与二通式插装阀相比，具有以下特点：

（1）功能实现 螺纹插装阀多依靠自身来提供完整的液压阀功能；二

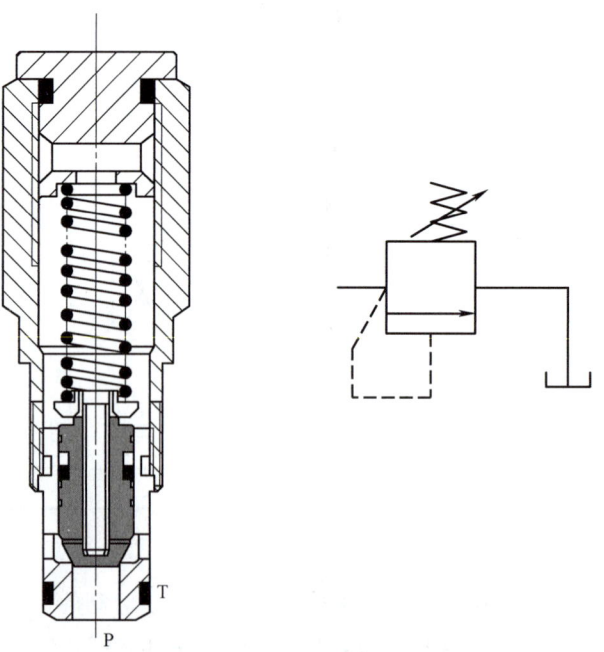

图 4-48 螺纹插装溢流阀

通式插装阀多依靠先导阀来实现完整的液压阀功能。

（2）阀芯形式　螺纹插装阀既有锥阀，也有滑阀；二通式插装阀多为锥阀。

（3）安装形式　螺纹插装阀组件依靠螺纹与块体连接；二通式插装阀的阀芯、阀套等插入块体，依靠盖板连接在块体上。

（4）标准化与互换性　两种插孔都有相应标准，插件互换性好，便于维修。

（5）适用范围　二通式插装阀适用于通径为16mm及以上、高压大流量系统；螺纹插装阀适用于小流量系统。

第七节　液压阀的连接

一个能完成一定功能的液压系统是由若干液压阀有机地组合在一起的，各液压阀间的连接方式有管式连接、板式连接、集成式等。集成式中又可分为集成块式、叠加阀式和插装阀式。插装阀式在上一节中已做了介绍，在此将介绍其他几种连接方式。

一、管式连接

管式连接即将各管式液压阀用管道互相连接起来，管道与阀一般用螺纹管接头连接起来，流量大的则用法兰连接。管式连接不需要其他专门的连接元件，系统中各阀间油液的运行路线一目了然，但是结构较分散，特别是对于较复杂的液压系统，所占空间较大，管路交错，接头繁多，既不便于装卸维修，在管接头处也容易造成漏油和渗入空气，而且有时会产生振动和噪声，因此目前使用的场合已不太多见。

二、板式连接

为了解决管式连接中存在的问题，出现了板式液压元件，板式连接就是将系统中所需要的板式标准液压元件统一安装在连接板上，采用的连接板有以下几种形式：

（1）单层连接板　阀装在竖立的连接板的前面，阀间油路在板后用油管连接，这种连接板较简单，检查油路较方便，但板上油管多，装配极为麻烦，占空间也大。

（2）双层连接板　在两块板间加工出油槽以连接阀间油路，两块板再用粘结剂或螺钉固定在一起，这种方法工艺较简单、结构紧凑，但当系统中压力过高或产生液压冲击时，容易在两块板间形成缝隙，出现漏油串腔问题，以致使液压系统无法正常工作，而且不易检查故障。

（3）整体连接板　在整体板中间钻孔或铸孔以连接阀间油路，这样工作可靠，但钻孔工作量大，工艺较复杂，如用铸孔则清砂又较困难，此外整体连接板和双层连接板都是根据一定的液压回路和系统设计的，不能随意更改系统，如系统有所改变，需重新设计和制造。

三、集成块式

由于前述几种连接方式中存在一些问题，在生产中发展了液压装置的集成化，集成块式是集成化中的一种方式，即借助于集成块把标准化的板式液压元件连接在一起，组成液压系统。

集成块式液压装置的示意图如图4-49所示，2为集成块，它是一种代替管路把元件连接起来的六面连接体，在连接体内根据各控制油路设计加工出所需要的油路通道，阀3等装在集成块的周围，通常三面各装一个阀，有时在阀与集成块间还可以用垫板安装一个简单的阀，如单向阀、节流阀等，另一面则安装油管连接到液压执行元件。集成块的上、下面是块与块的接合面，在接合面上加工有相同位置的压力油孔、回油孔、泄漏油孔以及安装螺栓孔，有时还有测压油路孔，集成块与装在其周围的阀类元件构成一个集成块组，可以完成一定典型回路的功能，将所需的几种集成块组叠加在一起，就可构成整个集成块式的液压传动系统。图4-49中1为底板，上面有进油口、回油口、泄漏油口等；4为盖板，在盖板上可以装压力表开关，以便测量系统的压力。这种集成方式的优点是结构紧凑，占地面积小，便于装卸和维修，且具有标准化、系列化产品，可以选用组合，因而被广泛应用于各种中高压和中低压的液压系统中；但它也有设计工作量大，加工工艺复杂，不能随意修改系统等缺点。

四、叠加阀式

叠加阀式是液压装置集成化的另一种方式，它由叠加阀互相直接连接而成。如图4-50所示，叠加阀式液压装置的最下面一般为底板，在底板上有进油口、回油口以及通向液压执行元件的孔口，上面第一块一般为压力表开关，再向上依次叠加各种压力阀和流量阀，最上层为换向阀，一个叠加阀组一般控制一个液压执行元件。若系统中有几个液压执行元件需要集中控制，可将几个竖向叠加阀组并排安装在多联底板块上。用叠加阀组成的液压传动系统，元件间的连接不使用管子，也不使用其他形式的连接体，因而结构紧凑、体积小，尤其是液压系统的更改较为方便。叠加阀为标准化元件，设计中仅需按工艺要求绘制出叠加阀式液压系统原理图，即可进行组装，因而设计工作量小，目前已被广泛用于冶金、机械制造、工程机械等领域中。

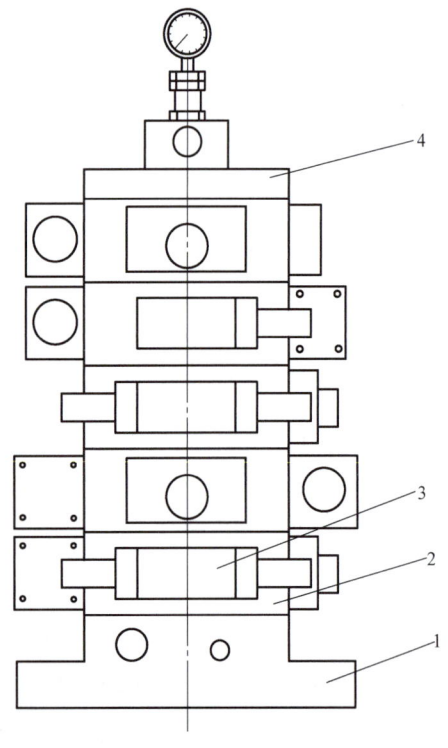

图 4-49 集成块式液压装置的示意图
1—底板 2—集成块 3—阀 4—盖板

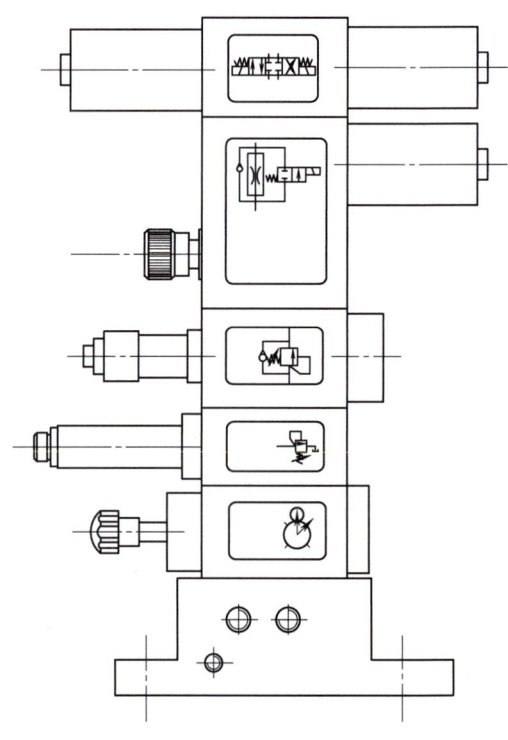

图 4-50 叠加阀式液压装置的示意图

习 题

4-1 如图 4-51 所示的液压缸，$A_1 = 30 \times 10^{-4} \text{m}^2$，$A_2 = 12 \times 10^{-4} \text{m}^2$，$F = 30 \times 10^3 \text{N}$，液控单向阀用作闭锁以防止液压缸下滑，阀内控制活塞面积 A_k 是阀芯承压面积 A 的三倍，若摩擦力、弹簧力均忽略不计，试计算需要多大的控制压力才能开启液控单向阀? 开启前液压缸中最高压力为多少?

4-2 弹簧对中型三位四通电液换向阀，其先导阀的中位机能及主阀的中位机能能否任意选定?

4-3 先导式溢流阀主阀芯上的阻尼孔直径 $d_0 = 1.2\text{mm}$，长度 $l = 12\text{mm}$，通过小孔的流量 $q = 0.5\text{L/min}$，油液的运动黏度为 $\nu = 20 \times 10^{-6} \text{m}^2/\text{s}$，试求小孔两端的压差 (油液的密度 $\rho = 900 \text{kg/m}^3$)。

4-4 在图 4-52 所示回路中，溢流阀的调整压力为 5.0MPa，减压阀的调整压力为 2.5MPa，试分析下列各情况，并说明减压阀阀口处于什么状态。

1) 当泵压力等于溢流阀调定压力时，夹紧缸使工件夹紧后，A、C 点的压力各为多少?

2) 当泵压力由于工作缸快进、压力降到 1.5MPa 时 (工件原先处于夹紧状态)，A、C 点的压力为多少?

3) 夹紧缸在夹紧工件前作空载运动时，A、B、C 三点的压力各为多少?

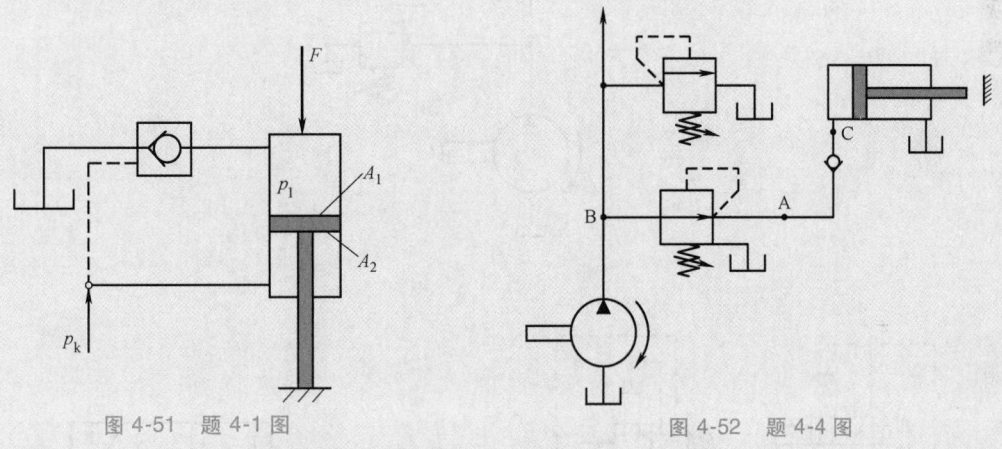

图 4-51 题 4-1 图　　　　图 4-52 题 4-4 图

4-5 如图 4-53 所示的液压系统，两液压缸有效面积为 $A_1 = A_2 = 100 \times 10^{-4} \text{m}^2$，缸 I 的负载 $F = 3.5 \times 10^4 \text{N}$，缸 II 运动时负载为零，不计摩擦阻力、惯性力和管路损失。溢流阀、顺序阀和减压阀的调整压力分别为 4.0MPa、3.0MPa 和 2.0MPa。求下列三种情况下 A、B 和 C 点的压力。

1) 液压泵起动后，两换向阀处于中位。

2) 1YA 通电，液压缸 I 活塞移动时及活塞运动到终点时。

3) 1YA 断电，2YA 通电，液压缸 II 活塞运动时及活塞杆碰到固定挡铁时。

4-6 根据结构原理和图形符号，说明溢流阀、顺序阀和减压阀的异同点和各自的特点。

4-7 节流阀前后压力差 $\Delta p = 0.3 \text{MPa}$，通过的流量 $q = 25 \text{L/min}$，假设节流孔为薄壁小孔，油液密度为 $\rho = 900 \text{kg/m}^3$，试求通流截面积 A。

4-8 液压缸的活塞面积为 $A = 100 \times 10^{-4} \text{m}^2$，负载在 500~40000N 的范围内变化，为使负载变化时活塞运动速度稳定，在液压缸进口处使用一个调速阀，若将泵的工作压力调到泵的额定压力 6.3MPa，问是否适宜? 为什么?

4-9　图 4-54 所示为二通式插装阀组成方向阀的两个例子，如果阀关闭时 A、B 口有压力差，试判断电磁铁得电和断电时，图 4-54a 和图 4-54b 的压力油能否开启锥阀而流动，并分析各自是作为何种换向阀使用的。

4-10　试用二通式插装阀组成实现图 4-55 所示两种形式的三位换向阀。

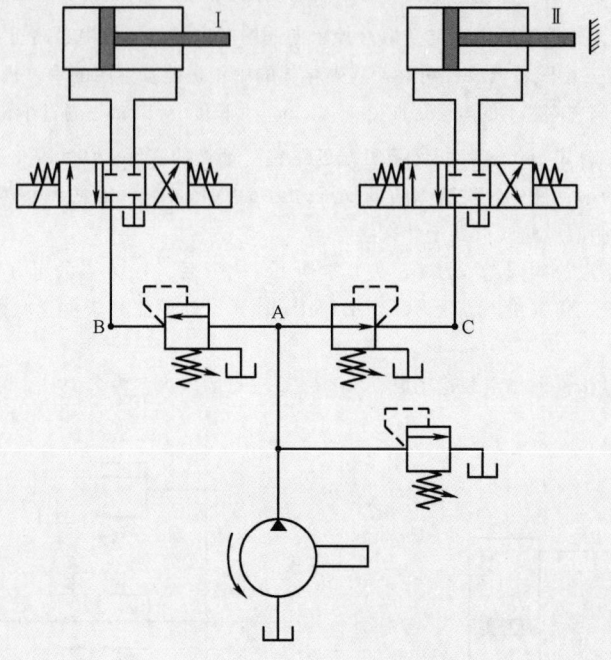

图 4-53　题 4-5 图

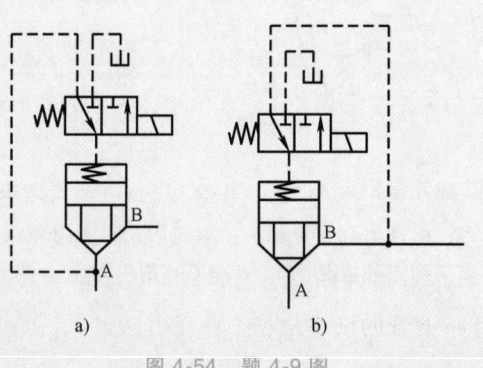

图 4-54　题 4-9 图

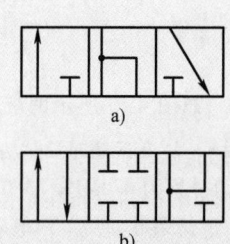

图 4-55　题 4-10 图

两弹一星
功勋科学家：孙家栋

第五章 液压辅助元件

液压系统中的辅助元件,是指除液压动力元件、执行元件和控制元件以外的其他各类组成元件,如管件、油箱、过滤器、密封装置、压力表和蓄能器等,它们虽被称之为辅助装置,但却是液压系统中不可缺少的组成部分,它们对保证液压系统有效地传递力和运动,提高液压系统的工作性能起着重要的作用,因此,对它们的设计(主要是油箱)和选用应予以足够的重视。

第一节 管路和管接头

一、管路

在液压传动系统中,吸油管路和回油管路一般使用低压的水煤气有缝钢管,也可使用橡胶和塑料软管,控制油路中流量小,多用小直径铜管(超高压时使用无缝钢管)。考虑配管和工艺的方便,在中、低压油路中也常常使用铜管,高压油路一般使用冷拔无缝钢管,必要时也采用价格较贵的高压软管。高压软管由橡胶管中间加一层或几层钢丝编织网(层数越多耐压越高)制成。目前,国内已经生产出可以承受 40MPa 的高压软管,高压软管比硬管安装方便,可以吸收振动,尤其是通过挠性软管可以向在移动或摆动的液压执行元件输送动力,实现机械传动完成不了的动作。

管路内径的选择是以降低流动造成的压力损失为前提的,液压管路中液体的流动多为层流,压力损失正比于液体在管道中的平均流速,因此根据流速确定管径是常用的简便方法。对于高压管路,流速通常为 3~4m/s;对于吸油管路,考虑泵的吸入和防止气穴应降低流速,通常为 0.6~1.5m/s。由于流速相同条件下层流流动阻力和管路直径的平方成反比,所以小直径管路要采用低一些的流速。高压管路钢管的壁厚根据工作压力选定。

在装配液压系统时,油管的弯曲半径不能太小,一般应为管道半径的 3~5 倍。应尽量避免小于 90°的弯管,弯曲处的内侧不应有明显的皱纹、扭伤,其椭圆度不应超过管径的 10%,平行或交叉的油管之间应有适当的间隔并用管夹固定,以防振动和碰撞。

二、管接头

液压系统中油液的泄漏多发生在管路的连接处,所以管接头的重要性不容忽视,管接头必须在强度足够的条件下能在振动、压力冲击下保持管路的密封性。在高压处不能向外泄漏,在有负压的吸油管路上不允许空气向内渗入。常用的管接头有以下几种:

(1) **焊接管接头** 图 5-1 所示为高压管路应用较多的一种焊接管接头,它工作性能可靠，制造简单。管接头的接管1焊接在管子的一端，用螺母2将接管1和接头体4连接在一起。在接触面上，图5-1a中的球面接头依靠球面和锥面的环形接触线实现密封，图5-1b中的平面接头用O形密封圈3来实现密封。接头体4和本体5（泵、马达、阀及其他元件）是用螺纹连接的，如果采用圆柱螺纹，其本身密封性能不好，常常用组合密封圈6或其他密封圈加以密封；若采用锥螺纹连接，在螺纹表面包一层聚四氟乙烯的密封带旋入，在锥螺纹连接面上就可以形成牢固的密封层。

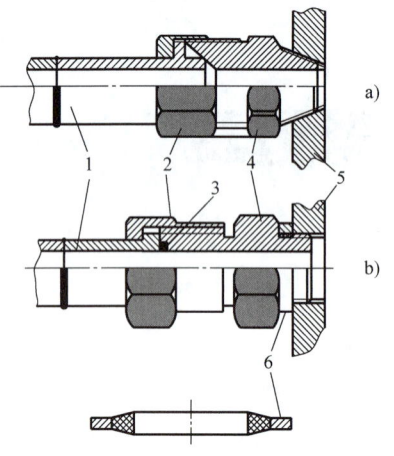

图5-1 焊接管接头
1—接管 2—螺母 3—O形密封圈
4—接头体 5—本体 6—组合密封圈

（2）卡套管接头 如图5-2所示的卡套管接头是由接头体1、卡套4和螺母3组成的。卡套是带有尖锐内刃的金属环，当螺母3旋转时刃口嵌入管路2的表面，形成密封。与此同时，卡套受压而中部略凸，在a处和接头体1的内锥面接触，形成密封。这种管接头不用焊接，不用另外的密封件，尺寸小、装拆方便，在高压系统中被广泛采用。但卡套管接头要求管道表面有较高的尺寸精度，适用于冷拔无缝钢管而不适用于热轧管。

（3）扩口管接头 如图5-3所示的扩口管接头由接头体1、管套2和接头螺母3组成，它只适用于薄壁铜管，以及工作压力不大于8MPa的场合。拧紧接头螺母，通过管套就能使带有扩口的管子压紧密封。

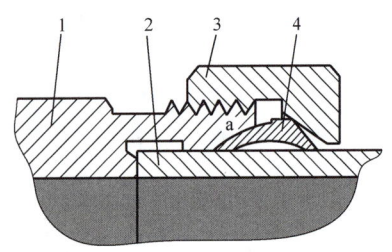

图5-2 卡套管接头
1—接头体 2—管路 3—螺母 4—卡套

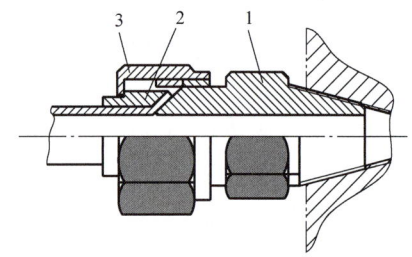

图5-3 扩口管接头
1—接头体 2—管套 3—接头螺母

以上介绍的均为硬管直通管接头，此外还有二通、三通、四通、铰接等多种形式，使用中可查阅有关手册。

（4）胶管接头 胶管接头有可拆式和扣压式两种，各有A、B、C三种形式。随管径不同可用于工作压力在6~40MPa的液压系统中。图5-4所示为扣压式胶管接头，这种管接头的连接和密封部分与普通的管接头是相同的，只是要把接管加长，成为芯管1，并和接头外套2一起将软管夹住（需在专用设备上扣压而成），使管接头和胶管连成一体。

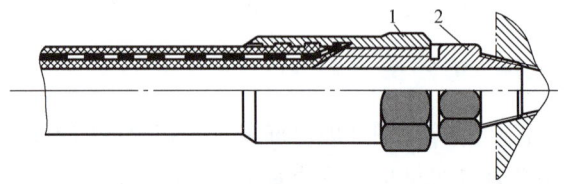

图5-4 扣压式胶管接头
1—芯管 2—接头外套

(5) 快速接头　快速接头全称为快速装拆管接头，无需装拆工具，适用于经常装拆处。图 5-5 所示为油路接通的工作位置，需要断开油路时，可用力把外套 4 向左推，再拉出接头体 5，钢球 3（有 6~12 颗）即从接头体槽中退出，与此同时，单向阀的锥形阀芯 2 和 6 分别在弹簧 1 和 7 的作用下将两个阀口关闭，油路即断开。这种管接头结构复杂，压力损失大。

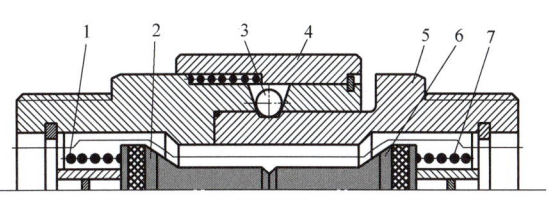

图 5-5　快速接头

1、7—弹簧　2、6—阀芯　3—钢球　4—外套　5—接头体

第二节　油箱

一、功用和结构

油箱主要是用来储存油液的，此外还起着散发油液中的热量、逸出混在油液中的气体、沉淀油中的污物等作用。液压系统中的油箱有总体式和分离式两种。总体式是利用机器设备机身内腔作为油箱（例如压铸机、注塑机等），结构紧凑，各处漏油易于回收，但维修不便，散热条件不好。分离式是设置一个单独油箱，与主机分开，减少了油箱发热和液压源振动对工作精度的影响，因此，得到了普遍的应用，特别是在组合机床、自动线和精密机械设备上大多采用分离式油箱。

油箱通常用钢板焊接而成。不锈钢板材质为最好，但成本高。大多数情况下，采用镀锌钢板或普通钢板内涂防锈的耐油涂料。图 5-6 所示是一个油箱简图，1 为吸油管，4 为回油管，中间有两个隔板 7 和 9，隔板 7 用作阻挡沉淀杂物进入吸油管，隔板 9 用作阻挡泡沫进入吸油管，脏物可以从放油阀 8 放出，空气过滤器 3 设在回油管一侧的上部，兼有加油和通气的作用，6 是油面指示器，当彻底清洗油箱时可将上盖 5 卸开。

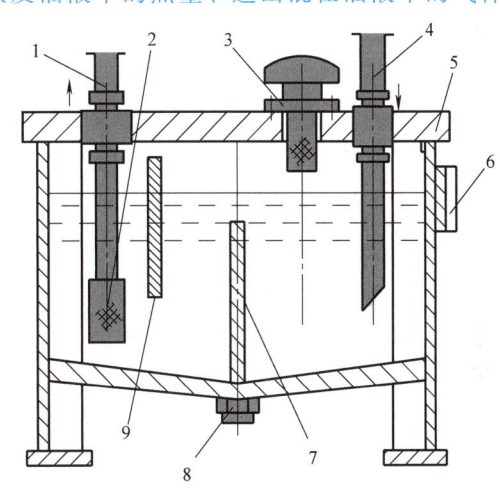

图 5-6　油箱简图

1—吸油管　2—过滤器　3—空气过滤器
4—回油管　5—上盖　6—油面指示器
7、9—隔板　8—放油阀

如果将压力不高的压缩空气引入油箱中，使油箱中的压力大于外部压力，这就是所谓的压力油箱。压力油箱中通气压力一般为 0.05MPa 左右，这时外部空气和灰尘绝无渗入的可能，这对提高液压系统的抗污染能力，改善吸入条件都是有益的。

二、设计时的注意事项

在进行油箱的结构设计时应注意以下几个问题：

(1) **油箱应有足够的刚度和强度** 油箱一般用 2.5~4mm 厚的钢板焊接而成，尺寸大的油箱要加焊角板、加强肋以增加刚度。油箱上盖板若安装电动机、传动装置、液压泵和其他液压元件时，盖板不仅要适当加厚，而且还要采取措施局部加强。当液压泵和电动机直立安装时，振动一般比水平安装要好些，但散热较差。

(2) **油箱要有足够的有效容积** 油箱的有效容积（油面高度为油箱高度 80% 时的容积）应根据液压系统发热、散热平衡的原则来计算，但这只是在系统负载较大、长期连续工作时才有必要进行，一般只需按液压泵的额定流量估计即可，一般低压系统油箱的有效容积为液压泵每分钟排油量的 2~4 倍即可，中压系统为 5~7 倍，高压系统为 10~12 倍。

(3) **吸油管和回油管应尽量相距远些** 吸油管和回油管之间要用隔板隔开，以增加油液循环距离，使油液有足够的时间分离气泡，沉淀杂质。隔板高度最好为箱内油面高度的 3/4。吸油管入口处要装粗过滤器，过滤器和回油管管端在油面最低时应没入油中，防止吸油时吸入空气和回油时回油冲入油箱时搅动油面，混入气泡。吸油管和回油管管端宜斜切 45°，以增大通流面积，降低流速，回油管斜切口应面向箱壁。管端与箱底、箱壁间距离均应大于管径的三倍，过滤器距箱底不应小于 20mm，泄油管管端也可斜切、面壁，但不可没入油中。

(4) **防止油液污染** 为了防止油液污染，油箱上各盖板、管口处都要妥善密封。注油器上要加过滤网。防止油箱出现负压而设置的通气孔上须装空气滤清器。

(5) **易于散热和维护保养** 箱底离地应有一定距离且适当倾斜，以增大散热面积；在最低部位处设置放油阀或放油塞，以利于排放污油；箱体侧壁应设置油位计；过滤器的安装位置应便于装拆；箱内各处应便于清洗。

(6) **油箱要进行油温控制** 油液正常工作的温度应在 15~65℃ 之间，在环境温度变化较大的场合要安装热交换器，但必须考虑它的安放位置以及测温、控温等措施。

(7) **油箱内壁要加工** 新油箱经喷丸、酸洗和表面清洗后，内壁可涂一层与工作液相容的塑料薄膜或耐油清漆。

第三节　过滤器

一、过滤器的功用和基本要求

液压系统中 75% 以上的故障和液压油的污染有关。油液中的污染会加速液压元件的磨损，卡死阀芯，堵塞工作间隙和小孔，使元件失效，导致液压系统不能正常工作，因而必须对油液进行过滤。过滤器的功用在于过滤混在液压油中的杂质，使进入液压系统中的油液的污染度降低，保证系统正常地工作。一般对过滤器的基本要求是：

1) 有足够的过滤精度。过滤精度是指过滤器滤芯滤去杂质的粒度大小，以其直径 d 的公称尺寸（μm）表示。粒度越小，精度越高。精度分粗（$d \geq 100 \mu m$）、普通（$d \geq 10 \sim 100 \mu m$）、精（$d \geq 5 \sim 10 \mu m$）和特精（$d \geq 1 \sim 5 \mu m$）四个等级。

2) 有足够的过滤能力。过滤能力是指一定压力降下允许通过过滤器的最大流量，一般用过滤器的有效过滤面积（滤芯上能通过油液的总面积）来表示。对过滤器过滤能力的要求，应结合过滤器在液压系统中的安装位置来考虑，如过滤器安装在吸油管路上时，其过滤能力应为液压泵额定流量的两倍以上。

3）过滤器应有一定的机械强度，不因液压力的作用而破坏。

4）滤芯耐蚀性好，并能在规定的温度下持久地工作。

5）滤芯要利于清洗和更换，便于拆装和维护。

二、过滤器的形式

过滤器按过滤精度可分为粗过滤器和精过滤器两大类；按滤芯的结构可分为网式、线隙式、磁性、烧结式和纸质过滤器等；按过滤的方式可分为表面型、深度型和中间型过滤器，下面分别叙述之。

1. 表面型过滤器

表面型过滤器的滤芯表面与液压介质接触，这种过滤材料像筛网一样把杂质颗粒阻留在其表面上，最常见的是金属网制成的网式过滤器，如图 5-7a 所示。这是一种粗过滤器，过滤精度低为 0.08~0.18mm，但是阻力小，其压力损失不超过 0.01MPa，可以放在液压泵的进口。保护液压泵不受大粒度机械杂质的损坏，又不影响泵的吸入。另外一种常见的表面型过滤器是如图 5-7b 所示的线隙式过滤器，它是由细金属丝（$d=0.4$mm）绕成的圆筒，依靠金属丝螺旋线间的间隙阻留油液中的杂质，它也属于粗过滤器；当其安装在液压泵的进油口时，阻力损失为 0.02MPa，过滤精度为 0.08~0.1mm；装在回油低压管路上的线隙式过滤器阻力损失稍大于前者，为 0.07~0.35MPa，过滤精度也较好，为 0.03~0.05mm，在实际选用过程中要注意它的适用位置。这两种过滤器的优点是可以限定被清除杂质的粒度，滤芯可以清洗后重新使用，所以它们被广泛用于液压系统的进油和回油粗过滤中。图 5-7c 所示为过滤器的图形符号。

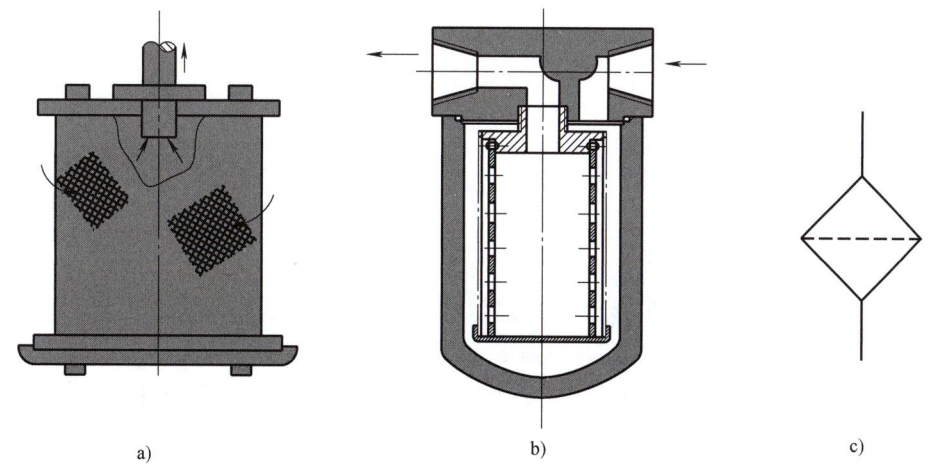

图 5-7 表面型过滤器的结构及其图形符号

2. 深度型过滤器

在深度型过滤器中，油液要流经有复杂缝隙的路程达到过滤的目的。这种过滤器的滤芯材料可以是毛毡、人造丝纤维、不锈钢纤维、粉末冶金等。图 5-8 所示为深度型过滤器，油液从左侧油孔进入，经滤芯过滤后，从下部的油孔流出。这种过滤器的优点是过滤精度高，可达 0.01~0.06mm，但阻力损失较大，一般为 0.03~0.2MPa，所以不能直接安放在液压泵的进油口，多安装在排油或回油路上。

3. 中间型过滤器

中间型过滤器的过滤方式介于上述两者之间，如采用有一定厚度（0.35~0.75mm）的微孔滤纸制成的滤芯（图5-9）的纸质过滤器，它的过滤精度比较高，一般在10~20μm，高精度的可达1μm左右。这种过滤器的过滤精度适用于一般的高压液压系统，它是当前在中高压液压系统中使用最为普遍的精过滤器。为了扩大过滤面积，可将纸滤芯做成W形。但纸质滤芯被杂质堵塞后不能清洗，要更换滤芯。由于这种过滤器阻力损失较大，一般在0.08~0.35MPa之间，所以只能安在排油管路和回油管路上，不能放在液压泵的进油口处。

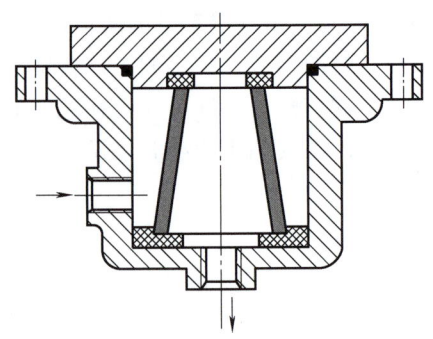

图 5-8 深度型过滤器

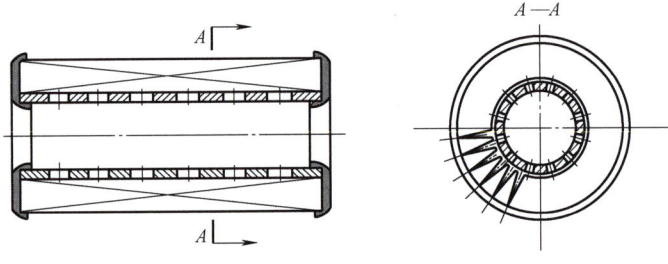

图 5-9 纸质滤芯

此外，在实际使用中还有一种吸附型过滤器，就是用滤芯材料把油液中的有关杂质吸附在其表面，如磁性过滤器等。

三、过滤器的选用和安装

根据所设计的液压系统的技术要求，按过滤精度、通油能力（流量）、工作压力、油液的黏度和工作温度等来选用不同类型的过滤器及其型号。过滤器在液压系统中的安装位置通常有下列几种：

1. 安装在液压泵的吸油口处

液压泵的吸油路上一般都安装表面型过滤器，目的是滤去较大的杂质微粒以保护液压泵。为不影响泵的吸油性能，防止气穴现象，过滤器的过滤能力应为液压泵额定流量的两倍以上，压力损失不得超过0.02MPa。必要时，泵的吸入口应置于油箱液面以下，如图5-10中1所示。

2. 安装在液压泵的出口油路上

过滤器安装在液压泵的出口油路上的目的是用来滤除可能侵入阀类等元件的污染物。一般采用10~15μm过滤精度的过滤器，它应能承受油路上的工作压力和冲击压力，其压力降应小于0.35MPa，并应有安全阀和堵塞状态发信装置，以防液压泵过载和滤芯损坏，如图5-10中2所示。

3. 安装在系统的回油路上

这种安装方式只能间接地过滤。由于回油路压力低，可采用强度低的过滤器，其压力降

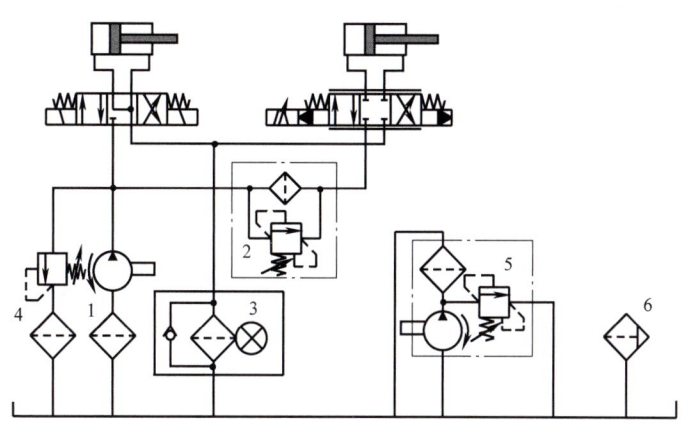

图 5-10 过滤器在液压系统中的安装位置

对系统也影响不大。一般都与过滤器并联一单向阀,起旁通作用,当过滤器堵塞达到一定压力损失时,单向阀打开,如图 5-10 中 3 所示。

4. 安装在系统的分支油路上

当液压泵的流量较大时,若采用上述各种方式过滤,过滤器结构可能很大。为此,可在只有液压泵额定流量 20%～30% 的支路上安装一小规格过滤器,对油液起滤清作用,如图 5-10 中 4 所示。

5. 单独过滤系统

大型液压系统可专设一液压泵和过滤器组成独立的过滤回路,专门用来清除系统中的杂质,还可与加热器、冷却器、排气器等配合使用。滤油车即为单独过滤系统,如图 5-10 中 5 所示。

另外,安装过滤器时还应注意,一般过滤器只能单向使用,即进、出油口不可反用,以利于滤芯清洗和安全。因此,过滤器不要安装在液流方向可能变换的油路上。必要时油路中要增设单向阀和过滤器,以保证双向过滤。作为过滤器的新进展,目前双向过滤器也已问世。

第四节　密封装置

密封是解决液压系统泄漏问题最重要、最有效的手段。液压系统如果密封不良,可能出现油液不允许的外漏,外漏的油液将会污染环境;可能使空气进入吸油腔,影响液压泵的工作性能和液压执行元件运动的平稳性,泄漏严重时,系统容积效率过低,甚至工作压力达不到要求值;若密封过度,虽可防止泄漏,但会造成密封部分的剧烈磨损,缩短密封件的使用寿命,增大液压元件内的运动摩擦阻力,降低系统的机械效率。因此,合理地选用和设计密封装置在液压系统的设计中非常重要。

一、对密封装置的要求

1) 在工作压力和一定的温度范围内,应具有良好的密封性能,并随着压力的增加能自动提高密封性能。

2) 密封装置和运动件之间的摩擦力要小,摩擦因数要稳定。

3）耐蚀性好，不易老化，工作寿命长，耐磨性好，磨损后在一定程度上能自动补偿。
4）结构简单，使用、维护方便，价格低廉。

二、密封装置的类型和特点

密封按其工作原理可分为非接触式密封和接触式密封。前者主要指间隙密封，后者指密封件密封。

1. 间隙密封

间隙密封是靠相对运动件配合面之间的微小间隙来进行密封的，常用于柱塞、活塞或阀的圆柱配合副中，一般在阀芯的外表面开有几条等距离的均压槽，它的主要作用是使径向压力分布均匀，减少液压卡紧力，使阀芯在孔中对中性好，以减小间隙的方法来减少泄漏。同时，槽所形成的阻力，对减少泄漏也有一定的作用。均压槽一般宽为 0.3~0.5mm，深为 0.5~1.0mm。圆柱面配合间隙与直径大小有关，对于阀芯与阀孔一般取 0.005~0.017mm。这种密封的优点是摩擦力小，缺点是磨损后不能自动补偿，主要用于直径较小的圆柱面之间，如液压泵内的柱塞与缸体之间，滑阀的阀芯与阀孔之间的配合。

2. O形密封圈

O形密封圈一般用耐油橡胶制成，其横截面呈圆形，它具有良好的密封性能，内外侧和端面都能起密封作用，结构紧凑，运动件的摩擦阻力小，制造容易，装拆方便，成本低，在液压系统中得到广泛的应用。

图 5-11 所示为 O 形密封圈的结构和工作情况。图 5-11a 所示为其外形图；图 5-11b 所示为装入密封沟槽的情况，δ_1、δ_2 为 O 形密封圈装配后的预压缩量，通常用压缩率 W 表示，即 $W = [(d_0 - h)/d_0] \times 100\%$。对于固定密封、往复运动密封和回转运动密封，压缩率应分别达到 15%~20%、10%~20% 和 5%~10%，才能取得满意的密封效果。当油液工作压力超过 10MPa 时，O 形密封圈在往复运动中容易被油液压力挤入间隙而提早损坏（图 5-11c），为此，要在它的侧面安放 1.2~1.5mm 厚的聚四氟乙烯挡圈，单向受力时在受力侧的对面安放一个挡圈（图 5-11d），双向受力时则在两侧各放一个（图 5-11e）。

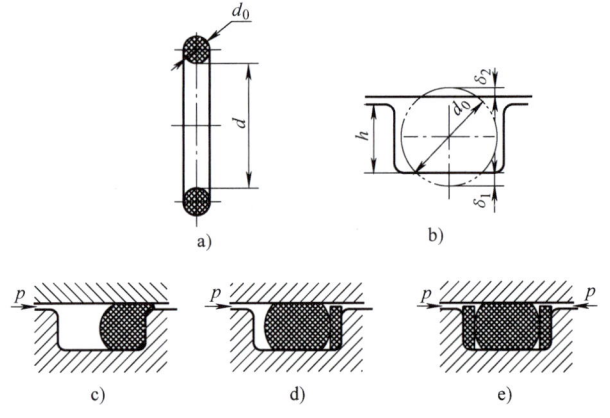

图 5-11 O形密封圈的结构和工作情况

O形密封圈的安装沟槽，除矩形外，也有 V 形、燕尾形、半圆形、三角形等，实际应用中可查阅有关手册及国家标准。

3. 唇形密封圈

唇形密封圈根据截面的形状可分为 Y 形、V 形、U 形、L 形等。其工作原理如图 5-12 所示。液压力将密封圈的两唇边 h_1 压向形成间隙的两个零件的表面。这种密封作用的特点是能随着工作

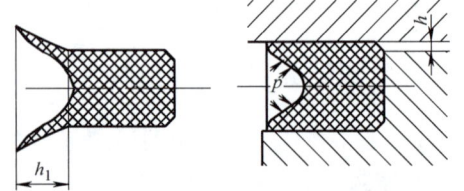

图 5-12 唇形密封圈的工作原理

压力的变化自动调整密封性能，压力越高则唇边被压得越紧，密封性越好；当压力降低时唇边压紧程度也随之降低，从而减少了摩擦阻力和功率消耗，除此之外，还能自动补偿唇边的磨损，保持密封性能不降低。

目前，液压缸中普遍使用图 5-13 所示的所谓小 Y 形密封圈作为活塞和活塞杆的密封。其中，图 5-13a 所示为轴用密封圈，图 5-13b 所示为孔用密封圈。这种小 Y 形密封圈的特点是断面宽度和高度的比值大，增加了底部支承宽度，可以避免摩擦力造成的密封圈的翻转和扭曲。

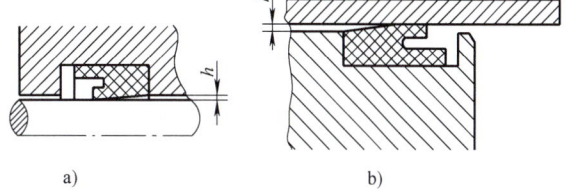

图 5-13　小 Y 形密封圈

在高压和超高压情况下（压力大于 25MPa），V 形密封圈也有应用，V 形密封圈的形状如图 5-14 所示，它由多层涂胶织物压制而成，通常由压环、密封环和支承环三个圈叠在一起使用，此时已能保证良好的密封性，当压力更高时，可以增加中间密封环的数量，这种密封圈在安装时要预压紧，所以摩擦阻力较大。

唇形密封圈安装时应使其唇边开口面对压力油，使两唇张开，分别贴紧在机件的表面上。

4. 组合式密封装置

随着液压技术的应用日益广泛，系统对密封的要求越来越高，普通的密封圈单独使用已不能很好地满足密封性能，特别是使用寿命和可靠性方面的要求，因此，研究和开发了由包括密封圈在内的两个以上元件组成的组合式密封装置。

图 5-15a 所示为 O 形密封圈与截面为矩形的聚四氟乙烯塑料滑环组成的组合密封装置。其中，滑环 2 紧贴密封面，O 形密封圈 1 为滑环提供弹性预压力，在介质压力等于零时构成密

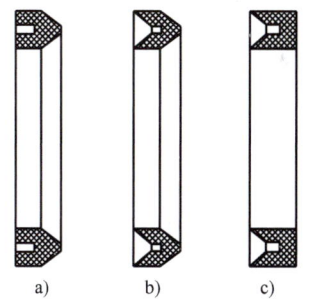

图 5-14　V 形密封圈

a）支承环　b）密封环　c）压环

封，由于密封间隙靠滑环，而不是 O 形密封圈，因此摩擦阻力小而且稳定，可以用于 40MPa 的高压；往复运动密封时，速度可达 15m/s；往复摆动与螺旋运动密封时，速度可达 5m/s。矩形滑环组合密封的缺点是抗侧倾能力稍差，在高低压交变的场合下工作容易漏油。图 5-15b 所示为由支持环 3 和 O 形密封圈 1 组成的轴用组合密封，由于支持环 3 与被密封件 4 之间为线密封，其工作原理类似唇形密封。支持环采用一种经特别处理的化合物，具有极佳的耐磨性、低摩擦和保形性，不存在橡胶密封低速时易产生的"爬行"现象，工作压力可达 80MPa。

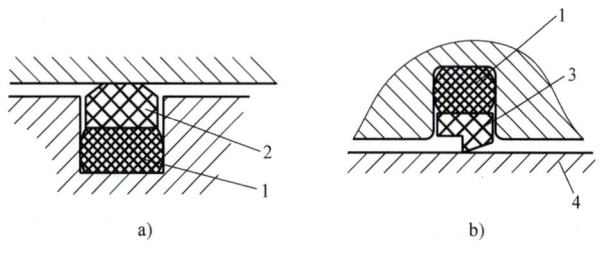

图 5-15　组合式密封装置

1—O 形密封圈　2—滑环　3—支持环　4—被密封件

组合式密封装置由于充分发挥了橡胶密封圈和滑环（支持环）的长处，因此不仅工作可靠，摩擦力低而稳定，而且使用寿命比普通橡胶密封提高近百倍，在工程上的应用日益广泛。

5. 回转轴的密封装置

回转轴的密封装置形式很多。图 5-16 所示是一种由耐油橡胶制成的回转轴用密封圈，它的内部有直角形圆环铁骨架支撑着，密封圈的内边围着两条螺旋弹簧，把内边收紧在轴上来进行密封。这种密封圈主要用作液压泵、液压马达和回转式液压缸的伸出轴的密封，以防止油液漏到壳体外部，它的工作压力一般不超过 0.1MPa，最大允许线速度为 4~8m/s，须在有润滑情况下工作。

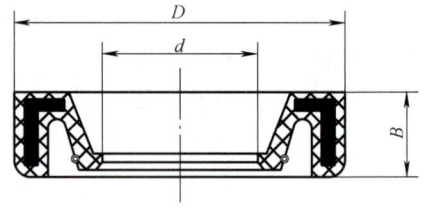

图 5-16　回转轴用密封圈

第五节　蓄能器

蓄能器是液压系统中的储能元件，它储存多余的压力油液，并在需要时释放出来供给系统。

一、蓄能器的类型与结构

蓄能器有重力式、弹簧式和充气式三类，常用的是充气式，它又可分为活塞式、气囊式和隔膜式三种。在此主要介绍活塞式及气囊式两种蓄能器。

1. 活塞式蓄能器

图 5-17a 所示为活塞式蓄能器，它利用在缸筒 2 中浮动的活塞 1 把缸中液压油和气体隔开。在蓄能器的活塞上装有密封圈，活塞的凹面面向气体，以增加气体室的容积。这种蓄能器结构简单，易安装，维修方便；但活塞的密封问题不能完全解决，有压气体容易漏入液压系统中，而且由于活塞的惯性和密封件的摩擦力，使活塞动作不够灵敏。这种蓄能器的一般最高工作压力为 17MPa，容量范围为 1~39L，温度适用范围为 -4~+80℃。

2. 气囊式蓄能器

图 5-17b 所示为 NXQ 型气囊折合式蓄能器，它由壳体 4、气囊 5、充气阀 3、限位阀 6 等组成。这种蓄能器一般工作压力为 3.5~35MPa，容量范围为 0.6~200L，温度适用范围为 -10~+65℃。工作前，从充气阀向气囊内充进一定压力的气体，然后将充气阀关闭，使气体封闭在气囊内，要储存的油液从壳体底部限位阀处引到气囊外腔，使气囊受压缩而储存液压能。其优点是惯性小，反应灵敏，且尺寸和质量小，一次充气后能长时间地保存气体，充气也较方便，故在液压系统中得到广泛的应用。图 5-17c 所示为充气式蓄能器的图形符号。

二、蓄能器的功用

1. 作辅助动力源

当液压系统工作循环中所需的流量变化较大时，可采用一个蓄能器与一个较小流量（整个工作循环的平均流量）的泵，在短期大流量时，由蓄能器与泵同时供油，所需流量较小时，泵将多余的油液向蓄能器充油，这样，可节省能源，降低温升。另外，在有些

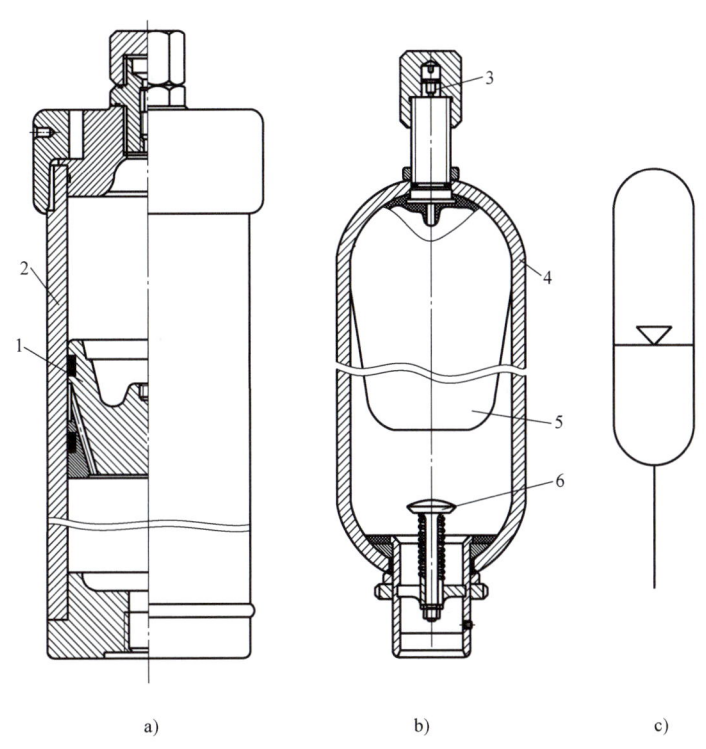

图 5-17 充气式蓄能器

1—活塞 2—缸筒 3—充气阀 4—壳体 5—气囊 6—限位阀

特殊的场合为防止停电或驱动液压泵的原动力发生故障,蓄能器可作应急能源短期使用。

2. 保压和补充泄漏

当液压系统要求较长时间内保压时,可采用蓄能器补充其泄漏,使系统压力保持在一定范围内。

3. 缓和冲击、吸收压力脉动

当阀门突然关闭或换向时,系统中产生的冲击压力可由安装在产生冲击处的蓄能器来吸收,使液压冲击的峰值降低。若将蓄能器安装在液压泵的出口处,可降低液压泵压力脉动的峰值。

三、蓄能器容量计算

蓄能器容量的大小与其用途有关,现以气囊式蓄能器为例加以说明。

1. 作辅助动力源时的容量计算

蓄能器储存和释放压力油容量和气囊中气体体积的变化量相等,由气体定律有

$$p_0 V_0^n = p_1 V_1^n = p_2 V_2^n \tag{5-1}$$

式中,p_0 为气囊工作前的充气压力;V_0 为气囊工作前的充气体积(蓄能器的容量);p_1 为蓄能器储油结束时的压力;V_1 为气囊被压缩后相应于 p_1 时的气体体积;p_2 为蓄能器向系统供油时的压力;V_2 为气囊膨胀后相应于 p_2 时的气体体积。

体积差 $\Delta V = V_2 - V_1$ 为供给系统的油液,代入式(5-1),可得到

$$V_0 = \left(\frac{p_2}{p_0}\right)^{\frac{1}{n}} V_2 = \left(\frac{p_2}{p_0}\right)^{\frac{1}{n}} (V_1 + \Delta V) = \left(\frac{p_2}{p_0}\right)^{\frac{1}{n}} \left[\left(\frac{p_0}{p_1}\right)^{\frac{1}{n}} V_0 + \Delta V\right]$$

即
$$V_0 = \frac{\Delta V \left(\frac{p_2}{p_0}\right)^{\frac{1}{n}}}{1 - \left(\frac{p_2}{p_1}\right)^{\frac{1}{n}}} \tag{5-2}$$

充气压力 p_0 在理论上可与 p_2 相等，为保证在 p_2 时蓄能器仍具有一定的补偿系统泄漏的能力，应使 $p_0 < p_2$，一般取 $p_0 = (0.8 \sim 0.85) p_2$ 或 $0.9 p_2 > p_0 > 0.25 p_1$。若 V_0 已知，则蓄能器的供油体积为

$$\Delta V = p_0^{\frac{1}{n}} V_0 \left[\left(\frac{1}{p_2}\right)^{\frac{1}{n}} - \left(\frac{1}{p_1}\right)^{\frac{1}{n}}\right] \tag{5-3}$$

式中，n 为指数，当蓄能器用来保压，补偿泄漏时，它释放能量的速度是缓慢的，可以认为气体在等温条件下工作，取 $n = 1$；当蓄能器用来作辅助动力源时，它释放能量的速度是迅速的，可以认为气体在绝热条件下工作，取 $n = 1.4$。

2. 作缓和液压冲击时的容量计算

由于作缓和冲击用的蓄能器容量与管路布置、流动状态、阻尼和泄漏等因素有关，所以准确计算较为困难，在实际应用中常使用经验计算公式计算蓄能器的最小容量，即

$$V_0 = \frac{0.004 q p_1 (0.0164 L - t)}{p_1 - p_2} \tag{5-4}$$

式中，V_0 为蓄能器的容量（L）；q 为阀口关闭前管内流量（L/min）；p_2 为阀口关闭前管内压力（MPa）；L 为冲击管长（m）；p_1 为允许的最大冲击压力（MPa）；t 为阀口关闭时间（$t < 0.0164 L$）（s）。

3. 吸收液压泵脉动压力时的容量计算

吸收液压泵脉动压力时的容量一般采用以下经验公式进行计算，即

$$V_0 = \frac{Vi}{0.6 K} \tag{5-5}$$

式中，V 为液压泵的排量（L/r）；i 为排量的变化率，$i = \Delta V / V$，ΔV 为超过平均排量的排出量（L）；K 为液压泵的压力脉动率 $\Delta p / p_p$，Δp 为压力脉动单侧振幅。

在使用时，蓄能器充气压力 $p_0 = 0.6 p_p$。

四、蓄能器的安装

蓄能器在液压系统中的安装位置随其功用而定，主要应注意以下几点：

1）气囊式蓄能器应垂直安装，油口向下。
2）用于吸收液压冲击和压力脉动的蓄能器应尽可能安装在振源附近。
3）装在管路上的蓄能器须用支板或支架固定。
4）蓄能器与液压泵之间应安装单向阀，防止液压泵停止时，蓄能器贮存的压力油因倒

流而使泵反转。蓄能器与管路之间也应安装截止阀，供充气和检修之用。

习 题

5-1 某液压系统，使用 YB 叶片泵，压力为 6.3MPa，流量为 40L/min，试选油管的尺寸。

5-2 一单杆液压缸，活塞直径为 100mm，活塞杆直径为 56mm，行程为 500mm，现有杆腔进油，无杆腔回油，问由于活塞的移动而使有效底面积为 200cm² 的油箱内液面高度的变化是多少？

5-3 气囊式蓄能器容量为 2.5L，气体的充气压力为 2.5MPa，当工作压力 p_1 从 7MPa 变化到 4MPa 时，蓄能器能输出的油液体积为多少？

两弹一星
功勋科学家：杨嘉墀

第六章 液压基本回路

随着工业现代化技术的发展，机械设备的液压传动系统为实现各种不同的控制功能有不同的组成形式，有些液压传动系统甚至很复杂。但无论何种机械设备的液压传动系统，都是由一些液压基本回路组成的。所谓液压基本回路就是能够完成某种特定控制功能的液压元件和管道的组合。例如用来调节液压泵供油压力的调压回路，改变液压执行元件工作速度的调速回路等都是常见的液压基本回路，所谓全局为局部之总和，因而熟悉和掌握液压基本回路的功能，有助于更好地分析、使用和设计各种液压传动系统。

第一节 压力控制回路

压力控制回路是利用压力控制阀来控制系统整体或某一部分的压力，以满足液压执行元件对力或转矩要求的回路。这类回路包括调压、减压、增压、卸荷和平衡等多种回路。

一、调压回路

调压回路的功用是使液压系统整体或部分的压力保持恒定或不超过某个数值。在定量泵系统中，液压泵的供油压力可以通过溢流阀来调节。在变量泵系统中，用安全阀来限定系统的最高压力，防止系统过载。若系统中需要两种以上的压力，则可采用多级调压回路。

(1) 单级调压回路　如图6-1a所示，在液压泵1出口处设置并联的溢流阀2，即可组成单级调压回路，从而控制了液压系统的最高压力值。

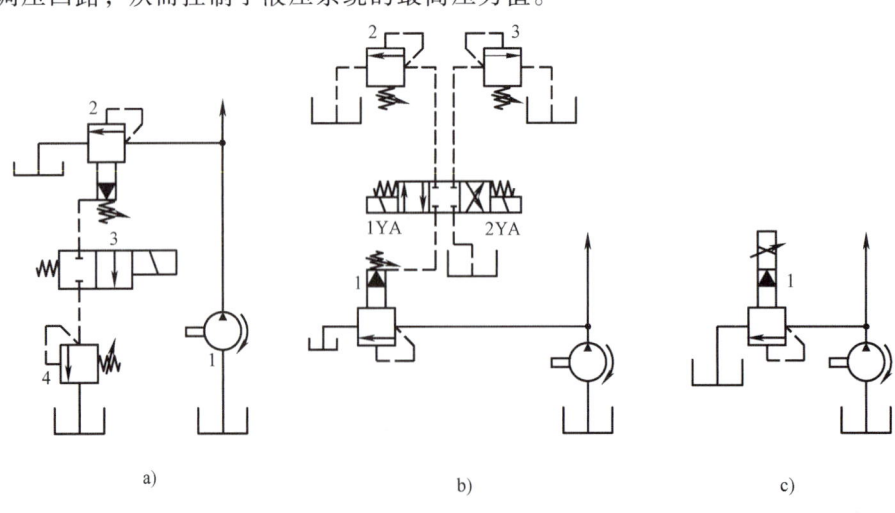

图6-1　调压回路

(2) 二级调压回路　图 6-1a 所示为二级调压回路，可实现两种不同的系统压力控制。由先导式溢流阀 2 和直动式溢流阀 4 各调一级，当二位二通电磁阀 3 处于图示位置时，系统压力由阀 2 调定，当阀 3 得电后处于右位时，系统压力由阀 4 调定，但要注意：阀 4 的调定压力一定要小于阀 2 的调定压力，否则不能实现二级调压；当系统压力由阀 4 调定时，先导式溢流阀 2 的先导阀口关闭，但主阀开启，液压泵的溢流流量经主阀回油箱。

(3) 多级调压回路　如图 6-1b 所示，由溢流阀 1、2、3 分别控制系统的压力，从而组成了三级调压回路。当两电磁铁均不带电时，系统压力由阀 1 调定；当 1YA 得电，由阀 2 调定系统压力；当 2YA 带电时，系统压力由阀 3 调定。但在这种调压回路中，阀 2 和阀 3 的调定压力要小于阀 1 的调定压力，而阀 2 和阀 3 的调定压力之间没有什么一定的关系。

(4) 连续、按比例进行压力调节的回路　如图 6-1c 所示，调节先导型比例电磁溢流阀 1 的输入电流，即可实现系统压力的无级调节，这样不但回路结构简单，压力切换平稳，而且更容易使系统实现远距离控制或程序控制。

二、减压回路

减压回路的功用是使系统中的某一部分油路具有较低的稳定压力。最常见的减压回路通过定值减压阀与主油路相连，如图 6-2a 所示。回路中单向阀的作用是当主油路压力降低（低于减压阀调整压力）时防止油液倒流，起短时保压之用，减压回路中也可以采用类似两级或多级调压的方法获得两级或多级减压。图 6-2b 所示为利用先导式减压阀 1 的远控口接一远控溢流阀 2，则可由阀 1、阀 2 各调得一种低压，但要注意，阀 2 的调定压力值一定要低于阀 1 的调定压力值。

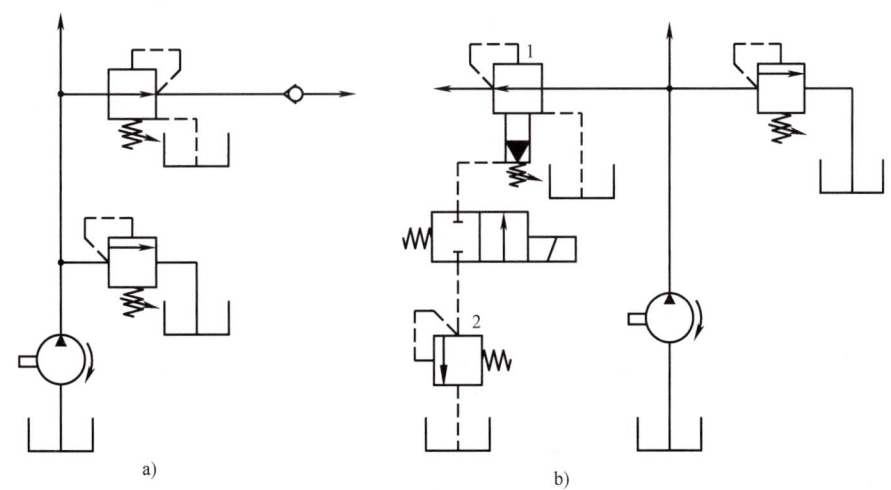

图 6-2　减压回路

为了使减压回路工作可靠，减压阀的最低调整压力不应小于 0.5MPa，最高调整压力至少应比系统压力小 0.5MPa。当减压回路中的执行元件需要调速时，调速元件应放在减压阀的后面，以避免减压阀泄漏（指由减压阀泄油口流回油箱的油液）对执行元件的速度产生影响。

三、增压回路

当液压系统中的某一支油路需要压力较高但流量又不大的压力油，若采用高压泵又不经济，或者根本就没有这样高压力的液压泵时，就要采用增压回路。采用了增压回路，系统的工作压力仍然较低，因而不仅能节省能源，而且系统工作性能可靠、噪声小。

(1) 单作用增压缸的增压回路　图6-3a所示为利用增压缸的单作用增压回路，当系统在图示位置工作时，系统的供油压力 p_1 进入增压缸的大活塞腔，此时在小活塞腔即可得到所需的较高压力 p_2；当二位四通电磁换向阀右位接入系统时，增压缸返回，辅助油箱中的油液经单向阀补入小活塞腔。因而该回路只能间歇增压，所以称为单作用增压回路。

(2) 双作用增压缸增压回路　图6-3b所示为采用双作用增压缸的增压回路，能连续输出高压油，在图示位置，液压泵输出的压力油经换向阀5和单向阀1进入增压缸左端大、小活塞腔，右端大活塞腔的回油通油箱，右端小活塞腔增压后的高压油经单向阀4输出，此时单向阀2、3被关闭。当增压缸活塞移到右端时，换向阀得电换向，增压缸活塞向左移动。同理，左端小活塞腔输出的高压油经单向阀3输出，这样，增压缸的活塞不断往复运动，两端便交替输出高压油，从而实现了连续增压。

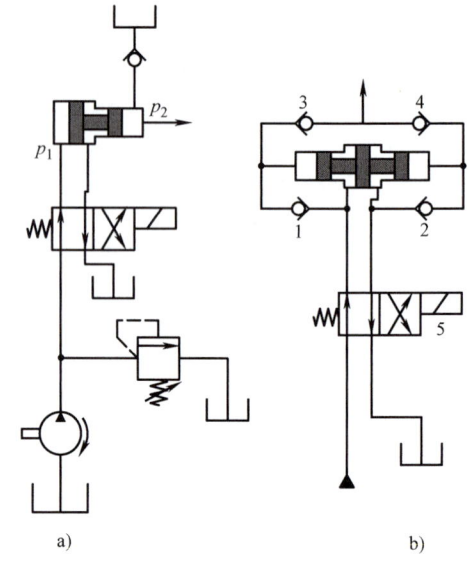

图6-3　增压回路

四、卸荷回路

卸荷回路的功用是在液压泵驱动电动机不频繁启闭的情况下，使液压泵在功率损耗接近于零的情况下运转，以减少功率损耗，降低系统发热，延长液压泵和电动机的使用寿命。因为液压泵的输出功率为其流量和压力的乘积，因而，两者任一近似为零，功率损耗即近似为零，因此液压泵的卸荷有流量卸荷和压力卸荷两种。前者主要是使用变量泵，使泵仅为补偿泄漏而以最小流量运转，此方法比较简单，但泵仍处在高压状态下运行，磨损比较严重。压力卸荷的方法是使泵在接近零压下运转，常见的压力卸荷方式有以下几种：

(1) 换向阀卸荷回路　M、H和K型中位机能的三位换向阀处于中位时，液压泵即卸荷。图6-4所示为采用M型中位机能的电液换向阀的卸荷回路，这种回路切换时压力冲击小，但回路中必须设置单向阀，以使系统能保持0.3MPa左右的压力，供操纵控制油路之用。

(2) 用先导式溢流阀卸荷的卸荷回路　图6-1a中若去掉远程调压阀4，使先导式溢流阀的远程控制口直接与二位二通电磁阀相连，便构成一种用先导式溢流阀的卸荷回路，这种卸荷回路卸荷压力小，切换时冲击也小。

(3) 二通式插装阀卸荷回路　图6-4b所示为二通式插装阀的卸荷回路。由于二通式插装阀通流能力大，因而这种卸荷回路适用于大流量的液压系统。正常工作时，泵压力由阀1调定。当二位四通电磁阀2通电后，主阀上腔接通油箱，主阀口安全打开，泵即卸荷。

在双泵供油回路中利用顺序阀作卸荷阀的卸荷方式，详见图6-19。

五、保压回路

有些机械设备在工作过程中，常常要求液压执行机构在其行程终止时，保持压力一段时

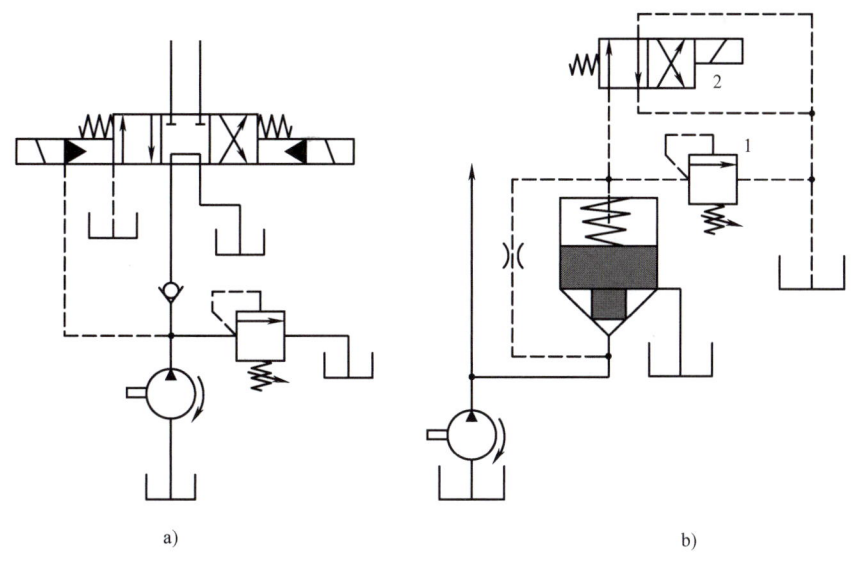

图 6-4 卸荷回路

间,这时需采用保压回路。所谓保压回路,也就是使系统在液压缸不动或仅有工件变形所产生的微小位移下稳定地维持住压力,最简单的保压回路是使用密封性能较好的液控单向阀的回路,但是阀类元件处的泄漏使得这种回路的保压时间不能维持太久。常用的保压回路有以下几种:

(1) 利用液压泵保压的保压回路　利用液压泵的保压回路也就是在保压过程中,液压泵仍以较高的压力(保压所需压力)工作,此时,若采用定量泵则压力油几乎全经溢流阀流回油箱,系统功率损失大,易发热,故只在小功率的系统且保压时间较短的场合下才使用;若采用变量泵,在保压时泵的压力较高,但输出流量几乎等于零。因而,液压系统的功率损失小,这种保压方法且能随泄漏量的变化而自动调整输出流量,因而其效率也较高。

(2) 利用蓄能器的保压回路　如图 6-5a 所示的回路,当主换向阀在左位工作时,液压

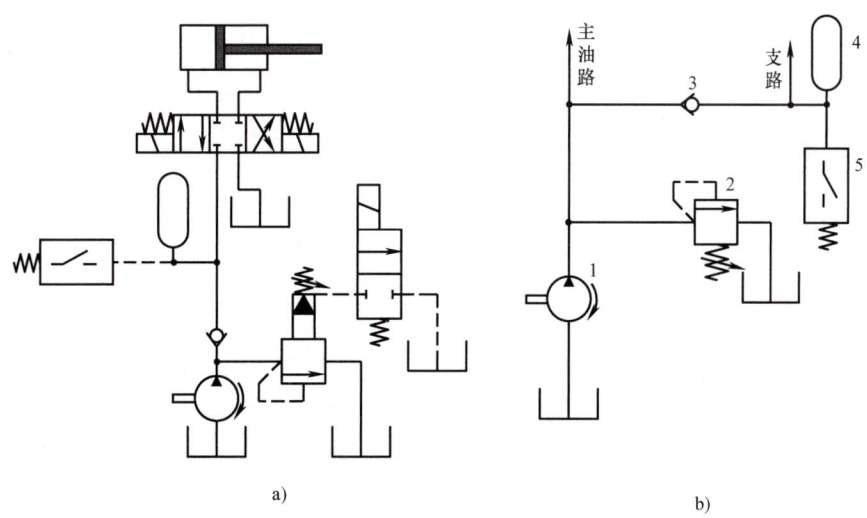

图 6-5　用蓄能器的保压回路

缸向前运动且压紧工件，进油路压力升高至调定值，压力继电器发信使二通阀通电，泵即卸荷，单向阀自动关闭，液压缸则由蓄能器保压。缸压不足时，压力继电器复位使泵重新工作。保压时间的长短取决于蓄能器容量，调节压力继电器的工作区间即可调节缸中压力的最大值和最小值。图 6-5b 所示为多缸系统中的一缸保压回路，这种回路当主油路压力降低时，单向阀 3 关闭，支路由蓄能器保压并补偿泄漏，压力继电器 5 的作用是当支路中压力达到预定值时发出信号，使主油路开始动作。

(3) 自动补油式保压回路　图 6-6 所示为采用液控单向阀和电接触式压力表的自动补油式保压回路，其工作原理为：当 1YA 得电，换向阀右位接入回路，液压缸上腔压力上升至电接触式压力表的上限值时，上触点接电，使电磁铁 1YA 失电，换向阀处于中位，液压泵卸荷，液压缸由液控单向阀保压。当液压缸上腔压力下降到预定下限值时，电接触式压力表又发出信号，使 1YA 得电，液压泵再次向系统供油，使压力上升，当压力达到上限值时，上触点又发出信号，使 1YA 失电。因此，这一回路能自动地使液压缸补充压力油，使其压力能长期保持在一定范围内。

六、平衡回路

平衡回路的功用在于防止垂直或倾斜放置的液压缸和与之相连的工作部件因自重而自行下落。图 6-7a 所示为采用单向顺序阀的平衡回路，当 1YA 得电后活塞下行时，回油路上就存在着一定的背压，只要将这个背压调得能支承住活塞和与之相连的工作部件自重，活塞就可以平稳地下落。当换向阀处于中位时，活塞就停止运动，不再继续下移。这种回路当活塞向下快速运动时功率损失大，锁住时活塞和与之相连的工作部件会因单向顺序阀和换向阀的泄漏而缓慢下落，因此它只适用于工作部件自重不大、活塞锁住时定位要求不高的场合。图 6-7b 所示为采用液控顺序阀的平衡回路。当活塞下行时，控制压力油打开液控顺序阀，背

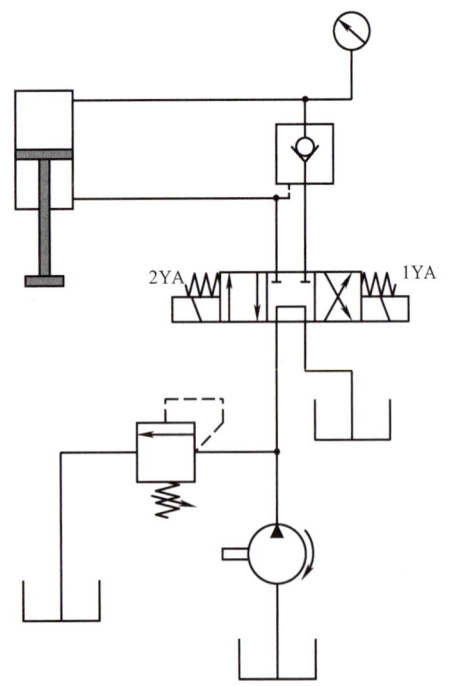

图 6-6　自动补油式保压回路

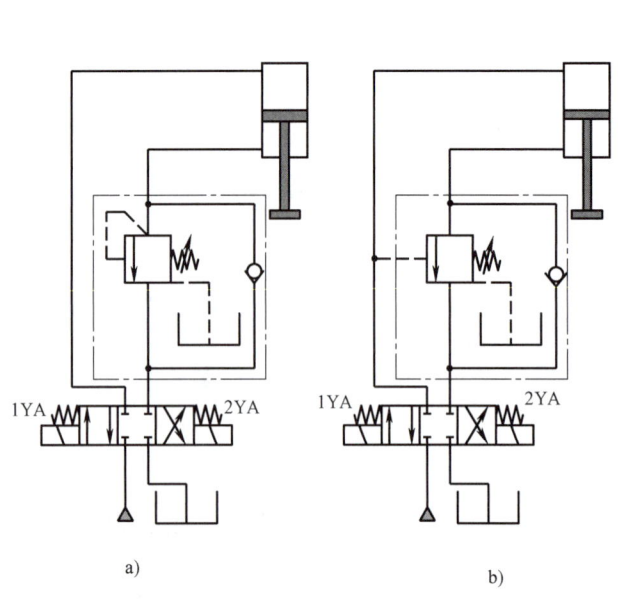

图 6-7　用顺序阀的平衡回路

压消失，因而回路效率较高，当停止工作时，液控顺序阀关闭以防止活塞和工作部件因自重而下降。这种平衡回路的优点是只有上腔进油时活塞才下行，比较安全可靠，其缺点是活塞下行时平稳性较差。这是因为活塞下行时，液压缸上腔油压降低，将使液控顺序阀关闭。当顺序阀关闭时，因活塞停止下行，使液压缸上腔油压升高，又打开液控顺序阀。因此液控顺序阀始终工作于启闭的过渡状态，因而影响工作的平稳性，这种回路适用于运动部件自重不是很大、停留时间较短的液压系统。

第二节 速度控制回路

液压传动系统中的速度控制回路包括调节液压执行元件速度的调速回路、使之获得快速运动的快速运动回路、快速运动和工作进给速度以及工作进给速度之间的速度换接回路。

一、调速回路

调速是为了满足液压执行元件对工作速度的要求，在不考虑液压油的压缩性和泄漏的情况下，液压缸的运动速度为

$$v = \frac{q}{A} \tag{6-1}$$

液压马达的转速为

$$n = \frac{q}{V_\mathrm{M}} \tag{6-2}$$

式中，q 为输入液压执行元件的流量；A 为液压缸的有效面积；V_M 为液压马达的排量。

由以上两式可知，改变输入液压执行元件的流量 q 或改变液压缸的有效面积 A（或液压马达的排量 V_M）均可以达到改变速度的目的。但改变液压缸工作面积的方法在实际中是不现实的，因此，只能用改变进入液压执行元件的流量或用改变变量液压马达排量的方法来调速。为了改变进入液压执行元件的流量，可采用变量液压泵来供油，也可采用定量泵和流量控制阀，以改变通过流量阀流量的方法。用定量泵和流量阀来调速时，称为节流调速；用改变变量泵或变量液压马达的排量调速时，称为容积调速；用变量泵和流量阀来达到调速目的时，则称为容积节流调速。

（一）节流调速回路

节流调速回路的工作原理是通过改变回路中流量控制元件（节流阀和调速阀）通流截面积的大小来控制流入执行元件或自执行元件流出的流量，以调节其运动速度。根据流量阀在回路中的位置不同，节流调速回路分为进油节流调速、回油节流调速和旁路节流调速三种回路。前两种调速回路由于在工作中回路的供油压力不随负载变化而变化，又被称为定压式节流调速回路；而旁路节流调速回路由于回路的供油压力随负载的变化而变化，又被称为变压式节流调速回路。

1. 进油节流调速回路

如图 6-8a 所示，节流阀串联在液压泵和液压缸之间。液压泵输出的油液一部分经节流阀进入液压缸工作腔，推动活塞运动，液压泵多余的油液经溢流阀排回油箱，这是这种调速回路能够正常工作的必要条件。由于溢流阀有溢流，泵的出口压力 p_p 就是溢流阀的调整压

力并基本保持恒定（定压）。调节节流阀的通流面积，即可调节通过节流阀的流量，从而调节液压缸的运动速度。

(1) **速度负载特性** 液压缸在稳定工作时，其受力平衡方程式为

$$p_1 A_1 = F + p_2 A_2$$

式中，p_1、p_2 分别为液压缸进油腔和回油腔的压力，由于回油腔通油箱，故 $p_2 \approx 0$；F 为液压缸的负载；A_1、A_2 分别为液压缸无杆腔和有杆腔的有效面积。所以

$$p_1 = \frac{F}{A_1}$$

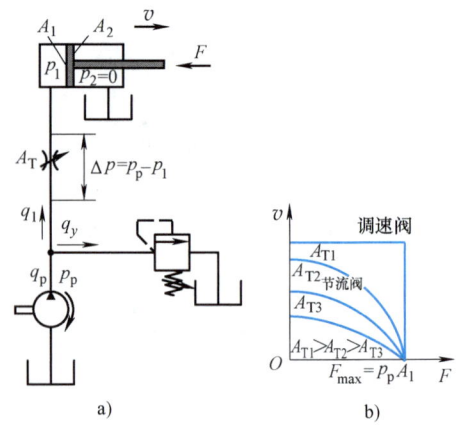

图 6-8 进油节流调速回路

因为液压泵的供油压力 p_p 为定值，则节流阀两端的压差为

$$\Delta p = p_p - p_1 = p_p - \frac{F}{A_1}$$

由式 (1-51) 可知，经节流阀进入液压缸的流量为

$$q_1 = K A_T \Delta p^m = K A_T \left(p_p - \frac{F}{A_1} \right)^m$$

故液压缸的运动速度为

$$v = \frac{q}{A_1} = \frac{K A_T}{A_1} \left(p_p - \frac{F}{A_1} \right)^m \tag{6-3}$$

式 (6-3) 即为进油节流调速回路的负载特性方程。由该式可知，液压缸的运动速度 v 和节流阀通流面积 A_T 成正比。调节 A_T 可实现无级调速，这种回路的调速范围较大（速比最高可达 100）。当 A_T 调定后，液压缸的速度随负载的增大而减小，故这种调速回路的速度负载特性较"软"。

若按式 (6-3) 选用不同的 A_T 值作 v-F 坐标曲线图，可得一组曲线，即为该回路的速度负载特性曲线，如图 6-8b 所示。速度负载特性曲线表明液压缸运动速度随负载变化的规律，曲线越陡，说明负载变化对速度的影响越大，即速度刚性差。由式 (6-3) 和图 6-8b 还可看出，当节流阀通流面积 A_T 一定时，重载区域比轻载区域的速度刚性差；在相同负载条件下，节流阀通流面积大的比小的速度刚性差，即速度高时速度刚性差。所以这种调速回路适用于低速轻载的场合。

(2) **最大承载能力** 由式 (6-3) 可知，无论节流阀的通流面积 A_T 为何值，当 $F = p_p A_1$ 时，节流阀两端压差 Δp 为零，活塞运动也就停止，此时液压泵输出的流量全部经溢流阀流回油箱。所以该点的 F 值即为该回路的最大承载值，即 $F_{\max} = p_p A_1$。

(3) **功率和效率** 在节流阀进油节流调速回路中，液压泵的输出功率为 $P_p = p_p q_p =$ 常量，而液压缸的输出功率为

$$P_1 = Fv = F \frac{q_1}{A_1} = p_1 q_1$$

所以该回路的功率损失为

$$\Delta P = P_\mathrm{p} - P_1 = p_\mathrm{p} q_\mathrm{p} - p_1 q_1 = p_\mathrm{p}(q_1 + q_\mathrm{y}) - (p_\mathrm{p} - \Delta p) q_1$$
$$= p_\mathrm{p} q_\mathrm{y} + \Delta p q_1$$

式中，q_y 为通过溢流阀的溢流量，$q_\mathrm{y} = q_\mathrm{p} - q_1$。

由上式可知，这种调速回路的功率损失由两部分组成，即溢流损失功率 $\Delta p_\mathrm{y} = p_\mathrm{p} q_\mathrm{y}$ 和节流损失功率 $\Delta P_\mathrm{T} = \Delta p q_1$。

回路的效率为

$$\eta = \frac{P_1}{P_\mathrm{p}} = \frac{Fv}{p_\mathrm{p} q_\mathrm{p}} = \frac{p_1 q_1}{p_\mathrm{p} q_\mathrm{p}} \tag{6-4}$$

由于存在两部分的功率损失，故这种调速回路的效率较低。当负载恒定或变化很小时，η 可达 0.2~0.6；当负载变化时，回路的效率 η 一般在 0.2 左右，$\eta_\mathrm{max} = 0.385$。机械加工设备常有快进→工进→快退的工作循环，工进时泵的大部分流量溢流，所以回路效率极低，而低效率导致温升和泄漏增加，进一步影响了速度稳定性和效率。回路功率越大，问题越严重。

2. 回油节流调速回路

如图 6-9 所示，把节流阀串联在液压缸的回油路上，借助于节流阀控制液压缸的排油量 q_2 来实现速度调节。由于进入液压缸的流量 q_1 受回油路上排出流量 q_2 的限制，因此用节流阀来调节液压缸的排油量 q_2，也就调节了进油量 q_1，定量泵多余的油液仍经溢流阀流回油箱，溢流阀调整压力（p_p）基本稳定（定压）。

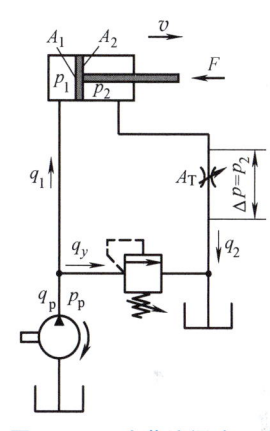

图 6-9 回油节流调速回路

（1）**速度负载特性** 类似于式（6-3）的推导过程，由液压缸的力平衡方程（$p_2 \neq 0$），流量阀的流量方程（$\Delta p = p_2$），进而可得液压缸的速度负载特性为

$$v = \frac{q_2}{A_2} = \frac{K A_\mathrm{T} \left(p_\mathrm{p} \dfrac{A_1}{A_2} - \dfrac{F}{A_2} \right)^m}{A_2} \tag{6-5}$$

式中，A_1、A_2 分别为液压缸无杆腔和有杆腔的有效面积；F 为液压缸的负载；p_p 为溢流阀调定压力；A_T 为节流阀通流面积。

比较式（6-5）和式（6-3）可以发现，回油节流调速和进油节流调速的速度负载特性以及速度刚性基本相同，若液压缸两腔有效面积相同（双出杆液压缸），那么两种节流调速回路的速度负载特性和速度刚度就完全一样。因此对进油节流调速回路的一些分析对回油节流调速回路完全适用。

（2）**最大承载能力** 回油节流调速的最大承载能力与进油节流调速相同，即 $F_\mathrm{max} = p_\mathrm{p} A_1$。

（3）**功率和效率** 液压泵的输出功率与进油节流调速相同，即 $P_\mathrm{p} = p_\mathrm{p} q_\mathrm{p}$，且等于常数；液压缸的输出功率为 $P_1 = Fv - (p_\mathrm{p} A_1 - p_2 A_2) v = p_\mathrm{p} q_1 - p_2 q_2$；则该回路的功率损失为

$$\Delta P = P_\mathrm{p} - P_1 = p_\mathrm{p} q_\mathrm{p} - p_\mathrm{p} q_1 + p_2 q_2 = p_\mathrm{p}(q_\mathrm{p} - q_1) + p_2 q_2$$
$$= p_\mathrm{p} q_\mathrm{y} + \Delta p q_2$$

式中，$p_\mathrm{p} q_\mathrm{y}$ 为溢流损失功率；$\Delta p q_2$ 为节流损失功率。所以它与进油节流调速回路的功率损

失相同。

回路的效率为

$$\eta = \frac{Fv}{p_p q_p} = \frac{p_p q_1 - p_2 q_2}{p_p q_p} = \frac{\left(p_p - p_2 \dfrac{A_2}{A_1}\right) q_1}{p_p q_p} \tag{6-6}$$

当使用同一个液压缸和同一个节流阀，而负载 F 和活塞运动速度相同时，则式（6-6）和式（6-4）是相同的，因此可以认为进油节流调速回路的效率和回油节流调速回路的效率相同。但是，应当指出，在回油节流调速回路中，液压缸工作腔和回油腔的压力都比进油节流调速回路高，特别是在负载变化大，尤其是当 $F=0$ 时，回油腔的背压有可能比液压泵的供油压力还要高，这样会使节流功率损失大大提高，且加大泄漏，因而其效率实际上比进油调速回路要低。

从以上分析可知，进油节流调速回路与回油节流调速回路有许多相同之处，但是，它们也有不同之处：

（1）承受负值负载的能力　回油节流调速回路的节流阀使液压缸回油腔形成一定的背压，在负值负载时，背压能阻止工作部件的前冲，即能在负值负载下工作，而进油节流调速由于回油腔没有背压力，因而不能在负值负载下工作。

（2）停车后的起动性能　长期停车后液压缸油腔内的油液会流回油箱，当液压泵重新向液压缸供油时，在回油节流调速回路中，由于进油路上没有节流阀控制流量，会使活塞前冲；而在进油节流调速回路中，由于进油路上有节流阀控制流量，故活塞前冲很小，甚至没有前冲。

（3）实现压力控制的方便性　进油节流调速回路中，进油腔的压力将随负载而变化，当工作部件碰到止挡块而停止后，其压力将升到溢流阀的调定压力，利用这一压力变化来实现压力控制是很方便的；但在回油节流调速回路中，只有回油腔的压力才会随负载而变化，当工作部件碰到止挡块后，其压力将降至零，虽然也可以利用这一压力变化来实现压力控制，但其可靠性差，一般均不采用。

（4）发热及泄漏的影响　在进油节流调速回路中，经过节流阀发热后的液压油将直接进入液压缸的进油腔；而在回油节流调速回路中，经过节流阀发热后的液压油将直接流回油箱冷却。因此，发热和泄漏对进油节流调速的影响均大于对回油节流调速的影响。

（5）运动平稳性　在回油节流调速回路中，由于有背压力存在，它可以起到阻尼作用，同时空气也不易渗入，而在进油节流调速回路中则没有背压力存在，因此，可以认为回油节流调速回路的运动平稳性好一些；但是，从另一个方面讲，在使用单出杆液压缸的场合，无杆腔的进油量大于有杆腔的回油量。故在缸径、缸速均相同的情况下，进油节流调速回路的节流阀通流面积较大，低速时不易堵塞。因此，进油节流调速回路能获得更低的稳定速度。

为了提高回路的综合性能，一般常采用进油节流调速，并在回油路上加背压阀的回路，使其兼具两者的优点。

3. 旁路节流调速回路

图 6-10a 所示为采用节流阀的旁路节流调速回路，节流阀调节液压泵溢回油箱的流量，从而控制进入液压缸的流量，调节节流阀的通流面积，即可实现调速，由于溢流已由节流阀

承担，故溢流阀实际上是安全阀，常态时关闭，过载时打开，其调定压力为最大工作压力的 1.1~1.2 倍，故液压泵工作过程中的压力完全取决于负载而不恒定，所以这种调速方式又称变压式节流调速。

(1) **速度负载特性**　按照式（6-3）的推导过程，可得到旁路节流调速的速度负载特性方程。与前述不同之处主要是进入液压缸的流量 q_1 为泵的流量 q_p 与节流阀溢走的流量 q_T 之差，由于在回路中泵的工作压力随负载而变化，泄漏正比于压力也是变量（前两种回路中为常量），对速度产生了附加影响，因而泵的流量中要计入泵的泄漏流量 Δq_p，所以有

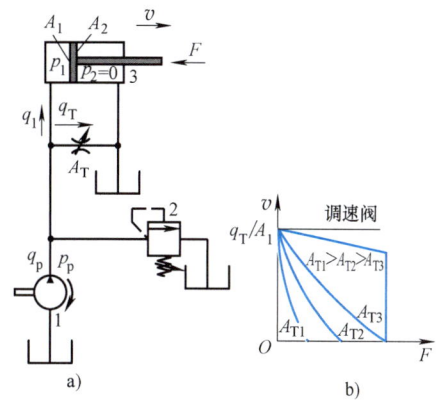

图 6-10　旁路节流调速回路

$$q_1 = q_p - q_T = (q_t - \Delta q_p) - KA_T \Delta p^m = q_t - k_1 \left(\frac{F}{A_1}\right) - KA_T \left(\frac{F}{A_1}\right)^m$$

式中，q_t 为泵的理论流量；k_1 为泵的泄漏系数；其他符号意义同前。

所以液压缸的速度负载特性为

$$v = \frac{q_1}{A_1} = \frac{q_t - k_1\left(\dfrac{F}{A_1}\right) - KA_T\left(\dfrac{F}{A_1}\right)^m}{A_1} \tag{6-7}$$

根据式（6-7），选取不同的 A_T 值可作出一组速度负载特性曲线，如图 6-10b 所示，由曲线可见，当节流阀通流面积一定而负载增加时，速度显著下降，即特性很软；但当节流阀通流面积一定时，负载越大，速度刚度越大；当负载一定时，节流阀通流面积 A_T 越小（即活塞运动速度高），速度刚度越大，因而该回路适用于高速重载的场合。

(2) **最大承载能力**　由图 6-10b 可知，速度负载特性曲线在横坐标上并不汇交，其最大承载能力随节流阀通流面积 A_T 的增加而减小，即旁路节流调速回路的低速承载能力很差，调速范围也小。

(3) **功率与效率**　旁路节流调速回路只有节流损失而无溢流损失，泵的输出压力随负载而变化，即节流损失和输入功率随负载而变化，所以比前两种调速回路效率高。

这种旁路节流调速回路负载特性很软，低速承载能力又差，故其应用比前两种回路少，只用于高速、重载、对速度平稳性要求不高的较大功率系统中，如牛头刨床主运动系统、输送机械液压系统等。

4. 采用调速阀的节流调速回路

采用节流阀的节流调速回路，速度负载特性都比较"软"，变载荷下的运动平稳性都比较差，为了克服这个缺点，回路中的节流阀可用调速阀来代替，由于调速阀本身能在负载变化的条件下保证节流阀进、出油口间的压差基本不变，因而使用调速阀后，节流调速回路的速度负载特性将得到改善，如图 6-8b 和图 6-10b 所示，旁路节流调速回路的承载能力也不因活塞速度降低而减小，但所有性能上的改进都是以加大整个流量控制阀的工作压差为代价的，调速阀的工作压差一般最小需 0.5MPa，高压调速阀需 1.0MPa 左右。

(二) 容积调速回路

容积调速回路是用改变液压泵或液压马达的排量来实现调速的。其主要优点是没有节流损失和溢流损失，因而效率高，油液温升小，适用于高速、大功率调速系统；缺点是变量泵和变量马达的结构较复杂，成本较高。

根据油路的循环方式，容积调速回路可以分为开式回路和闭式回路。在开式回路中，液压泵从油箱吸油，液压执行元件的回油直接回油箱，这种回路结构简单，油液在油箱中能得到充分冷却，但油箱体积较大，空气和脏物易进入回路。在闭式回路中，执行元件的回油直接与泵的吸油腔相连，结构紧凑，只需很小的补油箱，空气和脏物不易进入回路，但油液的冷却条件差，需附设辅助泵补油、冷却和换油。补油泵的流量一般为主泵流量的10%～15%，压力通常为0.3～1.0MPa。

容积调速回路通常有三种基本形式：变量泵和定量液压执行元件组成的容积调速回路，定量泵和变量马达组成的容积调速回路，以及变量泵和变量马达组成的容积调速回路。

1. 变量泵和定量液压执行元件组成的容积调速回路

图6-11所示为变量泵和定量液压执行元件组成的容积调速回路。其中，图6-11a中的执行元件为液压缸；图6-11b中的执行元件为液压马达5，该回路是闭式回路，溢流阀3起安全阀作用，用以防止系统过载，为了补充泵和液压马达的泄漏，增加了补油泵2和溢流阀4，溢流阀4用来调节补油泵的补油压力，同时置换部分已发热的油液，降低系统的温升。

在图6-11a中，改变变量泵的排量即可调节活塞的运动速度v，2为安全阀，限制回路中的最大压力。当不考虑液压泵以外的元件和管道的泄漏时，这种回路的活塞运动速度为

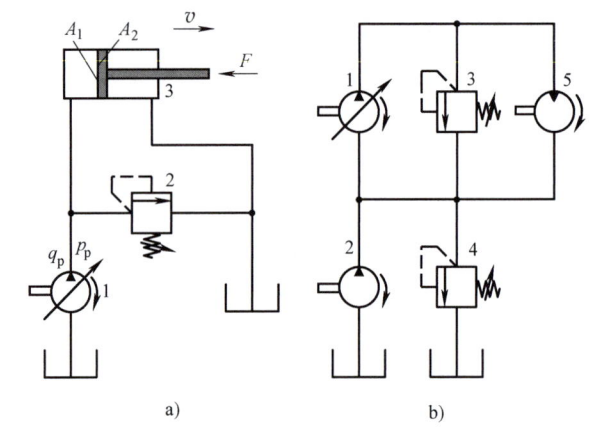

图6-11 变量泵和定量液压执行元件组成的容积调速回路

$$v = \frac{q_p}{A_1} = \frac{q_t - k_1 \dfrac{F}{A_1}}{A_1} \tag{6-8}$$

式中，q_t为变量泵的理论流量；k_1为变量泵的泄漏系数；其余符号意义同前。

将式(6-8)按不同的q_t值作图，可得一组平行直线，如图6-12a所示。由于变量泵有泄漏，活塞运动速度会随负载的加大而减小。负载增大至某值时，在低速下会出现活塞停止运动的现象（图6-12a中F'点），这时变量泵的理论流量等于泄漏量，可见这种回路在低速下的承载能力是很差的。

在图6-11b所示的变量泵定量液压马达的调速回路中，若不计损失，马达的转速$n_M = q_p/V_M$。因液压马达排量为定值，故调节变量泵的流量q_p即可对马达的转速n_M进行调节，同样当负载转矩恒定时，马达的输出转矩$T = \Delta p_M V_M/(2\pi)$和回路工作压力$p$都恒定不变，所以马达的输出功率$P = \Delta p_M V_M/n_M$与转速$n_M$成正比关系变化，故该回路的调速方式又称为

恒转矩调速，该回路的调速特性如图 6-12b 所示。

2. 定量泵和变量马达组成的容积调速回路

图 6-13a 所示为定量泵和变量马达组成的容积调速回路。定量泵 1 输出流量不变，改变变量马达的排量 V_M 就可以改变液压马达的转速。2 是安全阀，3 是变量马达，4 是用以向系统补油的辅助泵，5 为调节补油压力的溢流阀。在这种调速回路中，

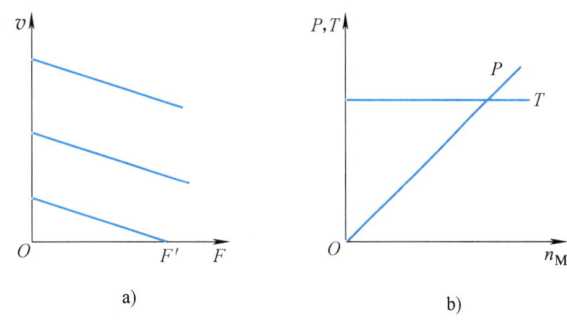

图 6-12 变量泵定量执行元件调速特性

由于液压泵的转速和排量均为常数，当负载功率恒定时，马达输出功率 P_M 和回路工作压力 p 都恒定不变，因为马达的输出转矩 [$T_M = \Delta p_M V_M /(2\pi)$] 与马达的排量 V_M 成正比，马达的转速（$n_M = q_p / V_M$）则与 V_M 成反比。所以这种回路称为恒功率调速回路，其调速特性如图 6-13b 所示。

这种回路调速范围很小，且不能用来使马达实现平稳地反向。因为反向时，双向液压马达的偏心量（或倾角）必然要经历一个变小→为零→反向增大的过程，也就是马达的排量变小→为零→变大的过程，输出转矩就要经历转速变高→输出转

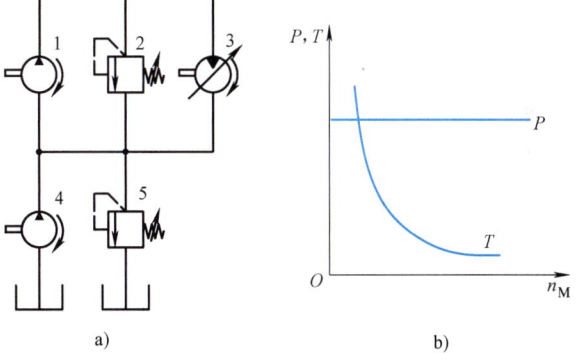

图 6-13 定量泵和变量马达组成的容积调速回路

矩太小而不能带动负载转矩，甚至不能克服摩擦转矩而使转速为零→反向高速的过程，调节很不方便，所以这种回路目前已很少单独使用。

3. 变量泵和变量马达组成的容积调速回路

图 6-14a 所示为双向变量泵和双向变量马达组成的容积调速回路。变量泵 1 正向或反向供油，马达即正向或反向旋转。单向阀 6 和 8 用于使辅助泵 4 能双向补油，单向阀 7 和 9 使

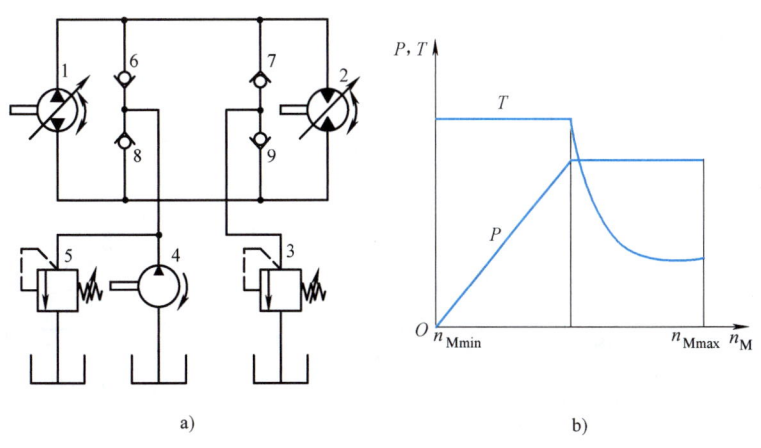

图 6-14 双向变量泵和双向变量马达组成的容积调速回路

安全阀3在两个方向都能起过载保护作用。这种调速回路是上述两种调速回路的组合,由于液压泵和液压马达的排量均可改变,故扩大了调速范围,并扩大了液压马达转矩和功率输出的选择余地,其调速特性曲线如图6-14b所示。

一般工作部件都在低速时要求有较大的转矩,因此,这种系统在低速范围内调速时,先将液压马达的排量调为最大(使马达能获得最大输出转矩),然后改变泵的输油量,当变量泵的排量由小变大,直至达到最大输油量时,液压马达的转速也随之升高,输出功率随之线性增加,此时液压马达处于恒转矩状态;若要进一步加大液压马达转速,则可将变量马达的排量由大调小,此时输出转矩随之降低,而泵则处于最大功率输出状态不变,故液压马达也处于恒功率输出状态。

(三) 容积节流调速回路

容积节流调速回路的工作原理是采用压力补偿型变量泵供油,用流量控制阀调定进入液压缸或由液压缸流出的流量来调节液压缸的运动速度,并使变量泵的输油量自动地与液压缸所需的流量相适应,这种调速回路没有溢流损失,效率较高,速度稳定性也比单纯的容积调速回路好,常用在调速范围大、中小功率的场合,例如组合机床的进给系统等。

1. 限压式变量泵和调速阀组成的容积节流调速回路

图6-15a所示为限压式变量泵和调速阀组成的容积节流联合调速回路。该系统由限压式变量泵1供油,压力油经调速阀3进入液压缸工作腔,回油经背压阀4返回油箱,液压缸运动速度由调速阀中的节流阀的通流面积A_T来控制。设泵的流量为q_p,则稳态工作时$q_p = q_1$。可是在关小调速阀的一瞬间,q_1减小,而此时液压泵的输油量还未来得及改变,于是出现了$q_p > q_1$,因回路中没有溢流(阀2为安全阀),多余的油液使泵和调速阀间的油路压力升高,也就是泵的出口压力升高,从而使限压式变量泵输出流量减小,直至$q_p = q_1$;反之,开大调速阀的瞬间,将出现$q_p < q_1$,从而会使限压式变量泵出口压力降低,输出流量自动增加,直至$q_p = q_1$。由此可见,调速阀不仅能保证进入液压缸的流量稳定,而且可以使泵的供油流量自动地和液压缸所需的流量相适应,因而也可使泵的供油压力基本恒定(该调速回路也称定压式容积节流调速回路)。这种回路中的调速阀也可装在回油路上,它的承载能

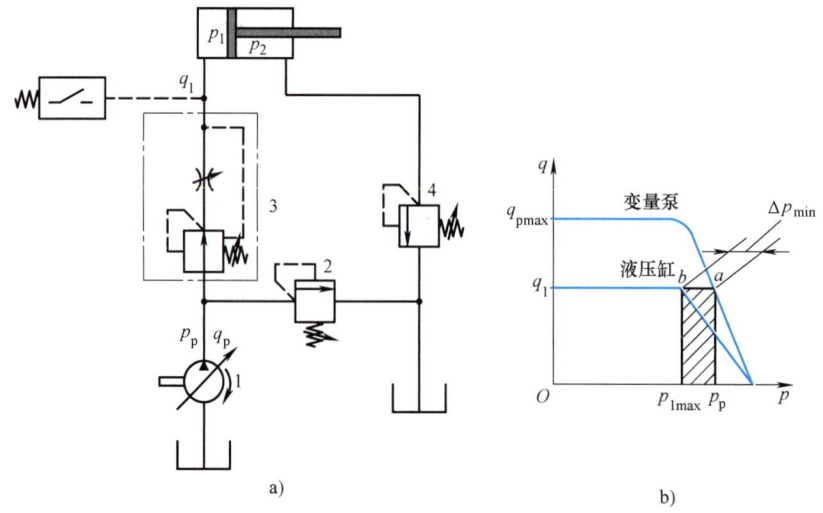

图6-15 限压式变量泵和调速阀组成的容积节流调速回路

力、运动平稳性、速度刚性等与对应的节流调速回路相同。

图 6-15b 所示为调速回路的调速特性曲线,由图可见,这种回路虽无溢流损失,但仍有节流损失,其大小与液压缸工作腔压力 p_1 有关。当进入液压缸的工作流量为 q_1 时,泵的供油流量应为 $q_p = q_1$,供油压力为 p_p,此时液压缸工作腔压力 p_1 的正常工作范围是

$$p_2 \frac{A_2}{A_1} \leqslant p_1 \leqslant p_p - \Delta p \tag{6-9}$$

式中,Δp 为保持调速阀正常工作所需的压差,一般应在 0.5MPa 以上;其他符号意义同前。

当 $p_1 = p_{1\max}$ 时,回路中的节流损失为最小(图 6-15b),此时液压泵工作点为 a,液压缸的工作点为 b;若 p_1 减小(b 点向左移动),节流损失加大。这种调速回路的效率为

$$\eta = \frac{\left(p_1 - p_2 \frac{A_2}{A_1}\right) q_1}{p_p q_p} = \frac{p_1 - p_2 \frac{A_2}{A_1}}{p_p} \tag{6-10}$$

式中没有考虑泵的泄漏损失,当限压式变量叶片泵达到最高压力时,其泄漏量为 8% 左右。泵的输出流量越小,泵的压力就越高;负载越小,则式(6-10)中的压力 p_1 便越小。因而在速度小(q_p 小)、负载小(p_1 小)的场合下,这种调速回路效率就很低。

2. 差压式变量泵和节流阀组成的容积节流调速回路

图 6-16 所示为差压式变量泵和节流阀组成的容积节流调速回路。该回路的工作原理与上述回路基本相似:节流阀控制进入液压缸的流量 q_1,并使变量泵输出流量 q_p 自动地和 q_1 相适应。当 $q_p > q_1$ 时,泵的供油压力上升,泵内左、右两个控制柱塞便进一步压缩弹簧,推动定子向右移动,减小泵的偏心距,使泵的供油量下降到 $q_p = q_1$;反之,当 $q_p < q_1$ 时,泵的供油压力下降,弹簧推动定子和左、右柱塞向左,加大泵的偏心距,使泵的供油量增大到 $q_p \approx q_1$。

在这种调速回路中,作用在液压泵定子上的力的平衡方程为

$$p_p A_1 + p_p (A - A_1) = p_1 A + F_s$$

即

$$p_p - p_1 = \frac{F_s}{A} \tag{6-11}$$

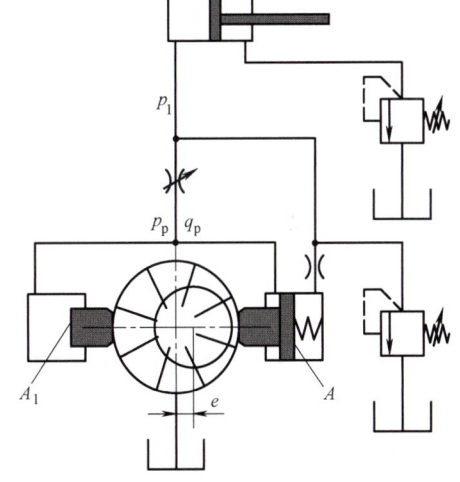

图 6-16 差压式变量泵和节流阀组成的容积节流调速回路

式中,A、A_1 分别为控制缸无柱塞腔的面积和柱塞的面积;p_p、p_1 分别为液压泵供油压力和液压缸工作腔压力;F_s 为控制缸中的弹簧力。

由式(6-11)可知,节流阀前后压差 $\Delta p = p_p - p_1$ 基本上由作用在泵控制柱塞上的弹簧力来确定,由于弹簧刚度小,工作中伸缩量也很小,所以 F_s 基本恒定,则 Δp 也近似为常数,所以通过节流阀的流量就不会随负载而变化,这和调速阀的工作原理相似。因此,这种调速回路的性能和上述回路不相上下,它的调速范围也只受节流阀调节范围的限制。此外,这种回路因能补偿由负载变化引起的泵的泄漏变化,因此它在低速小流量的场合使用性能尤佳。

在这种调速回路中,不但没有溢流损失,而且泵的供油压力随负载而变化,回路中的功率损失也只有节流处压降 Δp 所造成的节流损失一项,因而它的效率较限压式变量泵和调速阀组成的调速回路要高,且发热少。这种回路的效率表达式为

$$\eta = \frac{p_1 q_1}{p_p q_p} = \frac{p_1}{p_1 + \Delta p} \tag{6-12}$$

由式(6-12)可知,只要适当控制 Δp(一般 $\Delta p \approx 0.3\text{MPa}$),就可以获得较高的效率。这种回路宜用在负载变化大、速度较低的中小功率场合,如某些组合机床的进给系统中。

二、快速运动回路

快速运动回路又称增速回路,其功用在于使液压执行元件获得所需的高速,以提高系统的工作效率或充分利用功率。实现快速运动视方法不同有多种结构方案,下面介绍几种常用的快速运动回路。

1. 液压缸差动连接回路

图 6-17a 所示为利用二位三通换向阀实现的液压缸差动连接回路。在这种回路中,当阀 1 和阀 3 在左位工作时,液压缸差动连接做快进运动,当阀 3 通电,差动连接即被切断,液压缸回油经过调速阀实现工进,阀 1 切换至右位后,缸快退。这种连接方式,可在不增加液压泵流量的情况下提高液压执行元件的运动速度,但是,泵的流量和有杆腔排出的流量合在一起流过的阀和管路应按合成流量来选择,否则会使压力损失过大,泵的供油压力过大,致使泵的部分压力油从溢流阀溢回油箱而达不到差动快进的目的。

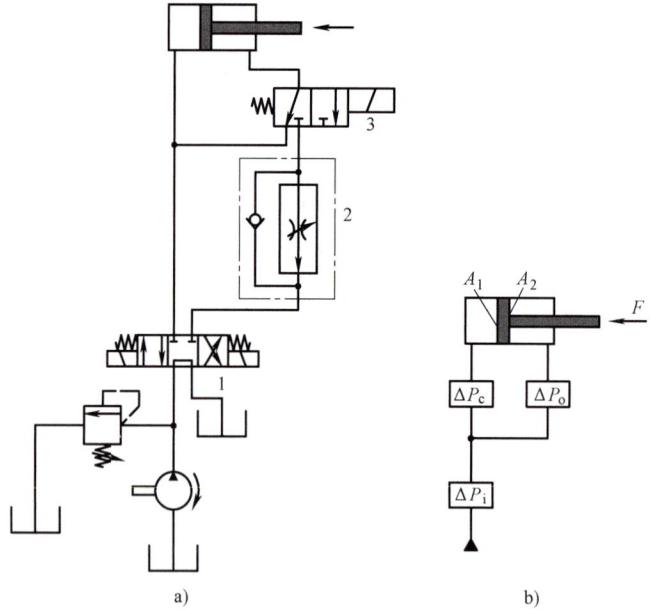

图 6-17 液压缸差动连接回路

若设液压缸无杆腔的面积为 A_1,有杆腔的面积为 A_2,液压泵的出口至差动后合成管路前的压力损失为 Δp_i,液压缸出口至合成管路前的压力损失为 Δp_o,合成管路的压力损失为 Δp_c,如图 6-17b 所示,则液压泵差动快进时的供油压力 p_p 可由力平衡方程求得,即

$$(p_p - \Delta p_i - \Delta p_c)A_1 = F + (p_p - \Delta p_i + \Delta p_o)A_2$$

所以

$$p_p = \frac{F}{A_1 - A_2} + \frac{A_2}{A_1 - A_2}\Delta p_o + \frac{A_1}{A_1 - A_2}\Delta p_c + \Delta p_i \quad (6\text{-}13)$$

若 $A_1 = 2A_2$，则有

$$p_p = \frac{F}{A_2} + \Delta p_o + 2\Delta p_c + \Delta p_i \quad (6\text{-}14)$$

式中，F 为差动快进时的负载。由该式可知，液压缸差动连接时其供油压力 p_p 的计算与一般回路中压力损失的计算是不同的。

液压缸的差动连接也可用 P 型中位机能的三位换向阀来实现。

2. 采用蓄能器的快速运动回路

图 6-18 所示为采用蓄能器的快速运动回路。采用蓄能器的目的是可以用流量较小的液压泵，当系统中短期需要大流量时，这时换向阀 5 的阀芯处于左端或右端位置，就由泵 1 和蓄能器 4 共同向缸 6 供油，当系统停止工作时，换向阀 5 处在中间位置，这时泵便经单向阀 3 向蓄能器供油，蓄能器压力升高后，控制卸荷阀 2 打开阀口，使液压泵卸荷。

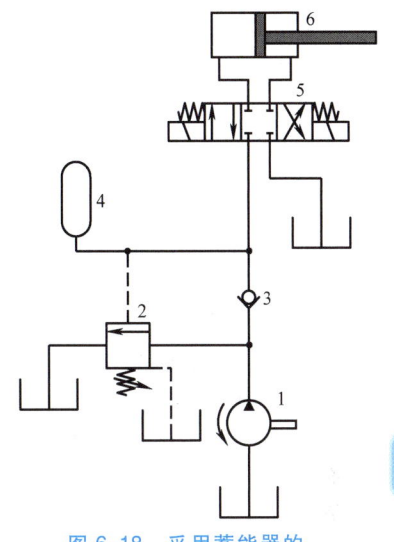

图 6-18 采用蓄能器的快速运动回路

3. 双泵供油快速运动回路

图 6-19 所示为双泵供油快速运动回路。图中 1 为大流量泵，用以实现快速运动；2 为小流量泵，用以实现工作进给。在快速运动时，泵 1 输出的油液经单向阀 4 与泵 2 输出的油液共同向系统供油，工作行程时，系统压力升高，打开卸荷阀 3 使大流量泵 1 卸荷，由泵 2 向系统单独供油。这种系统的压力由溢流阀 5 调整，单向阀 4 在系统压力油作用下关闭。这种双泵供油快速运动回路的优点是功率损耗小，系统效率高，应用较为普遍，但系统也稍复杂一些。

4. 用增速缸的快速运动回路

图 6-20 所示为用增速缸的快速运动回路。在这个回路中，当三位四通换向阀左位得电

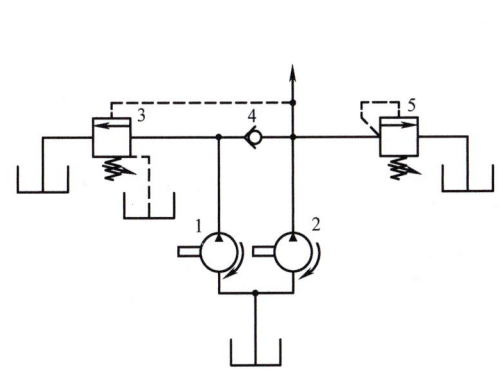

图 6-19 双泵供油快速运动回路

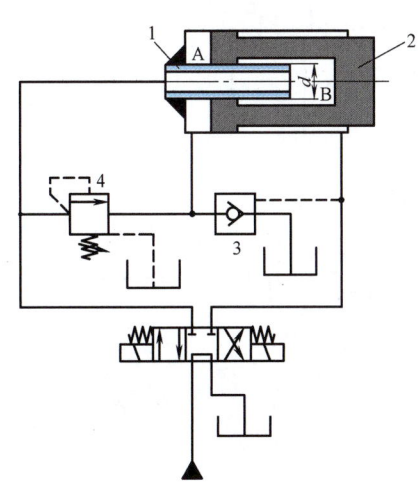

图 6-20 用增速缸的快速运动回路

而工作时，压力油经增速缸中的柱塞 1 的孔进入 B 腔，使活塞 2 伸出，获得快速 $[v = 4q_p/(\pi d^2)]$，A 腔中所需油液经液控单向阀 3 从辅助油箱吸入，活塞 2 伸出到工作位置时由于负载加大，压力升高，打开顺序阀 4，高压油进入 A 腔，同时关闭单向阀。此时活塞杆 B 在压力油作用下继续外伸，但因有效面积加大，速度变慢而使推力加大。这种回路常被用于液压机的系统中。

三、速度换接回路

速度换接回路的功能是使液压执行机构在一个工作循环中从一种运动速度变换到另一种运动速度，因而这个转换不仅包括液压执行元件快速到慢速的换接，而且也包括两个慢速之间的换接。实现这些功能的回路应该具有较高的速度换接平稳性。

1. 快速与慢速的换接回路

能够实现快速与慢速换接的方法很多，图 6-17 和图 6-20 所示的快速运动回路都可以使液压缸的运动由快速转换为慢速。下面再介绍一种在组合机床液压系统中常用的行程阀的快慢速换接回路。

图 6-21 所示为用行程阀的速度换接回路。在图示状态下，液压缸快进，当活塞所连接的挡块压下行程阀 6 时，行程阀关闭，液压缸右腔的油液必须通过节流阀 5 才能流回油箱，活塞运动速度转变为慢速工进；当换向阀左位接入回路时，压力油经单向阀 4 进入液压缸右腔，活塞快速向右返回。这种回路的快慢速换接过程比较平稳，换接点的位置比较准确。其缺点是行程阀的安装位置不能任意布置，管路连接较为复杂。若将行程阀改为电磁阀，安装连接比较方便，但速度换接的平稳性、可靠性以及换向精度都较差。

2. 两种慢速的换接回路

图 6-22 所示为用两个调速阀的速度换接回路。图 6-22a 中的两个调速阀并联，由换向阀实现换接。两个调速阀可以独立地调节各自的流量，互不影响。但是，一个调速阀工作时另一个调速阀内无油通过，它的减压阀处于最大开口位置，因而速度换接时大量油液通过该处将使机床工作部件产生突然前冲现象，因此它不宜用于在工作过程中的速度换接，只可用在速度预选的场合。

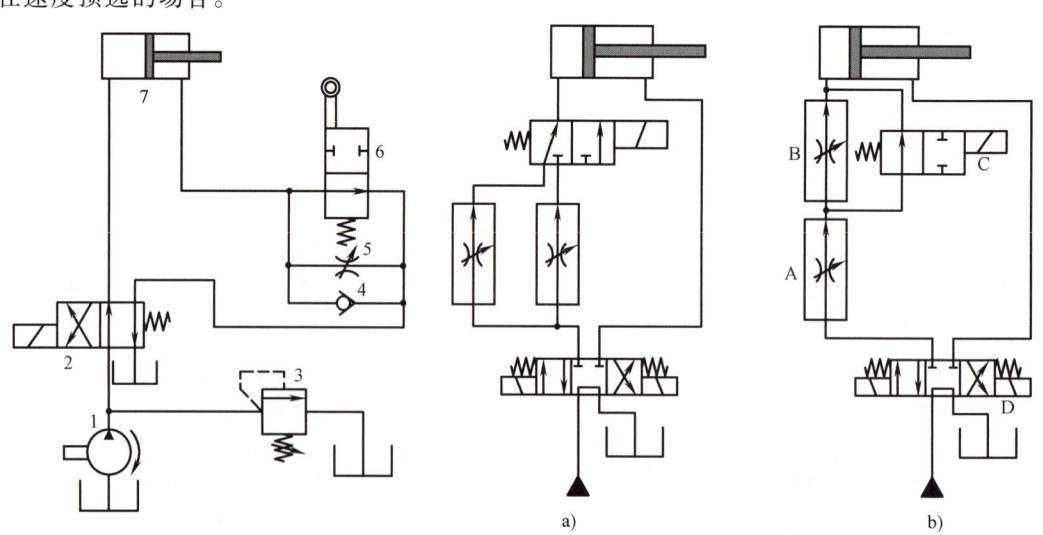

图 6-21 用行程阀的速度换接回路　　图 6-22 用两个调速阀的速度换接回路

图 6-22b 所示为两调速阀串联的速度换接回路。当主换向阀 D 左位接入系统时，调速阀 B 被换向阀 C 短接；输入液压缸的流量由调速阀 A 控制。当阀 C 右位接入回路时，由于通过调速阀 B 的流量调得比 A 小，所以输入液压缸的流量由调速阀 B 控制。这种回路中的调速阀 A 一直处于工作状态，它在速度换接时限制进入调速阀 B 的流量，因此它的速度换接平稳性较好，但由于油液经过两个调速阀，所以能量损失较大。

第三节 多缸工作控制回路

在液压系统中，如果由一个油源给多个液压缸输送压力油，这些液压缸会因压力和流量的彼此影响而在动作上相互牵制，必须使用一些特殊的回路才能实现预定的动作要求，常见的这类回路主要有以下三种。

一、顺序动作回路

顺序动作回路的功用是使多缸液压系统中的各个液压缸严格地按规定的顺序动作。按控制方式不同，可分为行程控制和压力控制两大类。

1. 行程控制的顺序动作回路

图 6-23 所示为由两个行程控制的顺序动作回路。其中，图 6-23a 所示为由行程阀控制的顺序动作回路，在图示状态下，A、B 两液压缸活塞均在右端。当推动手柄，使阀 C 左位工作，缸 A 活塞左行，完成动作①；挡块压下行程阀 D 后，缸 B 活塞左行，完成动作②；手动换向阀复位后，缸 A 活塞先复位，实现动作③；随着挡块后移，阀 D 复位，缸 B 活塞退回，实现动作④。至此，顺序动作全部完成。这种回路工作可靠，但动作顺序一经确定，再改变就比较困难，同时管路长，布置较麻烦。

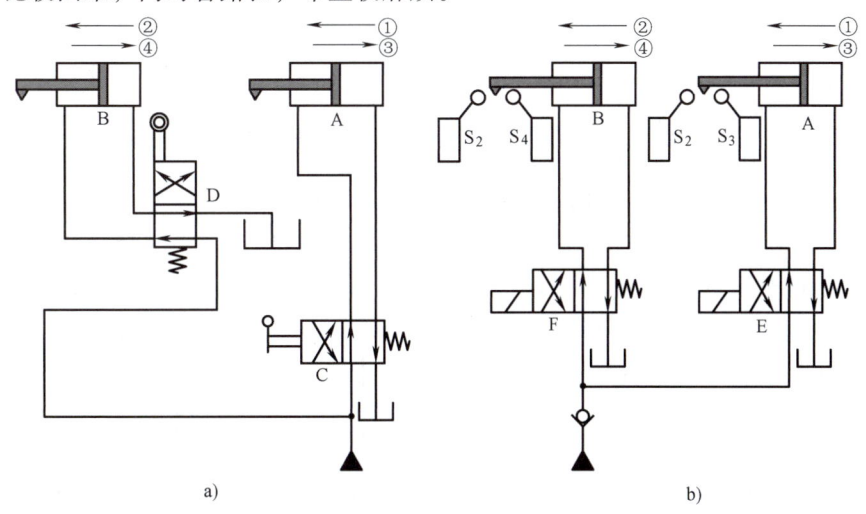

图 6-23　由两个行程控制的顺序动作回路

图 6-23b 所示为由行程开关控制的顺序动作回路。当阀 E 得电换向时，缸 A 活塞左行完成动作①后，触动行程开关 S_1 使阀 F 得电换向，控制缸 B 左行完成动作②，当缸 B 左行至触动行程开关 S_2 使阀 E 失电，缸 A 返回，实现动作③后，触动 S_3 使 F 断电，缸 B 返回，

完成动作④，最后触动 S_4 使泵卸荷或引起其他动作，完成一个工作循环。这种回路的优点是控制灵活方便，但其可靠程度主要取决于电气元件的质量。

2. 压力控制的顺序动作回路

图 6-24 所示为用顺序阀的压力控制顺序动作回路。当换向阀左位接入回路且顺序阀 D 的调定压力大于液压缸 A 的最大前进工作压力时，压力油先进入液压缸 A 的左腔，实现动作①；当液压缸行至终点后，压力上升，压力油打开顺序阀 D 进入液压缸 B 的左腔，实现动作②；同样地，当换向阀右位接入回路且顺序阀 C 的调定压力大于液压缸 B 的最大返回工作压力时，两液压缸则按③和④的顺序返回。显然这种回

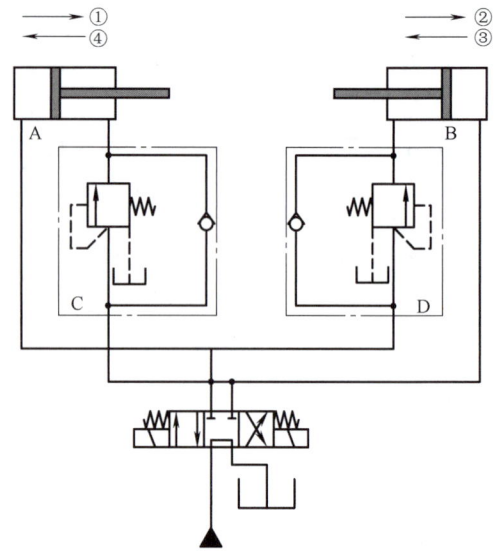

图 6-24　用顺序阀的压力控制顺序动作回路

路动作的可靠性取决于顺序阀的性能及其压力调定值，即它的调定压力应比前一个动作的压力高出 0.8~1.0MPa，否则顺序阀易在系统压力脉冲中造成误动作。由此可见，这种回路适用于液压缸数目不多、负载变化不大的场合。其优点是动作灵敏、安装、连接较为方便；缺点是可靠性不高，位置精度低。

二、同步回路

同步回路的功用是保证系统中的两个或多个液压缸在运动中的位移量相同或以相同的速度运动。从理论上讲，对两个工作面积相同的液压缸输入等量的油液即可使两液压缸同步，但泄漏、摩擦阻力、制造精度、外负载、结构弹性变形以及油液中的含气量等因素都会使同步难以保证，为此，同步回路要尽量克服或减少这些因素的影响，有时要采取补偿措施，消除累积误差。

1. 带补偿措施的串联液压缸同步回路

图 6-25 所示为带补偿措施的串联液压缸同步回路。在这个回路中，液压缸 1 的有杆腔 A 的有效面积与液压缸 2 的无杆腔 B 的面积相等，因而从 A 腔排出的油液进入 B 腔后，两液压缸的升降便得到同步。而补偿措施使同步误差在每一次下行运动中都可消除，以避免误差的积累。其补偿原理为：当三位四通换向阀右位工作时，两液压缸活塞同时下行，若缸 1 的活塞先运动到底，它就触动行程开关 a 使阀 5 得电，压力油便经阀 5 和液控单向阀 3 向缸 2 的 B 腔补油，推动活塞继续运动到底，误差即被消除，若缸 2 先到底，则触动行程开关使阀 4 得电，控制压力油使液控单向阀反向通道打开，使缸 1 的 A 腔通过液控单向阀回油，其活塞即可继续运动到底。这种串联式同步回路只适

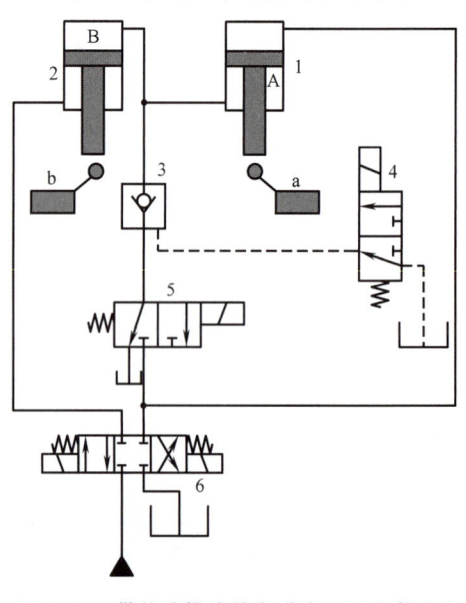

图 6-25　带补偿措施的串联液压缸同步回路

用于负载较小的液压系统。

2. 用同步缸或同步马达的同步回路

图 6-26a 所示为用同步缸的同步回路。同步缸 A、B 两腔的有效面积相等，且两工作缸面积也相同，则能实现同步。这种同步回路的同步精度取决于液压缸的加工精度和密封性，一般精度可达到 98%~99%。由于同步缸一般不宜做得过大，所以这种回路仅适用于小容量的场合。

图 6-26b 所示为用相同结构、相同排量的液压马达作为等流量分流装置的同步回路。两个液压马达轴刚性连接，把等量的油液分别输入两个尺寸相同的液压缸中，使两液压缸实现同步。图中与马达并联的节流阀用于修正同步误差。影响这种回路同步精度的主要因素有：由于马达制造上的误差而引起排量的差别，由于作用于液压缸活塞上的负载不同而引起的泄漏以及摩擦阻力不同等，但这种同步回路的同步精度比节流控制的要高，由于所用马达一般为容积效率较高的柱塞式马达，所以费用较高。

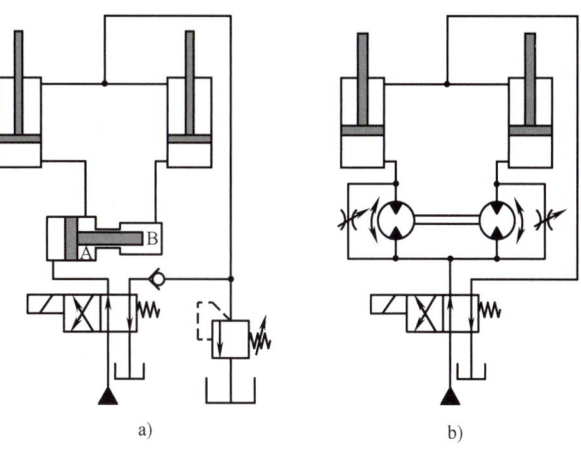

图 6-26 用同步缸或同步马达的同步回路

同步控制回路也可采用分流阀（同步阀）控制同步。对于同步精度要求较高的场合，可以采用由比例调速阀和电液伺服阀组成的同步回路。

三、多缸快慢速互不干扰回路

多缸快慢速互不干扰回路的功用是防止液压系统中的几个液压缸因速度快慢的不同而在动作上的相互干扰。

图 6-27 所示为双泵供油多缸快慢速互不干扰回路。图中的液压缸 A 和 B 各自要完成"快进→工进→快退"的自动工作循环。在图示状态下各缸原位停止。当阀 5、阀 6 均通电时，各缸均由双联泵中的大流量泵 2 供油并做差动快进。这时如某一个液压缸，如缸 A 先完成快进动作，由挡块和行程开关使阀 7 通电，阀 6 断电，此时大泵进入缸 A 的油路被切断，而双联泵中的高压小流量泵 1 进油路打开，缸 A 由调速阀 8 调速工进。此时缸 B 仍做快进，互不影响。当各缸都转为工进后，它们全由小流量泵 1 供油。此后，若缸 A 又率先完成工进，行程开关应使阀 7 和 6 均通电，缸 A 即由大流量泵 2 供油快退，当电磁铁皆断电时，各缸都停止运动，并被锁在所在的位置上。由此可见，这个回路之所以能够防止多缸的快慢运动互不干扰，是由于快速和慢速各由一个液压泵来分别供油，再由相应的电磁铁进行控制的缘故。

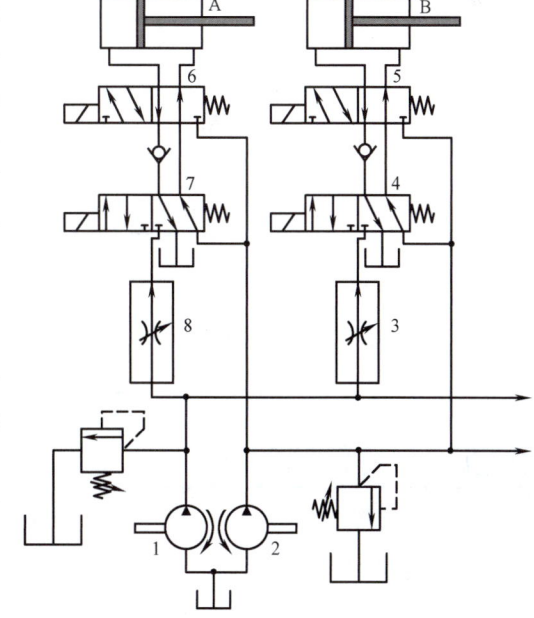

图 6-27 双泵供油多缸快慢速互不干扰回路

图 6-28 所示为采用顺序节流阀的叠加阀式防干扰回路。该回路采用双联泵供油，其中泵 2 为双联泵中的低压大流量泵，供油压力由溢流阀 1 调定，泵 1 为双联泵中的高压小流量泵，其工作压力由溢流阀 5 调定，泵 2 和泵 1 分别接叠加阀的 P 口和 P_1 口。该回路的工作原理为：当换向阀 4 和 8 的左位接入系统时，液压缸 A 和 B 快速向左运动，此时远控式顺序节流阀 3 和 7 由于控制压力油压力较低而关闭，因而泵 1 的压力油经溢流阀 5 回油箱，当其中一个液压缸，如缸 A 先完成快进动作，则液压缸 A 的无杆腔压力升高，则顺序节流阀 3 的阀口被打开，高压小流量泵 1 的压力油经阀 3 中的节流口而进入液压缸 A 的无杆腔，高压油同时使阀 2 中的单向阀反向关闭，此时缸 A 的运动速度由阀 3 中的节流口的开度所决定（节流口大小按工进速度进行调整）。此时缸 B 仍由泵 2 供油进行快进，两缸动作互不干扰。此后，当缸 A 率先完成工进动作，阀 4 的右位接入系统，由泵 2 的油液使缸 A 退回。若阀 4 和阀 8 失电，则液压缸停止运动。由此可见，这种双泵供油的叠加阀式互不干扰回路中顺序节流阀的开启取决于液压缸工作腔的压力，所以动作可靠性较高，这种回路被广泛应用于组合机床的液压系统中。

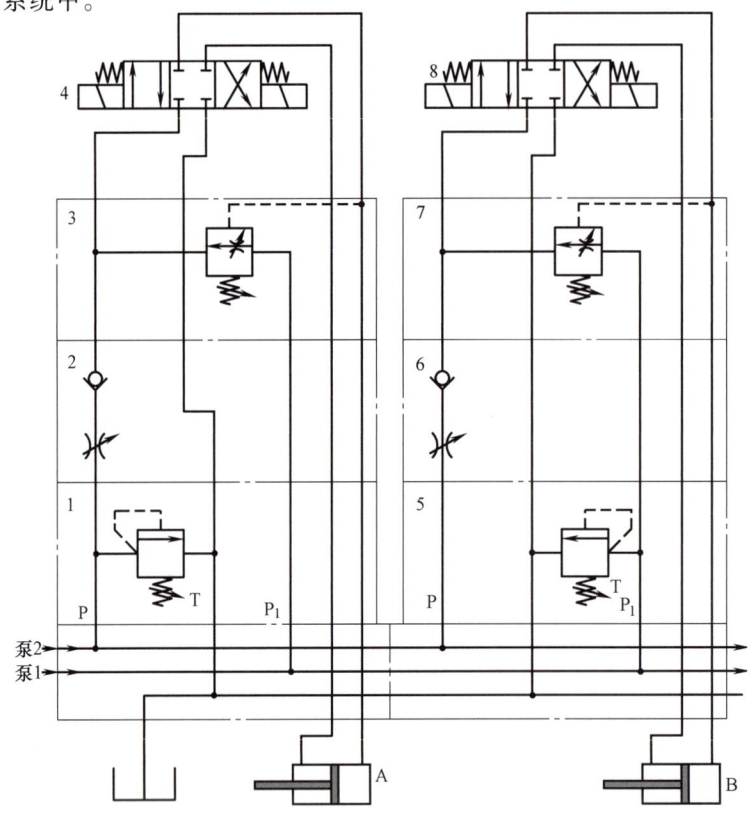

图 6-28 叠加阀式防干扰回路

第四节　其他回路

一、锁紧回路

锁紧回路的功用是使液压缸能在任意位置上停留，且停留后不会因外力作用而移动位置的回路。图 6-29 所示为使用液控单向阀（又称双向液压锁）的锁紧回路。当换向阀处于左位时，压力油经单向阀 1 进入液压缸左腔，同时压力油也进入单向阀 2 的控制油口 K，打开阀 2，使液压缸右腔的回油可经阀 2 及换向阀流回油箱，活塞向右运动；反之，活塞向左运动，到了需要停留的位置，只要使换向阀处于中位，因阀的中位为 H 型机能（Y 型也行），所以阀 1 和阀 2 均关闭，使活塞双向锁紧。在这个回路中，由于液控单向阀的阀座一般为锥阀式结构，所以密封性好，泄漏极少，锁紧的精度主要取决于液压缸的泄漏。这种回路被广泛用于工程机械、起重运输机械等有锁紧要求的场合。

二、节能回路

节能的目的是提高能量的利用率，因而节能回路的功用就是要用最小的输入能量来完成一定的输出。前面所讲述的回路中，如旁路节流调速回路（图 6-10）、液压缸差动连接回路（图 6-17）、采用蓄能器的快速运动回路（图 6-18）和双泵供油快速运动回路（图 6-19）等均具有一定的节能效果。下面再介绍两种节能回路。

1. 负载串联节能回路

图 6-30 所示为两负载串联的节能回路。在该回路中，当各执行元件单独工作时，工作压力由各自的溢流阀调定。若同时工作，由于前一个回路的溢流阀受后一个回路的压力信号控制，泵转入叠加负载下工作，这时泵的流量只要满足流量大的那个执行元件即可，工作压力提高到接近泵的额定压力，提高了泵的运行效率。这种节能回路结构简单，且采用定量泵供油，因而比较经济。由于负载叠加的缘故，故两个执行元件的负载不能太大。

2. 二次调节节能回路

图 6-31 所示为二次调节（亦称次级调节）节能回路。这种调节回路打破了常规的液压驱动系统——通过流量联系，即马达的输出转速、输出转矩、回转方向等性能参数取决于泵的能量供应、阀类的控制等状况，也就是通过直接或间接调节一次能量转换元件——液压泵来实现变换和控制的常规，使一次和二次能量转换器件之间通过压力来联系，液动机从集中液压能源系统中获取运转需要的相应能量。其输出性能的改变，主要是通过二次元件的调节来实现的。

如图 6-31 所示，带蓄能器的管路表示集中式液压源附有变量调节缸 3 的变量液压马达 2 就是被驱动的二次能量转换元件。与马达同轴安装的计量泵 1 和液压缸 3 并联构成闭路，以

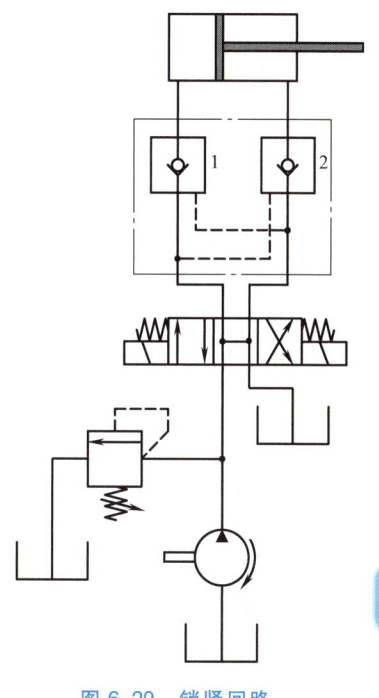

图 6-29 锁紧回路

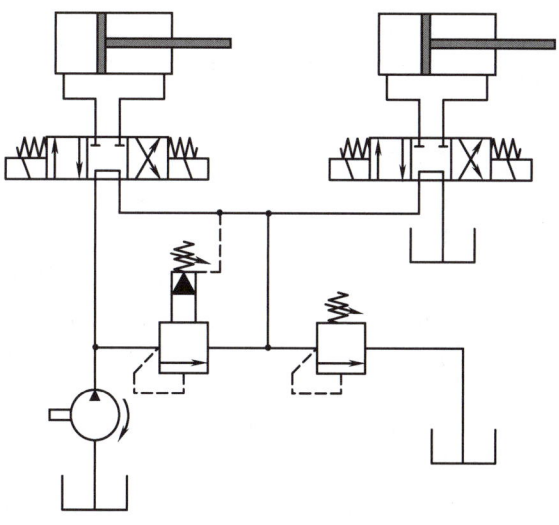

图 6-30 两负载串联节能回路

便向变量机构反馈转速信号。马达的旋转方向由换向阀 4 切换变量机构来实现，进口节流阀 6 和背压阀 5 配合来实现马达速度的预选。当换向阀接通时，通过节流阀的液流同时进入计量泵和变量液压缸，当进入的流量与计量泵吸入和排出的流量不相适应时，这一流量差值使液压缸产生变量调节运动，直到节流阀设定的流量完全与计量泵需要相适应，变量动作才会终止，使马达保持在与节流阀调定流量相适应的转速下工作。

一旦有某种原因使液压马达转速产生偏离时，同轴驱动的计量泵就会感受到此速差，并转换成流量信号馈入液压缸，使二次元件马达

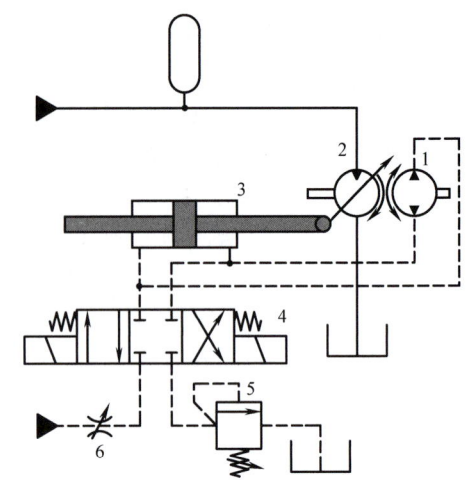

图 6-31　二次调节节能回路

的排量增大或减小，直到使实际输出的转速恢复到正常值。如果把二次元件的摆角偏转到负方向，还可借助能源系统的阻抗起制动作用，外载动能或位能就可回馈到能源系统中去，并贮存在蓄能器中。

二次调节回路是按照需要从能源系统中获取能量的原则进行工作的，动力源无需通过控制环节而直接作用在二次调节元件上，在不需输出转矩时，二次元件的变量摆角及所吸收的流量都会被自动地调节到近似于零的值，故能获得最大限度的节能效果。采用这种调节回路时，多个彼此并联的执行元件能够在同一供压的回路中互不干扰地按自己需要的速度和转矩运行。

习　题

6-1　在图 6-32 所示回路中，若溢流阀的调整压力分别为 $p_{y1}=6\mathrm{MPa}$，$p_{y2}=4.5\mathrm{MPa}$。泵出口处的负载阻力为无限大，试问在不计管道损失和调压偏差时：

1）换向阀下位接入回路时，泵的工作压力为多少？B 点和 C 点的压力各为多少？

2）换向阀上位接入回路时，泵的工作压力为多少？B 点和 C 点的压力又是多少？

6-2　在图 6-33 所示回路中，已知活塞运动时的负载 $F=1.2\mathrm{kN}$，活塞面积 $A=15\times10^{-4}\mathrm{m}^2$，溢流阀调整值 $p_p=4.5\mathrm{MPa}$，两个减压阀的调整值分别为 $p_{j1}=3.5\mathrm{MPa}$ 和 $p_{j2}=2\mathrm{MPa}$，如油液流过减压阀及管路时的损失可略不计，试确定活塞在运动时和停在终端位置处时 A、B、C 三点的压力值。

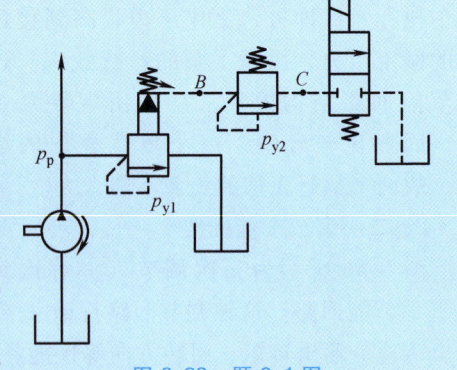

图 6-32　题 6-1 图

6-3　在图 6-7a 所示的平衡回路中，若液压缸无杆腔面积 $A_1=80\times10^{-4}\mathrm{m}^2$，有杆腔面积 $A_2=40\times10^{-4}\mathrm{m}^2$，活塞与运动部件自重 $G=6000\mathrm{N}$，运动时活塞上的摩擦阻力 $F_f=2000\mathrm{N}$，向下运动时要克服负载阻力 $F_L=24000\mathrm{N}$，试问顺序阀和溢流阀的最小调整压力应各为多少？

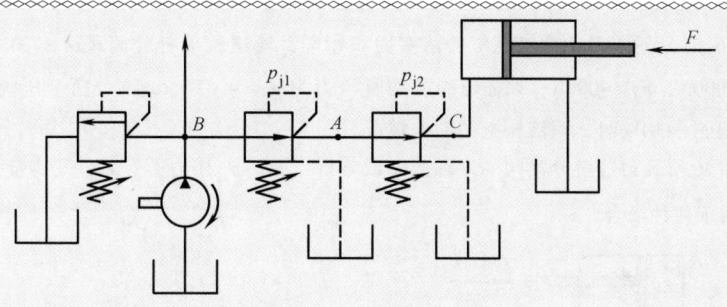

图 6-33 题 6-2 图

6-4 如图 6-9 所示的回油节流调速回路，已知液压泵的供油流量 $q_p = 25$L/min，负载 $F = 40000$N，溢流阀调定压力 $p_p = 5.4$MPa，液压缸无杆腔面积 $A_1 = 80 \times 10^{-4}$m²，有杆腔面积 $A_2 = 40 \times 10^{-4}$m²，液压缸工进速度 $v = 0.18$m/min，不考虑管路损失和液压缸的摩擦损失，试计算：

1) 液压缸工进时液压系统的效率。
2) 当负载 $F = 0$ 时，活塞的运动速度和回油腔的压力。

6-5 如图 6-8a 所示的进油节流调速回路，已知液压泵的供油流量 $q_p = 6$L/min，溢流阀调定压力 $p_p = 3.0$MPa，液压缸无杆腔面积 $A_1 = 20 \times 10^{-4}$m²，负载 $F = 4000$N，节流阀为薄壁孔口，开口面积 $A_T = 0.01 \times 10^{-4}$m²，$C_d = 0.62$，$\rho = 900$kg/m³，求：

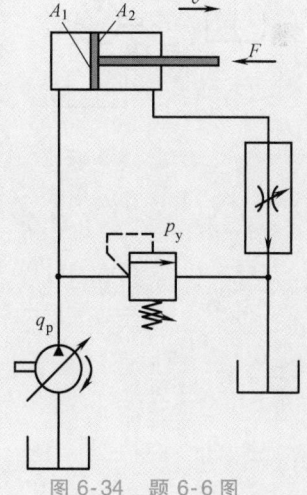

图 6-34 题 6-6 图

1) 活塞杆的运动速度 v。
2) 溢流阀的溢流量和回路的效率。
3) 当节流阀开口面积增大到 $A_{T1} = 0.03 \times 10^{-4}$m² 和 $A_{T2} = 0.05 \times 10^{-4}$m² 时，分别计算液压缸的运动速度 v 和溢流阀的溢流量。

6-6 在图 6-34 所示的调速阀节流调速回路中，已知 $q_p = 25$L/min，$A_1 = 100 \times 10^{-4}$m²，$A_2 = 50 \times 10^{-4}$m²，F 由零增至 30000N 时活塞向右移动速度基本无变化，$v = 0.2$m/min，若调速阀要求的最小压差为 $\Delta p_{min} = 0.5$MPa，试求：

1) 不计调压偏差时溢流阀调整压力 p_y 是多少？泵的工作压力是多少？
2) 液压缸可能达到的最高工作压力是多少？
3) 回路的最高效率为多少？

6-7 如图 6-15 所示的限压式变量泵和调速阀的容积节流调速回路，若变量泵的拐点坐标为 (2MPa·10L/min)，且在 $p_p = 2.8$MPa 时 $q_p = 0$，液压缸无杆腔面积 $A_1 = 50 \times 10^{-4}$m²，有杆腔面积 $A_2 = 25 \times 10^{-4}$m²，调速阀的最小工作压差为 0.5MPa，背压阀调整值为 0.4MPa，试求：

1) 在调速阀通过 $q_1 = 5$L/min 的流量时，回路的效率为多少？
2) 若 q_1 不变，负载减小 4/5 时，回路效率为多少？
3) 如何才能使负载减小后的回路效率得以提高？能提到多少？

6-8 有一液压传动系统，快进时需最大流量 25L/min，工进时液压缸工作压力 $p_1 = 5.5$MPa，流量为 2L/min，若采用 YB-25 和 YB4/25 两种泵对系统供油，设泵的总效率 $\eta = 0.8$，溢流阀调定压力 $p_p = 6.0$MPa，双联泵中低压泵卸荷压力 $p_2 = 0.12$MPa，不计其他损失，计算分别采用这两种泵供油时系统的效率（液压缸效率为 1.0）。

6-9 如图 6-35 所示，已知两液压缸的活塞面积相同，液压缸无杆腔面积 $A_1 = 20×10^{-4} \mathrm{m}^2$，但负载分别为 $F_1 = 8000\mathrm{N}$、$F_2 = 4000\mathrm{N}$，如溢流阀的调整压力为 $p_y = 4.5\mathrm{MPa}$，试分析减压阀压力调整值分别为 1MPa、2MPa、4MPa 时，两液压缸的动作情况。

6-10 图 6-36 所示为等量分流阀的原理图，试分析当 p_3、p_4 压力不等时，其流量 q_A、q_B 有没有变化？它可应用于何种场合？

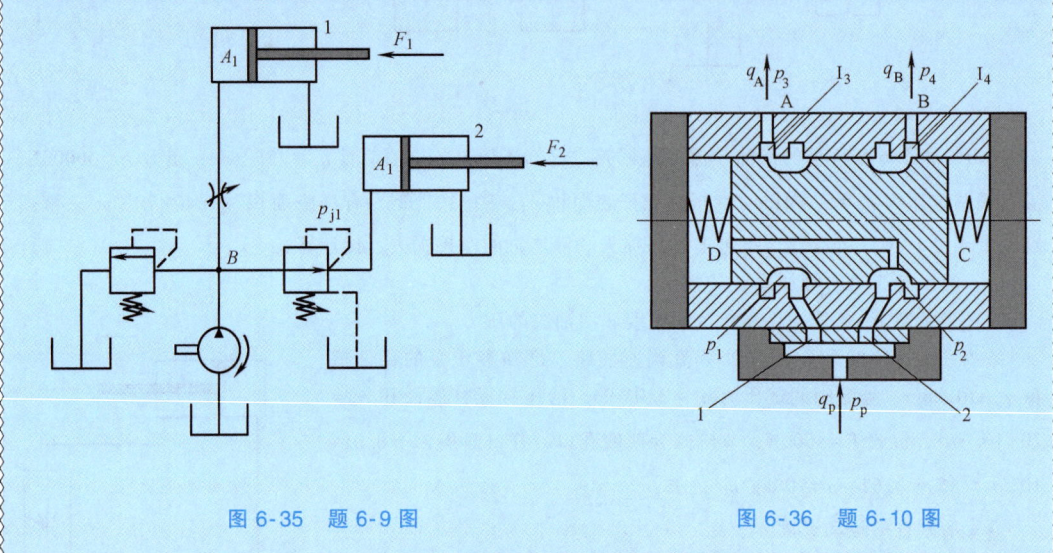

图 6-35 题 6-9 图　　　　图 6-36 题 6-10 图

两弹一星
功勋科学家：钱学森

第七章 典型液压传动系统

液压传动系统是根据机械设备的工作要求,选用适当的液压基本回路经有机组合而成的。阅读和分析一个较复杂的液压系统图,大致可按以下步骤进行:

1)了解机械设备工况对液压系统的要求,了解在工作循环中的各个工步对力、速度和方向这三个参数的质与量的要求。

2)初读液压系统图,了解系统中包含哪些元件,且以执行元件为中心,将系统分解为若干个工作单元。

3)先单独分析每一个子系统,了解其执行元件与相应的阀、泵之间的关系和液压基本回路。参照电磁铁动作表和执行元件的动作要求,理清其液流路线。

4)根据系统中对各执行元件间的互锁、同步、防干扰等要求,分析各子系统之间的联系,以及如何实现这些要求。

5)在全面读懂液压系统原理图的基础上,根据系统所使用的基本回路的性能,对系统做综合分析,归纳总结整个液压系统的特点,以加深对液压系统的理解。

液压传动系统种类繁多,它的应用涉及机械制造、轻工、纺织、工程机械、船舶、航空和航天等各个领域,但根据其工作情况,视液压传动系统的工况要求与特点可分为如表7-1所示的几种。

表7-1 典型液压系统的工况与特点

系统名称	液压系统的工况要求与特点
以速度变换为主的液压系统 (例如组合机床系统)	1)能实现工作部件的自动工作循环,生产率较高 2)快进与工进时,其速度与负载相差较大 3)要求进给速度平稳、刚性好,有较大的调速范围 4)进给行程终点的重复位置精度高,有严格的顺序动作
以换向精度为主的液压系统 (例如磨床系统)	1)要求运动平稳性高,有较低的稳定速度 2)起动与制动迅速平稳、无冲击,有较高的换向频率(最高可达150次/min) 3)换向精度高,换向前停留时间可调
以压力变换为主的液压系统 (例如液压机系统)	1)系统压力要能经常变换调节,且能产生很大的推力 2)空程时速度大,加压时推力大,功率利用合理 3)系统多采用高低压泵组合或恒功率变量泵供油,以满足空程与压制时,其速度与压力的变化
多个执行元件配合工作的液压系统 (例如机械手液压系统)	1)在各执行元件动作频繁换接,压力急剧变化下,系统足够可靠,避免误动作 2)能实现严格的顺序动作,完成工作部件规定的工作循环 3)满足各执行元件对速度、压力及换向精度的要求

第一节　组合机床动力滑台液压系统

一、概述

组合机床是由一些通用和专用部件组合而成的专用机床，它操作简便，效率高，是工业自动化生产线中重要的设备，在汽车、摩托车、电机制造、家用电器生产等行业被广泛应用。由组合机床、数控机床和加工中心等组合而成的自动线，是数字化车间和数字化工厂的最基本的生产形式。组合机床上的主要通用部件——动力滑台是用来实现进给运动的，只要配以不同用途的主轴头，即可实现钻、扩、铰、镗、铣、刮端面、倒角及攻螺纹等加工。动力滑台有机械滑台和液压滑台之分。液压动力滑台是利用液压缸将泵站所提供的液压能转变成滑台运动所需的机械能。它对液压系统性能的主要要求是速度换接平稳，进给速度稳定，功率利用合理，效率高，发热少。

现以 YT4543 型液压动力滑台为例分析其液压系统的工作原理和特点，该动力滑台要求进给速度范围为 6.6~600mm/min，最大进给力 $4.5×10^4$N。图 7-1 所示为 YT4543 型动力滑台液压系统。该系统采用限压式变量泵供油，电液动换向阀换向，快进由液压缸差动连接来实现，用行程阀实现快进与工进的转换，二位二通电磁换向阀用来进行两个工进速度之间的转换，为了保证进给的尺寸精度，采用了止挡块停留来限位。通常实现的工作循环为：快进→第一次工作进给→第二次工作进给→止挡块停留→快退→原位停止。

二、YT4543 型动力滑台液压系统的工作原理

1. 快进

按下起动按钮，电磁铁 1YA 得电，电液动换向阀 6 的先导阀阀芯向右移动从而引起主阀芯向右移，使其左位接入系统，其主油路为：

进油路：液压泵 1→单向阀 2→换向阀 6（左位）→行程阀 11（下位）→液压缸左腔。

回油路：液压缸的右腔→换向阀 6（左位）→单向阀 5→行程阀 11（下位）→液压缸左腔，形成差动连接。

2. 第一次工作进给

当滑台快速运动到预定位置时，滑台上的行程挡块压下了行程阀 11 的阀芯，切断了该通道，使压力油须经调速阀 7 进入液压缸的左腔。由于油液流经调速阀，系统压力上升，打开液控顺序阀 4，此时单向阀 5 的上部压力大于下部压力，所以单向阀 5 关闭，切断了液压缸的差动回路，回油经液控顺序阀 4 和背压阀 3 流回油箱使滑台转换为第一次工作进给。其油路是：

进油路：液压泵 1→单向阀 2→换向阀 6（左位）→调速阀 7→换向阀 12（右位）→液压缸左腔。

回油路：液压缸右腔→换向阀 6（左位）→顺序阀 4→背压阀 3→油箱。

因为工作进给时，系统压力升高，所以变量泵 1 的输油量便自动减小，以适应工作进给的需要，进给量大小由调速阀 7 调节。

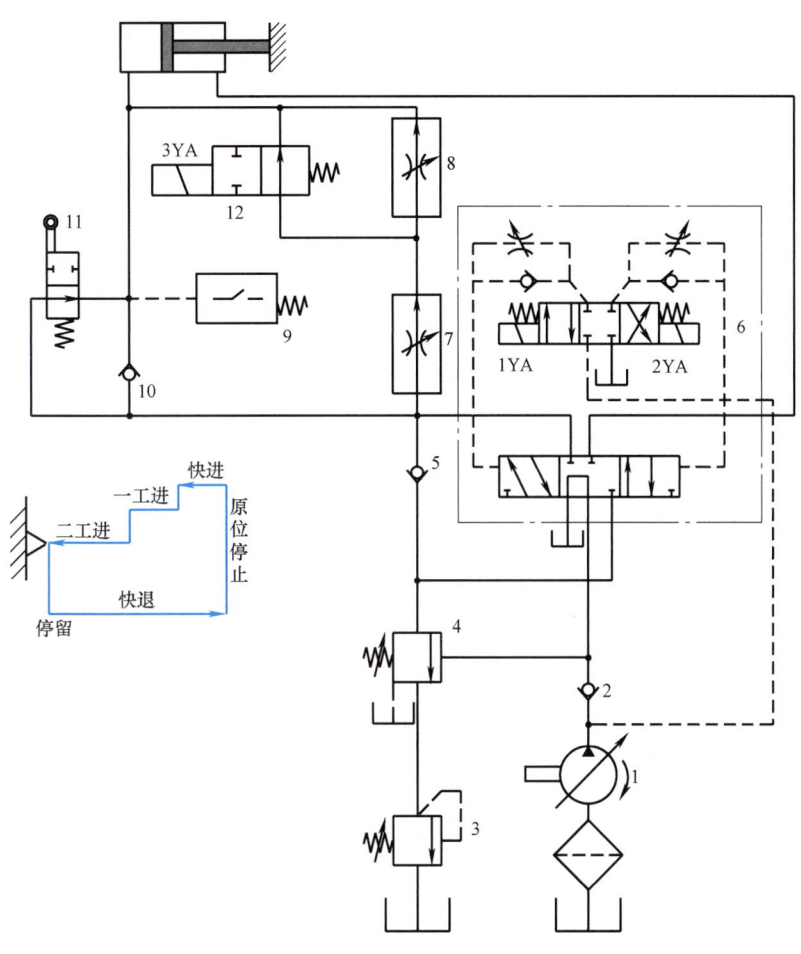

图 7-1　YT4543 型动力滑台液压系统

1—液压泵　2、5、10—单向阀　3—背压阀　4—顺序阀　6、12—换向阀
7、8—调速阀　9—继电器　11—行程阀

3. 第二次工作进给

第一次工进结束后，行程挡块压下行程开关使 3YA 通电，二位二通换向阀将通路切断，进油必须经调速阀 7、8 才能进入液压缸，此时由于调速阀 8 的开口量小于阀 7，所以进给速度再次降低，其他油路情况同一工进。

4. 止挡块停留

当滑台工作进给完毕之后，碰上止挡块的滑台不再前进，停留在止挡块处，同时系统压力升高，当升高到压力继电器 9 的调整值时，压力继电器动作，经过时间继电器的延时，再发出信号使滑台返回，滑台的停留时间可由时间继电器在一定范围内调整。

5. 快退

时间继电器经延时发出信号，2YA 通电，1YA、3YA 断电，主油路为：

进油路：液压泵 1→单向阀 2→换向阀 6（右位）→液压缸右腔。

回油路：液压缸左腔→单向阀 10→换向阀 6（右位）→油箱。

6. 原位停止

当滑台退回到原位时，行程挡块压下行程开关，发出信号，使 2YA 断电，换向阀 6 处于中位，液压缸失去液压动力源，滑台停止运动。液压泵输出的油液经换向阀 6 直接回油箱，液压泵卸荷。该系统的各电磁铁及行程阀动作顺序见表 7-2。

表 7-2　电磁铁和行程阀动作顺序表

电磁铁行程阀	信号来源	液压缸工作循 $v(t)$					
		快进	工进		停留	快退	停止
			一工进	二工进			
1YA							
行程阀							
3YA							
2YA							

注："+"表示电磁铁得电和行程阀压下，"-"表示电磁铁失电和行程阀原位。

三、YT4543 型动力滑台液压系统的特点

1）系统采用了限压式变量叶片泵-调速阀-背压阀式的调速回路，能保证稳定的低速运动（进给速度最小可达 6.6mm/min）、较好的速度刚性和较大的调速范围（$R = 100$）。

2）系统采用了限压式变量泵和差动连接式液压缸来实现快进，能源利用比较合理。滑台停止运动时，换向阀使液压泵在低压下卸荷，减少了能量损耗。

3）系统采用行程阀和顺序阀实现快进与工进的换接，不仅简化了电器回路，而且使动作可靠，换接精度也比电气控制高，至于两个工进之间的换接则由于两者速度都较低，采用电磁阀完全能保证换接精度。

第二节　万能外圆磨床液压系统

一、概述

万能外圆磨床是一种可以磨削外圆，加上附件又可磨削内圆的机床。这种磨床具有砂轮旋转、工件旋转、工作台带动工件的往复运动和砂轮架的周期切入运动，此外砂轮架还可快速进退，尾架顶尖可以伸缩。在这些运动中，除了砂轮与工件的旋转由电动机驱动外，其余的运动均由液压传动来实现。在所有的运动中，以工作台往复运动要求最高，它不仅要保证机床有尽可能高的生产率，还应保证换向过程平稳，换向精度高。一般工作台的往复运动应满足以下要求：

(1) 较宽的调速范围　能在 0.05~4m/min 范围内无级调速，高精度的外圆磨床在修整砂轮时要达到 10~30mm/min 的最低稳定速度。

(2) 自动换向　在以上速度范围内应能进行频繁换向，并且过程平稳、制动和反向起动迅速。

(3) **换向精度高** 在同一速度下,换向点变动量(同速换向精度)应小于 0.02mm;在不同速度下,换向点的变动量(异速换向精度)应小于 0.2mm。

(4) **端点停留** 外圆磨削时砂轮一般不超越工件,为避免工件两端由于磨削时间短而出现尺寸偏大的情况,要求工作台在换向点能做短暂停留,停留时间应在 0~5s 范围内可调。

(5) **工作台抖动** 切入磨削或砂轮磨削宽度与工件长度相近时,为提高生产率和减小加工面表面粗糙度值,工作台需做短行程(1~3mm)、频率为 100~150 次/min 的往复运动(又称抖动)。

从以上分析可知,在外圆磨床液压系统中,如何合理地选择换向回路的形式,是液压系统的核心问题。

二、外圆磨床工作台换向回路

由于外圆磨床工作台的换向性能要求较高,一般的手动换向(不能实现自动往复运动)、机动换向(低速时会出现死点)和电磁铁换向(换向时间短、冲击大)均不符合其换向性能的要求,它常采用机液联合换向的方式来满足换向要求。这种回路可按制动原理分成时间控制式和行程控制式两种。

在时间控制式换向回路中,主换向阀切换油口使工作台制动的时间为一调定数值,因此工作台速度大时,其制动过程的冲击量就大,换向点的位置精度较低。因而它只适用于对换向精度要求不高的机床,如平面磨床等,对于外圆和内圆磨床,为使工作台运动获得较高的换向精度,通常采用行程控制式换向回路。

图 7-2 所示为行程控制制动式换向回路。它主要由起先导作用的机动阀和主液动阀组成,其特点是先导阀不仅对操纵主阀的控制压力油起控制作用,还直接参与工作台换向

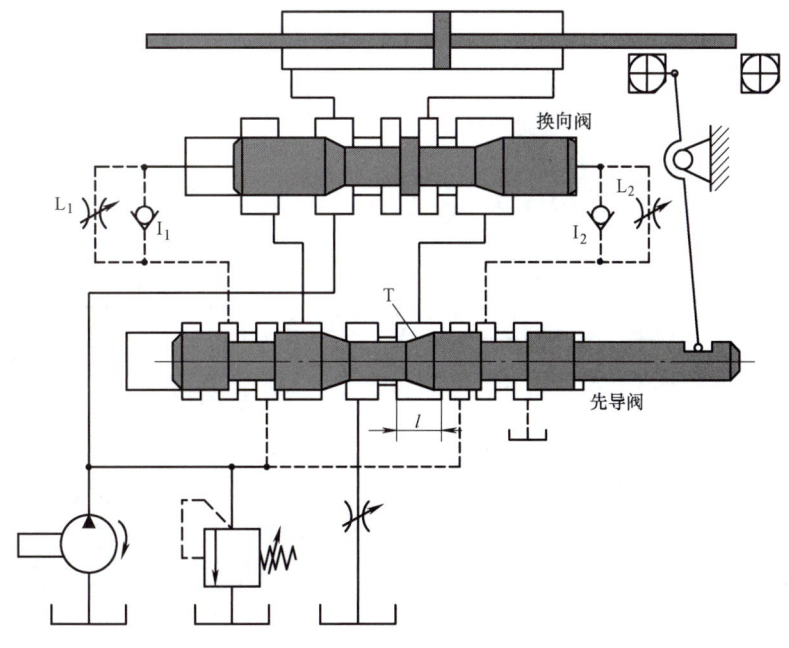

图 7-2 行程控制制动式换向回路

制动过程的控制,当图示位置的先导阀在换向过程中向左移动时,先导阀阀芯的右制动锥 T 将液压缸右腔的回油通道逐渐关小,使活塞速度逐渐减慢,这是对活塞进行预制动。当回油通道被关得很小、活塞速度变得很慢时,换向阀的控制油路才开始切换,换向阀阀芯向左移动,切断主油路通道,使活塞停止运动,并随即使它在相反的方向起动。这里,无论工作台原来的速度快慢如何,先导阀总是要先移动一段固定的行程 l,将工作部件先进行预制动后,再由换向阀来使它换向,所以称这种制动方式为行程控制制动。由于在制动过程中有预制动和终制动两步,所以工作台换向平稳,冲击小。工作台制动完成以后,在一段时间内,主换向阀使液压缸两腔互通压力油,工作台处于停止不动的状态,直至主阀芯移动到使液压缸两腔油路隔开,工作台才开始反向起动,这个阶段又称端点停留阶段,其时间可由主阀芯两端的节流阀 L_1 或 L_2 来调节。但是由于先导阀的制动行程 l 恒定不变,制动时间的长短和换向冲击的大小就将受运动部件速度快慢的影响,所以这种换向回路宜用在机床工作部件运动速度不大但换向精度要求较高的场合。

三、M1432A 型万能外圆磨床液压系统工作原理

图 7-3 所示为 M1432A 型万能外圆磨床的液压系统。由图可见,这个系统利用工作台挡块和先导阀拨杆可以连续地实现工作台的往复运动和砂轮架的间隙自动进给运动,其工作情

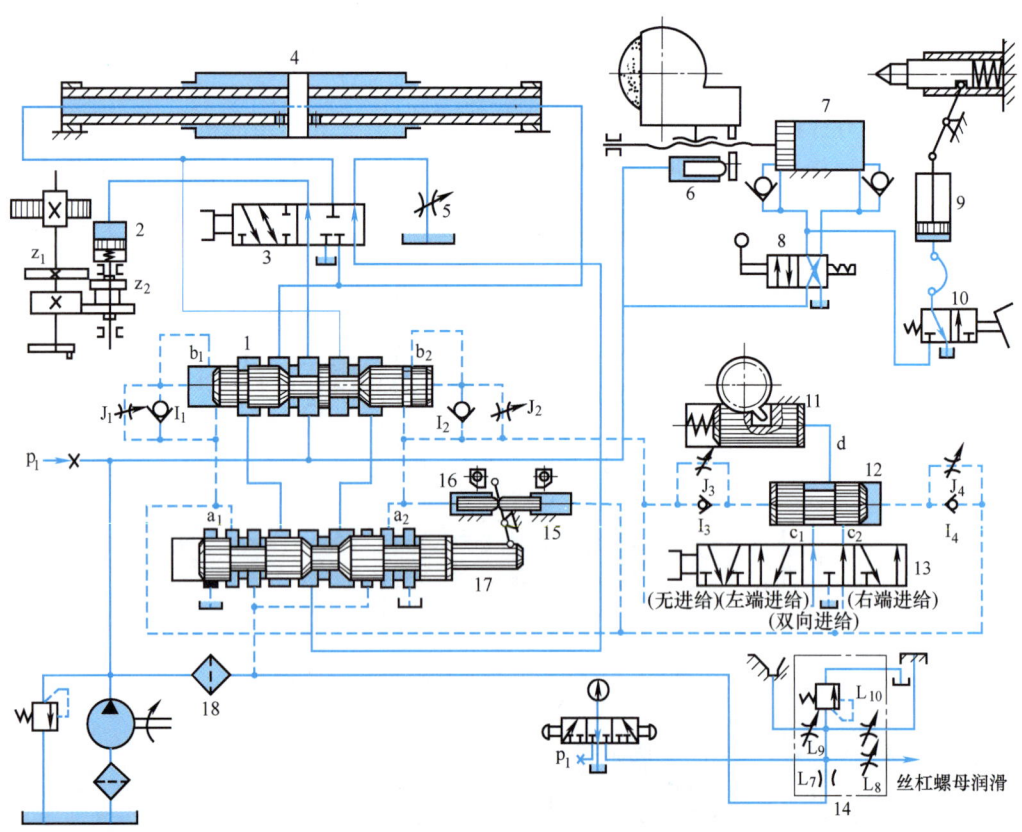

图 7-3 M1432A 型万能外圆磨床的液压系统

况如下。

1. 工作台往复运动

在图 7-3 所示的状态下，当开停阀处于右位时，先导阀都处于右端位置，工作台向右运动，主油路的油液流动情况为：

进油路：液压泵→换向阀（右位）→工作台液压缸右腔。

回油路：工作台液压缸左腔→换向阀（右位）→先导阀（右位）→开停阀（右位）→节流阀→油箱。

当工作台向右移动到预定位置时，工作台上的左挡块拨动先导阀阀芯，并使它最终处于左端位置上。这时控制回路上 a_2 点接通高压油，a_1 点接通油箱，使换向阀也处于其左端位置上，于是主油路的油液流动变为：

进油路：液压泵→换向阀（左位）→工作台液压缸左腔。

回油路：工作台液压缸右腔→换向阀（左位）→先导阀（左位）→开停阀（右位）→节流阀→油箱。

这时，工作台向左运动，并在其右挡块碰上拨杆后发生与上述情况相反的变换，使工作台又改变方向向右运动。如此不停地反复进行下去，直到开停阀拨向左位时才使运动停下来。

2. 工作台换向过程

工作台换向时，先导阀先受到挡块的操纵而移动，接着又受到抖动缸的操纵而产生快跳；换向阀的操纵油路则先后三次变换通流情况，使其阀芯产生第一次快跳，慢速移动和第二次快跳。这样就使工作台的换向经历了迅速制动、停留和迅速反向起动三个阶段。当图 7-3 中先导阀被拨杆推着向左移动时，它的右制动锥逐渐将通向节流阀的通道关小，使工作台逐渐减速，实现预制动。当工作台挡块推动先导阀直到先导阀阀芯右部环形槽使 a_2 点接通高压油，左部环形槽使 a_1 点接通油箱时，控制油路被切换。这时左、右抖动缸便推动先导阀向左快跳，因为此时左、右抖动缸进、回油路为：

进油路：液压泵→精过滤器→先导阀（左位）→左抖动缸。

回油路：右抖动缸→先导阀（左位）→油箱。

由此可见，由于抖动缸的作用引起先导阀快跳，就使换向阀两端的控制油路一旦切换就迅速打开，为换向阀阀芯快速移动创造了液流流动条件，由于阀芯右端接通高压油，使液动换向阀阀芯开始向左移动，即

进油路：液压泵→精过滤器→先导阀（左位）→单向阀 I_2→换向阀阀芯右端。

而液动换向阀阀芯左端通向油箱的油路先后有三种接通情况，开始阶段的情况如图 7-3 所示，回油路线为：

回油路（变换之一）：液动换向阀阀芯左端→先导阀（左位）→油箱。

由于回油路畅通无阻，阀芯移动速度很大，主阀芯出现第一次快跳，右部制动锥很快地关小主回油路的通道，使工作台迅速制动。当换向阀阀芯快速移过一小段距离后，它的中部台肩移到阀体中间沉割槽处，使液压缸两腔油路相通，工作台停止运动。此后换向阀阀芯在压力油作用下继续左移时，直通先导阀的通道被切断，回油流动路线改为：

回油路（变换之二）：液动换向阀阀芯左端→节流阀 J_1→先导阀（左位）→油箱。

这时阀芯按节流阀（也叫停留阀）J_1 调定的速度慢速移动。由于阀体上的沉割槽宽度大于阀芯中部台肩的宽度，液压缸两腔油路在阀芯慢速移动期间继续保持相通，使工作台的

停止持续一段时间（可在 0~5s 内调整），这就是工作台在反向前的端点停留。最后，当阀芯慢速移动到其左部环形槽和先导阀相连的通道接通时，回油流动路线又改变成：

回油路（变换之三）：液动换向阀阀芯左端→通道 b_1→换向阀左部环槽→先导阀（左位）→油箱。

这时，回油路又畅通无阻，阀芯出现第二次快跳，主油路被迅速切换，工作台迅速反向起动，最终完成了全部换向过程。

在反向时，先导阀和换向阀自左向右移动的换向过程与上述相同，但这时 a_2 点接通油箱而 a_1 点接通高压油。

3. 砂轮架的快进快退运动

砂轮架的快进快退运动由快动阀操纵，由快动缸来实现。在图 7-3 所示状态下，快动阀右位接入系统，砂轮架快速前进到其最前端位置，快进的终点位置是靠活塞与缸盖的接触来保证的，为了防止砂轮架在快速运动终点处引起冲击和提高快进运动的重复位置精度，快动缸的两端设有缓冲装置（图中未画出），并设有抵住砂轮架的闸缸，用以消除丝杠和螺母间的间隙。快动阀左位接入系统时，砂轮架快速后退到其最后端位置。

4. 砂轮架的周期进给运动

砂轮架的周期进给运动由进给阀操纵，由砂轮架进给缸通过其活塞上的拨爪棘轮、齿轮、丝杠螺母等传动副来实现。砂轮架的周期进给运动可以在工件左端停留时进行（左进给），可以在工件右端停留时进行（右进给），也可以在工件两端停留时进行（双向进给），也可以不进行进给（无进给）。这些均由选择阀的位置决定。在图示状态下，选择阀选定的是"双向进给"，进给阀在操纵油路的 a_1 和 a_2 点每次相互变换压力时，向左或向右移动一次（因为油路 d 与油路 c_1 和 c_2 各接通一次），于是砂轮架便做一次间歇进给。进给量的大小由拨爪棘轮机构调整，进给快慢及平稳性则通过调节节流阀 J_3、J_4 来保证。

5. 工作台液动和手动的互锁

工作台液动和手动的互锁由互锁缸来实现。当开停阀处于图示位置时，互锁缸内通入压力油，推动活塞使齿轮 z_1 和 z_2 脱开，工作台运动时就不会带动手轮转动。当开停阀左位接入系统时，互锁缸接通油箱，活塞在弹簧作用下移动，使 z_1 和 z_2 啮合，工作台就可以通过摇动手轮来移动，以调整工件。

6. 尾架顶尖的退出

尾架顶尖的退出由一个脚踏式的尾架阀操纵，由尾架缸来实现。尾架顶尖只在砂轮架快速退出时才能后退以确保安全，因为这时系统中的压力油须在快动阀左位接入时才能通向尾架阀处。

7. 机床的润滑

液压泵输出的油液有一部分经精过滤器到达润滑稳定器，经稳定器进行压力调节及分流后，送至导轨、丝杠螺母、轴承等处进行润滑。

8. 压力的测量

系统中的压力可通过压力表开关由压力表测定，如：在压力表开关处于左位时测出的是系统的工作压力，而在右位时则可测出润滑系统的压力。

四、M1432A 型万能外圆磨床液压系统的特点

1) 该液压系统采用了活塞杆固定式双杆液压缸，保证了左、右两个方向运动速度一

致,又减少了机床的占地面积。

2) 系统采用了结构简单的节流阀式调速回路,功率损失小,这对调速范围不大、负载较小且基本恒定的磨床来说是合适的。此外,由于采用了回油节流调速回路,液压缸回油中有背压力,可以防止空气渗入液压系统,且有助于工作稳定和加速工作台的制动。

3) 系统采用了 HYY21/3P-25T 型快跳操纵箱,结构紧凑,操纵方便,换向精度和换向平稳性都较高。此外,这种操纵箱使工作台能做很短距离的高频抖动,有利于提高切入式磨削和阶梯轴(孔)磨削的加工质量。

第三节 液压压力机液压系统

一、概述

液压压力机是一种用静压力来加工金属、塑料、橡胶、粉末制品的机械,在许多工业部门得到了广泛应用。压力机的类型很多,其中四柱式液压压力机最为典型,应用也最为广泛。这种液压压力机在它的四个主柱之间安置着上、下两个液压缸,液压压力机对其液压系统的基本要求是:

1) 为完成一般的压制工艺,要求主缸(上液压缸)驱动上滑块能实现"快速下行→慢速加压→保压延时→快速返回→原位停止"的工作循环;要求顶出缸(下液压缸)驱动下滑块实现"向上顶出→停留→向下退回→原位停止"的动作循环。液压压力机的工作循环如图 7-4 所示。

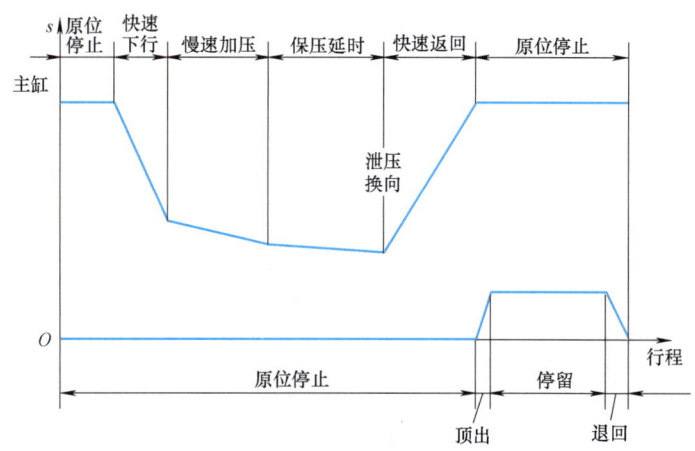

图 7-4 液压压力机的工作循环

2) 液压系统中的压力要能经常变换和调节,并能产生较大的压制力(公称压力),以满足工作要求。

3) 由于流量大、功率大、空行程和加压行程的速度差异大,因此要求功率利用合理,工作平稳性和安全可靠性要高。

二、YB32-200 型液压压力机液压系统的工作原理

图 7-5 所示为 YB32-200 型液压压力机的液压系统。该系统由一高压泵供油,控

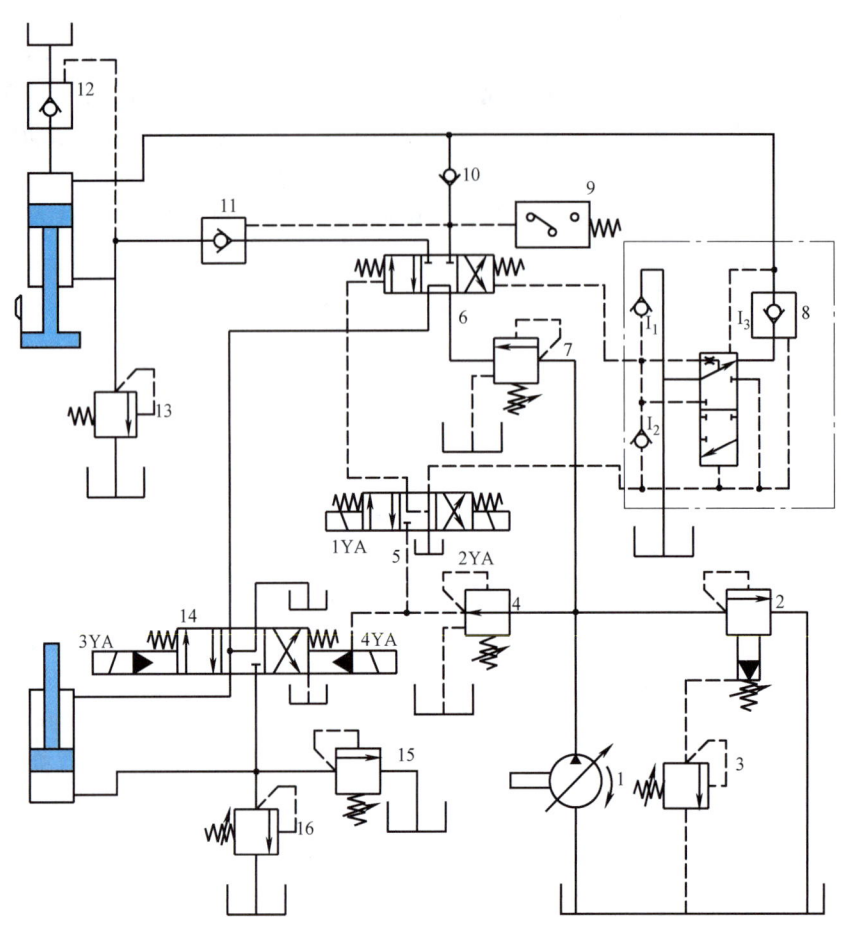

图 7-5　YB32-200 型液压压力机液压系统

制油路的压力油是经主油路由减压阀 4 减压后所得到的，现以一般的定压成形压制工艺为例，说明该液压压力机液压系统的工作原理。其中液压机的上滑块的工作情况为：

1. 快速下行

电磁铁 1YA 通电，作先导阀用的换向阀 5 和上缸主换向阀（液控）6 左位接入系统，液控单向阀 11 被打开，这时系统中油液进入液压缸上腔，因上滑块在自重作用下迅速下降，而液压泵的流量较小，所以液压机顶部充液筒中的油液经液控单向阀 12 也流入液压缸上腔，其油液流动情况为：

进油路：液压泵 1→阀 7→上缸换向阀 6（左位）→阀 10 ⎤
　　　　　　　　　　　　　　　　　　　充液筒→阀 12 ⎦ →上液压缸上腔。

回油路：上液压缸下腔→阀 11→上缸换向阀 6（左位）→下缸换向阀 14（中位）→油箱。

2. 慢速加压

上滑块在运行中接触到工件，这时上液压缸上腔压力升高，液控单向阀 12 关闭，加压速度便由液压泵的流量来决定，主油路的油液流动情况与快速下行时相同。

3. 保压延时

保压延时是当系统中压力升高到使压力继电器 9 起作用，电磁铁 1YA 断电，先导阀 5 和上液压缸换向阀 6 都处于中位时出现的，保压时间由时间继电器控制，可在 0～24min 内调节。保压时除了液压泵在较低压力下卸荷外，系统中没有油液流动。其卸荷油路为：

液压泵 1→阀 7→上缸换向阀 6（中位）→下缸换向阀 14（中位）→油箱。

4. 泄压快速返回

保压时间结束后，时间继电器发出信号，使电磁铁 2YA 通电。但为了防止保压状态向快速返回状态转变过快，在系统中引起压力冲击并使上滑块动作不平稳而设置了预泄换向阀组 8，它的功用就是在 2YA 通电后，其控制压力油必须在上液压缸上腔卸压后，才能进入主换向阀右腔，使主换向阀 6 换向。预泄换向阀组 8 的工作原理是：在保压阶段，这个阀以上位接入系统，当电磁铁 2YA 通电，先导阀右位接入系统时，控制油路中的压力油虽到达预泄换向阀组 8 阀芯的下端，但由于其上端的高压未曾卸除，阀芯不动。但是，由于液控单向阀 I_3 可以在控制压力低于其主油路压力下打开，所以有：

上液压缸上腔→液控单向阀 I_3→预泄换向阀组 8（上位）→油箱。

于是上液压缸上腔的油液压力被卸除，预泄换向阀组 8 的阀芯在控制压力油作用下向上移动，以其下位接入系统，它一方面切断上液压缸上腔通向油箱的通道，一方面使控制油路中的压力油输到上缸换向阀 6 阀芯的右端，使该阀右位接入系统。这时，液控单向阀 11 被打开，油液流动情况为：

进油路：液压泵 1→阀 7→上缸换向阀 6（右位）→阀 11→上液压缸下腔。

回油路：上液压缸上腔→阀 12→充液筒。

所以，上滑块快速返回，从回油路进入充液筒中的油液，若超过预定位置时，可从充液筒中的溢流管流回油箱。由图可见，上缸换向阀在由左位切换到中位时，阀芯右端由油箱经单向阀 I_1 补油，在由右位转换到中位时，阀芯右端的油经单向阀 I_1 流回油箱。

5. 原位停止

原位停止是上滑块上升至预定高度，挡块压下行程开关，电磁铁 2YA 失电，先导阀和上缸换向阀均处于中位时得到的，这时上缸停止运动，液压泵在较低压力下卸荷，由于阀 11 和安全阀 13 的支承作用，上滑块悬空停止。

6. 液压压力机下滑块（顶出缸）的顶出和返回

下滑块向上顶出时，电磁铁 4YA 通电，这时有：

进油路：液压泵 1→阀 7→阀 6（中位）→下缸换向阀 14（右位）→下液压缸下腔。

回油路：下液压缸上腔→下缸换向阀 14（右位）→油箱。

下滑块向上移动至下液压缸中活塞碰上缸盖时，便停留在这个位置上。向下退回是在电磁铁 4YA 断电、3YA 通电时发生的，这时有：

进油路：液压泵 1→阀 7→阀 6（中位）→下缸换向阀 14（左位）→下液压缸上腔。

回油路：下液压缸下腔→下缸换向阀 14（右位）→油箱。

原位停止是在电磁铁 3YA、4YA 均失电，下缸换向阀 14 处于中位时得到的，系统中阀 16 为下缸安全阀，阀 15 为下缸溢流阀，由它可以调整顶出压力。

该液压机完成上述动作的电磁铁及预泄阀动作顺序见表 7-3。

表 7-3 电磁铁及预泄阀动作顺序

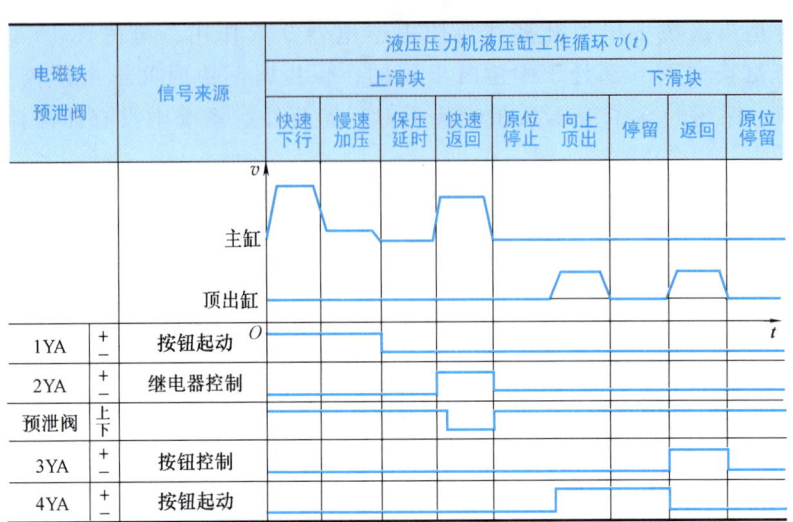

三、YB32-200 型液压压力机液压系统的特点

1) 系统中使用一个轴向柱塞式高压变量泵供油,系统工作压力由远程调压阀 3 调定。

2) 系统中的顺序阀 7 调定压力为 2.5MPa,从而保证了液压泵的卸荷压力不致太低,也使控制油路具有一定的工作压力(大于 2.0MPa)。

3) 系统中采用了专用的预泄换向阀组 8 来实现上滑块快速返回前的泄压,保证动作平稳,防止换向时的液压冲击和噪声。

4) 系统利用管道和油液的弹性变形来保压,方法简单,但对液控单向阀和液压缸等元件密封性能要求较高。

5) 系统中上、下两缸的动作协调由两换向阀 6 和 14 的互锁来保证,一个缸必须在另一个缸静止时才能动作。但是,在拉深操作中,为了实现"压边"这个工步,上液压缸活塞必须推着下液压缸活塞移动,这时上液压缸下腔的液压油进入下液压缸的上腔,而下液压缸下腔中的液压油则经下缸溢流阀排回油箱,这时虽两缸同时动作,但不存在动作不协调的问题。

6) 系统中的两个液压缸各有一个安全阀进行过载保护。

第四节 装卸堆码机液压系统

一、概述

装卸堆码机是一种仓储机械,在现代化的仓库里利用它可以实现纺织品包、油桶、木箱等货物的装卸、堆码的机械化作业,把装卸工人从传统的人背肩扛的繁重劳动中解放出来。堆码机主要由两大部分组成,即液压马达驱动的行走底盘部分和一个六自由度的圆柱坐标式机械手组成。机械手可以完成升降、俯仰、臂伸缩、回转、手腕偏转和手指夹紧等动作。图 7-6 所示为装卸堆码机的液压系统。该系统由一台定量泵供油,构成一个单泵供油的并联开式系统。此外该系统采用蓄电池供电、直流电动机驱动的工作方式,在仓库中工作时没有污

第七章 典型液压传动系统

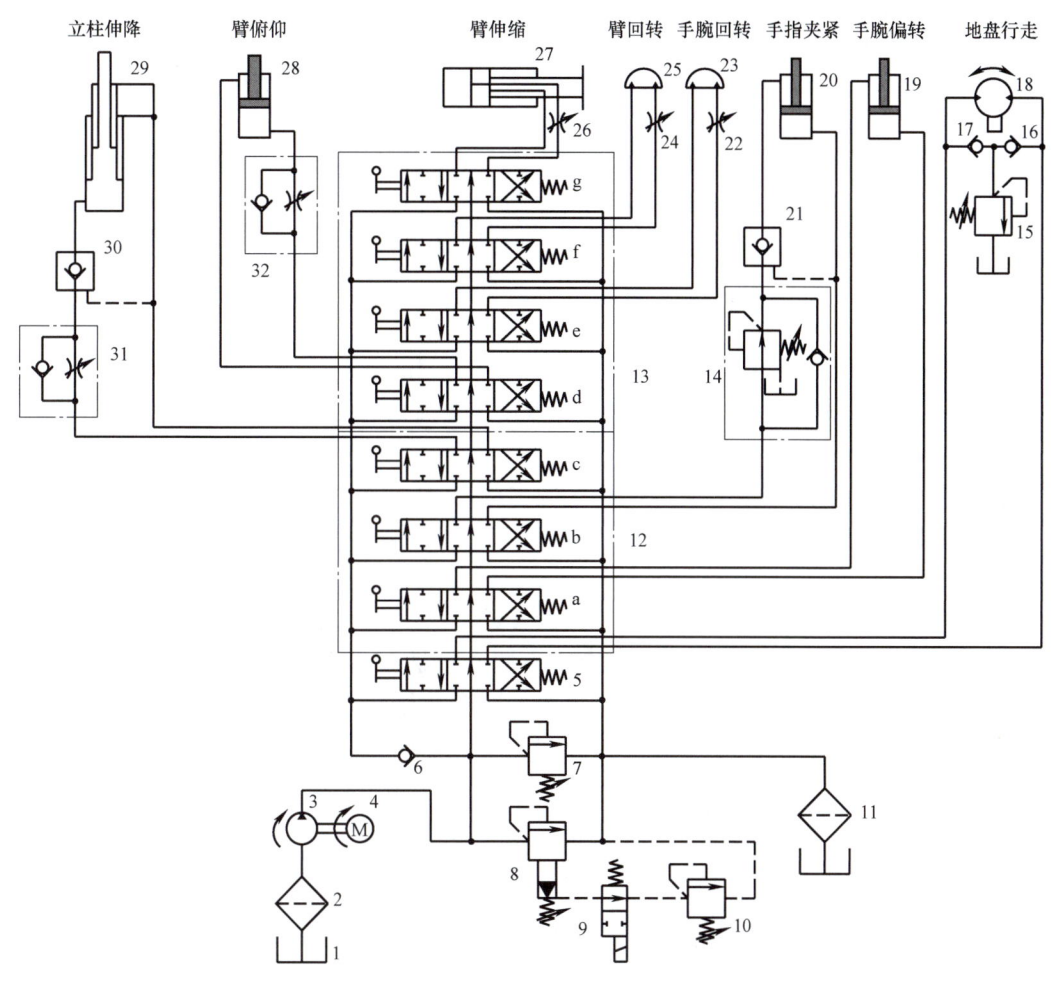

图 7-6 装卸堆码机的液压系统

染。由于该堆码机采用了液压驱动的机械手，所以比常用的叉车更为方便、灵活，堆码的高度及深度都大大高于叉车。

二、装卸堆码机液压系统的工作原理

1. 底盘行走

直流电动机 4 带动液压泵转动，当控制脚踏换向阀 5 左位接入系统时，底盘行走液压马达开始工作驱动底盘行走，其油液流动情况为：

进油路：液压泵 3→阀 6→脚踏换向阀 5（左位）→液压马达 18 左腔。

回油路：液压马达 18 右腔→脚踏换向阀 5（左位）→过滤器 11→油箱。

单向阀 17 和安全阀 15 用以防止液压马达过载；在底盘行走困难时，可按增力按钮，使二位二通阀 9 工作，使溢流阀 8 的远控口堵死，由阀 8 调压，使系统压力升高，使行走机构行走顺利。底盘后退时的情况可类推，即使脚踏换向阀 5 右位接入系统。

2. 立柱升降

液压马达驱动行走机构运行到预定位置，阀 5 复位，此时操纵多路换向阀 12 中阀 c 的手动操纵杆，使阀 c 的左位接入系统，此时油液的流动情况为：

进油路：液压泵 3→阀 6→阀 12 中 c（左位）→阀 31→阀 30→伸缩缸下腔。

回油路：伸缩缸上腔→阀 12 中 c（左位）→过滤器 11→油箱。

立柱升降采用了伸缩式液压缸驱动，主要是为了降低该机的非工作状态的高度，使它伸出时有较大的高度，而缩回时的体积又比较紧凑。当升降到所需的高度时，阀 12 中 c 复位，此时由液控单向阀 30 锁紧。当阀 12 中 f 由操纵杆操纵至右位时，立柱下降，其油路流动情况为：

进油路：液压泵 3→阀 6→阀 12 中 c（右位）→伸缩缸上腔。

回油路：伸缩缸下降→阀 30→阀 31→阀 12 中 c（右位）→过滤器 11→油箱。

回路中单向节流阀 31 可以控制立柱下降速度，提高稳定性。

3. 臂回转

臂回转动作由手臂回转缸来实现，当控制多路换向阀 13 中 f，使其左位接入系统时，回转缸带动机械手手臂转动，转动速度可由节流阀 24 调节。

4. 手指夹紧

手指夹紧缸负责夹紧货物的工作，手指的夹紧、松开由多路换向阀控制，夹紧力的大小可用单向减压阀 14 来调节，不同的货物要求不同的夹紧力，可根据需要调整，为使货物被夹紧后能保持一定的时间，特意在回路中设置了液控单向阀 21。

其余动作，如手臂俯仰、伸缩等动作在此不一一叙述。

三、装卸堆码机液压系统的特点

1）本系统采用了并联式多路换向阀，使该系统操作集中、方便和直观，同时系统的体积和质量也较小。

2）采用了二级调压回路，在不同的工况下，可使用不同的压力，减小了系统的功耗。

3）在需要保持压力的地方都设置了液控单向阀，使工作可靠，确保安全；换向阀均采用手动式操纵，使动作可靠，且操作方便。

4）按不同的工作要求，在系统中配置了多种类型的液压执行元件，如双作用活塞式液压缸（缸体固定与活塞杆固定式两种）、双作用伸缩式液压缸、液压马达和摆动式液压马达等。

习　题

7-1 根据图 7-1 所示的 YT4543 型动力滑台液压系统，完成以下各项工作：

1）写出差动快进时液压缸左腔压力 p_1 与右腔压力 p_2 的关系式。

2）说明当滑台进入工进状态，但切削刀具尚未触及被加工工件时，什么原因使系统压力升高并将液控顺序阀 4 打开？

3）在限压式变量泵的 p-q 曲线上定性标明动力滑台在差动快进、第一次工进、第二次工进、止挡铁停留、快退及原位停止时限压式变量叶片泵的工作点。

7-2 图 7-7 所示的压力机液压系统能实现"快进→慢进→保压→快退→停止"的动作循环。试读懂此液压系统，并写出：①包括油液流动情况的动作循环表；②标号元件的名称和功用。

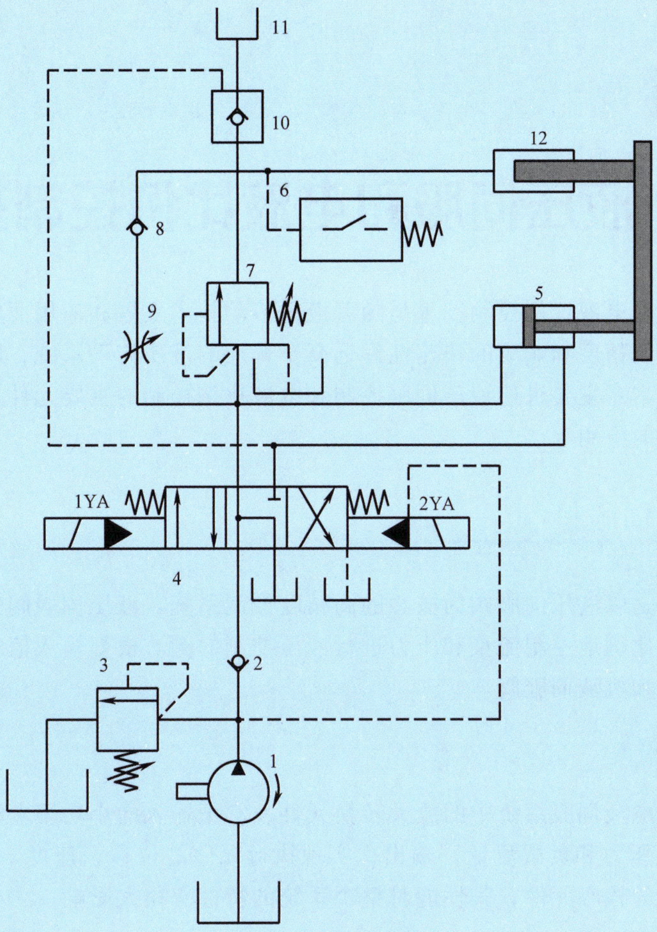

第七章 典型液压传动系统

图 7-7 题 7-2 图

两弹一星
功勋科学家：屠守锷

第八章 液压伺服和电液比例控制技术

液压伺服控制和电液比例控制技术是随着液压传动技术发展和应用而发展起来的新型液压控制技术。其控制精度和响应的快速性远远高于普通的液压传动系统,因而在现代工业生产中被广泛采用。本章主要讲述液压伺服控制和电液比例控制的主要元件及系统的组成,以及计算机控制技术的应用等。

第一节 液压伺服控制

液压伺服控制是以液压伺服阀为核心的高精度控制系统。液压伺服阀是一种通过改变输入信号,连续、成比例地控制流量和压力进行液压控制的阀。根据输入信号的方式不同,它又分为电液伺服阀和机液伺服阀。

一、电液伺服阀

电液伺服阀是电液伺服系统中的放大转换元件,它把输入的小功率电流信号转换并放大成液压功率(负载压力和负载流量)输出,实现执行元件的位移、速度、加速度及力控制。它是电液伺服系统的核心元件,其性能对整个系统的特性有很大影响。

1. 电液伺服阀的组成

电液伺服阀通常由电气-机械转换装置、液压放大器和反馈(平衡)机构三部分组成。

电气-机械转换装置用来将输入的电信号转换为转角或直线位移输出。输出转角的装置称为力矩马达,输出直线位移的装置称为力马达。

液压放大器接受小功率的电气-机械转换装置输入的转角或直线位移信号,对大功率的压力油进行调节和分配,实现控制功率的转换和放大。

反馈和平衡机构使电液伺服阀输出的流量或压力获得与输入电信号成比例的特性。

2. 电液伺服阀的工作原理

图 8-1 所示为喷嘴挡板式电液伺服阀的工作原理。图中上半部分为电气-机械转换装置,即力矩马达,下半部分为前置级(喷嘴挡板)和主滑阀。当无电流信号输入时,力矩马达无力矩输出,与衔铁 5 固定在一起的挡板 9 处于中位,主滑阀阀芯也处于中(零)位。液压泵输出的油液以压力 p_s 进入主滑阀阀口,因阀芯两端台肩将阀口关闭,油液不能进入 A、B 口,但经节流孔 10 和 13 分别引到喷嘴 8 和 7,经喷射后,液流流回油箱。由于挡板处于中位,两喷嘴与挡板的间隙相等,因而油液流经喷嘴的液阻相等,则喷嘴前的压力 p_1 与 p_2 相等,主滑阀阀芯两端压力相等,阀芯处于中位。若线圈输入电流,控制线圈中将产生磁通,使衔铁上产生磁力矩。当磁力矩为顺时针方向时,衔铁连同挡板一起绕弹簧管 6 中的支

点顺时针方向偏转。图中左喷嘴 8 的间隙减小，右喷嘴 7 的间隙增大，即压力 p_1 增大，p_2 减小，主滑阀阀芯在两端压力差作用下向右运动，开启阀口，p_s 与 B 相通，A 与 T 相通。在主滑阀阀芯向右运动的同时，通过挡板下端的弹簧杆 11 反馈作用使挡板逆时针方向偏转，使左喷嘴 8 的间隙增大，右喷嘴 7 的间隙减小，于是压力 p_1 减小，p_2 增大。当主滑阀阀芯向右移到某一位置，由两端压力差 (p_1-p_2) 形成的液压力通过弹簧杆 11 作用在挡板上的力矩、喷嘴液流压力作用在挡板上的力矩以及弹簧管的反力矩之和与力矩马达产生的电磁力矩相等时，主滑阀阀芯受力平衡，稳定在一定的开口下工作。

显然，改变输入电流大小，可成比例地调节电磁力矩，从而得到不同的主阀开口大小。若改变输入电流的方向，主滑阀阀芯反向位移，可实现液流的反向控制。图 8-1 所示电液伺服阀的主滑阀阀芯的最

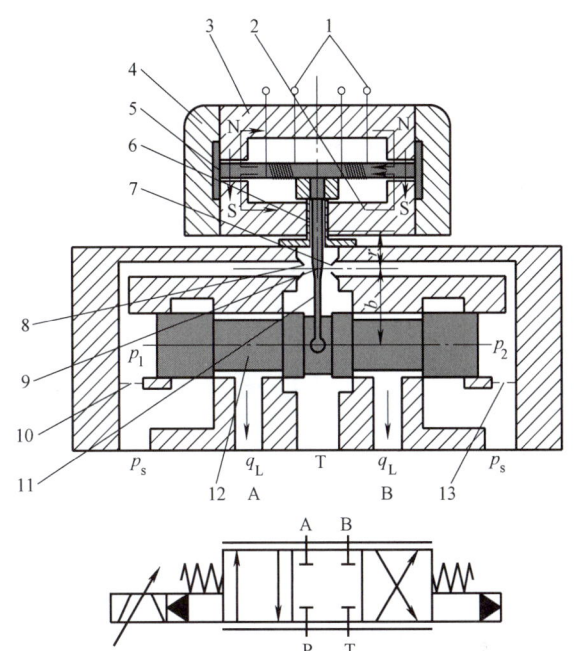

图 8-1　喷嘴挡板式电液伺服阀的工作原理
1—线圈　2、3—导磁体　4—永久磁铁　5—衔铁
6—弹簧管　7、8—喷嘴　9—挡板　10、13—节流孔
11—弹簧杆　12—主滑阀

终工作位置是通过挡板弹性反力反馈作用达到平衡的，因此称之为力反馈式。除力反馈式以外，伺服阀还有位置反馈式、负载流量反馈式、负载压力反馈式等。

3. 液压放大器的结构形式

电液伺服阀的液压放大器常用的形式有滑阀、射流管和喷嘴挡板三种。这里仅介绍滑阀式液压放大器的结构形式。

根据滑阀的控制边数，滑阀的控制形式有单边、双边和四边三种，如图 8-2 所示。其中单边和双边的控制形式只用于控制单出杆液压缸；四边控制形式既可控制单出杆液压缸，也可控制双出杆液压缸，四边控制形式因控制性能好，应用于精度和稳定性要求较高的系统。

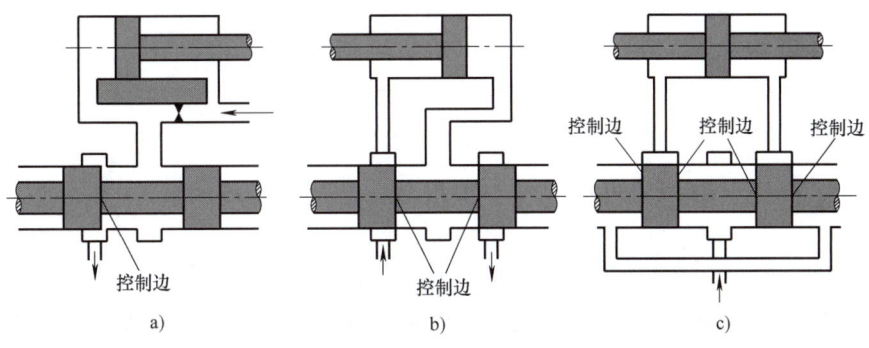

图 8-2　滑阀的结构形式
a) 单边　b) 双边　c) 四边

根据滑阀阀芯在中位时阀口的预开口量不同，滑阀又分为负开口（正遮盖）、零开口（零遮盖）和正开口（负遮盖）三种形式，如图8-3所示。负开口在阀芯开启时存在一个死区且流量特性为非线性，因此很少采用；正开口在阀芯处于中位时存在泄漏且泄漏较大，所以一般不用于大功率控制场合，另外，它的流量增益也是非线性的。比较而言，应用最广、性能最好的是零开口结构，但完全的零开口在工艺上是难以达到的，因此实际的零开口允许小于±0.025mm的微小开口量偏差。

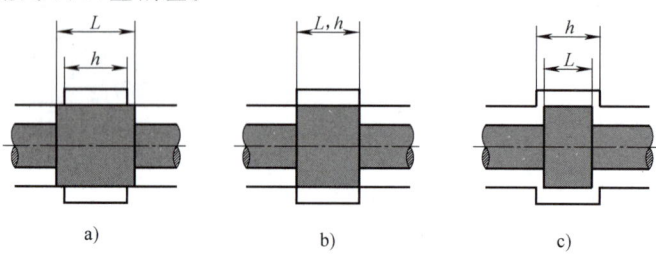

图 8-3 滑阀的开口形式
a) 负开口（L>h） b) 零开口（L=h） c) 正开口（L<h）

4. 伺服阀的性能与特点

以图8-4所示零开口四边滑阀为例来分析。图示位置阀芯向右偏移，阀口1和3开启，2和4关闭。压力油源 p_p 经阀口1通往液压缸，液压缸的回油经阀口3回油箱。因阀口开度很小，因此在进、回油路上起节流作用，阀口1处压力由 p_p 降为 p_1，流量为 q_1，阀口3处的压力由 p_2 降为零，流量为

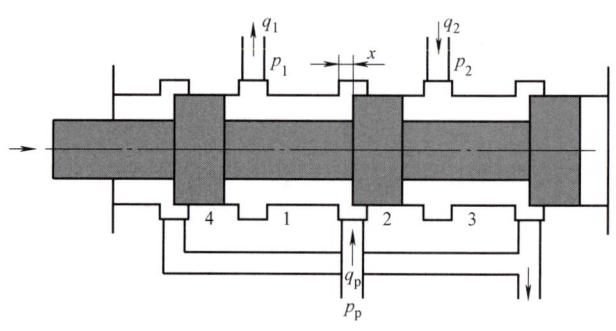

图 8-4 零开口四边滑阀

q_3。当负载条件下进入伺服阀的流量为 q_p，进入液压缸的负载流量为 q_L 时，则在液压缸为双出杆形式时可得到下列方程

$$q_1 = C_d A_1 \sqrt{\frac{2}{\rho}(p_p - p_1)} \tag{8-1}$$

$$q_3 = C_d A_3 \sqrt{\frac{2}{\rho} p_2} \tag{8-2}$$

$$q_p = q_1 = q_L = q_3 \tag{8-3}$$

式中，A_1、A_3 为阀口1、3的过流面积，当阀芯为对称结构时 $A_1=A_3$，$q_1=q_3$。由此可得 $p_p-p_1=p_2$，又因负载压力 $p_L=p_1-p_2$，所以 $p_1=(p_p+p_L)/2$，$p_2=(p_p-p_L)/2$，阀口的压力流量方程可写成

$$q_L = C_d w x \sqrt{(p_p - p_L)/\rho} \tag{8-4}$$

式中，w 为阀口面积梯度，当窗口为全圆周时，$w=\pi D$。该式表示了伺服阀处于稳态时各参量（q_L, x, p_p, p_L）之间的关系，因此被称为静特性方程，可用流量放大系数 k_q、流量压力系数 k_c 及压力放大系数 k_p 来表示，三个系数的定义为

$$k_{q} = \left.\frac{\partial q_{L}}{\partial x}\right|_{p_{L} = 常数} \quad (8-5)$$

$$k_{c} = -\left.\frac{\partial q_{L}}{\partial p_{L}}\right|_{x = 常数} \quad (8-6)$$

$$k_{p} = \left.\frac{\partial p_{L}}{\partial x}\right|_{q_{L} = 常数} \quad (8-7)$$

阀系数 k_q 和 k_p 大、k_c 小，则伺服阀性能好。

由于伺服阀控制精度高，响应速度快，特别是电液伺服系统易实现计算机控制，因此在工业自动化设备、航空、航天、冶金和军事装备中得到广泛应用。其缺点是：伺服阀加工工艺复杂，对油液污染敏感，液压伺服系统成本高，维护保养困难等。

二、电液伺服系统应用举例

电液伺服系统通过电气传动方式，将电气信号输入系统来操纵有关的液压控制元件动作，控制液压执行元件使其跟随输入信号而动作。这类伺服系统中电液两部分之间都采用电液伺服阀作为转换元件。

电液伺服系统根据被控物理量的不同分为位置控制、速度控制、压力控制等。本节以机械手电液伺服系统为例，介绍常用的位置控制电液伺服系统。一般机械手包括四个电液伺服系统，分别控制机械手的伸缩、回转、升降及手腕（正爪、反爪）的动作。由于四个系统的工作原理均相似，故以机械手伸缩电液伺服系统为例，介绍其工作原理。

图 8-5 所示为机械手手臂伸缩电液伺服系统的工作原理。该系统由电液伺服阀 1、液压缸 2、活塞杆带动的机械手手臂 3、电位器 5、步进电动机 6、齿轮齿条 4 和放大器 7 等元件组成。当数字控制部分发出一定数量的脉冲信号时，步进电动机带动电位器 4 的动触头转过一定的角度，使动触头偏移电位器中位，产生微弱电压信号，该信号经放大器 7 放大后输入电液伺服阀 1 的控制线圈，使伺服阀产生一定的开口量，假设此时压力油经伺服阀进入液压缸左腔，推动活塞连同机械手手臂上的齿条相啮合，手臂向右移动时，电位器跟着做顺时针方向旋转。当电位器的中位和动触头重合时，动触头输出电压为零，电液伺服阀失去信号，阀口关闭，手臂停止移动。手臂移动的行程取决于脉冲的数量，速度取决于脉冲的频率。当数字控制部分反向发出脉冲时，步进电动机向反方向转动，手臂便向左移动。由于机械手手臂移动的距离与输入电位器的转角成比例，机械手手臂完全跟随输入电位器的转动而产生相

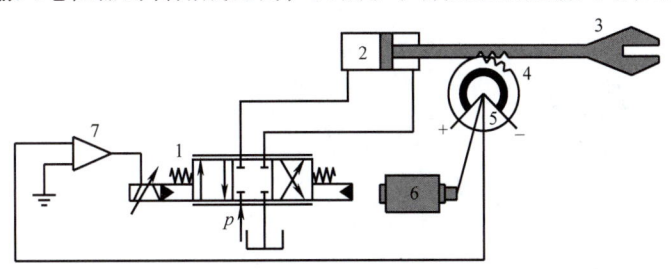

图 8-5 机械手手臂伸缩电液伺服系统的工作原理

1—电液伺服阀　2—液压缸　3—机械手手臂　4—齿轮齿条
5—电位器　6—步进电动机　7—放大器

应的位移，所以它是一个带有反馈的位置控制电液伺服系统。

第二节　电液比例控制

电液比例控制是介于普通液压阀的开关式控制和电液伺服控制之间的控制方式。它能实现对液流压力和流量连续地、按比例地跟随控制信号而变化，因此，它的控制性能优于开关式控制。它与电液伺服控制相比，其控制精度和响应速度较低，但它的成本低，抗污染能力强，近年来在国内外受到重视，发展较快，电液比例控制的核心元件是电液比例阀，简称比例阀。本节主要介绍常用的电液比例阀及其应用。

一、电液比例控制阀

电液比例控制阀由常用的人工调节或开关控制的液压阀加上电气-机械比例转换装置构成。常用的电气-机械比例转换装置是有一定性能要求的电磁铁，它能把电信号按比例地转换成力或位移，对液压阀进行控制。在使用过程中，电液比例阀可以按输入的电气信号连续地、按比例地对油液的压力、流量和方向进行远距离控制，比例阀一般都具有压力补偿性能，所以它的输出压力和流量可以不受负载变化的影响，它被广泛地应用于对液压参数进行连续、远距离控制或程序控制，但对控制精度和动态特性要求不太高的液压系统中。

根据用途和工作特点的不同，比例阀可以分为比例压力阀（如比例溢流阀、比例减压阀等）、比例流量阀（如比例调速阀）和比例方向阀（如比例换向阀）三类。电液比例换向阀不仅能控制方向，还有控制流量的功能。而比例流量阀仅仅是用比例电磁铁来调节节流阀的开口，没有需要特殊说明的地方，在此不做介绍。

1. 电液比例压力阀

图 8-6 所示为一种电液比例压力阀的结构及其图形符号。它由压力阀 1 和移动式力马达 2 两部分组成，当力马达的线圈中通入电流 I 时，推杆 3 通过钢球 4、弹簧 5 把电磁推力传给锥阀 6。推力的大小与电流 I 成比例，当阀进油口 P 处的压力油作用在锥阀上的力超过弹簧力时，锥阀打开，油液通过阀口由出油口 T 排出；这个阀的阀口开度是不影响电磁推力的，但当通过阀口的流量变化时，由于阀座上小孔处压差的改变以及稳态液动力的变化等，被控制的油液压力依然会有一些改变。

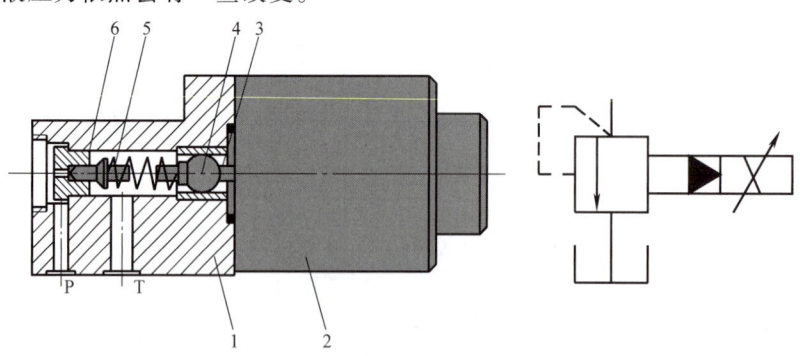

图 8-6　电液比例压力阀的结构及其图形符号

1—压力阀　2—力马达　3—推杆　4—钢球　5—弹簧　6—锥阀

图 8-6 所示为直动式压力阀，它可以直接使用，也可以用作先导阀以组成先导式的比例溢流阀、比例减压阀和比例顺序阀等元件。

2. 电液比例换向阀

电液比例换向阀一般由电液比例减压阀和液动换向阀组合而成。前者作为先导级以其出口压力来控制液动换向阀的正反向开口量的大小，从而控制液流的方向和流量的大小。电液比例换向阀的工作原理及其图形符号如图 8-7 所示，先导级电液比例减压阀由两个比例电磁铁 2、4 和阀芯 3 等组成。当输入电流信号给电磁铁 2 时，阀芯 3 被推向右移，供油压力 p 经右边阀口减压后，经通道 a、b 反馈至阀芯 3 的右端，与电磁铁 2 的电磁力相平衡。因而减压后的压力与供油压力大小无关，而只与输入电流信号的大小成比例。减压后的油液经通道 a、c 作用在换向阀阀芯 5 的右端，使阀芯左移，打开 P 与 B 的连通阀口并压缩左端的弹簧，阀芯 5 的移动量与控制油压的大小成正比，即阀口的开口大小与输入电流信号成正比。如输入电流信号给比例电磁铁 4，则相应地打开 P 与 A 的连通阀口，通过阀口输出的流量与阀口开口大小以及阀口前后压差有关，即输出流量受到外界载荷大小的影响，当阀口前后压差不变时，则输出流量与输入的电流信号大小成比例。

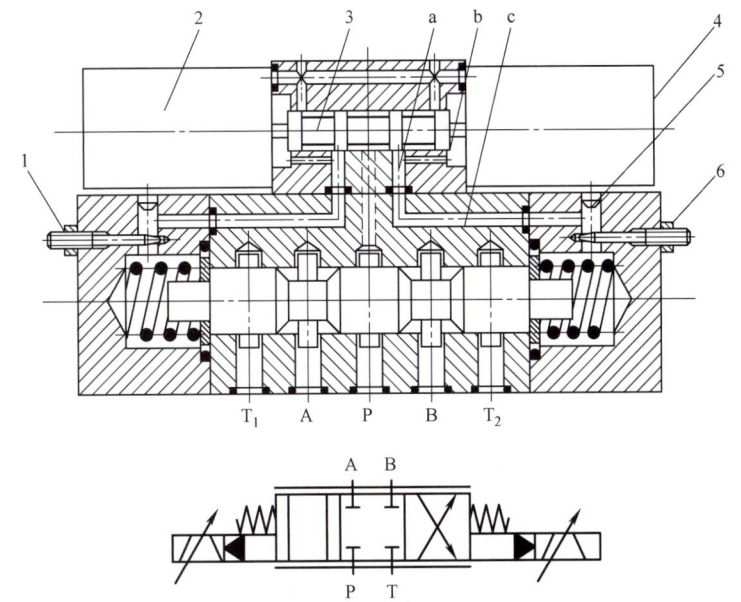

图 8-7 电液比例换向阀的工作原理及其图形符号
1、6—螺钉 2、4—电磁铁 3、5—阀芯

液动换向阀的端盖上装有节流阀调节螺钉 1 和 6，可以根据需要分别调节换向阀的换向时间，此外，这种换向阀也和普通换向阀一样，可以具有不同的中位机能。

二、电液比例控制系统

电液比例控制系统由电子放大及校正单元、电液比例控制元件、执行元件及液压源、工作负载及信号检测处理装置等组成。按有无执行元件输出参数的反馈闭环分为闭环控制系统和开环控制系统。最简单的电液比例控制系统是采用比例压力阀、比例流量阀来替代普通液压系统中的多级调压回路或多级调速回路。这样不仅简化了系统，而且可实现复杂的程序控制及远距离信号传输,便于计算机控制。

图 8-8 所示为电液比例压力阀用于钢带冷轧卷曲机的液压系统。轧机对卷曲机构的要求是:当钢带不断从轧辊下轧制出来时,卷曲机应以恒定的张力将其卷起来。为了实现这一要求,就必须在钢带卷半径 R 变化时保证张力 F 恒定不变,要保证张力不随钢带卷半径 R 变化,必须使液压马达的进口压力 p 随 R 的增大而成比例地增加。为此,在该系统进行轧制工作时,先给定一个张力值储存于电控制器内,而在轧辊与卷筒之间安装一个张力检测计,将检测的实际张力值反馈与给定张力值进行比较,当比较得到的偏差值达到某一限定值时,电控制器输入比例压力阀的电流变化一个相应值,使控制压力 p 改变,于是液压马达的输出转矩 T 及张力 F 做相应的改变,使偏差消失或减小。在轧机的实际工作中,随着钢带卷半径 R 的增大,实际张力 F 减小,出现的偏差为负值。这时输入电流增加一个相应值,液压马达的进口压力 p 增加一个相应值,从而使液压马达输出转矩 T 及张力 F 相应增加,力图保持张力 F 等于给定值。显然,上述调节过程随着钢带卷半径 R 的不断变化而不断重复。

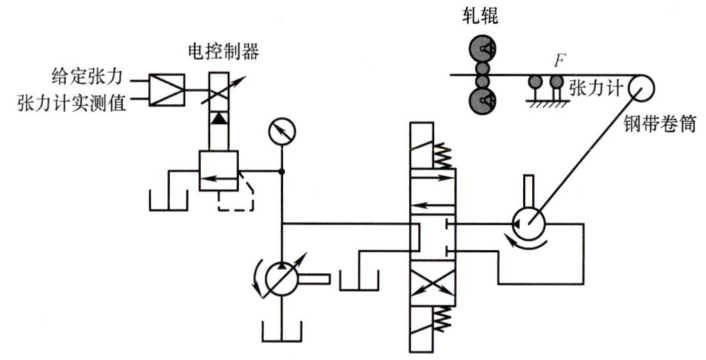

图 8-8 钢带冷轧卷曲机液压系统

第三节 计算机电液控制技术

随着电子技术和计算机控制技术的日益发展,液压技术也日益朝着智能化方向迈进,计算机电液控制技术是计算机控制技术与液压传动技术相结合的产物。这种控制系统除常规的液压传动系统以外,通常还有数据采集装置、信号隔离和功率放大电路、驱动电路、电气-机械转换器、主控制器(微型计算机或单片机)及相关的键盘及显示器等。这种系统一般是以稳定输出(力、转矩、转速、速度)为目的,构成了从输出到输入的闭环控制系统,是一个涉及传感技术、计算机控制技术、信号处理技术、机械传动技术等技术的机电一体化系统。这种控制系统操作简单,人机对话方便;系统功能强,可以实现多功能控制;通过软件编制可以实现不同的控制算法,且较易实现实时控制和在线检测。本节主要以泵控容积调速系统的计算机控制为例,讲述计算机电液控制系统的组成及工作原理。

一、泵控容积调速计算机控制系统的组成

泵控液压马达容积调速系统由于具有功率大、效率高等优点而得到广泛的应用,但由于液压系统的工作参数(如流量、温度等)的严重时变,从而使其输出的参数(转速、转矩等)不稳定,系统的静态性能和动态品质较差,如图 8-9 所示的泵控容积调速计算机控制系

统以单片机 MCS-51 作为主控单元，对其输出量进行检测、控制。输入接口电路，经 A-D 转换后馈入主控单元，主控单元按一定的控制策略对其进行运算后经输出接口和接口电路，送到步进电动机，由步进电动机驱动机械传动装置，从而控制伺服变量液压泵的斜盘位置，调整液压泵的输出参数，从而保证液压马达的输出稳定在一定的数值上。

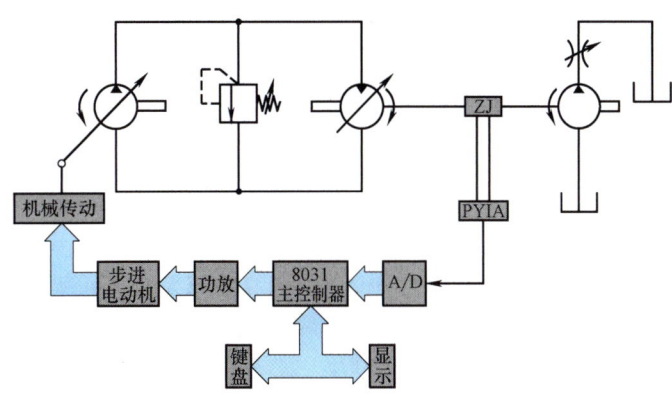

图 8-9　泵控容积调速计算机控制系统的结构

二、控制系统的硬件及软件设计

1. 控制系统的硬件设计

控制系统的硬件包括输入通道的硬件配置、输出通道的硬件配置以及主控单元的硬件配置。

输入通道主要将转矩传感器得到的相位差信号放大，再经过转速、转矩测量仪转变成模拟量输出，然后转速信号和转矩信号分成两路经高共模抑制比电路进行放大。根据转速信号和转矩信号的电压量程不同，选取合适的放大倍数，将其电压转变成统一的量程为 200mV～5V 的标准电压信号，再经硬件滤波，滤去高次谐波，分别将转矩和转速信号接入 A-D 的通道，经 A-D 转换后送入 8031 主控单元。

输出通道包括输出电路、步进电动机和机械传动机构，后两者对系统的精度影响较大。在设计过程中，要根据系统泵控制方式选择机械传动的具体形式，在此基础上确定负载的大小，选择步进电动机。然后根据步进电动机的参数指标确定控制电路的形式，以满足系统的需要。同时，根据系统的精度要求，决定步进电动机和机械传动结构之间的精度分配，以保证系统的精度满足设计要求。

2. 控制系统的软件设计

一个完整的控制系统，其输入输出接口要完成所具有的功能，必须使软件和硬件恰当配合。泵控液压马达容积调速系统的软件构成如图 8-10 所示，它包括输入信号采样、A-D 转换及滤波软件、系统自动复位软件、键盘及显示软件、控制算法及步进电动机控制软件和主系统管理软件。系统管理软件的主要职能是在系统启动后自动调用系统复位软件使系统复位，然后调用显示软件进行显示，并完成调用其输入控制值、采样信号、A-D 转换及滤波软件、比较并由此调用控制算法软件，使系统朝着减少误差的方向运动。

系统控制算法软件是根据一定的控制策略，设计出相应的控制算法，并由此编写的计算机应用程序。随着控制理论和计算机技术的发展，控制策略也日渐增多，泵控液压马达容积调速系统的计算机控制中常用的控

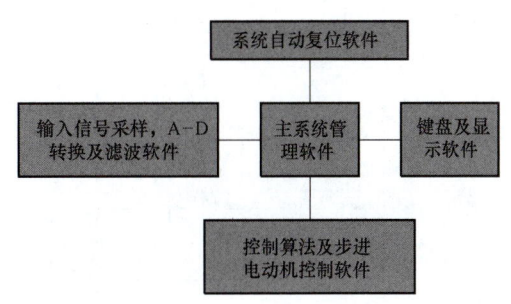

图 8-10　泵控液压马达容积调速系统的软件构成

制算法有 PID 算法、砰-砰（Bang-Bang）控制算法以及 PID 和砰-砰相结合的控制算法。近年来，为了解决液压系统的非线性、参数时变的问题，人们提出了用人工智能的方法来实现控制目的，这种控制方法的主要特点即在于研究的目标不再是研究对象，而是控制器本身。控制器也不再是单一的数学解析模型，而是包括解析和推理的知识模型，其控制规则归根到底是模拟人脑的思维方式，<u>这种控制方式不需要控制对象的准确模型，而能较好地解决控制系统中稳定性与准确性的矛盾，又能增强对不确定因素的适应性</u>。常用的智能控制方法有模糊控制算法、参数自适应模糊控制算法以及规则可调整的模糊控制算法等。图 8-11 所示为一般模糊控制系统的原理。模糊控制方法的关键是模糊控制器的设计，模糊控制器由模糊化、模糊控制算法和模糊判决三部分构成。即对输入量（偏差 E 和 dE/dt）进行模糊化，再进行模糊运算，最后进行模糊判决，得到确切的控制量，并加到被控对象上，由上述过程即可算出总控制表，将其存入计算机。在实际控制时，只要测得偏差量 E，然后计算出偏差变化率 dE/dt，就可查内存中的总控制表，找出相应的控制量。表 8-1 所示为某泵控液压马达容积调速系统的计算机模糊控制总表。

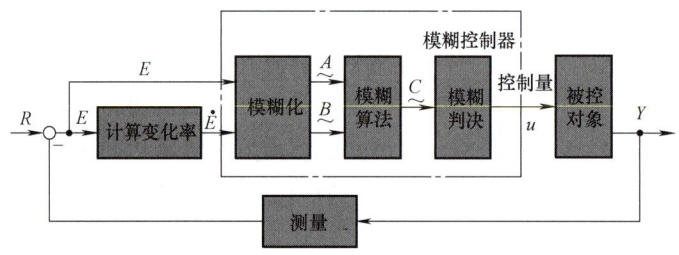

图 8-11　一般模糊控制系统的原理

总之，微型计算机的发展给电液控制技术增添了新的活力，它有极快的运算速度、强大的记忆能力和灵活的逻辑判断功能，使许多过去难以解决的电液控制问题，都可以通过计算机得以实现，大大提高了液压系统的控制精度和运行可靠性，因而具有广泛的应用和广阔的发展前景。

表 8-1　计算机模糊控制总表

U \ E / dE/dt	-6	-5	-4	-3	-2	-1	0	+1	+2	+3	+4	+5	+6
-6	6	6	6	6	6	6	6	3	3	1	0	0	0
-5	6	6	6	6	6	6	6	3	3	1	0	0	0
-4	6	6	6	6	5	5	5	3	3	1	0	0	0
-3	6	5	5	5	5	5	5	2	1	0	-1	-1	-1
-2	3	3	3	3	3	3	3	1	0	0	-1	-1	-1
-1	3	3	3	3	3	3	1	0	0	0	-2	-1	-1
0	3	3	3	3	1	1	0	-1	-1	-1	-3	-3	-3
+1	1	1	1	1	1	0	-1	-3	-3	-3	-3	-3	-3
+2	1	1	1	1	1	0	-2	-3	-3	-3	-3	-3	-3
+3	0	0	0	0	-2	-3	-5	-5	-5	-5	-5	-5	-5
+4	-6	0	0	0	-1	-3	-3	-6	-6	-6	-6	-6	-6
+5	0	0	0	0	-1	-3	-3	-5	-5	-5	-5	-5	-5
+6	0	0	0	0	-1	-3	-3	-6	-6	-6	-5	-5	-5

习　题

8-1　液压伺服系统与液压传动系统有什么区别？使用场合有何不同？
8-2　电液伺服阀的组成和特点是什么？它在电液伺服系统中起什么作用？
8-3　电液比例阀由哪两大部分组成？它具有什么特点？
8-4　微型计算机电液控制系统的主要组成是什么？它有何特点？

两弹一星
功勋科学家：雷震海天

第九章 液压系统的设计与计算

液压传动系统的设计是整机设计的一部分，就其设计步骤而言，往往随主机设计要求的实际情况，以及设计者的经验不同而各有差异，但是，从总体上看，其基本内容是一致的，具体为：

1) 明确设计要求，进行工况分析。
2) 拟定液压系统原理图。
3) 计算和选择液压元件。
4) 验算液压系统的性能。
5) 绘制工作图，编制技术文件。

第一节 明确设计要求，进行工况分析

一、明确设计要求

明确液压系统的动作和性能要求，例如，执行元件的运动方式、行程和速度范围、负载条件、运动的平稳性和精度、工作循环和动作周期、同步或联锁要求、工作可靠性要求等。

明确液压系统的工作环境，例如，环境温度、湿度尘埃、通风情况、是否易燃、外界冲击振动的情况及安装空间的大小等。

二、工况分析

这里所指的工况分析主要是指对液压执行元件的工作情况的分析，分析的目的是了解在工作过程中执行元件的速度、负载变化的规律，并将此规律用曲线表示出来，作为拟定液压系统方案确定系统主要参数（压力和流量）的依据。若液压执行元件动作比较简单，也可不做图，只需找出最大负载和最大速度即可。

1. 运动分析

按设备的工艺要求，把所研究的执行元件在完成一个工作循环时的运动规律用图表示出来，这个图称为速度图。现以图 9-1 所示的液压缸驱动的组合机床滑台为例来说明。图 9-1a 所示是机床的动作循环图，由图可见，工作循环为快进→工进→快退；图 9-1b 所示是完成一个工作循环的速度-位移曲线，即速度图。

2. 负载分析

图 9-1c 所示是该组合机床的负载图，这个图是按设备的工艺要求，把执行元件在各阶段的负载用曲线表示出来，由此图可直观地看出在运动过程中何时受力最大、何时最小等各

种情况，以此作为以后的设计依据。

现具体分析液压缸所承受的负载。液压缸驱动执行机构进行直线往复运动时，所受到的外负载为

$$F = F_L + F_f + F_a \qquad (9-1)$$

（1）**工作负载** F_L 工作负载与设备的工作情况有关，在机床上，与运动件的方向同轴的切削力的分量是工作负载，而对于提升机、千斤顶等来说所移动的物体的自重就是工作负载，工作负载可以是定量，也可以是变量，可以是正值，也可以是负值，有时还可能是交变的。

（2）**摩擦阻力负载** F_f 摩擦阻力负载是指运动部件与支承面间的摩擦力，它与支承面的形状、放置情况、润滑条件以及运动状态有关。

$$F_f = fF_N \qquad (9-2)$$

式中，F_N 为运动部件及外负载对支承面的正压力；f 为摩擦因数，分为静摩擦因数（$f_s \leqslant 0.2 \sim 0.3$）和动摩擦因数（$f_d \leqslant 0.05 \sim 0.1$）。

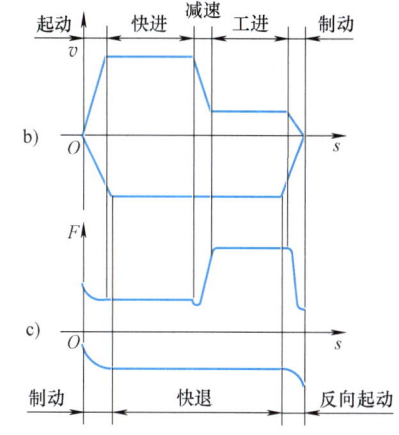

图 9-1 组合机床工况图

（3）**惯性负载** F_a 惯性负载是指运动部件的速度变化时，由其惯性而产生的负载，可用牛顿第二定律计算，即

$$F_a = ma = \frac{G}{g} \frac{\Delta v}{\Delta t} \qquad (9-3)$$

式中，m 为运动部件的质量（kg）；a 为运动部件的加速度（m/s²）；G 为运动部件的重力（N）；g 为重力加速度（m/s²）；Δv 为速度的变化量（m/s）；Δt 为速度变化所需的时间（s）。

除此以外，液压缸的受力还有密封阻力（一般用效率 $\eta = 0.85 \sim 0.9$ 来表示）、背压力（可在最后计算时确定）等。

若执行机构为液压马达，其负载力矩计算方法与液压缸相类似。

3. 执行元件的参数确定

（1）**选定工作压力** 当负载确定后，工作压力就决定了系统的经济性和合理性。若工作压力低，则执行元件的尺寸就大，自重也大，完成给定速度所需的流量也大；若压力过高，则密封要求就高，元件的制造精度也就更高，容积效率也就会降低。所以应根据实际情况选取适当的工作压力。执行元件工作压力可以根据总负载值或主机设备类型选取，见表9-1和表9-2。

表 9-1 按负载选择执行元件的工作压力

负载 F/kN	<5	5~10	10~20	20~30	30~50	>50
工作压力 p/MPa	<0.8~1.0	1.5~2.0	2.5~3.0	3.0~4.0	4.0~5.0	>5.0~7.0

表 9-2 各类液压设备常用工作压力

设备类型	粗加工机床	半精加工机床	粗加工或重型机床	农业机械、小型工程机械	液压压力机、重型机械大中型挖掘机械、起重运输机械
工作压力 p/MPa	0.8~2.0	3.0~5.0	5.0~10.0	10.0~16.0	20.0~32.0

(2) 确定执行元件的几何参数　对于液压缸来说,它的几何参数就是有效工作面积 A,对液压马达来说就是排量 V。液压缸有效工作面积可由下式求得

$$A = \frac{F}{\eta_{cm}p} \tag{9-4}$$

式中,F 为液压缸上的外负载（N）；η_{cm} 为液压缸的机械效率；p 为液压缸的工作压力（Pa）；A 即为所求液压缸的有效工作面积（m²）。

这样计算出来的工作面积还必须按液压缸所要求的最低稳定速度 v_{min} 来验算,即

$$A \geq \frac{q_{min}}{v_{min}} \tag{9-5}$$

式中,q_{min} 为流量阀的最小稳定流量。

若执行元件为液压马达,则其排量的计算式为

$$V = \frac{2\pi T}{p\eta_{Mm}} \tag{9-6}$$

式中,T 为液压马达的总负载转矩（N·m）；η_{Mm} 为液压马达的机械效率；p 为液压马达的工作压力（Pa）；V 为所求液压马达的排量（m³/r）。

同样,上式所求的排量也必须满足液压马达最低稳定转速 n_{min} 的要求,即

$$V \geq \frac{q_{min}}{n_{min}} \tag{9-7}$$

式中,q_{min} 指能输入液压马达的最低稳定流量。

排量确定后,可从产品样本中选择液压马达的型号。

(3) 执行元件最大流量的确定　对于液压缸,它所需的最大流量 q_{max} 就等于液压缸有效工作面积 A 与液压缸最大移动速度 v_{max} 的乘积,即

$$q_{max} = Av_{max} \tag{9-8}$$

对于液压马达,它所需的最大流量 q_{max} 应为马达的排量 V 与其最大转速 n_{max} 的乘积,即

$$q_{max} = Vn_{max} \tag{9-9}$$

4. 绘制液压执行元件的工况图

液压执行元件的工况图指的是压力图、流量图和功率图。

(1) 工况图的绘制　按照上面所确定的液压执行元件的工作面积（或排量）和工作循环中各阶段的负载（或负载转矩）,即可绘制出压力图（图9-2a）；根据执行元件的工作面积（或排量）以及工作循环中各阶段所要求的运动速度（或转速）,即可绘制出流量图（图9-2b）；根据所绘制的压力图和流量图,即可计算出各阶段所需的功率,绘制出功率图（图9-2c）。

(2) 工况图的作用　从工况图上可以直观、方便地找出最大工作压力、最大流量和最大功率,根据这些参数即可选择液压泵及其驱动电动机；同时对系统中所有

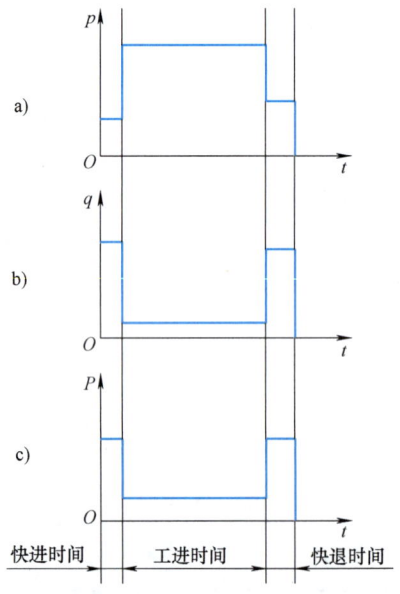

图 9-2　组合机床执行元件工况图

液压元件的选择也具有指导意义，通过分析工况图，有助于设计者选择合理的基本回路，例如：在工况图上可观察到最大流量维持时间，如这个时间较短则不宜选用一个大流量的定量泵供油，而可选用变量泵或者采用泵和蓄能器联合供油的方式。另一方面，利用工况图可以对各阶段的参数进行鉴定，分析其合理性，在必要时还可进行调整。例如，若在工况图中看出各阶段所需的功率相差较大，为了提高功率应用的合理性，使得功率分配比较均衡，则可在工艺允许的条件下对其进行适当调整，使系统所需的最大功率值有所降低。

第二节 拟定液压系统原理图

液压系统原理图是整个液压系统设计中最重要的一环，它的好坏从根本上影响整个液压系统。拟定液压系统原理图所需的知识面较广，要综合应用前面的各章内容，一般的方法是：先根据具体的动作性能要求选择液压基本回路，然后将基本回路加上必要的连接措施有机地组合成一个完整的液压系统。拟定液压系统原理图时，应考虑以下几个方面的问题。

一、所用液压执行元件的类型

由第三章所述内容可知，液压执行元件有提供往复直线运动的液压缸、提供往复摆动的摆动缸和提供连续回转运动的液压马达。在设计液压系统时，可按设备所要求的运动情况来选择，在选择时还应比较、分析，以求设计的整体效果最佳。例如，系统若需要输出往复摆动运动，要实现这个运动，既可采用摆动缸又可使用齿条式液压缸，也可以使用直线往复式液压缸和滑轮钢丝绳传动机构来实现。因此，要根据实际情况进行比较、分析，综合考虑做出选择。又如，在设备的工作行程比较长时，为了提高其传动刚性，常采用液压马达通过丝杠螺母机构来实现往复直线运动。此类实例很多，设计时应灵活应用。在实际设计中，液压执行元件的选用往往还受到使用范围的大小和使用习惯的限制。

二、液压回路的选择

在确定了液压执行元件后，要根据设备的工作特点和性能要求，首先确定对主机主要性能起决定性影响的主要回路。例如，对机床液压系统，调速和速度换接是主要回路；对压力机液压系统，调压回路是主要回路等。然后，再考虑其他辅助回路，例如有垂直运动部件的系统要考虑平衡回路，有多个执行元件的系统要考虑顺序动作、同步和防干扰回路等。同时，也要考虑节省能源，减少发热，减少冲击，保证动作精度等问题。

选择回路时可能有多种方案，这时除反复对比外，应多参考或吸收同类型液压系统中使用的并被实践证明是比较好的回路。

三、液压回路的综合

液压回路的综合是把选出来的各种液压回路放在一起，进行归并、整理，再增加一些必要的元件或辅助油路，使之成为完整的液压传动系统。进行这项工作时还必须注意以下几点：

1) 尽可能省去不必要的元件，以简化系统结构。
2) 最终综合出来的液压系统应保证其工作循环中的每个动作都安全可靠，无相互干扰。

3) 尽可能提高系统的效率，防止系统过热。
4) 尽可能使系统经济合理，便于维修检测。
5) 尽可能采用标准元件，减少自行设计的专用件。

第三节　液压元件的计算和选择

所谓液压元件的计算，是要计算该元件在工作中承受的压力和通过的流量，以便确定元件的规格和型号。

一、液压泵的选择

先根据设计要求和系统工况确定液压泵的类型，然后根据液压泵的最高供油压力和最大供油量来选择液压泵的规格。

1. 确定液压泵的最高工作压力 p_p

液压泵的最高工作压力就是在系统正常工作时泵所能提供的最高压力，对于定量泵系统来说这个压力是由溢流阀调定的，对于变量泵系统来说这个压力是与泵的特性曲线上的流量相对应的。液压泵的最高工作压力是选择液压泵型号的重要依据。

泵的最高工作压力的确定要分两种情况：①执行机构在运动行程终了，停止时才需最高工作压力的情况（如液压机和夹紧机构中的液压缸）；②最高工作压力是在执行机构的运动行程中出现的（如机床及提升机等）。对于第一种情况，泵的最高工作压力 p_p 也就是执行机构的所需的最大压力 p_1。而对于第二种情况，除了考虑执行机构的压力外还要考虑油液在管路系统中流动时产生的总压力损失，即

$$p_p \geqslant p_1 + \Sigma \Delta p_1 \tag{9-10}$$

式中，$\Sigma \Delta p_1$ 为液压泵的出口至执行机构进口之间的总的压力损失，它包括沿程压力损失和局部压力损失两部分，要准确地估算必须等管路系统及其安装形式完全确定后才能做到，在此只能进行估算，估算时可参考下述经验数据；一般节流调速和管路简单的系统取 $\Sigma \Delta p_1 = 0.2 \sim 0.5 \mathrm{MPa}$；有调速阀和管路较复杂的系统取 $\Sigma \Delta p_1 = 0.5 \sim 1.5 \mathrm{MPa}$。

2. 确定液压泵的最大供油量 q_p

液压泵的最大供油流量 q_p 按执行元件工况图上的最大工作流量及回路系统中的泄漏量来确定，即

$$q_p \geqslant K \Sigma q_{\max} \tag{9-11}$$

式中，K 为考虑系统中有泄漏等因素的修正系数，一般 $K = 1.1 \sim 1.3$，小流量取大值，大流量取小值；$\Sigma q_{\max}$ 为同时动作的各缸所需流量之和的最大值。

若系统中采用了蓄能器供油时，泵的流量按一个工作循环中的平均流量来选取，取

$$q_p \geqslant \frac{K}{T} \sum_{i=1}^{n} q_i \Delta t_i \tag{9-12}$$

式中，T 为工作循环的周期时间；q_i 为工作循环中第 i 个阶段所需的流量；Δt_i 为第 i 阶段持续的时间；n 为循环中的阶段数。

3. 选择液压泵的规格

根据前面设计计算过程中计算的 p_p 和 q_p 值，即可从产品样本中选择出合适的液压泵的

型号和规格。为了使液压泵工作安全可靠,液压泵应有一定的压力储备量,通常泵的额定压力可比 p_p 高 25%~60%。泵的额定流量则宜与 q_p 相当,不要超过太多,以免造成过大的功率损失。

4. 确定液压泵的驱动功率

当系统中使用定量泵时,视具体工况不同,其驱动功率的计算是不同的。

1) 当在整个工作循环中,液压泵的功率变化较小时,可按下式计算液压泵所需驱动功率,即

$$P = \frac{p_p q_p}{\eta_p} \tag{9-13}$$

式中,p_p 为液压泵的最大工作压力(Pa);q_p 为液压泵的输出流量(m^3/s);η_p 为液压泵的总效率。

2) 当在整个工作循环中,液压泵的功率变化较大,且在功率循环图中最高功率所持续的时间很短时,则可按式(9-13)分别计算出工作循环各阶段的功率 P_i,然后用下式计算其所需电动机的平均功率,即

$$P = \sqrt{\frac{\sum_{i=1}^{n} P_i^2 t_i}{\sum_{i=1}^{n} t_i}} \tag{9-14}$$

式中,t_i 为一个工作循环中第 i 阶段持续的时间。

求出了平均功率后,还要验算每一个阶段电动机的超载量是否在允许的范围内,一般电动机允许短期超载量为 25%。如果在允许超载范围内,即可根据平均功率 P 与泵的转速 n 从产品样本中选取电动机。

对于限压式变量系统来说,可按式(9-13)分别计算快速与慢速两种工况时所需驱动功率,计算后,取两者较大值作为选择电动机规格的依据。由于限压式变量泵在快速与慢速的转换过程中,必须经过泵流量特性曲线最大功率点(拐点),为了使所选择的电动机在经过 P_{max} 点时不致停转,需进行验算,即

$$P_{max} = \frac{p_B q_B}{\eta_p} \leq 2P_n \tag{9-15}$$

式中,p_B 为限压式变量泵调定的拐点压力,q_B 是压力为 p_B 时,泵的输出流量;P_n 为所选电动机的额定功率;η_p 为限压式变量叶片泵的效率。在计算过程中要注意,对于限压式变量叶片泵在输出流量较小时,其效率 η_p 将急剧下降,一般当其输出流量为 0.2~1L/min 时,η_p = 0.03~0.14,流量大者取大值。

二、阀类元件的选择

阀类元件的选择是根据阀的最大工作压力和流经阀的最大流量来选择控制阀的规格。即所选用的阀类元件的额定压力和额定流量要大于系统的最高工作压力及实际通过阀的最大流量。在条件不允许时,可适当增大通过阀的流量,但不得超过阀额定流量的 20%,否则会引起压力损失过大。具体地讲,选择压力阀时应考虑调压范围,选择流量阀时应注意其最小

稳定流量，选择换向阀时除考虑压力、流量外，还应考虑其中位机能及操纵方式。

三、液压辅助元件的选择

油箱、过滤器、蓄能器、油管、管接头、冷却器等液压辅助元件可按第五章的有关原则选取。

第四节 液压系统的性能验算

一、液压系统压力损失的验算

在前面确定液压泵的最高工作压力时提及压力损失，当时由于系统还没有完全设计完毕，管道的设置也没有确定，因此只能做粗略的估算。由于现在液压系统的元件、安装形式、油管和管接头均可定下来了，所以需要验算一下管路系统的总的压力损失，看其是否在前述假设的范围内，借此可以较准确地确定泵的工作压力，较准确地调节变量泵或溢流阀，保证系统的工作性能。若计算结果与前设压力损失相差较大，则应对原设计进行修正。具体的方法是将计算出来的压力损失代替原假设值用以下式子重算系统的压力。

1) 当执行元件为液压缸时

$$p_\text{p} \geqslant \frac{F}{A_1 \eta_\text{cm}} + \frac{A_2}{A_1}\Delta p_2 + \Delta p_1 \tag{9-16}$$

式中，F 为作用在液压缸上的外负载；A_1、A_2 分别为液压缸进、回油腔的有效面积；Δp_1、Δp_2 分别为进、回油管路的总的压力损失；η_cm 为液压缸的机械效率。

计算时要注意，快速运动时液压缸上的外负载小，管路中流量大，压力损失也大；慢速运动时，外负载大，流量小，压力损失也小，所以应分别进行计算。

计算出的系统压力 p_p 值应小于泵额定压力的 75%，因为应使泵有一定的压力储备。否则，就应另选额定压力较高的液压泵，或者采用其他方法降低系统的压力，如增大液压缸直径等方法。

2) 当液压执行元件为液压马达时

$$p_\text{p} \geqslant \frac{2\pi T}{V \eta_\text{Mm}} + \Delta p_2 + \Delta p_1 \tag{9-17}$$

式中，V 为液压马达的排量；T 为液压马达的输出转矩；Δp_1、Δp_2 分别为进、回油管路的压力损失；η_Mm 为液压马达的机械效率。

二、液压系统发热温升的验算

液压系统在工作时由于存在着各种各样的机械损失、压力损失和流量损失，这些损失大都转变为热能，使系统发热、油温升高。油温升高过多会造成系统的泄漏增加，运动件动作失灵，油液变质，缩短橡胶密封圈的寿命等不良后果，所以为了使液压系统保持正常工作，应使油温保持在允许的范围之内。

系统中产生热量的元件主要有液压缸、液压泵、溢流阀和节流阀，散热的元件主要是油箱，系统经一段时间工作后，发热与散热会相等，即达到热平衡，不同的设备在不同的情况下，达到热平衡的温度也不一样，所以必须进行验算。

1. 系统发热量的计算

在单位时间内液压系统的发热量可按下式计算

$$H = P(1 - \eta) \tag{9-18}$$

式中，P 为液压泵的输入功率（kW）；η 为液压系统的总效率，它等于液压泵的效率 η_p、回路的效率 η_c 和液压执行元件的效率 η_M 的乘积，即 $\eta = \eta_p \eta_c \eta_M$。

如在工作循环中泵所输出的功率不一样，则可按各阶段的发热量求出系统单位时间的平均发热量，即

$$H = \frac{1}{T} \sum_{i=1}^{n} P_i (1 - \eta_i) t_i \tag{9-19}$$

式中，T 为工作循环周期时间（s）；t_i 为第 i 工作阶段所持续的时间（s）；P_i 为第 i 工作阶段泵的输入功率（kW）；η_i 为第 i 工作阶段液压系统的总效率。

2. 系统散热量的计算

在单位时间内油箱的散热量可用下式计算，即

$$H_0 = hA\Delta t \tag{9-20}$$

式中，A 为油箱的散热面积（m²）；Δt 为系统的温升（℃）（$\Delta t = t_1 - t_2$，t_1 为系统达到热平衡时的温度，t_2 为环境温度）；h 为散热系数 [kW/(m²·℃)]，当周围通风较差时，$h = (8 \sim 9) \times 10^{-3}$ kW/(m²·℃)，当自然通风良好时，$h = 15 \times 10^{-3}$ kW/(m²·℃)，当用风扇冷却时，$h = 23 \times 10^{-3}$ kW/(m²·℃)，当用循环水冷却时，$h = (110 \sim 170) \times 10^{-3}$ kW/(m²·℃)。

3. 系统热平衡温度的验算

当液压系统达到热平衡时有：$H = H_0$，即

$$\Delta t = \frac{H}{hA} \tag{9-21}$$

当油箱的三个边长之比在 1∶1∶1 到 1∶2∶3 范围内，且油位是油箱高度的 80% 时，其散热面积可近似计算为

$$A = 0.065 \sqrt[3]{V^2} \tag{9-22}$$

式中，V 油箱有效容积（L）；A 为散热面积（m²）。

经式（9-21）计算出来的 Δt 环境温度应不超过油液的最高允许油温，否则必须采取进一步的散热措施。

第五节　绘制工作图和编制技术文件

所设计的液压系统经验算后，即可对初步拟定的液压系统进行修改，并绘制工作图和编制技术文件。

一、绘制工作图

（1）液压系统原理图　图上除画出整个系统的回路之外，还应注明各元件的规格、型号、

压力调整值，并给出各执行元件的工作循环图，列出电磁铁及压力继电器的动作顺序表。

(2) 集成油路装配图　若选用油路板，应将各元件画在油路板上，便于装配；若采用集成块或叠加阀时，因有通用件，设计者只需选用，最后将选用的产品组合起来绘制成装配图。

(3) 泵站装配图　将集成油路装置、泵、电动机与油箱组合在一起画成装配图，表明它们各自之间的相互位置、安装尺寸及总体外形。

(4) 画出非标准专用件的装配图及零件图。

(5) 管路装配图　表示出油管的走向，注明管道的直径及长度，各种管接头的规格、管夹的安装位置和装配技术要求等。

(6) 电气线路图　表示出电动机的控制线路、电磁阀的控制线路、压力继电器和行程开关等。

二、编制技术文件

技术文件一般包括液压系统设计计算说明书，液压系统的使用及维护技术说明书，零部件目录表，标准件、通用件及外购件总表等。

第六节　液压系统设计计算举例

本节以一台上料机的液压传统系统的设计为例。要求驱动它的液压传动系统完成快速上升→慢速上升→停留→快速下降的工作循环，其结构示意图如图9-3所示。其垂直上升工件1的自重为5000N，滑台2的自重为1000N，快速上升行程350mm，速度要求≥45mm/s；慢速上升行程为100mm，其最小速度为8mm/s；快速下降行程为450mm，速度要求≥55mm/s，滑台采用V形导轨，其导轨面的夹角为90°，滑台与导轨的最大间隙为2mm，起动加速和减速时间均为0.5s，液压缸的机械效率（考虑密封阻力）为0.91。

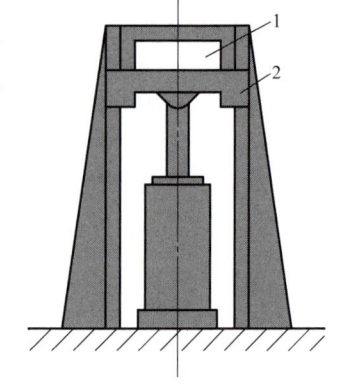

图9-3　上料机的结构示意图
1—工件　2—滑台

一、负载分析

1. 工作负载

$$F_L = F_G = (5000 + 1000)\text{N} = 6000\text{N}$$

2. 摩擦阻力负载

$$F_f = \frac{fF_N}{\sin\frac{\alpha}{2}}$$

由于工件为垂直起升，所以垂直作用于导轨的载荷可由其间隙和结构尺寸求得 $F_N = 120\text{N}$，取 $f_s = 0.2$，$f_d = 0.1$，则有

静摩擦阻力负载　　$F_{fs} = (0.2 \times 120/\sin45°)\text{N} = 33.94\text{N}$

动摩擦阻力负载　　$F_{fd} = (0.1 \times 120/\sin45°)\text{N} = 16.97\text{N}$

3. 惯性负载

加速

$$F_{a1} = \frac{G}{g}\frac{\Delta v}{\Delta t} = \frac{6000}{9.81} \times \frac{0.045}{0.5}\text{N} = 55.05\text{N}$$

减速

$$F_{a2} = \frac{G}{g}\frac{\Delta v}{\Delta t} = \frac{6000}{9.81} \times \frac{0.045 - 0.008}{0.5}\text{N} = 45.26\text{N}$$

制动

$$F_{a3} = \frac{G}{g}\frac{\Delta v}{\Delta t} = \frac{6000}{9.81} \times \frac{0.008}{0.5}\text{N} = 9.79\text{N}$$

反向加速

$$F_{a4} = \frac{G}{g}\frac{\Delta v}{\Delta t} = \frac{6000}{9.81} \times \frac{0.055}{0.5}\text{N} = 67.28\text{N}$$

反向制动

$$F_{a5} = F_{a4} = 67.28\text{N}$$

根据以上计算，考虑到液压缸垂直安放，其自重较大，为防止因自重而自行下滑，系统中应设置平衡回路。因此，在对快速向下运动的负载分析时，就不考虑滑台2的自重。液压缸各阶段中的负载见表9-3（$\eta_m = 0.91$）。

表9-3 液压缸各阶段中的负载

工况	计算公式	总负载 F/N	缸推力 F/N
起动	$F = F_{fs} + F_L$	6033.94	6630.70
加速	$F = F_L + F_{fd} + F_{a1}$	6072.02	6672.55
快上	$F = F_L + F_{fd}$	6016.97	6612.05
减速	$F = F_L + F_{fd} - F_{a2}$	5971.71	6562.32
慢上	$F = F_L + F_{fd}$	6016.97	6612.05
制动	$F = F_L + F_{fd} - F_{a3}$	6007.18	6601.30
反向加速	$F = F_{fd} + F_{a4}$	84.25	92.58
快下	$F = F_{fd}$	16.97	18.65
制动	$F = F_{fd} - F_{a5}$	-50.31	-55.29

二、负载图和速度图的绘制

按照前面的负载分析结果及已知的速度要求、行程限制等，绘制出负载图及速度图，如图9-4所示。

三、液压缸主要参数的确定

1. 初选液压缸的工作压力

根据分析，此设备的负载不大，按类型属机床类，所以初选液压缸的工作压力为2.0MPa。

2. 计算液压缸的尺寸

$$A = \frac{F}{p} = 6672.55 \times \frac{1}{20 \times 10^5}\text{m}^2$$

$$= 33.36 \times 10^{-4}\text{m}^2$$

$$D = \sqrt{\frac{4A}{\pi}} = \sqrt{\frac{4 \times 33.36 \times 10^{-4}}{3.14159}}\text{m}$$

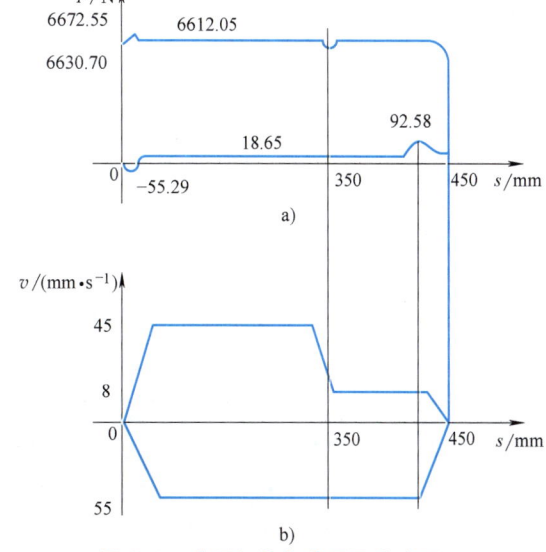

图9-4 液压缸的负载图及速度图

$$= 6.52 \times 10^{-2} \text{m}$$

按标准取 $D = 63\text{mm}$。

根据快上和快下的速度比值来确定活塞杆的直径

$$\frac{D^2}{D^2 - d^2} = \frac{55}{45}$$

$$d = 26.86\text{mm}$$

按标准取 $d = 25\text{mm}$。

则液压缸的有效作用面积为

无杆腔面积　　$A_1 = \frac{1}{4}\pi D^2 = \frac{\pi}{4} \times 6.3^2 \text{cm}^2 = 31.17\text{cm}^2$

有杆腔面积　　$A_2 = \frac{1}{4}\pi(D^2 - d^2) = \frac{\pi}{4}(6.3^2 - 2.5^2)\text{cm}^2 = 26.26\text{cm}^2$

由此可得出快上、慢上和快下时的压力分别为 1.93MPa、1.93MPa 和 0.0065MPa。

3. 活塞杆稳定性校核

因为活塞杆总行程为 450mm，而活塞杆直径为 25mm，$l/d = 450/25 = 18 > 10$，需进行稳定性校核，由材料力学中的有关公式，根据该液压缸一端支承、一端铰接，取末端系数 $\psi_2 = 2$，活塞杆材料用普通碳钢则：材料强度试验值 $f = 4.9 \times 10^8 \text{Pa}$，系数 $\alpha = 1/5000$，柔性系数 $\psi_1 = 85$，$r_K = \sqrt{\frac{J}{A}} = \frac{d}{4} = 6.25$，因为 $\frac{l}{r_K} = 72 < \psi_1\sqrt{\psi_2} = 85\sqrt{2} = 120$，所以有其临界载荷 F_K，即

$$F_K = \frac{fA}{1 + \frac{\alpha}{\psi_2}\left(\frac{l}{r_K}\right)^2} = \frac{4.9 \times 10^8 \times \frac{\pi}{4} \times 25^2 \times 10^{-6}}{1 + \frac{1}{2 \times 5000}\left(\frac{450}{6.25}\right)^2} \text{N} = 197413.15\text{N}$$

当取安全系数 $n_K = 4$ 时

$$\frac{F_K}{n_K} = \frac{197413.15}{4}\text{N} = 49353.29\text{N} > 6672.55\text{N}$$

所以，满足稳定性条件。

4. 求液压缸的最大流量

$q_{\text{快上}} = A_1 v_{\text{快上}} = 31.17 \times 10^{-4} \times 45 \times 10^{-3} \text{m}^3/\text{s} = 140.27 \times 10^{-6} \text{m}^3/\text{s} = 8.42\text{L/min}$

$q_{\text{慢上}} = A_1 v_{\text{慢上}} = 31.17 \times 10^{-4} \times 8 \times 10^{-3} \text{m}^3/\text{s} = 24.94 \times 10^{-6} \text{m}^3/\text{s} = 1.50\text{L/min}$

$q_{\text{快下}} = A_2 v_{\text{快下}} = 26.26 \times 10^{-4} \times 55 \times 10^{-3} \text{m}^3/\text{s} = 144.43 \times 10^{-6} \text{m}^3/\text{s} = 8.67\text{L/min}$

5. 绘制工况图

工作循环中各个工作阶段的液压缸压力、流量和功率见表 9-4。

表 9-4　液压缸各工作阶段的压力、流量和功率

工　况	压力 p/MPa	流量 q/(L/min)	功率 P/W
快　上	1.93	8.42	270.84
慢　上	1.93	1.50	48.25
快　下	0.0065	8.67	0.94

由表 9-4 可绘制出液压缸的工况图，如图 9-5 所示。

四、液压系统原理图的拟定

液压系统原理图的拟定主要应考虑以下几个方面的问题：

（1）**供油方式** 从工况图分析可知，该系统在快上和快下时所需流量较大，且比较接近，在慢上时所需的流量较小，因此从提高系统的效率、节省能源的角度考虑，采用单个定量泵的供油方式显然是不合适的，宜选用双联式定量叶片泵作为油源。

（2）**调速回路** 由工况图可知，该系统在慢速时速度需要调节，考虑到系统功率小，滑台运动速度低，工作负载变化小，所以采用调速阀的回油节流调速回路。

（3）**速度换接回路** 由于快上和慢上之间速度需要换接，但对换接的位置要求不高，所以采用由行程开关发信控制二位二通电磁阀来实现速度的换接。

（4）**平衡及锁紧** 为防止在上端停留时重物下落和在停留期间内保持重物的位置，特在液压缸的下腔（无杆腔）进油路上设置了液控单向阀；另外，为了克服滑台自重在快下过程中的影响，设置了一单向背压阀。

本液压系统的换向采用三位四通 Y 型中位机能的电磁换向阀。图 9-6 所示为拟定的液压系统原理图，图 9-7 所示为采用叠加式液压阀组成的该液压系统原理图。

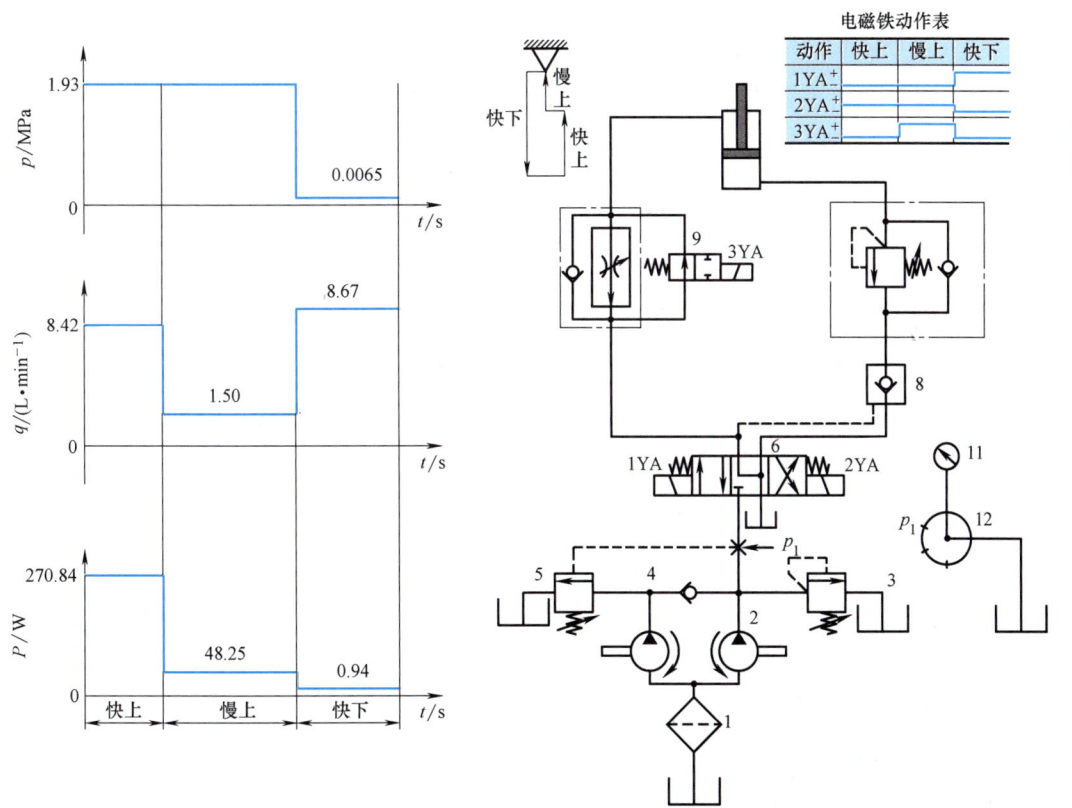

图 9-5 液压缸的工况图　　图 9-6 拟定的液压系统原理图

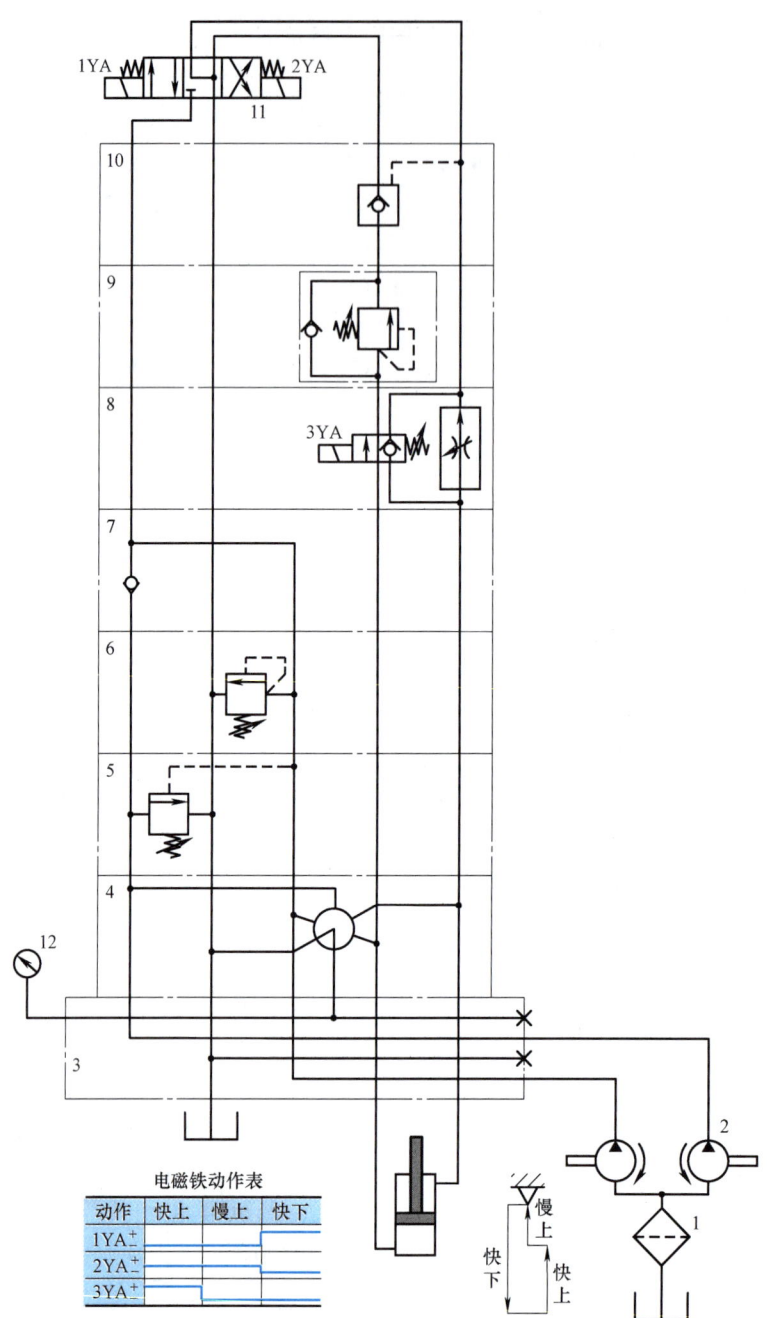

图 9-7 采用叠加式液压阀组成的该液压系统原理图

五、液压元件的选择

1. 确定液压泵的型号及电动机功率

液压缸在整个工作循环中最大工作压力为 1.93MPa，由于该系统比较简单，所以取其压力损失 $\Sigma\Delta p=0.4\text{MPa}$，所以液压泵的工作压力为

$$p_\text{p}=p+\Sigma\Delta p=(1.93+0.4)\text{MPa}=2.33\text{MPa}$$

两个液压泵同时向系统供油时，若回路中的泄漏按 10% 计算，则两个泵的总流量应为 $q_p = 1.1 \times 8.67 \text{L/min} = 9.537 \text{L/min}$，由于溢流阀最小稳定流量为 3L/min，而工进时液压缸所需流量为 1.5L/min，所以，高压泵的输出流量不得少于 4.5L/min。

根据以上压力和流量的数值查产品目录，选用 YB_1-6.3/6.3 型的双联叶片泵，其额定压力为 6.3MPa，容积效率 $\eta_{pV} = 0.85$，总效率 $\eta_p = 0.75$，所以驱动该泵的电动机的功率可由泵的工作压力（2.33MPa）和输出流量（当电动机转速为 910r/min）$q_p = 2 \times 6.3 \times 910 \times 0.85 \times 10^{-3} \text{L/min} = 9.75 \text{L/min}$ 求出，即

$$P_p = \frac{p_p q_p}{\eta_p} = \frac{2.33 \times 10^6 \times 9.75 \times 10^{-3}}{60 \times 0.75} \text{W} = 504.83 \text{W}$$

查电机产品目录，拟选用电动机的型号为 Y90S-6，功率为 750W，额定转速为 910r/min。

2. 选择阀类元件及辅助元件

根据系统的工作压力和通过各个阀类元件和辅助元件的流量，可选出这些元件的型号及规格见表 9-5（国内新开发的，接口尺寸为国际标准的 GE 系列）和表 9-6（国内开发，接口尺寸为国际标准的推广使用的叠加阀）。

表 9-5 液压元件的型号及规格（GE 系列）

序 号	名 称	通过流量 $q_{max}/(\text{L} \cdot \text{min}^{-1})$	型号及规格
1	滤油器	11.47	XLX-06-80
2	双联叶片泵	9.75	YB_1-6.3/6.3
3	单向阀	4.875	AF3-Ea10B
4	外控顺序阀	4.875	XF3-10B
5	溢流阀	3.375	YF3-10B
6	三位四通电磁换向阀	9.75	34EF3Y-E10B
7	单向顺序阀	11.57	AXF3-10B
8	液控单向阀	11.57	YAF3-Ea10B
9	二位二通电磁换向阀	8.21	22EF3-E10B
10	单向调速阀	9.75	AQF3-E10B
11	压力表		Y-100T
12	压力表开关		KF3-E3B
13	电动机		Y90S-6

表 9-6 液压元件的型号及规格（叠加阀系列）

序 号	名 称	通过流量 $q_{max}/(\text{L} \cdot \text{min}^{-1})$	型号及规格
1	滤油器	11.47	XLX-06-80
2	双联叶片泵	9.75	YB_1-6.3/6.3
3	底板块	9.75	EDKA-10
4	压力表开关		4K-F10D-1
5	外控顺序阀	4.875	XY-F10D-P/O(P_1)-1
6	溢流阀	3.375	Y_1-F10D-P_1/O-1
7	单向阀	4.875	A-F10D-P/PP_1
8	电动单向调速阀	9.75	QAE-F6/10D-AU
9	单向顺序阀	11.57	XA-Fa10D-B
10	液控单向阀	11.57	AY-F10D-B(A)
11	三位四通电磁换向阀	9.75	34EY-H10BT
12	压力表		Y-100T
13	电动机		Y90S-6

（1）油管　油管内径一般可参照所接元件接口尺寸确定，也可按管路中允许流速计算。在本例中，出油口采用内径为 8mm、外径为 10mm 的纯铜管。

（2）油箱　油箱容积根据液压泵的流量计算，取其体积 $V=(5\sim7)q_p$，即 $V=70L$。

六、液压系统的性能验算

1. 压力损失及调定压力的确定

根据计算慢上时管道内的油液流动速度约为 0.50m/s，通过的流量为 1.5L/min，数值较小，主要压力损失为调速阀两端的压降，此时功率损失最大；而在快下时滑台及活塞组件的自重由背压阀所平衡，系统工作压力很低，所以可不必验算。因而必须以快进为依据来计算卸荷阀和溢流阀的调定压力，由于供油流量的变化，其快上时液压缸的速度为

$$v_1 = \frac{q_p}{A_1} = \frac{9.75\times10^{-3}}{60\times31.17\times10^{-4}} \text{m/s} = 0.052\text{m/s} = 52\text{mm/s}$$

此时油液在进油管中的流速为

$$v = q_p/A = 9.75\times10^{-3}/\frac{\pi}{4}\times8^2\times10^{-6}\times60\text{m/s} = 3.23\text{m/s}$$

（1）沿程压力损失　首先要判别管中的流态，设系统采用 N32 液压油。室温为 20℃ 时，$\nu=1.0\times10^{-4}\text{m}^2/\text{s}$，所以有：$Re=vd/\nu=3.23\times8\times10^{-3}/(1.0\times10^{-4})=258.4<2320$，管中为层流，则阻力损失系数 $\lambda=75/Re=75/258.4=0.29$，若取进、回油管长度均为 2m，油液的密度为 $\rho=890\text{kg/m}^3$，则其进油路上的沿程压力损失为

$$\Delta p_{\lambda 1} = \lambda\frac{l}{d}\frac{\rho}{2}v^2 = 0.29\times\frac{2}{8\times10^{-3}}\times\frac{890}{2}\times3.23^2\text{Pa}$$

$$= 3.37\times10^5\text{Pa} = 0.337\text{MPa}$$

（2）局部压力损失　局部压力损失包括管道安装和管接头的压力损失和通过液压阀的局部压力损失，前者视管道具体安装结构而定，一般取沿程压力损失的 10%；而后者则与通过阀的流量大小有关，若阀的额定流量和额定压力损失分别为 q_n 和 Δp_n，则当通过阀的流量为 q 时阀的压力损失 Δp_v 由式（1-45）得

$$\Delta p_v = \Delta p_n\left(\frac{q}{q_n}\right)^2$$

因为 GE 系列 10mm 通径的阀的额定流量为 63L/min，叠加阀 10mm 通径系列的额定流量为 40L/min，而在本例中通过每一个阀的最大流量仅为 9.75L/min，所以通过整个阀的压力损失很小，且可以忽略不计。

同理，快上时回油路上的流量为

$$q_2 = \frac{q_1 A_2}{A_1} = 9.75\times26.26/31.17\text{L/min} = 8.21\text{L/min}$$

则回油路油管中的流速

$$v = 8.21\times10^{-3}/60\times\frac{\pi}{4}\times8^2\times10^{-6}\text{m/s} = 2.72\text{m/s}$$

由此可计算出：$Re=vd/\nu=2.72\times8\times10^{-3}/(1.0\times10^{-4})=217.6$（层流），$\lambda=75/Re=0.345$，所以

回油路上的沿程压力损失为 $\Delta p_\lambda = \lambda \dfrac{l}{d} \dfrac{\rho}{2} v^2 = 0.345 \times \dfrac{2}{8 \times 10^{-3}} \times \dfrac{900}{2} \times 2.72^2 \mathrm{Pa} = 2.87 \times 10^5 \mathrm{Pa} = 0.287 \mathrm{MPa}$。

（3）**总的压力损失** 由上面的计算所得可求出

$$\Sigma \Delta p = \Delta p_1 + \dfrac{A_2}{A_1} \Delta p_2 = \left[(0.337 + 0.0337) + \dfrac{26.26}{31.17}(0.287 + 0.0287) \right] \mathrm{MPa}$$
$$= 0.637 \mathrm{MPa}$$

原设 $\Sigma \Delta p = 0.4 \mathrm{MPa}$，这与计算结果略有差异，应用计算出的结果来确定系统中压力阀的调定值。

（4）**压力阀的调定值** 双联泵系统中卸荷阀的调定值应该满足快进的要求，保证双泵同时向系统供油，因而卸荷阀的调定值应略大于快进时泵的供油压力，即

$$p_\mathrm{p} = \dfrac{F}{A_1} + \Sigma \Delta p = (1.93 + 0.637) \mathrm{MPa} = 2.567 \mathrm{MPa}$$

所以卸荷阀的调定压力应取 2.6MPa 为宜。

溢流阀的调定压力应大于卸荷阀调定压力 0.3~0.5MPa，所以取溢流阀调定压力为 3.0MPa。背压阀的调定压力以平衡滑台自重为根据，即

$$p_背 \geqslant \dfrac{1000}{31.17 \times 10^{-4}} \mathrm{Pa} = 3.2 \times 10^5 \mathrm{Pa} = 0.32 \mathrm{MPa}$$

取 $p_背 = 0.4 \mathrm{MPa}$。

2. 系统的发热与温升

根据以上的计算可知，在快上时电动机的输入功率 $P_\mathrm{p} = p_\mathrm{p} q_\mathrm{p} / \eta_\mathrm{p} = 2.6 \times 10^6 \times 9.75 \times 10^{-3} / (60 \times 0.75) \mathrm{W} = 563.33 \mathrm{W}$；慢上时的电动机输入功率 $P_\mathrm{p1} = p_\mathrm{p1} q_\mathrm{p1} / \eta_\mathrm{p} = 3.0 \times 10^6 \times 4.875 \times 10^{-3} / (60 \times 0.75) \mathrm{W} = 325 \mathrm{W}$；而快上时其有用功率 $P_1 = 1.93 \times 10^6 \times 9.75 \times 10^{-3} / 60 \mathrm{W} = 313.63 \mathrm{W}$；慢上时的有效功率为 48.25W，所以慢上时的功率损失为 276.75W，略大于快上时的功率损失 249.7W，现以较大的值来校核其热平衡，求出发热温升。

设油箱的三个边长在 1∶1∶1 至 1∶2∶3 范围内，则散热面积为 $A = 0.065 \sqrt[3]{V^2} = 0.065 \sqrt[3]{70^2} \mathrm{m}^2 = 1.104 \mathrm{m}^2$，假设通风良好，取 $h = 15 \times 10^{-3} \mathrm{kW/(m^2 \cdot ℃)}$，所以油液的温升为

$$\Delta t = \dfrac{H}{hA} = \dfrac{0.27675}{15 \times 10^{-3} \times 1.104} ℃ = 16.71 ℃$$

室温为 20℃，热平衡温度为 36.71℃<65℃，没有超出允许范围。

习 题

9-1 设计一卧式单面多轴钻孔组合机床动力滑台的液压系统，动力滑台的工作循环是：快进→工进→快退→停止。液压系统的主要参数与性能要求如下：轴向切削力为 21000N，移动部件总重力为 10000N，快进行程为 100mm，快进与快退速度均为 4.2m/min，工进行程为 20mm，工进速度为 0.05m/min，加速、减速时间为 0.2s，利用平导轨，静摩擦因数为 0.2，动摩擦因数为 0.1，动力滑台可以随时在中途停止运动。

9-2　设计一台专用铣床,若工作台、工件和夹具的总重力为 5500N,轴向切削力为 30kN,工作台总行程为 400mm,工作行程为 150mm,快进、快退速度为 4.5m/min、工进速度为 60~1000mm/min,加速、减速时间均为 0.05s,工作台采用平导轨,静摩擦因数为 0.2,动摩擦因数为 0.1。试设计该机床的液压传动系统。

9-3　设计一台小型液压压力机的液压系统,要求实现快速空程下行→慢速加压→保压→快速回程→停止的工作循环,快速往返速度为 3m/min,加压速度为 40~250mm/min,压制力为 200000N,运动部件总重力为 20000N。

9-4　试为一般液压系统的设计步骤制作一程序流程图。

两弹一星
功勋科学家:彭桓武

第二篇

气压传动

第十章 气压传动基础知识

第一节 空气的物理性质

要了解和正确设计气压传动系统,首先必须了解空气的性质,掌握气压传动的基本概念及计算。

一、空气的性质

1. 空气的组成

自然界的空气是由若干气体混合而成的,其主要成分是氮气(N_2)和氧气(O_2),其他气体占的比例极小。此外,空气中常含有一定量的水蒸气,对于含有水蒸气的空气称之为湿空气,不含有水蒸气的空气称之为干空气。标准状态下(即温度 $t = 0℃$、压力 p_{at} = 0.1013MPa、重力加速度 $g = 9.8066 \text{m/s}^2$、相对分子质量 $M = 28.962$)干空气的组成见表10-1。

表10-1 标准状态下干空气的组成

成分 比值	氮气(N_2)	氧气(O_2)	氩气(Ar)	二氧化碳(CO_2)	其他气体
体积分数(%)	78.03	20.93	0.932	0.03	0.078
质量分数(%)	75.50	23.10	1.28	0.045	0.075

2. 空气的密度和黏度

(1)密度 空气的密度是表示单位体积 V 内的空气的质量 m,用 ρ 表示,即

$$\rho = \frac{m}{V} \tag{10-1}$$

(2)黏度 空气的黏度是空气质点相对运动时产生阻力的性质。空气黏度的变化只受温度变化的影响,且随温度的升高而增大,主要是由于温度升高后,空气内分子运动加剧,使原本间距较大的分子之间碰撞增多的缘故。而压力的变化对黏度的影响很小,且可忽略不计。空气的运动黏度与温度的关系见表10-2。

表10-2 空气的运动黏度与温度的关系(压力为0.1MPa)

$t/℃$	0	5	10	20	30	40	60	80	100
$\nu/(10^{-4}\text{m}^2 \cdot \text{s}^{-1})$	0.133	0.142	0.147	0.157	0.166	0.176	0.196	0.21	0.238

二、湿空气

空气中含有水分的多少对系统的稳定性有直接影响，因此不仅各种气动元器件对含水量有明确的规定，并且常采取一些措施防止水分带入。

含有水蒸气的空气称为湿空气，其所含水分的程度用湿度和含湿量来表示，湿度的表示方法有绝对湿度和相对湿度之分。

(1) 绝对湿度　绝对湿度指每立方米湿空气中所含水蒸气的质量，即

$$x = \frac{m_s}{V} \tag{10-2}$$

式中，m_s 指湿空气中水蒸气的质量；V 为湿空气的体积。

(2) 饱和绝对湿度　饱和绝对湿度是指湿空气中水蒸气的分压力达到该湿度下水蒸气的饱和压力时的绝对湿度，即

$$x_b = \frac{p_b}{R_s T} \tag{10-3}$$

式中，p_b 为饱和空气中水蒸气的分压力（N/m²）；R_s 为水蒸气的气体常数 [N·m/(kg·K)]；T 为热力学温度（K）。

(3) 相对湿度　相对湿度指在某温度和总压力下，其绝对湿度与饱和绝对湿度之比，即

$$\phi = \frac{x}{x_b} \times 100\% \approx \frac{p_s}{p_b} \times 100\% \tag{10-4}$$

式中，x、x_b 分别为绝对湿度与饱和绝对湿度；p_s、p_b 分别为水蒸气的分压力和饱和水蒸气的分压力。

当空气绝对干燥时，$p_s=0$，$\phi=0$；当空气达到饱和时 $p_s=p_b$，$\phi=100\%$；一般湿空气的 ϕ 值在 0~100% 之间变化，通常情况下，空气的相对湿度在 60%~70% 范围内人体感觉舒适，气动技术中规定各种阀的相对湿度应小于 95%。

(4) 空气的含湿量　空气的含湿量指单位质量的干空气中所混合的水蒸气的质量，即

$$d = \frac{m_s}{m_g} = \frac{\rho_s}{\rho_g} \tag{10-5}$$

式中，m_s、m_g 分别为水蒸气的质量和干空气的质量；ρ_s、ρ_g 分别为水蒸气的密度和干空气的密度。

三、气体体积的易变特性

气体与固体和液体相比最大的特点是分子间的距离相当长，分子运动起来较自由，在空气中分子间的距离是分子直径的 9 倍左右，其距离约为 3.35×10^{-9}m，运动着的分子当其由运动起点到碰撞其他分子的移动距离叫该分子的自由通路，其长度对每个分子是不同的，但对于任意气体当压力和温度决定之后，其分子自由通路的平均值就决定了，把该值称为平均自由通路。空气在标准状态下，其长度是 6.4×10^{-8}m，约等于空气分子直径的 170 倍。由于气体分子间的距离大，分子间的内聚力小，体积也容易变化，体积随压力和温度的变化而变化，因此气体与液体相比有明显的可压缩性，但当其平均速度 $v \leqslant 50$m/s 时，其可压缩性并

不明显，然而当 $v>50\text{m/s}$ 时，气体的可压缩性将逐渐明显。

第二节　气体状态方程

一、理想气体的状态方程

所谓理想气体是指没有黏性的气体，当气体处于某一平衡状态时，气体的压力、温度和比体积之间的关系为

$$pv = RT$$

或者

$$pV = mRT \tag{10-6}$$

式中，p 为气体的绝对压力（N/m^2）；v 为空气的比体积（m^3/kg）；R 为气体常数，干空气 $R = 287.1\text{N}\cdot\text{m}/(\text{kg}\cdot\text{K})$，水蒸气 $R = 462.05\text{N}\cdot\text{m}/(\text{kg}\cdot\text{K})$；$T$ 为空气的热力学温度（K）；m 为空气的质量（kg）；V 为气体的体积（m^3）。

但由于实际气体具有黏性，因而严格地讲它并不完全依从理想气体方程式，随着压力和温度的变化，其 pv/RT 并不是恒等于 1。当压力在 0～10.0MPa，温度在 0～200℃ 之间变化时，pv/RT 的比值仍接近于 1，其误差小于 4%。在气动技术中，气体的工作压力一般在 2.0MPa 以下，因而此时将实际气体看成理想气体，由此引起的误差是相当小的。

二、理想气体的状态变化过程

1. 等容过程（查理定律）

一定质量的气体，在状态变化过程中体积保持不变时，此过程称为等容过程，即

$$\frac{p_1}{T_1} = \frac{p_2}{T_2} = 常数 \tag{10-7}$$

式（10-7）表明，当体积不变时，压力的变化与温度的变化成正比；当压力上升时，气体的温度随之上升。

2. 等压过程（盖-吕萨克定律）

一定质量的气体，在状态变化过程中，当压力保持不变时，此过程称为等压过程，即

$$\frac{v_1}{T_1} = \frac{v_2}{T_2} = 常数 \tag{10-8}$$

式（10-8）表明，当压力不变时，温度上升，气体比体积增大（气体膨胀）；当温度下降时，气体比体积减小（气体被压缩）。

3. 等温过程（波意耳定律）

一定质量的气体，在其状态变化过程中，当温度不变时，此过程称为等温过程，即

$$p_1 v_1 = p_2 v_2 = 常数 \tag{10-9}$$

式（10-9）表明，在温度不变的条件下，当气体压力上升时，气体体积被压缩，比体积下降；当气体压力下降时，气体体积膨胀，比体积上升。

4. 绝热过程

一定质量的气体，在状态变化过程中，与外界完全无热量交换时，此过程称为绝热过

程，即

$$p_1 v_1^{\kappa} = p_2 v_2^{\kappa} = 常数 \quad (10\text{-}10)$$

式中，κ 为等熵指数，对于干空气 $\kappa = 1.4$，对饱和蒸汽 $\kappa = 1.3$。

根据式（10-6）和式（10-10）可得

$$\frac{T_1}{T_2} = \left(\frac{v_2}{v_1}\right)^{\kappa-1} = \left(\frac{p_1}{p_2}\right)^{\frac{\kappa-1}{\kappa}} \quad (10\text{-}11)$$

式（10-10）和式（10-11）表明，在绝热过程中，气体状态变化与外界无热量交换，系统靠消耗本身的热力学能（旧称内能）对外做功。在气压传动中，快速动作可被认为是绝热过程。例如，压缩机的活塞在气缸中的运动是极快的，以致缸中气体的热量来不及与外界进行热交换，这个过程就被认为是绝热过程。应该指出，在绝热过程中，气体温度的变化是很大的，例如空气压缩机压缩空气时，温度可高达 250℃，而快速排气时，温度可降至 -100℃。

5. 多变过程

在实际问题中，气体的变化过程往往不能简单地归属为上述几个过程中的任一个，不加任何条件限制的过程称之为多变过程，此时可用下式表示，即

$$p_1 v_1^n = p_2 v_2^n = 常数 \quad (10\text{-}12)$$

式中，n 为多变指数，在一定的多变变化过程中，多变指数 n 保持不变；对于不同的多变过程，n 有不同的值，由此可见，前述四种典型的状态变化过程均为多变过程的特例。

当 $n=0$ 时，$pv^0 = p = 常数$，为等压过程。

当 $n=1$ 时，$pv = 常数$，为等温过程。

当 $n=\pm\infty$ 时，$p^{1/n} v = p^0 v = v = 常数$，为等容过程。

当 $n=\kappa$ 时，$pv^{\kappa} = 常数$，为绝热过程，$\kappa = 1.4$。

例 10-1 把绝对压力 $p = 0.1$ MPa，温度为 20℃ 的某容积 V 的干空气压缩为 $V/10$，试分别按等温、绝热过程计算压缩后的压力和温度。

解 1）按等温过程计算，因气体质量 m 一定时，比体积 $v = 1/\rho = V/m$，所以由式（10-9）可得

$$p_2 = p_1 \frac{V_1}{V_2} = 0.1 \times \frac{V}{V/10} \text{MPa} = 1.0 \text{MPa}$$

$$t_2 = t_1 = 20℃$$

2）按绝热过程计算，由式（10-10）和式（10-11）可得

因 $\dfrac{p_1}{p_2} = \left(\dfrac{v_2}{v_1}\right)^{\kappa}$，故 $p_2 = p_1 \left(\dfrac{v_1}{v_2}\right)^{\kappa} = 0.1 \times \left(\dfrac{V}{1/10\,V}\right)^{1.4} \text{MPa} = 2.51 \text{MPa}$

因 $\dfrac{T_1}{T_2} = \left(\dfrac{v_2}{v_1}\right)^{\kappa-1}$，故 $T_2 = T_1 \left(\dfrac{v_1}{v_2}\right)^{\kappa-1} = (273.1+20) \times \left(\dfrac{V}{1/10\,V}\right)^{1.4-1} = 736.2\text{K}$

$$t_2 = (T_2 - 273.1)℃ = (736.2 - 273.1)℃ = 463.1℃$$

第三节 逻辑运算简介

逻辑运算是由逻辑元件组成逻辑回路和逻辑控制系统的依据，而且对回路的简化和择优

都非常重要。

一、逻辑"或"和逻辑"与"的恒等式

逻辑"或"是指两个或两个以上的逻辑信号相加，逻辑"与"是指两个或两个以上的逻辑信号相乘。它们的运算规律见表10-3。

表10-3 逻辑"或"和逻辑"与"的运算规律

逻辑"或"	逻辑"与"
$A+0=A; A+1=1; A+A=A$	$A \cdot 0=0; A \cdot 1=A; A \cdot A=A$

二、逻辑"非"

逻辑"非"有如下运算规律

$$\overline{0}=1; \overline{1}=0; \overline{\overline{A}}=A; A+\overline{A}=1; A \cdot \overline{A}=0$$

三、结合律、交换律、分配律

这些运算规律和普通代数运算规律相同，见表10-4。

表10-4 结合律、交换律、分配律的运算规律

结合律	交换律	分配律
$A+(B+C)=(A+B)+C$	$A+B=B+A$	$A(B+C)=AB+AC$
$A(BC)=(AB)C$	$AB=BA$	$(A+B)(C+D)=AC+AD+BC+BD$

四、狄摩根定理

1) 一个"或"函数的"非"等于各个变数的"非"值的"与"函数。

即 $S=A+B \longrightarrow \overline{S}=\overline{A+B}=\overline{A} \cdot \overline{B}$

2) 一个"与"函数的"非"等于各个变数"非"值的"或"函数。

即 $S=AB \longrightarrow \overline{S}=\overline{AB}=\overline{A}+\overline{B}$

五、形式定理

形式定理也是逻辑运算中常用的恒等式。采用这些定理可以化简逻辑函数值，各个定理的证明可利用上面基本运算规律来证明。逻辑运算的形式定理见表10-5。

表10-5 逻辑运算的形式定理

序号	公式	序号	公式
1	$A+AB=A$	4	$A(A+B)=A$
2	$A+\overline{A}B=A+B$	5	$A(\overline{A}+B)=AB$
3	$AB+\overline{A}C+BC=AB+\overline{A}C$	6	$(A+B)(\overline{A}+C)(B+C)=(A+B)(\overline{A}+C)$

习 题

10-1 在常温 $t=20℃$ 时,将空气从 0.1MPa(绝对压力)压缩到 0.7MPa(绝对压力),求温升 Δt 为多少?

10-2 空气压缩机向容积为 40L 的气罐充气直至 $p_1=0.8$MPa 时停止,此时气罐内温度 $t_1=40℃$,又经过若干小时罐内温度降至室温 $t=10℃$,问:①此时罐内表压力为多少?②此时罐内压缩了多少室温为 10℃ 的自由空气(设大气压力近似为 0.1MPa)?

两弹一星
功勋科学家:王淦昌

第十一章　气源装置及气动辅助元件

第一节　气源装置

一、压缩空气站概述

压缩空气站是气压系统的动力源装置，一般规定：排气量大于或等于 $6\sim12m^3/min$ 时，就应独立设置压缩空气站；若排气量低于 $6m^3/min$ 时，可将压缩机或气泵直接安装在主机旁。

气压传动系统所使用的压缩空气必须经过干燥和净化处理后才能使用，因为压缩空气中的水分、油污和灰尘等杂质会混合而成胶体杂质，若不经处理而直接进入管路系统时，可能会造成以下的不良后果：

1）油液挥发的油蒸气聚集在储气罐中形成易燃易爆物质，可能会造成事故。

2）油液被高温汽化后形成有机酸，对金属器件起腐蚀作用。

3）油、水和灰尘的混合物沉积在管道内将减小管道内径，使气阻增大或管路堵塞。

4）在气温比较低时，水汽凝结后会使管道及附件因冻结而损坏，或造成气流不畅通以及产生误动作。

5）较大的杂质颗粒与气缸、气马达、气控阀等元件的运动件之间形成相对运动而造成表面磨损，从而降低设备的使用寿命；或者堵塞控制元件的通道，直接影响元件的性能，甚至使控制失灵。

因此，必须对压缩空气进行干燥和净化处理。对于一般的压缩空气站除空气压缩机外，还必须设置过滤器、后冷却器、油水分离器和储气罐等净化装置，一般压缩空气站的净化流程装置如图 11-1 所示，空气首先经过过滤器过滤去部分灰尘、杂质后进入压缩机 1，压缩机输出的空气先进入后冷却器 2 进行冷却，当温度下降到 $40\sim50℃$ 时使油气与水气凝结成油滴和水滴，然后进入油水分离器 3，使大部分油、水和杂质从气体中分离出来；将得到的初步净化的压缩空气送入储气罐中（一般称为一次净化系统）。对于要求不高的气压系统即可从储气罐 4 直接供气。但对仪表用气和质量要求高的工业用气，则必须进行二次和多次净化处理。即将经过一次净化处理的压缩空气再送进干燥器 5 进一步除去气体中的残留水分和油。在净化系统中干燥器Ⅰ和Ⅱ交替使用，其中闲置的一个利用加热器 8 吹入的热空气进行再生，以备接替使用。四通阀 9 用于转换两个干燥器的工作状态，过滤器 6 的作用是进一步清除压缩空气中的杂质颗粒和油气。经过处理的气体进入储气罐 7，可供给气动设备和仪表使用。

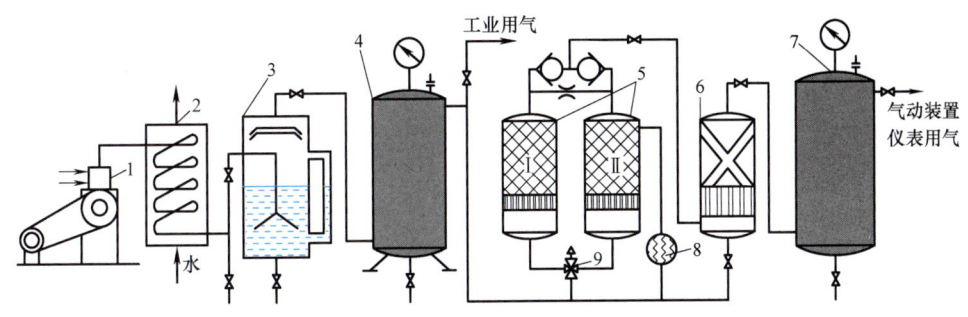

图 11-1　一般压缩空气站的净化流程装置

1—压缩机　2—后冷却器　3—油水分离器　4、7—储气罐　5—干燥器　6—过滤器　8—加热器　9—四通阀

二、空气压缩机

空气压缩机是气动系统的动力源，它把电动机输出的机械能转换成气压能输送给气动系统。

空气压缩机的种类很多，但按工作原理主要可分为容积式和速度式（叶片式）两类。在容积式压缩机中，气体压力的提高是由于压缩机内部的工作容积被缩小，使单位体积内气体的分子密度增加而形成的；而在速度式压缩机中，气体压力的提高是由于气体分子在高速流动时突然受阻而停滞下来，使动能转化为压力能而达到的。容积式压缩机按结构不同又可分为活塞式、膜片式和螺杆式等；速度式按结构不同可分为离心式和轴流式等。目前，使用最广泛的是活塞式压缩机。下面介绍活塞式压缩机的工作原理。

活塞式压缩机是通过曲柄连杆机构使活塞做往复运动而实现吸、压气，并达到提高气体压力的目的。图 11-2 所示为单级单作用活塞式压缩机的工作原理。它主要由缸体 1、活塞 2、活塞杆 3、曲柄连杆机构 4、吸气阀 5 和排气阀 6 等组成。

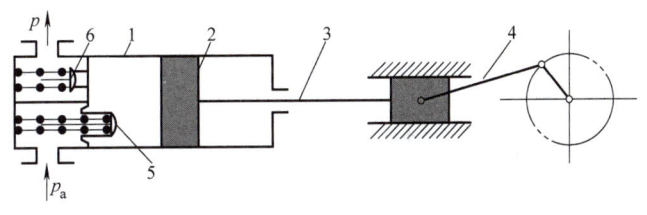

图 11-2　单级单作用活塞式压缩机的工作原理

1—缸体　2—活塞　3—活塞杆
4—曲柄连杆机构　5—吸气阀　6—排气阀

曲柄由原动机（电动机）带动旋转，从而驱动活塞在缸体内往复运动。当活塞向右运动时，气缸内容积增大而形成部分真空，外界空气在大气压力下推开吸气阀 5 而进入气缸中；当活塞反向运动时，吸气阀关闭，随着活塞的左移，缸内空气受到压缩而使压力升高，当压力增至足够高（即达到排气管路中的压力）时排气阀 6 打开，气体被排出，并经排气管输送到储气罐中。曲柄旋转一周，活塞往复行程一次，即完成一个工作循环。但压缩机的实际工作循环是由吸气、压缩、排气和膨胀四个过程所组成的，这可从图 11-3 所示的压容图上看出，图中线段 ab 表示吸气过程，其高度 p_1 即为空气被吸入气缸时的起始压力；曲线 bc 表示活塞向左运动时气缸内发生的压缩过

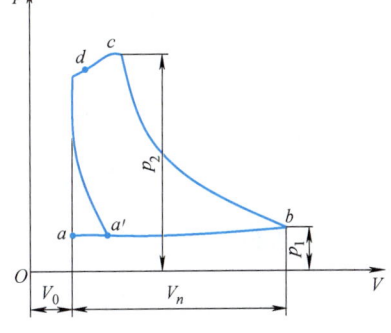

图 11-3　压缩机实际循环 p-V 图

程；cd 表示气缸内压缩气体压力达到出口处压力 p_2，排气阀被打开时的排气过程；当活塞回到 d 点时运动终止，排气过程结束，排气阀关闭。这时余隙（活塞与气缸之间余留的空隙）中还留有一些压缩空气将膨胀而达到吸气压力 p_1，曲线 da' 即表示余隙内空气的膨胀过程。所以气缸重新吸气的过程并不是从 a 点开始，而是从 a' 点开始，显然这将减少压缩机的输气量。图 11-2 中只表示一个缸一个活塞的空气压缩机，大多数空气压缩机是多缸和多活塞的组合。

第二节　气源净化装置

一、空气过滤器

空气中所含的杂质和灰尘，若进入机体和系统中，将加剧相对滑动件的磨损，加速润滑油的老化，降低密封性能，使排气温度升高，功率损耗增加，从而使压缩空气的质量大为降低。所以在空气进入压缩机之前，必须经过空气过滤器，以滤去其中所含的灰尘和杂质。过滤的原理是根据固体物质和空气分子的大小和质量不同，利用惯性、阻隔和吸附的方法将灰尘和杂质与空气分离。

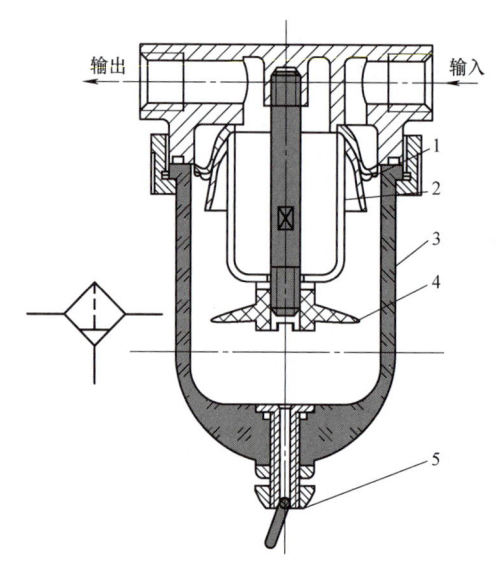

图 11-4　普通空气过滤器的结构及其图形符号
1—旋风叶子　2—滤芯　3—存水杯
4—挡水板　5—排水阀

一般空气过滤器基本上是由壳体和滤芯所组成的，按滤芯所采用的材料不同又可分为纸质、织物（麻布、绒布、毛毡）、陶瓷、泡沫塑料和金属（金属网、金属屑）等过滤器。空气压缩机中普遍采用纸质过滤器和金属过滤器。这种过滤器通常又称为一次过滤器，其滤灰效率为 50%~70%；在空气压缩机的输出端（即气源装置）使用的为二次过滤器（滤灰效率为 70%~90%）和高效过滤器（滤灰效率大于 99%）。图 11-4 所示为普通空气过滤器（二次过滤器）的结构及其图形符号。其工作原理是：压缩空气从输入口进入后，被引入旋风叶子 1，旋风叶子上有许多成一定角度的缺口，迫使空气沿切线方向产生强烈旋转。这样夹杂在空气中的较大水滴、油滴和灰尘等便依靠自身的惯性与存水杯 3 的内壁碰撞，并从空气中分离出来沉到杯底，而微粒灰尘和雾状水汽则由滤芯 2 滤除。为防止气体旋转将存水杯中积存的污水卷起，在滤芯下部设有挡水板 4。此外存水杯中的污水应通过手动排水阀 5 及时排放。在某些人工排水不方便的场合，可采用自动排水式空气过滤器。

二、除油器

除油器用于分离压缩空气中所含的油分和水分。其工作原理是：当压缩空气进入除油器后产生流向和速度的急剧变化，再依靠惯性作用，将密度比压缩空气大的油滴和水滴分离出来。

图 11-5 所示为除油器的结构及其图形符号。压缩空气进入除油器后，气流转折下降，然后上升，依靠转折时离心力的作用析出油滴和水滴。空气转折上升的速度在压力小于 1.0MPa 时不超过 1m/s。若除油器进出口管径为 d，进出口空气流速为 v，气流上升速度为 1m/s，则除油器的直径 $D=\sqrt{v}d$，其高度 H 一般为其直径 D 的 3.5~4 倍。

三、空气干燥器

空气干燥器是吸收和排除压缩空气中的水分和部分油分与杂质，使湿空气变成干空气的装置，由图 11-1 可知，从压缩机输出的压缩空气经过冷却器、除油器和储气罐的初步净化处理后已能满足一般气动系统的使用要求。但对一些精密机械、仪表等装置还不能满足要求。为此，需要进一步净化处理，为防止初步净化后的气体中的含湿量对精密机械、仪表产生锈蚀，要进行干燥和精过滤。

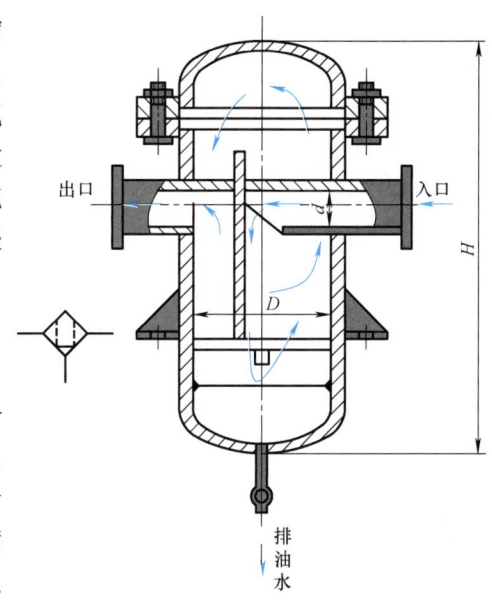

图 11-5 除油器的结构及其图形符号

压缩空气的干燥方法主要有机械法、离心法、冷冻法和吸附法等。机械和离心除水法的原理基本上与除油器的工作原理相同。目前在工业上常用的是冷冻法和吸附法。

（1）冷冻式干燥器　它是使压缩空气冷却到一定的露点温度，然后析出相应的水分，使压缩空气达到一定的干燥度。此方法适用于处理低压大流量，并对干燥度要求不高的压缩空气。压缩空气的冷却除用冷冻设备外也可采用制冷剂直接蒸发，或用冷却液间接冷却的方法。

（2）吸附式干燥器　它主要是利用硅胶、活性氧化铝、焦炭、分子筛等物质表面能吸附水分的特性来清除水分的。由于水分和这些干燥剂之间没有化学反应，所以不需要更换干燥剂，但必须定期再生干燥。

图 11-6 所示为一种不加热再生式干燥器的结构及其图形符号，它有两个填满干燥剂的相同容器。空气从一个容器的下部流到上部，水分被干燥剂吸收而得到干燥，一部分干燥后的空气又从另一个容器的上部流到下部，从饱和的干燥剂中把水分带走并放入大气，即实现了不需外加热源而使吸附剂再生。Ⅰ、Ⅱ两容器定期地交替工作（5~10min）使吸附剂产生吸附和再生，这样可得到连续输出的干燥压缩空气。

四、后冷却器

后冷却器用于将空气压缩机排出的

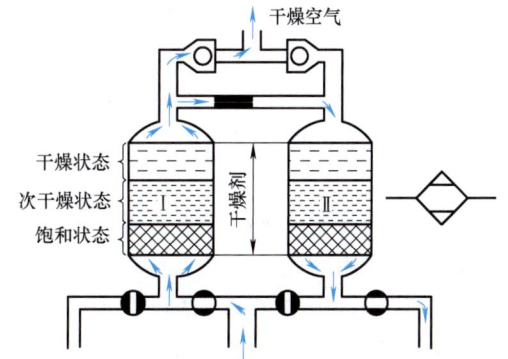

图 11-6 不加热再生式干燥器的结构及其图形符号

气体冷却并除去水分。一般采用蛇管式或套管式冷却器，蛇管式冷却器的结构主要由一个蛇状空心盘管和一只盛装此盘管的圆筒组成。蛇状盘管可用铜管或钢管弯制而成，蛇管的表面积也就是该冷却器的散热面积。由空气压缩机排出的热空气由蛇管上部进入（见图 11-1），通过管外壁与管外的冷却水进行热交换，冷却后由蛇管下部输出。这种冷却器结构简单，使用和维修方便，因而被广泛用于流量较小的场合。

套管式冷却器的结构及其图形符号如图 11-7 所示，压缩空气在外管与内管之间流动，内、外管之间由支承架来支承。这种冷却器流通截面小，易达到高速流动，有利于散热冷却，管间清理也较方便；但其结构笨重，消耗金属量大，主要用在流量不太大，散热面积较小的场合。

另外一种常用的后冷却器是列管式冷却器，如图 11-8 所示。它主要由外壳 3、封头 1、隔板 6、活动板 4、冷却水管 5、固定板 2 组成。冷却水管与隔板、封头焊在一起。冷却水在管内流动，空气在管间流动，活动板为月牙形。这种冷却器可用于较大流量的场合，具体参数可查阅有关资料，这里不再列出。

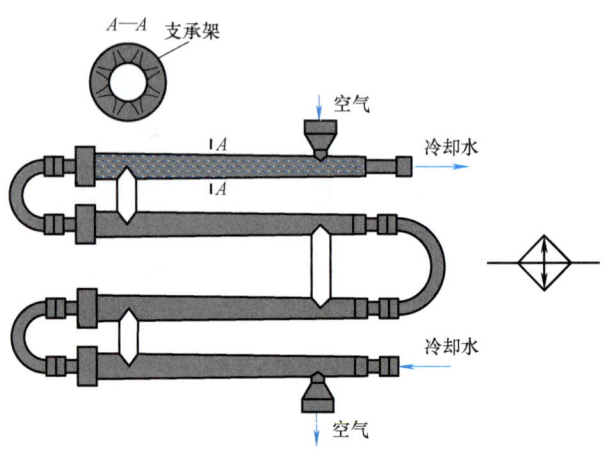

图 11-7 套管式冷却器的结构及其图形符号

五、储气罐

储气罐的作用是消除压力波动，保证输出气流的连续性；储存一定数量的压缩空气，调节用气量或以备发生故障和临时需要应急使用，进一步分离压缩空气中的水分和油分。储气罐一般采用圆筒状焊接结构，有立式和卧式两种，一般以立式居多。立式储气罐的高度 H 为其直径 D 的 2~3 倍，同时应使进气管在下，出气管在上，并尽可能加大两管之间的距离，以利于进一步分离空气中的油和水。同时，每个储气罐应有以下附件：

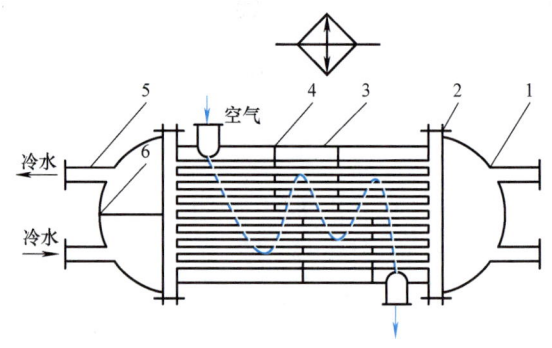

图 11-8 列管式冷却器
1—封头 2—固定板 3—外壳
4—活动板 5—冷却水管 6—隔板

1）安全阀。用来调整极限压力，通常比正常工作压力高 10%。
2）清理、检查用的孔口。
3）指示储气罐罐内空气压力的压力表。
4）储气罐的底部应有排放油水的接管。

在选择储气罐的容积 V_c 时，一般都是以空气压缩机每分钟的排气量 q 为依据选择的。即当 $q<6.0 m^3/min$ 时，取 $V_c=1.2 m^3$；当 $q=6.0~30 m^3/min$ 时，取 $V_c=1.2~4.5 m^3$；当 $q>$

30m³/min 时，取 $V_c = 4.5\text{m}^3$。

后冷却器、除油器和储气罐都属于压力容器，制造完毕后，应进行水压试验。目前，在气压传动中，冷却器、除油器和储气罐三者一体的结构形式已被采用，这使压缩空气站的辅助设备大为简化。

第三节　其他辅助元件

一、油雾器

油雾器以压缩空气为动力，将润滑油喷射成雾状并混合于压缩空气中，使该压缩空气具有润滑气动元件的能力。目前，气动控制阀、气缸和气马达主要是靠这种带有油雾的压缩空气来实现润滑的，其优点是方便、干净，润滑质量高。

1. 油雾器的工作原理

油雾器的工作原理如图11-9所示。假设气流通过文氏管后压力降为 p_2，当输入压力 p_1 和 p_2 的压差 Δp 大于把油吸引到排出口所需压力 $\rho g h$ 时，油被吸上，在排出口形成油雾并随压缩空气输送出去。若已知输入压力为 p_1，通过文氏管后压力降为 p_2，而 $\Delta p = p_1 - p_2$，但因油的黏性阻力是阻止油液向上运动的力，因此实际需要的压力差要大于 $\rho g h$，黏度较高的油吸上时所需的压力差 Δp 就较大。相反，黏度较低的油吸上时所需的压力差 Δp 就小一些，但是黏度较低的油即使雾化也容易沉积在管道上，很难到达所期望的润滑地点。因此，在气动装置中要正确选择润滑油的牌号。

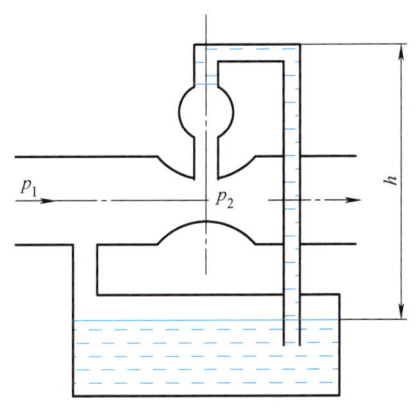

图11-9　油雾器的工作原理

2. 普通型油雾器结构简介

图11-10所示为普通型油雾器的结构及其图形符号。压缩空气从输入口进入后，通过立杆1上的小孔 a 进入截止阀座4的腔内，在截止阀的阀芯2上下表面形成压力差，此压力差被弹簧3的部分弹簧力所平衡，而使阀芯处于中间位置，因而压缩空气就进入储油杯5的上腔 c，油面受压，压力油经吸油管6将单向阀7的阀芯托起，阀芯上部管道有一个边长小于阀芯（钢球）直径的四方孔，使阀芯不能将上部管道封死，压力油能不断地流入视油器9内，再滴入立杆1中，被通道中的气流从小孔 b 中引射出来，雾化后由输出口输出。视油器上部的节流阀8用以调节滴油量，可在 0~200 滴/min 范围内调节。

普通型油雾器能在进气状态下加油，这时只要拧松油塞10后，储油杯上腔 c 便通大气，同时输入进来的压缩空气将阀芯2压在截止阀座4上，切断压缩空气进入 c 腔的通道。又由于吸油管6中单向阀7的作用，压缩空气也不会从吸油管倒灌到储油杯中，所以就可以在不停气状态下向油塞口加油。加油完毕，拧上油塞。由于截止阀稍有泄漏，储油杯上腔的压力又逐渐上升到将截止阀打开，油雾器又重新开始工作。油塞上开有半截小孔，当油塞向外拧出时，并不等油塞全打开，小孔已经与外界相通，油杯中的压缩空气逐渐向外排空，以免在油塞打开的瞬间产生压缩空气突然排放的现象。

储油杯一般由透明的聚碳酸酯制成，能清楚地看到杯中的储油量和清洁程度，以便及时补充与更换。视油器用透明的有机玻璃制成，能清楚地看到油雾器的滴油情况。

3. 油雾器的主要性能指标

（1）**流量特性**　指油雾器中通过其额定流量时，输入压力与输出压力之差，一般不超过 0.15MPa。

（2）**起雾空气流量**　当油位处于最高位置，节流阀 8 全开（见图 11-10），气流压力为 0.5MPa 时，起雾时的最小空气流量规定为额定空气流量的 40%。

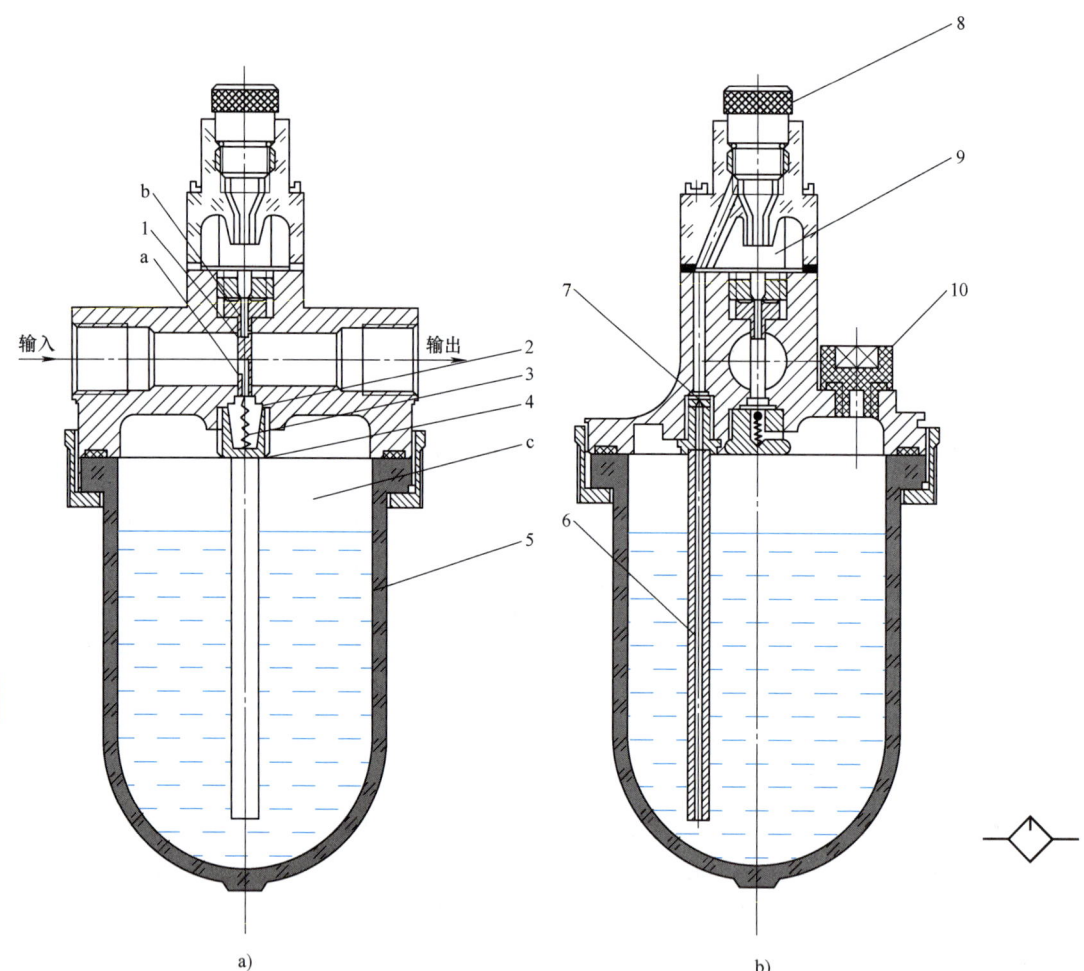

图 11-10　普通型油雾器的结构及其图形符号

1—立杆　2—阀芯　3—弹簧　4—阀座　5—储油杯
6—吸油管　7—单向阀　8—节流阀　9—视油器　10—油塞

（3）**油雾粒径**　在规定的试验压力 0.5MPa 下，输油量为 30 滴/min，其粒径不大于 20μm。

（4）**加油后恢复滴油时间**　加油完毕后，油雾器不能马上滴油，要经过一定的时间，在额定工作状态下，一般为 20~30s。

油雾器在使用中一定要垂直安装，它可以单独使用，也可以空气过滤器、减压器和油雾器三件联合使用，组成气源处理装置，使之具有过滤、减压和油雾的功能。联合使用时，其顺序应为空气过滤器→减压器→油雾器，不能颠倒，安装中气源处理装置应尽量靠近气动设备附近，距离不应大于 5m。

二、消声器

气压传动装置的噪声一般都比较大，尤其是当压缩气体直接从气缸或阀中排向大气时，较高的压差使气体体积急剧膨胀，产生涡流，引起气体的振动，发出强烈的噪声，为消除这种噪声应安装消声器。消声器是指能阻止声音传播而允许气流通过的一种气动元件，气动装置中的消声器主要有阻性消声器、抗性消声器及阻抗复合消声器三大类。

1. 阻性消声器

阻性消声器主要利用吸声材料（玻璃纤维、毛毡、泡沫塑料、烧结金属、烧结陶瓷以及烧结塑料等）来降低噪声。在气体流动的管道内固定吸声材料，或按一定方式在管道中排列，这就构成了阻性消声器。当气流流入时，一部分声音能被吸收材料吸收，起到消声作用。这种消声器能在较宽的中高频范围内消声，特别对刺耳的高频声波消声效果更为显著。图 11-11 为阻性消声器的结构及其图形符号。

2. 抗性消声器

抗性消声器又称声学滤波器，是根据声学滤波原理制造的，它具有良好的低频消声性能，但消声频带窄，对高频消声效果差。抗性消声器最简单的结构是一段管件，如将一段粗而长的塑料管接在元件的排气口处，气流在管道里膨胀、扩散、反射、相互干涉而消声。

3. 阻抗复合消声器

阻抗复合消声器是综合上述两种消声器的特点而构成的，这种消声器既有阻性吸声材料，又有抗性消声器的干涉等作用，能在很宽的频率范围内起消声作用。

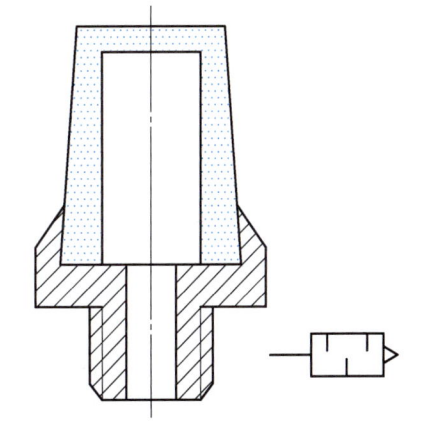

图 11-11　阻性消声器的结构及其图形符号

三、转换器

在气动控制系统中，也与其他自动控制装置一样，有发信、控制和执行部分，其控制部分工作介质为气体，而信号传感部分和执行部分不一定全用气体，可能用电或液体传输，这就要通过转换器来转换。常用的转换器有气电转换器、电气转换器、气液转换器等。

1. 气电转换器及电气转换器

气电转换器是将压缩空气的气信号转变成电信号的装置，即用气信号（气体压力）接通或断开电路的装置，也称之为压力继电器。

压力继电器按信号压力的大小可分为低压型（0~0.1MPa）、中压型（0.1~0.6MPa）和高压型（>1.0MPa）三种。图 11-12 所示为中高压型压力继电器的结构及其图形符号。气压

p 进入 A 室后，膜片 6 受压产生推力 $F = \pi D^2 p/4$，该力推动圆盘 5 和顶杆 7 克服弹簧 2 的弹簧力向上移动，同时带动爪枢 4，使两个微动开关 3 发出电信号。旋转定压螺母 1，可以调节控制压力范围。调压范围分别是 0.025~0.5MPa、0.065~1.2MPa 和 0.6~3.0MPa 三种。这种压力继电器结构简单，调压方便。

在安装气电转换器时应避免安装在振动较大的地方，且不应倾斜和倒置，以免使控制失灵，产生误动作，造成事故。

电气转换器的作用正好与气电转换器的作用相反，它是将电信号转换成气信号的装置。实际上各种电磁换向阀都可作为电气转换器。

2. 气液转换器

气动系统中常常用到气-液阻尼缸，或使用液压缸作执行元件，以求获得较平稳的速度，因而就需要一种把气信号转换成液压信号的装置，这就是气液转换器。其种类主要有两种：一种是直接作用式，即在一筒式容器内，压缩空气直接作用在液面上，或通过活塞、隔膜等作用在液面上，推压液体以同样的压力向外输出。图 11-13 所示为气液直接接触式转换器的结构及其图形符号，当压缩空气由上部输入管输入后，经过管道末端的缓冲装置使压缩空气作用在液压油面上，因而液压油即以压缩空气相同的压力，由转换器主体下部的排油孔输出到液压缸，使其动作，气液转换器的储油量应不小于液压缸最大有效容积的 1.5 倍。另一种气液转换器是换向阀式，它是一个气控液压换向阀。采用气控液压换向阀，需要另外备有液压源。

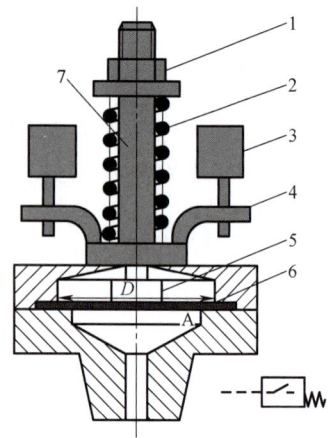

图 11-12 中高压型压力继电器的结构及其图形符号

1—螺母 2—弹簧
3—微动开关 4—爪枢
5—圆盘 6—膜片 7—顶杆

四、程序器

程序器是一种控制装置，其作用是储存各种预定的工作程序，按预先制定的特定顺序发出信号，使其他控制装置或执行机构以需要的次序自动动作。程序器一般有时间程序器和行程程序器两种。

时间程序器是依据动作时间的先后安排工作程序，按预定的时间间隔顺序发出信号的程序器。其结构形式有码盘式、凸轮式、棘轮式、穿孔带式、穿孔卡式等。常见的是码盘式和凸轮式。图 11-14 所示为码盘式时间程序器的工作原理。把一个开有槽或孔的圆盘固定在一根旋转轴上，盘轴随同减速机构或同步电动机按一定的速度转动，在圆盘两侧面装有发信管和接收管。由发信管发出的气信号在网盘无孔、槽的地方被挡住，接收管无信号输出；在圆盘上有孔或槽的地方，发信管的信号由接收管接收信号输出，并送入相应的控制线路，完成相应的程序控制，此带孔或槽的圆盘一般称为码盘。

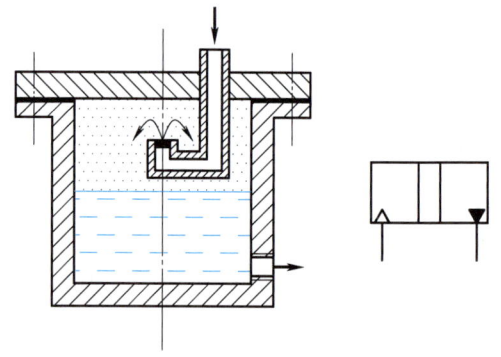

图 11-13 气液直接接触式转换器的结构及其图形符号

行程程序器是依据执行元件的动作先后顺序安排工作程序，并利用每个动作完成以后发回的反馈信号控制程序器向下一步程序的转换，发出下一步程序相应的控制信号。无反馈信号发回时,程序器就不能转换,也不会发出下一步的控制信号。这样就使程序信号指令的输出和执行机构的每一步动作有机地联系起来,只有执行机构的每一步都达到预定位置,发回反馈信号,整个系统才能一步一步地按预先选定的程序工作。行程程序器也有多种结构形式,此处不做详细介绍。

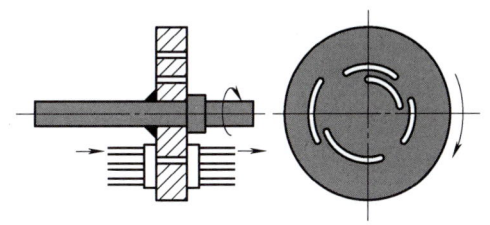

图 11-14 码盘式时间程序器的工作原理

五、延时器

气动延时器的工作原理如图 11-15 所示,当输入气体分两路进入延时器时,由于节流口 1 的作用,膜片 2 下腔的气压首先升高,使膜片堵住喷嘴 3,切断气室 4 的排气通路;同时,输入气体经节流口 1 向气室缓慢充气,当气室 4 的压力逐渐上升到一定压力时,膜片 5 堵住上喷嘴 6,切断低压气源的排空通路,于是输出口便有信号 S 输出,这个输出信号 S 发出的时间在输入信号 A 以后,延迟了一段时间,延迟时间的大小取决于节流口的大小、气室的大小及膜片 5 的刚度。当输入信号消失后,膜片 5 复位,气室内的气体经下喷嘴排空;膜片 5 复位,气源经上喷嘴排空,输出端无输出、节流口 1 可调时,该延时器称之为可调式,反之称之为固定式。

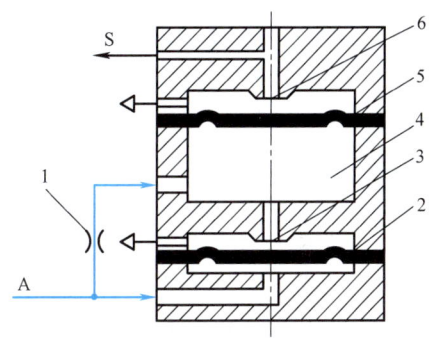

图 11-15 气动延时器的工作原理
1—节流口 2、5—膜片
3、6—喷嘴 4—气室

第四节 供气系统的管道设计

一、供气系统管道

(1) 压缩空气站内气源管道 包括压缩机的排气口至后冷却器、油水分离器、储气罐、干燥器等设备的压缩空气管道。

(2) 厂区压缩空气管道 包括从压缩空气站至各用气车间的压缩空气输送管道。

(3) 用气车间压缩空气管道 包括从车间入口到气动装置和气动设备的压缩空气输送管道。

二、供气系统管道设计的原则

1. 从供气的压力和流量要求考虑

若工厂中的各气动设备或气动装置对压缩空气源压力有多种要求,则气源系统管道必须以满足最高压力要求来设计。若仅采用同一个管道系统供气,对供气压力要求较低者可通过减压阀减压来实现。

从供气的最大流量和允许压缩空气在管道内流动的最大压力损失决定气源供气系统管道

的管径大小。为避免在管道内流动时有较大的压力损失,压缩空气在管道中的流速一般应小于25m/s。当管道内气体的体积流量为 q_V,管道中允许流速为 $[v]$ 时,管道的内径为

$$d = \sqrt{\frac{4q_V}{3600\pi [v]}} \qquad (11-1)$$

式中,q_V 为流量(m³/h);$[v]$ 为允许流速(m/s)。

由式(11-1)计算求得的管道内径 d,结合流量(或流速),再验算空气通过某段管道的压力损失是否在允许范围内。一般对较大型的空气压缩站,在厂区范围内,从管道的起点到终点,压缩空气的压力降不能超过气源初始压力的8%;在车间范围内,不能超过供气压力的5%。若超过了,可采用增大管道直径的办法来解决。

2. 从供气的质量要求考虑

若气动装置对气源供气质量(含水、含油、干燥程度等)有不同的要求时,若用一个气源管道供气,则必须考虑其中对气源供气质量要求较高的气动装置,采取就地设置小型干燥过滤装置或空气过滤器来解决;也可通过技术、经济全面比较,设置两套气源管道供气系统。

3. 从供气的可靠性、经济性考虑

(1)单树枝状管网供气系统 如图11-16所示,这种供气系统简单,经济性好,适合于间断供气的工厂或车间采用。但该系统中的阀门等附件容易损坏,尤其开关频繁的阀门更易损坏。解决的方法是开关频繁的阀门,用两个串联起来,其中一个用于经常动作,另一个在一般情况下总开启,当经常动作的阀门需要更换检修时,这一阀门才关闭,使之与系统切断,不致影响整个系统工作。

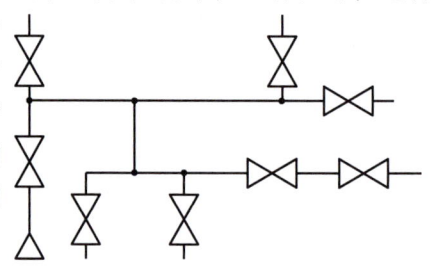

图11-16 单树枝状管网供气系统

(2)环状管网供气系统 如图11-17所示,这种系统供气可靠性比单树枝状管网要高,而且压力较稳定,末端压力损失较小,当支管上有一个阀门损坏需要检修时,可将环形管道上两侧的阀门关闭,以保证更换、维修支管上的阀门时,整个系统能正常工作。但此系统成本较高。

(3)双树枝状管网供气系统 如图11-18所示,这种供气系统能保证对所有的用户不间断供气,正常状态,两套管网同时工作。当其中任何一个管道附件损坏时,可关闭其所在的那

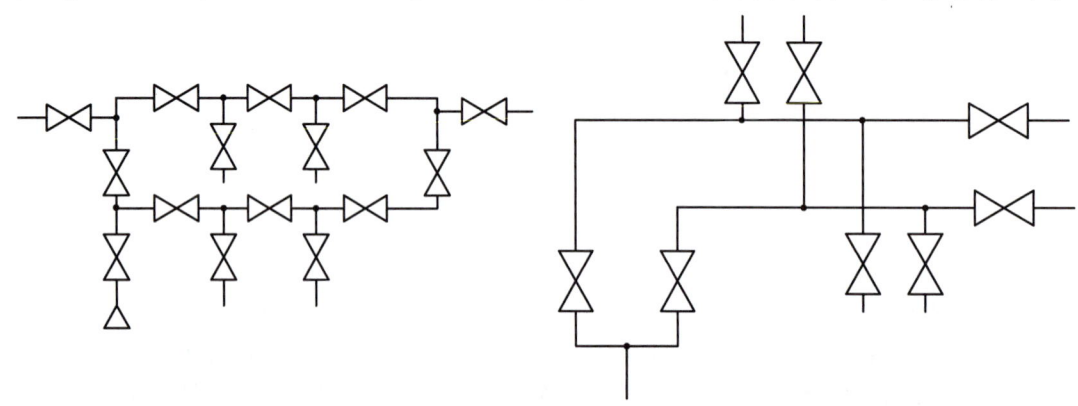

图11-17 环状管网供气系统　　图11-18 双树枝状管网供气系统

套系统进行检修，而另一套系统照常工作。这种双树枝状管网供气系统实际上是有一套备用系统，相当于两套单树枝状管网供气系统，适用于有不允许停止供气等特殊要求的用户。

习　题

11-1　简述活塞式空气压缩机的工作原理。

11-2　简述油雾器的工作原理及分类。

11-3　气电转换器和电气转换器在气动系统中各有何作用？

11-4　气源装置中为什么要设置储气罐？其容积和尺寸应如何确定？

第十二章

气动执行元件

气动执行元件是将压缩空气的压力能转化为机械能的元件。它驱动机构做直线往复、摆动或回转运动,其输出为力或转矩。气动执行元件可以分为气缸和气动马达。

第一节 气缸

一、气缸的分类

气缸是气动系统中使用最多的一种执行元件,根据使用条件不同,其结构、形状也有多种形式。常用的分类方法有以下几种:

1. 按压缩空气对活塞端面作用力的方向分

(1) 单作用气缸 气缸只有一个方向的运动是气压传动,活塞的复位靠弹簧力或自重和其他外力。

(2) 双作用气缸 双作用气缸的往返运动全靠压缩空气来完成。

2. 按气缸的结构特征分

1)活塞式气缸。

2)薄膜式气缸。

3)伸缩式气缸。

3. 按气缸的安装形式分

(1) 固定式气缸 气缸安装在机体上固定不动,有耳座式、凸缘式和法兰式。

(2) 轴销式气缸 缸体围绕一固定轴可做一定角度的摆动。

(3) 回转式气缸 缸体固定在机床主轴上,可随机床主轴做高速旋转运动。这种气缸常用于机床上气动卡盘中,以实现工件的自动装夹。

(4) 嵌入式气缸 气缸做在夹具本体内。

4. 按气缸的功能分

(1) 普通气缸 包括单作用式和双作用式气缸,常用于无特殊要求的场合。

(2) 缓冲气缸 气缸的一端或两端带有缓冲装置,以防止和减轻活塞运动到端点时对气缸缸盖的撞击。

(3) 气-液阻尼缸 气缸与液压缸串联,可控制气缸活塞的运动速度,并使其速度相对稳定。

(4) 摆动气缸 用于要求气缸叶片轴在一定角度内绕轴线回转的场合,如夹具转位、阀门的启闭等。

(5) **冲击气缸** 是一种以活塞杆高速运动形成冲击力的高能缸,可用于冲压、切断等。

(6) **步进气缸** 是一种根据不同的控制信号,使活塞杆伸出不同的相应位置的气缸。

二、气缸的工作特性

气缸的工作特性是指气缸的输出力、气缸内压力的变化以及气缸的运动速度等静态和动态特性,由于它们的影响因素很多,有很多问题尚在研究之中,因而在此仅做一些简单的介绍。

1. 气缸的输出力

单作用式气缸(图 12-1a)的输出推力为

$$F = A_1 p_1 - (f + ma + L_0 k_s) \tag{12-1}$$

式中,A_1 为活塞的工作面积;p_1 为作用于活塞上的压力;f 为摩擦阻力(包括活塞与气缸以及活塞杆和气缸密封圈等);m 为运动构件质量;a 为运动构件加速度;L_0 为活塞位移 L 和弹簧预压缩量的总和;k_s 为弹簧刚度。

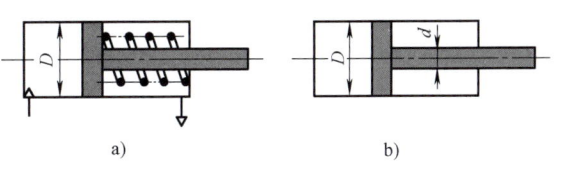

图 12-1 气缸工作原理简图

双作用式气缸(见图 12-1b)输出的推力为

$$F = p_1 A_1 - p_2 A_2 - (f + ma) \tag{12-2}$$

式中,p_1、p_2 为输入侧和排气侧的气压;A_1、A_2 为输入侧和排气侧的面积;其余符号意义同上。

一般在计算过程中,用下式求双作用缸活塞上输出的推力,即

$$F = (p_1 A_1 - p_2 A_2) \eta \tag{12-3}$$

式中,η 为气缸的效率,一般取 $\eta = 0.8 \sim 0.9$。

2. 气缸的压力特性

气缸的压力特性是指气缸内压力变化的情形。

气缸通常被活塞分为进气腔和排气腔,当向进气腔输入压缩空气时,排气腔处于排气状态。当两腔的压力差所形成的力刚好克服各种阻力负载时,活塞就开始运动。当无负载时,这个开始运动所需要的压力仅需 0.02~0.05MPa。在气缸运动过程中,进气腔压力逐步升高至气源压力,排气腔则逐渐降低压力。进、排气腔中的气体压力是随时间变化的,其变化曲线,通常称之为气缸的压力特性曲线,如图 12-2 所示。

由于气缸的压力特性曲线变化过程比较复杂,现只能做定性说明。在换向阀切换以前,进气腔中的气体压力为大气压。当方向阀切换后,进气腔与气源接通,因进气腔容积小,气体将很快充满并升至气源压力。排气腔则不同,起动前其腔中压力为气源压力,因为排气腔的容积大,腔中气体压力的下降速度要比进气腔中压力上升的速度缓慢得多。当两腔的压力差超过起动压差后,就开始起动。也就是说,从方向阀换向到气缸起动,是需要一定时间的。

气缸起动以后,活塞所受的摩擦阻力从静摩擦力转为动摩擦力而变小,使活塞加速运动。由于活塞的运动,进气腔容积相对增大,只要补充气源充分,活塞就继续运动。另一方面,排气腔容积在不断减少,而且其容积的相对减少量越来越大,因此在不断的排气过程中

腔中压力继续下降，并总是小于进气腔压力。活塞在两腔压力差作用下继续前进。

当气缸行程较长，且活塞杆上有负载时，会产生进排气速度与活塞速度相平衡的情况，这时压力特性曲线将趋于水平，活塞在两腔不变压力差的推动下匀速前进。

当气缸行到末端时，排气腔压力急剧下降，直至大气压；进气腔压力再次急剧上升，直至气源压力。这种较大的压力差，很容易形成气缸的冲击。因而在气缸的设计中要考虑设置缓冲装置。

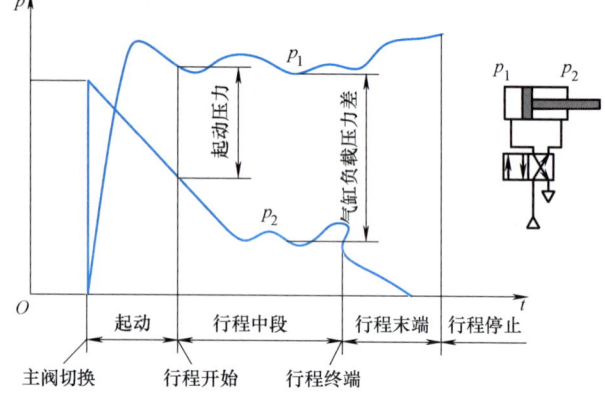

图 12-2　气缸的压力特性曲线

3. 气缸的速度

由于活塞两侧压力 p_1、p_2 的变化比较复杂，因而推动活塞的力的变化也比较复杂，再加上气体的可压缩性，要使气缸保持准确的运动速度是比较困难的。通常，气缸的平均运动速度可按进气量的大小求出，即

$$v = \frac{q}{A} \tag{12-4}$$

式中，q 为压缩空气的体积流量；A 为活塞的有效面积。

气缸在一般工作条件下，其平均速度约为 0.5m/s。

4. 气缸的耗气量

气缸的耗气量与气缸的活塞直径 D、活塞杆直径 d、活塞的行程 L 以及单位时间往复次数 N 有关。以图 12-1b 所示的单出杆双作用式气缸为例，活塞杆伸出和退回行程的耗气量分别为

$$V_1 = \frac{\pi}{4} D^2 L \tag{12-5}$$

$$V_2 = \frac{\pi(D^2 - d^2)}{4} L \tag{12-6}$$

所以，活塞往复一次所耗压缩空气量为

$$V = V_1 + V_2 = \frac{\pi}{4} L(2D^2 - d^2) \tag{12-7}$$

若活塞每分钟往返 N 次，则每分钟活塞运动的耗气量为

$$V' = VN \tag{12-8}$$

由式（12-8）计算的是理论耗气量，实际耗气量要比此值大，这是由于泄漏等因素造成的。因此实际耗气量应为

$$V_s = (1.2 \sim 1.5) V' \tag{12-9}$$

式（12-8）和式（12-9）计算的是压缩空气的消耗量，这是选择气源的供气量的重要依据。未经压缩的自由空气的消耗量要比该值大些，当实际消耗的压缩空气量为 V_s 时，其

自由空气的消耗量 V_{sz} 为

$$V_{sz} = V_s \frac{p+0.1013}{0.1013} \tag{12-10}$$

式中，p 为气体的工作压力（MPa）。

三、气缸的主要尺寸及结构设计

（一）气缸的主要尺寸设计

设计气缸时，只有保证气缸的下述几个主要尺寸，才能实现气缸的功能。

1. 气缸直径 D

气缸的直径也就是气缸的内径，可根据外负载 F 的大小来确定，当气源供气压力为 p 时，气缸的内径 D 为

$$D \geqslant \sqrt{\frac{4F}{\pi p}} \tag{12-11}$$

所求得的 D 值，一般要提高 20% 再圆整到系列标准值。标准气缸的缸径和活塞杆直径系列见表 12-1。

表 12-1 标准气缸的缸径和活塞杆直径系列

气缸内径 D/mm	32	40	50	63	80	(90)	100	(110)	125	(140)	160	(180)	200	(220)	250	320	400	500	630
活塞杆直径 d/mm	12	14	16	18	20	22	25	28	32	36	40	45	50	56	63	70	80	90	100

2. 活塞行程 L

活塞的行程 L 一般根据实际需要来确定，通常 L 值取 $(0.5 \sim 5)D$。

3. 气缸进、排气口直径 d_0

气缸进、排气口直径 d_0 的大小，直接决定了气缸进气速度，亦即决定了活塞的运行速度。设计中，应予以充分的重视，直径 d_0 的确定可根据空气流经排气口的允许速度 $[v]$ 来计算，一般取 $[v] = 10 \sim 25 \mathrm{m/s}$，因而 d_0 为

$$d_0 = \sqrt{\frac{4q}{\pi [v]}} \tag{12-12}$$

式中，q 为工作压力下输入气缸的空气流量。

一般情况下进、排气口直径 d_0 的大小可根据气缸内径 D 的大小来选取。气缸进、排气口直径见表 12-2。

表 12-2 气缸进、排气口直径

气缸内径 D/mm	进、排气口直径 d/mm
40	8
50,63	10
80,100,125	15
140,160,180	20

（二）气缸的主要结构设计

在设计气缸各部分机械结构时，主要是要确定各部分的结构形式及主要尺寸。

1. 气缸筒的结构尺寸设计

气缸筒的主要作用是提供压缩空气的储存与膨胀空间及对活塞实现导向，从而通过活塞将压力能转化为机械能。气缸筒均为圆筒形状，要确定的主要尺寸为：

(1) **气缸筒直径（即为气缸内径）D** 可由式（12-11）求出。

(2) **气缸筒的长度 l** 长度 l 应为活塞的行程 L 和活塞宽度 H 之和，即

$$l \geqslant L+H \qquad (12\text{-}13)$$

(3) **气缸筒的壁厚 δ** 壁厚 δ 可利用薄壁圆筒的强度计算公式来确定

$$\delta = \frac{pD}{2[\sigma]} + C \qquad (12\text{-}14)$$

式中，p 为气缸工作压力（MPa）；D 为气缸内径（mm）；$[\sigma]$ 为气缸材料的许用拉应力（MPa），$[\sigma] = R_m/n$，R_m 为缸体材料的抗拉强度（MPa），n 为安全系数，一般取 6~8。实际缸筒壁厚的取值，一般用途的气缸约取计算值的 7 倍左右，重型气缸约取计算值的 20 倍，再圆整到标准管材尺寸。

气缸材料的许用拉应力通常取下列数据：铸铁 HT150 和 HT200，$[\sigma]$ = 30MPa；Q235 钢管，$[\sigma]$ = 60MPa；45 钢管，$[\sigma]$ = 120MPa；铸造铝合金 ZL203，$[\sigma]$ = 30MPa。

常用气缸直径、材料和壁厚的关系见表 12-3。

表 12-3　常用气缸直径、材料和壁厚的关系

材料	气缸直径 D/mm							
	50	80	100	125	160	200	250	320
	壁厚 δ/mm							
铸铁 HT150	7	8	10	10	12	14	16	16
45 钢,Q235 钢	5	7	8	8	9	9	11	12
铸造铝合金 ZL203	8~12		12~14			14~17		

2. 活塞的结构设计

活塞的功用是将压缩空气的压力能转变为机械能，因此，它要提供足够的换能面积。由于活塞要频繁往复运动，又要间隔两腔空气，因而就必须保证其耐磨和密封。目前多采用铸铁活塞及 O 形或 Y 形密封圈实现密封。

活塞的外径即是气缸的内径，两者的配合精度，取决于采用何种形式的密封圈，一般多采用 H8/f9 配合，活塞表面粗糙度 Ra = 0.8μm。活塞的宽度 H 取决于密封圈的排数，一般采用两排密封圈。活塞上沟槽的深度和宽度根据所选用的密封圈来确定。

3. 活塞杆及其强度校核

活塞杆的作用是将活塞转换出的机械能以机械力的形式推动负载运动，对活塞杆，不仅要进行结构设计（与活塞和外接负载的连接方式等），还要进行强度校核。

活塞杆在工作中，既要受到轴向拉伸，也往往要受到轴向压缩，因此要做强度校核和稳定性校核。

当活塞杆的长度 $L \leqslant 10d$ 时，要进行强度校核，即活塞杆的直径

$$d \geqslant \sqrt{\frac{4F}{\pi[\sigma]}} \qquad (12\text{-}15)$$

式中，F 为活塞杆所受的外力；$[\sigma]$ 为活塞杆材料的许用应力。

当活塞杆的计算长度 $L>10d$ 时，要进行压杆稳定性校核，以保证活塞杆不产生弯曲。其校核方法可参阅有关手册和资料。

经计算出的活塞杆直径可按表 12-1 的系列选取标准值。

4. 气缸的缓冲机构

为防止气缸在行程末端时，活塞以很大的速度（一般为 1m/s 左右）撞击端盖，引起气缸振动和损坏，常采用带有缓冲装置的缓冲气缸。

缓冲气缸的缓冲装置如图 12-3 所示，通常由缓冲柱塞 1、柱塞孔 2、节流阀 3 和单向阀 4 构成。当活塞运动到缓冲柱塞刚进入缓冲柱塞孔时，主排气道即被堵死，活塞进入缓冲行程，这时活塞至端盖的距离称为缓冲长度 x。在缓冲行程中，环形空间空气被活塞绝热压缩使压力升高形成气垫，以吸收活塞运动部件的能量，使活塞等运动部件达到减速的目的，即把运动部件的动能变成气体的压力能。为此，缓冲装置的设计，就是要保证运动部件的动能被缓冲腔内的压缩空气所吸收，所以缓冲柱塞要有足够的行程长度 x 和直径 d。

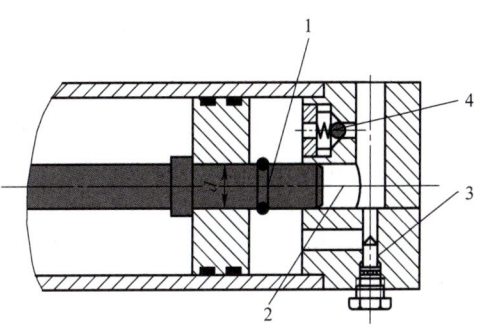

图 12-3 缓冲气缸的缓冲装置
1—缓冲柱塞 2—柱塞孔 3—节流阀 4—单向阀

活塞以及运动部件的动能 E_1 为

$$E_1 = \frac{1}{2}mv^2 \qquad (12\text{-}16)$$

式中，m 为运动部件的总质量；v 为活塞运动速度。

压缩缓冲腔内空气所需要的压缩功 E 与缓冲腔的容积 V、压力的变化等因素有关，而缓冲容积 V 为

$$V = \frac{\pi}{4}(D^2 - d^2)x \qquad (12\text{-}17)$$

活塞运动速度很快，因而将体积 V 内的空气从压力 p_1 绝热压缩至 p_2，所需要的能量为

$$E = \frac{\kappa}{\kappa-1} V p_1 \left[\left(\frac{p_2}{p_1}\right)^{\frac{\kappa-1}{\kappa}} - 1\right]$$

$$= \frac{\kappa}{\kappa-1} \frac{\pi}{4} (D^2 - d^2) x p_1 \left[\left(\frac{p_2}{p_1}\right)^{\frac{\kappa-1}{\kappa}} - 1\right] \qquad (12\text{-}18)$$

显然，只要 $E > E_1$，就可以吸收运动部件的动能，起到缓冲作用。所以缓冲腔的缓冲条件为

$$\frac{\kappa}{\kappa-1} \frac{\pi}{4} (D^2 - d^2) x p_1 \left[\left(\frac{p_2}{p_1}\right)^{\frac{\kappa-1}{\kappa}} - 1\right] > \frac{1}{2} mv^2 \qquad (12\text{-}19)$$

式中，p_1 为压缩过程开始时，排气腔中绝对压力；p_2 为压缩终了时，缓冲腔中的绝对压力；D 为气缸直径；κ 为等熵指数，$\kappa = 1.4$。

为使缓冲时活塞冲击不致过分强烈，一般限定 $p_2 \leq 5p_1$，则式（12-19）可以简化为

$$3.19p_1(D^2-d^2)x \geq mv^2 \qquad (12\text{-}20)$$

式（12-20）即为常用的确定缓冲柱塞直径 d 和长度 x 的计算公式。

利用图 12-3 所示的缸内设置缓冲腔实现缓冲的方法是一种较常用的方法。除此之外，还有缸内行程终端打孔和在缸外设置缓冲回路等方法。

5. 气缸的其他结构设计

在气缸的设计中，除了上述几个问题外，还有缸体与缸盖、活塞与活塞杆之间的连接、缸盖本身的结构等方面的问题在设计中需充分考虑。尤其要注意气缸内的几处密封结构的设计，不仅要保证其密封可靠，还要考虑到使用寿命及起动力等。图 12-4 所示为常用普通气缸的结构。

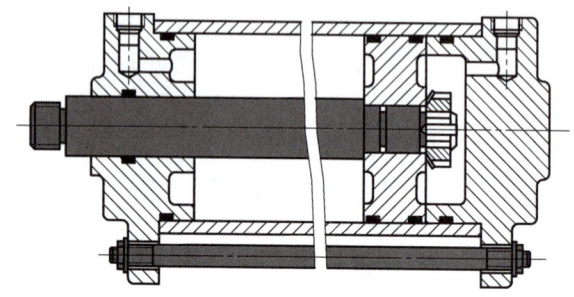

图 12-4　常用普通气缸的结构

四、其他常用气缸

1. 气-液阻尼缸

气-液阻尼缸是由气缸和液压缸组合而成的，它以压缩空气为能源，利用油液的不可压缩性和控制流量来获得活塞的平稳运动和调节活塞的运动速度。与气缸相比，它传动平稳，停位精确，噪声小，与液压缸相比，它不需要液源，经济性好，同时具有气动和液动的优点，因此得到了越来越广泛的应用。

图 12-5 所示为串联式气-液阻尼缸的工作原理。若压缩空气自 A 口进入气缸左侧，必推动活塞向右运动，因液压缸活塞与气缸活塞是同一个活塞杆，故液压缸也将向右运动，此时液压缸右腔排油，油液由 A′口经节流阀而对活塞的运行产生阻尼作用，调节节流阀，即可改变阻尼缸的运动速度；反之，压缩空气自 B 口进入气缸右侧，活塞向左移动，液压缸左侧排油，此时单向阀开启，无阻尼作用，活塞快速向左运动。

2. 薄膜气缸

图 12-6 所示为薄膜气缸，它主要由膜片和中间硬芯相连来代替普通气缸中的活塞；依靠膜片在气压作用下的变形来使活塞杆前进。活塞的位移较小，一般小于 40mm；平膜片的行程则是其有效直径的 1/10，有效直径的定义为

$$D_m = \frac{1}{3}(D^2+Dd+d^2) \qquad (12\text{-}21)$$

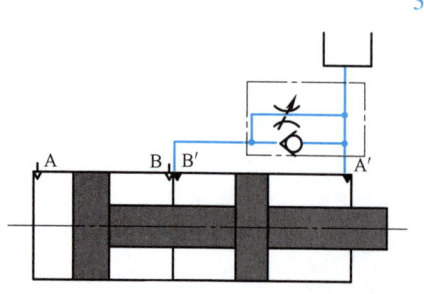

图 12-5　串联式气-液阻尼缸的工作原理

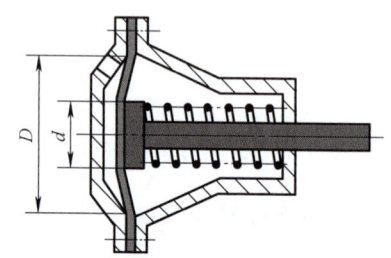

图 12-6　薄膜气缸

第十二章 气动执行元件

这种气缸的特点是结构紧凑，自重小，维修方便，密封性能好，制造成本低，广泛应用于化工生产过程的调节器上。

3. 摆动气缸（摆动马达）

摆动气缸是将压缩空气的压力能转变成气缸输出轴的有限回转的机械能，多用于安装位置受到限制，或转动角度小于 360° 的回转工作部件，例如夹具的回转、阀门的开启、转塔车床转塔的转位以及自动线上物料的转位等场合。

图 12-7 为单叶片式摆动气缸的工作原理。定子 3 与缸体 4 固定在一起，叶片 1 和转子 2（输出轴）连接在一起，当左腔进气时，转子顺时针方向转动；反之，转子则逆时针方向转动，转子可做成图示的单叶片式，也可做成双叶片式。这种气缸的耗气量一般都较大。这种气缸的输出转矩和角速度与摆动液压缸相同，故不再重复。

4. 冲击气缸

图 12-8 所示为普通型冲击气缸的结构。它与普通气缸相比增加了储能腔以及带有喷嘴和具有排气小孔的中盖。它的工作原理及工作过程可简述为如下三个阶段，如图 12-9 所示。

第一阶段 如图 12-9a 所示，气缸控制阀处于原始位置，压缩空气由 A 孔进入冲击气孔头腔，储能腔与尾腔通大气，活塞上移，处于上限位置，封住中盖上的喷嘴口，中盖与活塞间的环形空间（即尾腔）经小孔口与大气相通。

第二阶段 如图 12-9b 所示，控制阀切换，储能腔进气，压力 p_1 逐渐上升，作用在与中盖喷嘴口相密封接触的活塞侧一小部分面积（通常设计为活塞面积的 1/9）上的力也逐渐增大。与此同时，头腔排气，压力 p_2 逐渐降低，使作用在头腔侧活塞面上的力逐渐减小。

第三阶段 如图 12-9c 所示，当活塞上下两边的力不能保持平衡时，活塞即离开喷嘴口向下运动，在喷嘴打开的瞬间，储能腔的气压突然加到尾腔的整个活塞面上，于是活塞在很

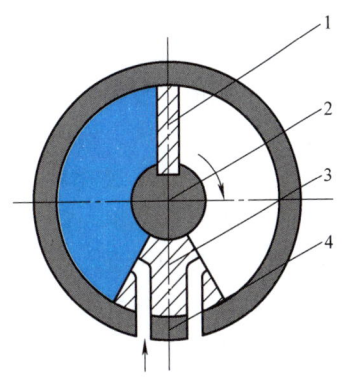

图 12-7 单叶片式摆动气缸的工作原理

1—叶片 2—转子 3—定子 4—缸体

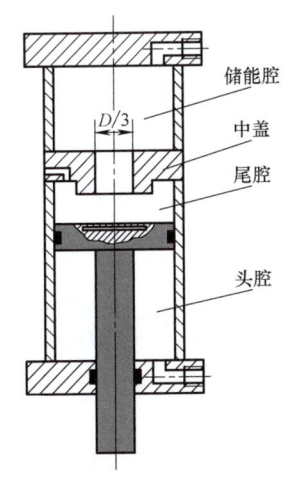

图 12-8 普通型冲击气缸的结构

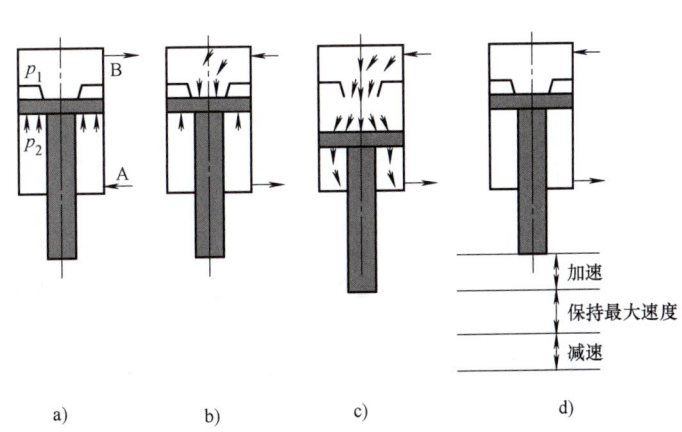

图 12-9 普通型冲击气缸的工作原理及工作过程

大的压差作用下加速向下运动,使活塞、活塞杆等运动部件在瞬间达到很高的速度(为同样条件下普通气缸速度的10~15倍),以很高的动能冲击工件。图12-9d所示为冲击气缸活塞向下自由冲击运动的三个阶段。经过上述三个阶段后,控制阀复位,冲击气缸开始另一个循环。

第二节　气动马达

气动马达是将压缩空气的压力能转换成旋转的机械能的装置,在气压传动中使用最广泛的是叶片式和活塞式气动马达。本节以叶片式气动马达为例简单介绍气动马达的工作原理和它的主要技术性能。

图12-10所示为双向旋转叶片式气动马达的工作原理。当压缩空气从进气口A进入气室后立即喷向叶片1,作用在叶片的外伸部分,产生转矩带动转子2做逆时针方向的转动,输出旋转的机械能,废气从排气口C排出,残余气体则经B口排出(二次排气);若进、排气口互换,则转子反转,输出相反方向的机械能。转子转动的离心力和叶片底部的气压力、弹簧力(图中未画出)使得叶片紧密地抵在定子3的内壁上,以保证密封,提高容积效率。

图12-11所示是在一定工作压力下作出的叶片式气动马达的特性曲线。由图可知,气动马达具有软特性的特点。当外加转矩T等于零时,即为空转,此时速度达到最大值n_{max},气动马达输出的功率等于零;当外加转矩等于气动马达的最大转矩T_{max}时,马达停止转动,此时功率也等于零;当外加转矩等于最大转矩的一半时,马达的转速也为最大转速的1/2,此时马达的输出功率P最大,以P_{max}表示。

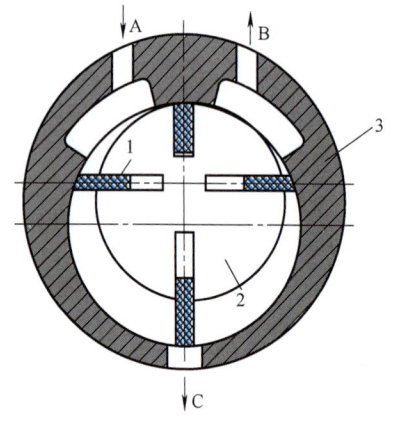

图12-10　双向旋转叶片式气动马达的工作原理
1—叶片　2—转子　3—定子

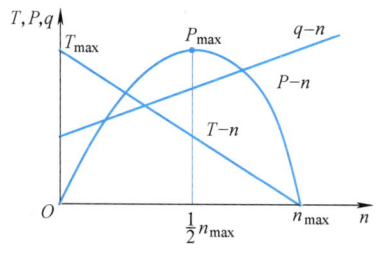

图12-11　叶片式气动马达的特性曲线

叶片式气动马达主要用于风动工具、高速旋转机械及矿山机械等。

由于气动马达具有一些比较突出的特点,在某些工业场合,它比电动马达和液压马达更适用,这些特点是:

1)具有防爆性能。由于气动马达的工作介质空气本身的特性和结构设计上的考虑,能够在工作中不产生火花,故适合于有爆炸、高温、多尘的场合,并能用于空气极潮湿的环境,而无漏电的危险。

2）马达本身的软特性使之能长期满载工作，温升较小，且有过载保护的性能。

3）有较高的起动转矩，能带载起动。

4）换向容易，操作简单，可以实现无级调速。

5）与电动机相比，单位功率尺寸小，自重小，适用于安装在位置狭小的场合及手工工具上。

但气动马达也具有输出功率小、耗气量大、效率低、噪声大和易产生振动等缺点。

习　题

12-1　单作用气缸内径 $D=63\text{mm}$，复位弹簧最大反力 $F=150\text{N}$，工作压力 $p=0.5\text{MPa}$，负载效率为 0.4，求该气缸的推力为多少？

12-2　单杆双作用气缸内径 $D=125\text{mm}$，活塞杆直径 $d=36\text{mm}$，工作压力 $p=0.5\text{MPa}$，气缸负载效率为 0.5，求该气缸的拉力和推力各为多少？

12-3　单杆双作用气缸内径 $D=100\text{mm}$，活塞杆直径 $d=40\text{mm}$，行程 $l=450\text{mm}$，进、退压力均为 $p=0.5\text{MPa}$，在运动周期 $T=5\text{s}$ 下连续运转，$\eta_V=0.9$，求一个往返行程所消耗的自由空气量为多少？

12-4　单叶片摆动式气动马达的内半径 $r=50\text{mm}$，外半径 $R=300\text{mm}$，进、排气口的压力分别为 0.6MPa 和 0.15MPa，叶片轴向宽度 $B=320\text{mm}$，效率 $\eta=0.5$，输入流量为 $0.4\text{m}^3/\text{min}$，$\eta_V=0.6$，求其输出转矩 T 和角速度 ω 为多少？

第十三章 气动控制元件

在气压传动系统中的控制元件是控制和调节压缩空气的压力、流量、流动方向和发送信号的重要元件,利用它们可以组成各种气动控制回路,使气动执行元件按设计的程序正常地进行工作。控制元件按功能和用途可分为方向控制阀、压力控制阀和流量控制阀三大类。此外,尚有通过改变气流方向和通断实现各种逻辑功能的气动逻辑元件和射流元件等。

第一节 方向控制阀

一、方向控制阀的分类

气动换向阀和液压换向阀相似,分类方法也大致相同。气动换向阀按阀芯结构不同可分为滑柱式(又称柱塞式,也称滑阀)换向阀、截止式(又称提动式)换向阀、平面式(又称滑块式)换向阀、旋塞式换向阀和膜片式换向阀,其中以截止式换向阀和滑柱式换向阀应用较多;按其控制方式不同可以分为电磁换向阀、气动换向阀、机动换向阀和手动换向阀,其中后三类换向阀的工作原理和结构与液压换向阀中相应的阀类基本相同;按其作用特点可以分为单向型控制阀和换向型控制阀。

二、单向型控制阀

1. 单向阀

单向阀是指气流只能向一个方向流动而不能反向流动的阀。单向阀的工作原理、结构和图形符号与液压阀中的单向阀基本相同,只不过在气动单向阀中,阀芯和阀座之间有一层胶垫(密封垫),如图13-1所示。

2. 梭阀

在气压传动系统中,当两个通路 P_1 和 P_2 均与通路 A 相通,而不允许 P_1 与 P_2 相通时,就要采用梭阀。由于阀芯像织布梭子一样来回运动,因而称之为梭阀。该阀的结构相当于两个单向阀的组合。在气动逻辑回路中,该阀起到"或"门的作用,是构成逻辑回路的重要元件。

图 13-2 所示为梭阀的工作原理及其图形符号。当通路 P_1 进气时,将阀芯推向右边,通路 P_2 被关闭,于是气流从 P_1 进入通

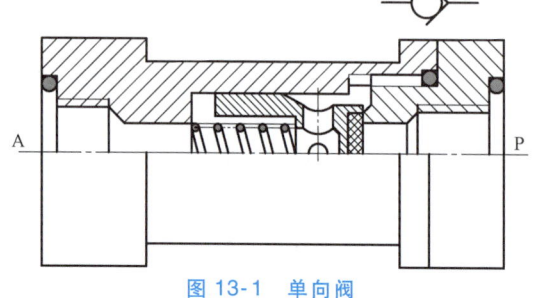

图 13-1 单向阀

路 A，如图 13-2a 所示；反之，气流则从 P_2 进入 A，如图 13-2b 所示；当 P_1、P_2 同时进气时，哪端压力高，A 就与哪端相通，另一端就自动关闭。图 13-2c 所示为梭阀的图形符号。

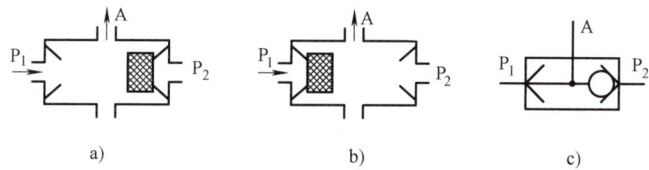

图 13-2　梭阀的工作原理及其图形符号

梭阀在逻辑回路和程序控制回路中被广泛采用。图 13-3 所示为梭阀在手动-自动回路中的应用。

3. 双压阀

双压阀只有两个输入口 P_1、P_2 同时进气时，A 口才有输出，这种阀也是相当于两个单向阀的组合。图 13-4 所示为双压阀的工作原理及其图形符号。当 P_1 或 P_2 单独有输入时，阀芯被推向右端或左端（图 13-4a、b），此时 A 口无输出；只有当 P_1 和 P_2 同时有输入时，A 口才有输出（图 13-4c）。当 P_1 和 P_2 气体压力不等时，则气压低的通过 A 口输出。图 13-4d 所示为双压阀的图形符号。

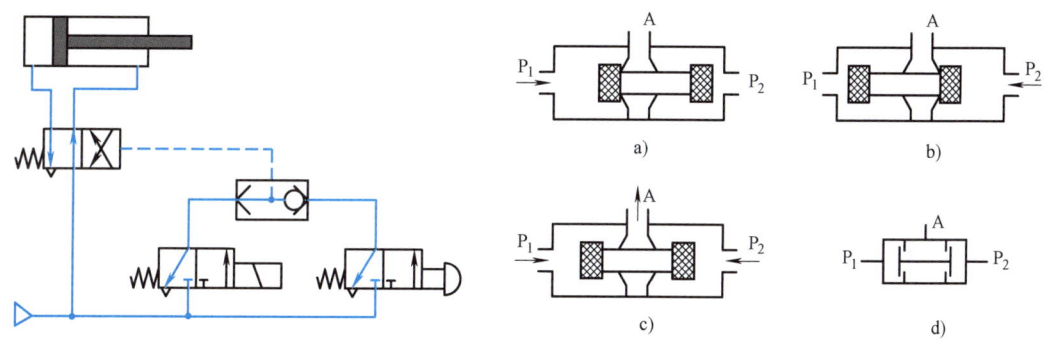

图 13-3　梭阀在手动-自动换向回路中的应用　　图 13-4　双压阀的工作原理及其图形符号

双压阀的应用很广泛。图 13-5 所示为双压阀在钻床控制回路中的应用。行程阀 1 为工件定位信号，行程阀 2 是夹紧工件信号。当两个信号同时存在时，双压阀 3 才有输出，使换向阀 4 切换，钻孔缸 5 进给，钻孔开始。

4. 快速排气阀

快速排气阀简称快排阀。它是为加快气缸运动速度作快速排气用的。通常气缸排气时，气体是从气缸经过管路由换向阀的排气口排出的。如果从气缸到换向阀的距离较长，而换向阀的排气口又小时，排气时间就较长，气缸动作速度较慢。此时，若采用快速排气阀，则气缸内的气体就能直接由快排阀排往大气中，加速气缸的运动速度。试验证明，安装快排阀后，气缸的运动速度可提高 4~5 倍。

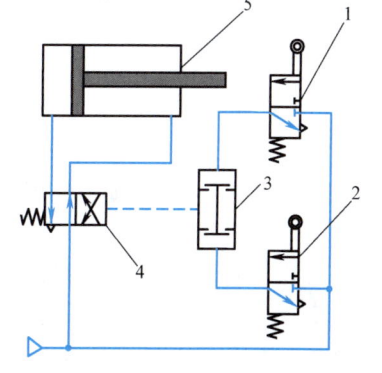

图 13-5　双压阀在钻床控制回路中的应用

快速排气阀的工作原理及其图形符号如图 13-6 所示。当进气腔 P 进入压缩空气时，将密封活塞迅速上推，开启阀口 2，同时关闭排气口 1，使进气腔 P 与工作腔 A 相通，如图 13-6a 所示；当 P 腔没有压缩空气进入时，在 A 腔和 P 腔压差作用下，密封活塞迅速下降，关闭 P 腔，使 A 腔通过阀口 1 经 O 腔快速排气，如图 13-6b 所示。图 13-6c 所示为该阀的图形符号。

快速排气阀的应用回路如图 13-7 所示。在实际使用中，快速排气阀应配置在需要快速排气的气动执行元件附近，否则会影响快排效果。

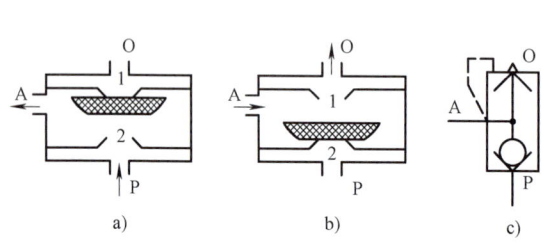

图 13-6　快速排气阀的工作原理及其图形符号
1—排气口　2—阀口

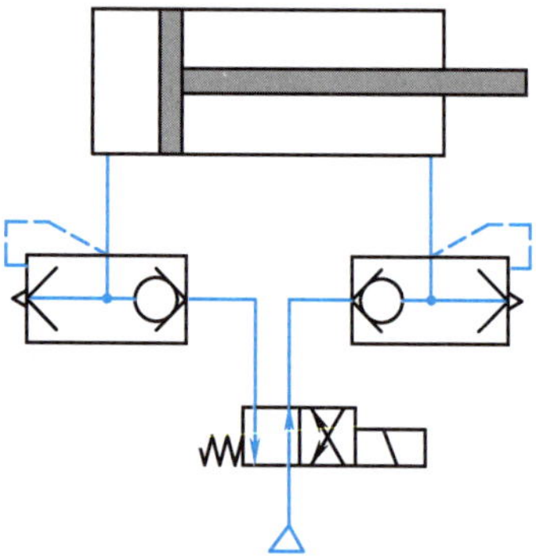

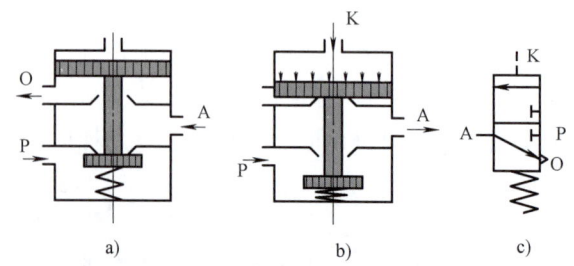

图 13-7　快速排气阀的应用

三、换向型控制阀

换向型方向控制阀（简称换向阀）的功用是改变气体通道使气体流动方向发生变化，从而改变气动执行元件的运动方向。换向型控制阀包括气压控制换向阀、电磁控制换向阀、机械控制换向阀、人力控制换向阀和时间控制换向阀。

（一）气压控制换向阀

气压控制换向阀是利用气体压力来使主阀芯运动而使气体改变流向的，按控制方式不同可分为加压控制、卸压控制和差压控制三种。

加压控制是指所加的控制信号压力是逐渐上升的，当气压增加到阀芯的动作压力时，主阀便换向；卸压控制指所加的气控信号压力是减小的，当减小到某一压力值时，主阀换向；差压控制是使主阀芯在两端压力差的作用下换向。

气控换向阀按主阀结构不同，又可分为截止式和滑阀式两种主要形式，滑阀式气控阀的结构和工作原理与液动换向阀基本相同，在此仅介绍截止式换向阀的工作原理。

1. 截止式气控阀的工作原理

图 13-8 所示为单气控截止式换向阀的工作原理及其图形符号。图 13-8a 所示为没有控制信号 K 时的状态，阀芯在弹簧及 P 腔压力作用下关闭，阀处于排气状态；当输入控制信号 K（图 13-8b）时，主阀芯下移，打开阀口使 P 与 A 相通。故该阀属常闭型二位三通阀，当 P

图 13-8　单气控截止式换向阀的工作原理及其图形符号

与 O 换接时，即成为常通型二位三通阀。图 13-8c 所示为其图形符号。

2. 截止式换向阀的特点

截止式换向阀和滑阀式换向阀一样，可组成二位三通、二位四通、二位五通或三位四通、三位五通等多种形式，与滑阀相比，它的特点是：

1）阀芯的行程短。只要移动很小的距离就能使阀完全开启，故阀开启时间短，通流能力强，流量特性好，结构紧凑，适用于大流量的场合。

图 13-9 所示为两种截止式换向阀阀芯的结构形式，图中 l 表示阀芯的位移，D 表示阀座的孔径，d 为阀芯阀杆的直径。当阀芯与阀座间的通流面积与阀座内的流通面积相等时，阀就完全打开。

对于图 13-9a 所示的情况有 $\pi D^4/4 = \pi Dl$，即

$$l = \frac{D}{4} \quad (13-1)$$

对于图 13-9b 所示的情况有 $\pi(D_2-d_2)/4 = \pi Dl$，即

$$l = \frac{D^2-d^2}{4D} < \frac{D}{4} \quad (13-2)$$

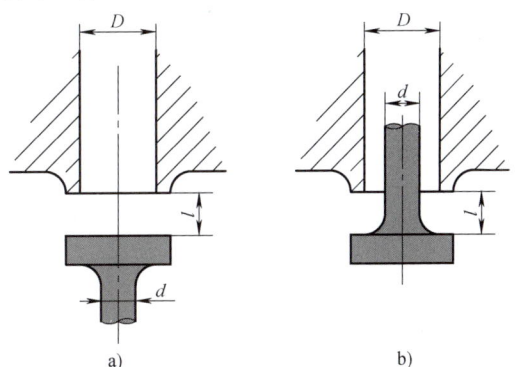

图 13-9 两种截止式换向阀阀芯的结构形式

由式（13-1）、式（13-2）可知，阀芯的位移只要达到阀座孔径的 1/4 就可使阀完全打开。

2）截止式阀一般采用软质材料（如橡胶）密封，且阀芯始终存在背压，所以关闭时密封性好，泄漏量小，但换向力较大，换向时冲击力也较大，所以不宜用在灵敏度要求较高的场合。

3）抗粉尘及污染能力强，对过滤精度要求不高。

（二）电磁控制换向阀

气压传动中的电磁控制换向阀和液压传动中的电磁控制换向阀一样，也由电磁铁控制部分和主阀两部分组成，按控制方式不同分为电磁铁直接控制（直动）式电磁阀和先导式电磁阀两种。它们的工作原理分别与液压阀中的电磁阀和电液动阀相类似，只是两者的工作介质不同而已。

1. 直动式电磁阀

由电磁铁的衔铁直接推动换向阀阀芯换向的阀称为直动式电磁阀，直动式电磁阀分为单电磁铁和双电磁铁两种，单电磁铁换向阀的工作原理及其图形符号如图 13-10 所示。图

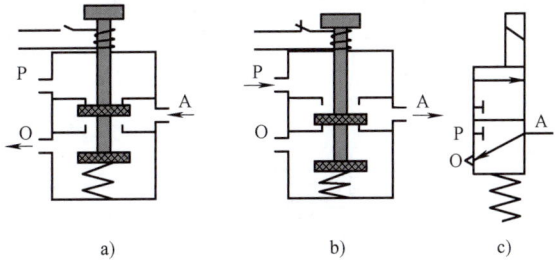

图 13-10 单电磁铁换向阀的工作原理及其图形符号

13-10a 所示为原始状态，图 13-10b 所示为通电时的状态，图 13-10c 所示为该阀的图形符号。从图中可知，这种阀阀芯的移动靠电磁铁，而复位靠弹簧，因而换向冲击较大，故一般只制成小型的阀。若将阀中的复位弹簧改成电磁铁，就成为双电磁铁直动式电磁阀，如图 13-11 所示。图 13-11a 所示为 1 通电、2 断电时的状态，图 13-11b 所示为 2 通电、1 断电时的状态，图 13-11c 所示为其图形符号。由此可见，这种阀的两个电磁铁只能交替得电工作，不能同时得电，否则会产生误动作。因而这种阀具有记忆的功能。

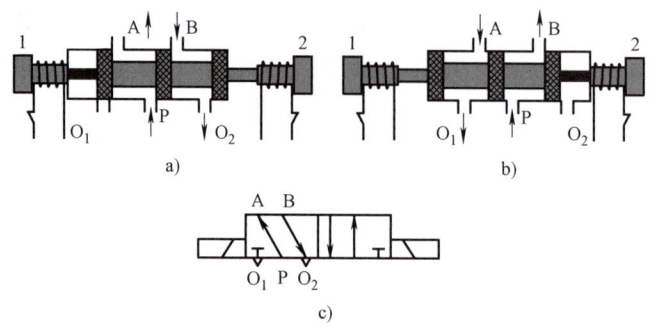

图 13-11　双电磁铁直动式换向阀的工作原理及其图形符号

这种直动式双电磁铁换向阀也可构成三位阀，即电磁铁 1 得电（2 失电）、电磁铁 1 和 2 同时失电及电磁铁 2 得电（1 失电）三个切换位置。在两个电磁铁均失电的中间位置，可形成三种气体流动状态（类似于液压阀的中位机能），即中间封闭（O 型）、中间加压（P 型）和中间泄压（Y 型）。

2. 先导式电磁阀

由电磁铁首先控制从主阀气源节流出来的一部分气体，产生先导压力，去推动主阀阀芯换向的阀类，称之为先导式电磁阀。该先导控制部分，实际上是一个电磁阀，称之为电磁先导阀，由它所控制用以改变气流方向的阀，称为主阀。由此可见，先导式电磁阀由电磁先导阀和主阀两部分组成。一般电磁先导阀都单独制成通用件，既可用于先导控制，也可用于气流量较小的直接控制。先导式电磁阀也分单电磁铁控制和双电磁铁控制两种。图 13-12 所示为双电磁铁控制的先导式换向阀的工作原理及其图形符号，图中控制的主阀为二位阀。同样，主阀也可为三位阀。

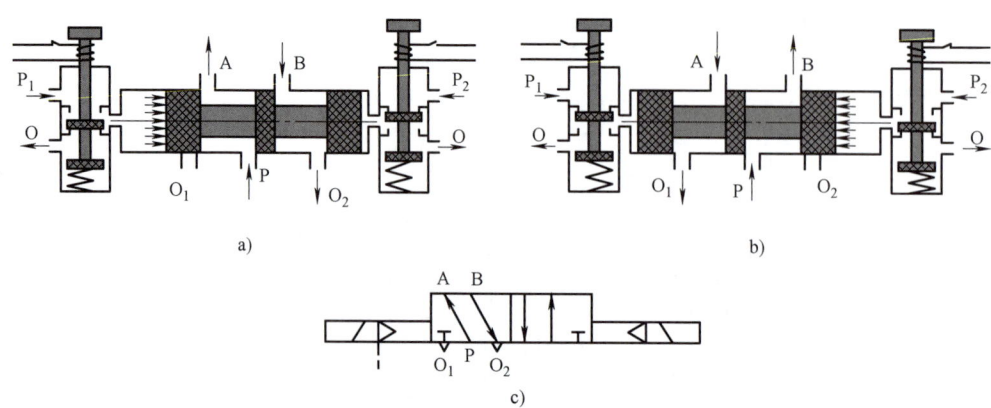

图 13-12　双电磁铁先导式换向阀工作原理及其图形符号

此外还有多联式电磁阀,它是在一个底座上安装很多电磁阀的结构,这将使电磁阀控制非常方便,因此近来被许多气动装置所采用,但在安装时应注意,由一个供气口向各个电磁阀供给压缩空气并同时操纵许多电磁阀时,可能会出现气体供应不足,所以需要确定在一个底座上能够同时安装多少个阀。各电磁阀的排气管有时也合成一个。在排气管设置消声器的情况下,应注意不使消声器产生排气阻力过大。长时间使用后,会引起消声器堵塞,增大阻力。对于这种情况各电磁阀的排气口可能发生气体倒流,甚至使气动执行元件产生误动作。

(三) 时间控制换向阀

时间控制换向阀是使气流通过气阻(如小孔、缝隙等)节流后到气容(储气空间)中,经一定时间气容内建立起一定压力后,再使阀芯换向的阀。在不允许使用时间继电器(电控)的场合(如易燃、易爆、粉尘大等),用气动时间控制就显示出其优越性。

1. 延时阀

图 13-13 所示为二位三通延时换向阀,它是由延时部分和换向部分组成的。当无气控信号时,P 与 A 断开,A 腔排气;当有气控信号时,气体从 K 腔输入经可调节流阀节流后到气容 a 内,使气容不断充气,直到气容内的气压上升到某一值时,使阀芯 2 由左向右移动,使 P 与 A 接通,A 有输出。当气控信号消失后,气容内气压经单向阀到 K 腔排空。这种阀的延时时间可在 0~20s 间调整。

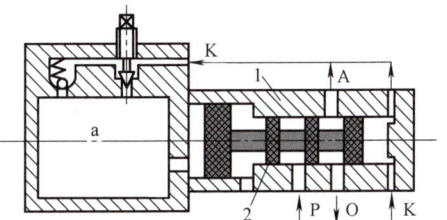

图 13-13 二位三通延时换向阀

2. 脉冲阀

图 13-14 所示为脉冲阀的工作原理,它与延时阀一样也是靠气流流经气阻,气容的延时作用,使压力输入长信号变为短暂的脉冲信号输出的阀类。当有气压从 P 口输入时,阀芯在气压作用下向上移动,A 端有输出。同时,气流从阻尼小孔向气容充气,在充气压力达到动作压力时,阀芯下移,输出消失,这种脉冲阀的工作气压范围为 0.15~0.8MPa,脉冲时间小于 2s。

机械控制换向阀和人力控制换向阀是靠机动(行程挡块等)和人力(手动或脚踏等)来使阀产生切换动作的,其工作原理与液压阀中相类似的阀基本相同,在此不再重复。

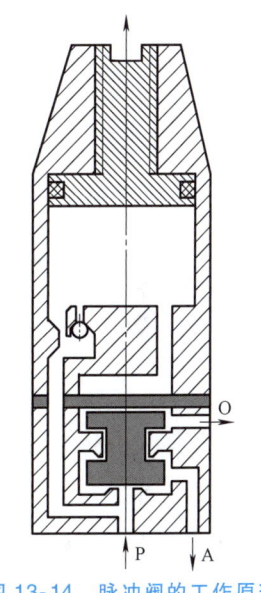

图 13-14 脉冲阀的工作原理

第二节 压力控制阀

压力控制阀主要用来控制系统中气体的压力,满足各种压力要求或用以节能。

气压传动系统与液压传动系统不同的一个特点是,液压传动系统的液压油是由安装在每台设备上的液压源直接提供;而气压传动则是将比使用压力高的压缩空气储于储气罐中,然后减压到适用于系统的压力。因此每台气动装置的供气压力都需要用减压阀(在气动系统中又称调压阀)来减压,并保持供气压力值稳定。对于低压控制系统(如气动测量),除用减压阀降低压力外,还需要用精密减压阀(或定值器)以获得更稳定的供气压力。这类压力控制阀当输入压力在一定范围内改变时,能保持输出压力不变;当管路中压力超过允许压力时,为了保证系统的工作安全,往往用安全阀实现自动排气,以使系统的压力下降;有时,气动装置中不便安装行程阀而要依据气压的大小来控制两个以上的气动执行机构的顺序动作,能实现这种功能的压力控制阀称为顺序阀。因此,在气压传动系统中压力控制可分为三类:①起降压稳压作用的减压阀、定值器;②起限压安全保护作用的安全阀、限压切断阀等;③根据气路压力不同进行某种控制的顺序阀、平衡阀等。所有的压力控制阀,都是利用空气压力和弹簧力相平衡的原理来工作的。由于安全阀、顺序阀的工作原理与液压控制阀中溢流阀(安全阀)和顺序阀基本相同,因而本节主要讨论气动减压阀(调压阀)的工作原理和主要性能。

1. 气动调压阀的工作原理

图 13-15 所示为直动式调压阀的工作原理及其图形符号。当顺时针方向调整手柄 1 时,调压弹簧 2(实际上有两个弹簧)推动下弹簧座 3、膜片 4 和阀芯 5 向下移动,使阀口开启,气流通过阀口后压力降低,从右侧输出二次压力气。与此同时,有一部分气流由阻尼孔 7 进入膜片室,在膜片下产生一个向上的推力与弹簧力平衡,调压阀便有稳定的压力输出。当输入压力 p_1 增高时,输出压力 p_2 也随之增高,使膜片下的压力也增高,将膜片向上推,阀芯 5 在复位弹簧 9 的作用下上移,从而使阀口 8 的开度减小,节流作用增强,使输出压力降低到调定值为止;反之,若输入压力下降,则输出压力也随之下降,膜片下移,阀口开度增大,节流作用降低,使输出压力回升到调定压力,以维持压力稳定。

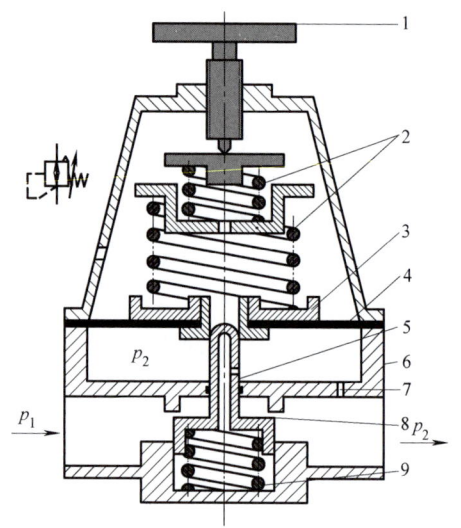

图 13-15 直动式调压阀的工作
原理及其图形符号
1—手柄 2—调压弹簧 3—下弹簧座
4—膜片 5—阀芯 6—阀套 7—阻尼孔
8—阀口 9—复位弹簧

调节手柄 1 以控制阀口开度的大小,即可控制输出压力的大小。目前常用的 QTY 型调压阀的最大输入压力为 1.0MPa,其输出流量随阀的通径大小而改变。

2. 气动调压阀的基本性能

(1) 调压阀的调压范围 气动调压阀的调压范围是指它的输出压力 p_2 的可调范围,在此范围内要求达到规定的精度。调压范围主要与调压弹簧的刚度有关。为使输出压力在高低调定值下都能得到较好的流量特性,常采用两个并联或串联的调压弹簧。一般调压阀最大输出压力是 0.6MPa,调压范围是 0.1~0.6MPa。

(2) 调压阀的压力特性 调压阀的压力特性是指流量 q 一定时,输入压力 p_1 波动而引起输出压力 p_2 波动的特性。当然,输出压力波动越小,减压阀的特性越好。

输出压力 p_2 必须低于输入压力 p_1 一定值后,才基本上不随输入压力变化而变化。调压阀的压力特性曲线如图 13-16 所示。

(3) 调压阀的流量特性 调压阀的输入压力 p_1 一定时，输出压力 p_2 随输出流量 q 而变化的特性。很明显，当流量 q 发生变化时，输出压力 p_2 的变化越小越好。图 13-17 所示为调压阀的流量特性曲线，由图可见，输出压力越低，它输出流量的变化波动就越小。

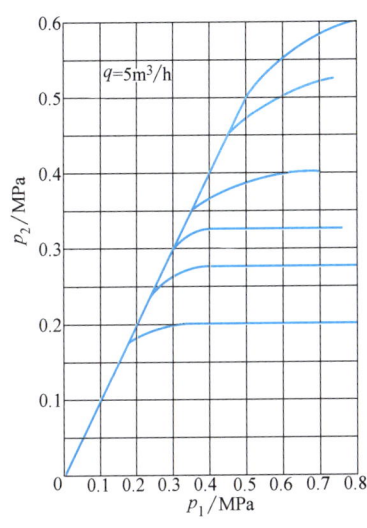

图 13-16　调压阀的压力特性曲线

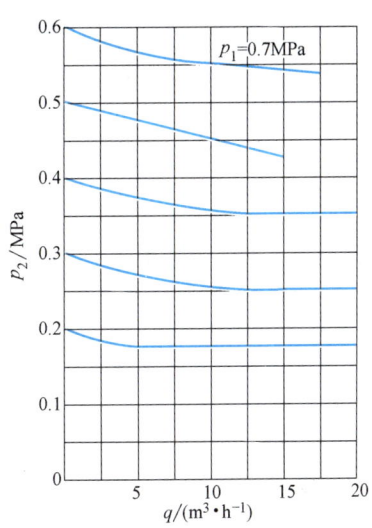

图 13-17　调压阀的流量特性曲线

第三节　流量控制阀

在气压传动系统中，经常要求控制气动执行元件的运动速度，这要靠调节压缩空气的流量来实现。凡用来控制气体流量的阀，称为流量控制阀。流量控制阀就是通过改变阀的通流截面积来实现流量控制的元件，它包括节流阀、单向节流阀、排气节流阀和柔性节流阀等。由于节流阀和单向节流阀的工作原理与液压阀中同类型阀相似，在此不再重复。本节仅对排气节流阀和柔性节流阀做一简要介绍。

一、排气节流阀

排气节流阀的节流原理和节流阀一样，也是靠调节通流面积来调节阀流量的。它们的区别是，节流阀通常是安装在系统中调节气流的流量，而排气节流阀只能安装在排气口处，调节排入大气的流量，以此来调节执行机构的运动速度。图 13-18 所示为排气节流阀的工作原理及其图形符号，气流从 A 口进入阀内，由节流口 1 节流后经消声套 2 排出。因而它不仅能调节执行元件的运动速度，而且还能起到降低排气噪声的作用。

排气节流阀通常安装在换向阀的排气口处

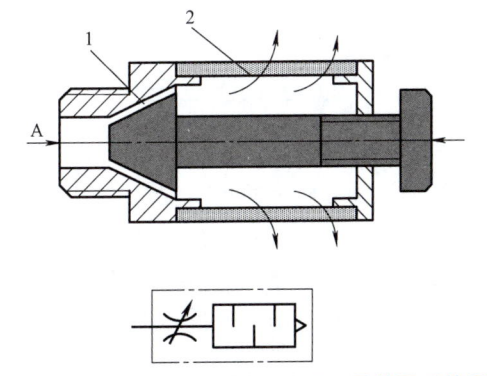

图 13-18　排气节流阀的工作原理及其图形符号

1—节流口　2—消声套

与换向阀联用,起单向节流阀的作用。它实际上只不过是节流阀的一种特殊形式,但由于其结构简单,安装方便,能简化回路,故应用日益广泛。

二、柔性节流阀

图 13-19 所示为柔性节流阀的工作原理,依靠阀杆夹紧柔韧的橡胶管而产生节流作用,也可以利用气体压力来代替阀杆压缩橡胶管。柔性节流阀结构简单,动作可靠性高,对污染不敏感,通常工作压力范围为 0.3~0.63MPa。

应当指出,用流量控制阀控制气动执行元件的运动速度,其精度远不如液压控制高。特别是在超低速控制中,要按照预定行程变化来控制速度,只用气动是很难实现的。在外部负载变化较大时,仅用气动流量阀也不会得到满意的调速效果。为提高其运动平稳性,建议采用气液联动的方式。

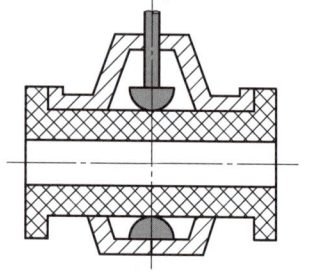

图 13-19 柔性节流阀的工作原理

第四节 气动逻辑元件

气动逻辑元件是用压缩空气为介质,通过元件的可动部件在气控信号作用下动作,改变气流方向以实现一定逻辑功能的气体控制元件。实际上气动方向控制阀也具有逻辑元件的各种功能,所不同的是它的输出功率较大,尺寸大,而气动逻辑元件的尺寸较小,因此在气动控制系统中广泛采用各种形式的气动逻辑元件(逻辑阀)。

一、气动逻辑元件的分类

气动逻辑元件的种类很多,一般可按下列方式来分类:

(1) **按工作压力来分** 可分为高压元件(工作压力为 0.2~0.8MPa)、低压元件(工作压力为 0.02~0.2MPa)及微压元件(工作压力在 0.02MPa 以下)三种。

(2) **按逻辑功能分** 可分为"是门"($S=A$)元件、"或门"($S=A+B$)元件、"与门"($S=AB$)元件、"非门"($S=\overline{A}$)元件和双稳元件等。

(3) **按结构形式分** 可分为截止式逻辑元件、膜片式逻辑元件和滑阀式逻辑元件等。

二、高压截止式逻辑元件

高压截止式逻辑元件是依靠控制气压信号推动阀芯或通过膜片的变形推动阀芯动作,改变气流的流动方向以实现一定逻辑功能的逻辑元件。这类元件的特点是行程小,流量大,工作压力高,对气源净化要求低,便于实现集成安装和实现集中控制,其拆卸也很方便。

1. 或门

截止式逻辑元件中的或门,大多由硬芯膜片及阀体所构成,膜片可水平安装,也可垂直

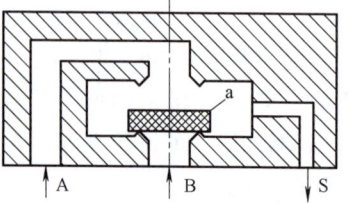 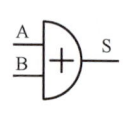

图 13-20 或门元件的工作原理及其图形符号

安装。图 13-20 所示为或门元件的工作原理及其图形符号，图中 A、B 为信号输入孔，S 为输出孔。当只有 A 有信号输入时，阀芯 a 在信号气压作用下向下移动，封住信号孔 B，气流经 S 输出；当只有 B 有输入信号时，阀芯口在此信号作用下上移，封住 A 信号孔通道，S 也有输出；当 A、B 均有输入信号时，阀芯口在两个信号作用下或上移，或下移，或保持在中位，S 均会有输出。也就是说，或有 A，或有 B，或者 A、B 二者都有，均有输出 S，亦即 S=A+B。

2. 是门和与门元件

图 13-21 所示为是门和与门元件的工作原理及其图形符号，图中 A 为信号输入孔，S 为信号输出孔，中间孔接气源 P 时为是门元件。也就是说，在 A 输入孔无信号时，阀芯 2 在弹簧及气源压力 p 作用下处于图示位置，封住 P、S 间的通道，使输出孔 S 与排气孔相通，S 无输出；反之，当 A 有输入信号时，膜片 1 在输入信号作用下将阀芯 2 推动下移，封住输出口与排气孔间通道，P 与 S 相通，S 有输出。也就是说，无输入信号时无输出，有输入信号时就有输出。元件的输入和输出信号之间始终保持相同的状态，即 S=A。

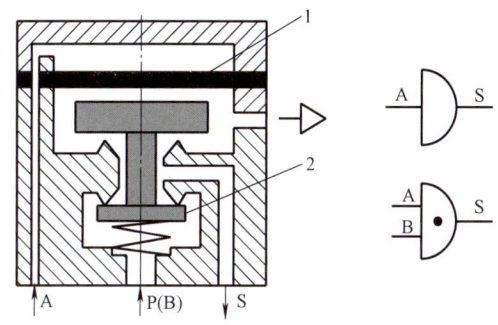

图 13-21　是门和与门元件的工作原理及其图形符号

1—膜片　2—阀芯

若将中间孔不接气源而换接另一输入信号 B，则成与门元件，也就是只有当 A、B 同时有输入信号时，S 才有输出，即 S=A·B。

3. 非门和禁门元件

图 13-22 所示为非门和禁门元件的工作原理及其图形符号。当元件的输入端 A 没有信号输入时，阀芯 3 在气源压力作用下紧压在上阀座上，输出端 S 有输出信号；反之，当元件的输入端 A 有输入信号时，作用在膜片 2 上的气压力经阀杆使阀芯 3 向下移动，关断气源通路，没有输出。也就是说，当有信号 A 输入时，就没有输出 S；当没有信号 A 输入时，就有输出 S，即 S=$\overline{A}$。显示活塞 1 用以显示有无输出。

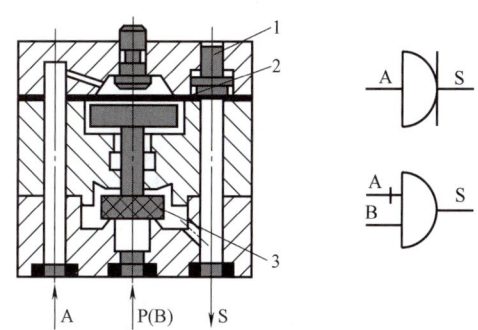

图 13-22　非门和禁门元件的工作原理及其图形符号

1—显示活塞　2—膜片　3—阀芯

若把中间孔不作气源孔 P，而改作另一输入信号孔 B，该元件即为"禁门"元件。也就是说，当 A、B 均有输入信号时，阀杆及阀芯 3 在 A 输入信号作用下封住 B 孔，S 无输出；在 A 无输入信号而 B 有输入信号时，S 就有输出。A 的输入信号对 B 的输入信号起"禁止"作用，即 S=$\overline{A}$B。

4. 或非元件

图 13-23 所示为或非元件的工作原理及其图形符号，它是在非门元件的基础上增加两个信号输入端，即具有 A、B、C 三个输入信号。很明显，当所有的输入端都没有输入信号时，元件有输出 S，只要三个输入端中有一个有输入信号，元件就没有输出 S，即 S=$\overline{A+B+C}$。

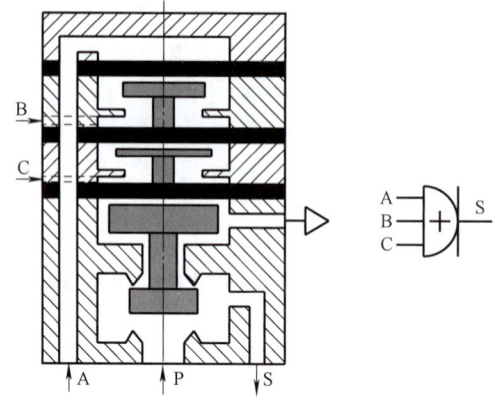

图 13-23 或非元件的工作原理及其图形符号

或非元件是一种多功能逻辑元件,用这种元件可以实现是门、或门、与门、非门及记忆等各种逻辑功能,见表 13-1。

表 13-1 或非元件的逻辑功能

是门		
或门		$S=A+B$
与门		$S=A \cdot B$
非门		$S=\overline{A}$
双稳		

5. 双稳元件

双稳元件属记忆元件,在逻辑回路中起着重要的作用。图 13-24 所示为双稳元件的工作原理及其图形符号。当 A 有输入信号时,阀芯 a 被推向图中所示的右端位置,气源的压缩空气便由 P 通至 S_1 输出,而 S_2 与排气口相通,此时"双稳"处于"1"状态;在控制端 B 的输入信号到来之前,A 的信号虽然消失,但阀芯 a 仍保持在右端位置,S_1 总是有输出;当 B 有输入信号时,阀芯 a 被推向左端,此时压缩空气由 P 至 S_2 输出,而 S_1 与排气孔相通,于是"双稳"处于"0"状态,在 B 信号消失后,a 信号输入之前,阀芯 a 仍处于左端位置，S_2 总有输出。所以该元件具有记忆功能，即 $S_1 = K_B^A$，$S_2 = K_A^B$。但是，在使用中不能在双稳元件的两个输入端同时加输入信号，那样元件将处于不定工作状态。

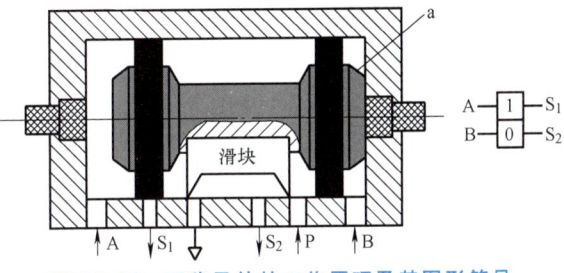

图 13-24 双稳元件的工作原理及其图形符号

三、高压膜片式逻辑元件

高压膜片元件是利用膜片式阀芯的变形来实现各种逻辑功能的。它的最基本的单元是三门元件和四门元件。

1. 三门元件

三门元件的工作原理及其图形符号如图 13-25 所示，它是由左、右气室及膜片组成的，左气室有输入口 A 和输出口 B，右气室有一个输入口 C，一膜片将左、右两个气室隔开。因为元件共有三个口，所以称为三门元件。在图 13-25 中，A 口接气源（输入），B 口为输出口，C 口接控制信号，若 A 口和 C 口输入相等的压力，因 B 口通大气，由于膜片两边作用面积不同，受力不等，A 口通道被封闭，所以从 A 到 B 的气路不通。当 C 口的信

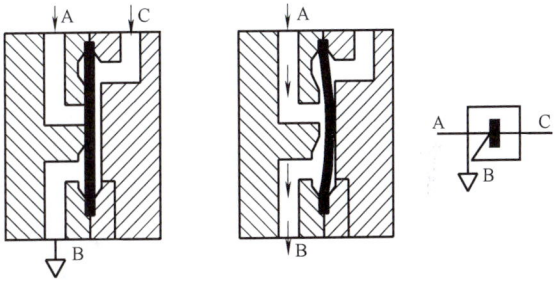

图 13-25 三门元件的工作原理及其图形符号

号消失后，膜片在 A 口气源压力作用下变形，使 A 到 B 的气路接通；但在 B 口接负载时，三门的关断是有条件的，即 B 口降压或 C 口升压才能保证可靠地关断。利用这个压力差作用的原理，关闭或开启元件的通道，可组成各种逻辑元件。

2. 四门元件

四门元件的工作原理及其图形符号如图 13-26 所示，膜片将元件分成左、右两个对称的气室，左气室有输入口 A 和输出口 B，右气室有输入口 C 和输出口 D，因为共有四个口，所以称之为四门元件。四门元件是一个压力比较元件。若输入口 A 的气压比输入口 C 的气压低，则膜片封闭 B 的通道，使 A 和 B 气路断开，C 和 D 气路接通；反之，C 到 D 通路断开，A 到 B 气路接通。也就是说膜片两侧都有压力且压力不相等时，压力小的一侧通道被断开，压力高的一侧通道被导通；若膜片两侧气压相等，则要看哪一通道的气流先到达气室，先到者通过，迟到者不能通过。

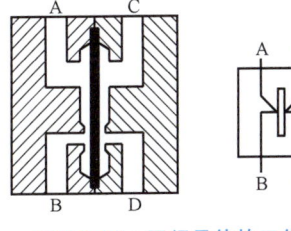

图 13-26 四门元件的工作原理及其图形符号

根据上述三门和四门这两个基本元件，就可构成逻辑回路中常用的或门、与门、非门、记忆元件等。

四、逻辑元件的选用

气动逻辑控制系统所用气源的压力变化必须保障逻辑元件正常工作需要的气压范围和输出端切换时所需的切换压力，逻辑元件的输出流量和响应时间等在设计系统时可根据系统要

求参照有关资料选取。

无论采用截止式或膜片式高压逻辑元件,都要尽量将元件集中布置,以便于集中管理。

由于信号的传输有一定的延时,信号的发出点(例如行程开关)与接收点(例如元件)之间,不能相距太远,一般说来,最好不要超过几十米。

当逻辑元件要相互串联时,一定要有足够的流量,否则可能无力推动下一级元件。

另外,尽管高压逻辑元件对气源过滤要求不高,但最好使用过滤后的气源,一定不要使加入油雾的气源进入逻辑元件。

第五节　气动比例阀及气动伺服阀

工业自动化的发展,一方面对气动控制系统的精度和调节性能都提出了更高的要求,如在高技术领域中的气动机械手、柔性自动生产线等部分,都需要对气动执行机构的输出速度、压力和位置等按比例进行伺服调节;另一方面气动系统各组成元件在性能及功能上都得到了极大的改进;同时,气动元件与电子元件的结合使控制回路的电子化得到迅速发展,利用微型计算机使新型的控制思想得以实现,传统的点位控制已不能满足更高要求,并逐步被一些新型系统所取代。现已实用化的气动系统,大多为断续控制,和电子技术结合之后,可连续控制位置、速度及力等的电-气伺服控制系统将得到大的发展。在工业较为发达的国家,电-气比例伺服技术、气动位置伺服控制系统、气动力伺服控制系统等已从实验室走向工业应用。本节主要介绍气动比例阀及气动伺服阀的工作原理。

一、气动比例阀

气动比例阀是一种输出量与输入信号成比例的气动控制阀,它可以按给定的输入信号连续地、按比例地控制气流的压力、流量和方向等。由于比例阀具有压力补偿的性能,所以其输出压力、流量等可不受负载变化的影响。

按控制信号的类型,可将气动比例阀分为气控比例阀和电控比例阀。气控比例阀以气流作为控制信号,控制阀的输出参量,可以实现流量放大,在实际系统中应用时,一般应与电-气转换器相结合,才能对各种气动执行机构进行压力控制。电控比例阀则以电信号作为控制信号。

1. 气控比例压力阀

气控比例压力阀是一种比例元件,阀的输出压力 p_2 与信号压力 p_1 成比例。图 13-27 所示为气控比例压力阀的工作原理。当有输入信号压力 p_1 时,信号压力膜片 1 变形,推动硬芯使主阀芯 3 向下运动,打开主阀口,气源压力经过主阀芯节流后形成输出压力 p_2。输出压力膜片 2 起反馈作用,并使输出压力信号与信号压力之间保持比例。当输出压力 p_2 小于信号压力 p_1 时,膜片组向下运动,使主阀口开大,输出压力 p_2 增大。当 p_2 大于 p_1 时,输出压力膜片 2 向上运动,溢流阀芯开启,多余的气体排至大气。调节针阀的作用是使输出压力的一部分加到信号压力腔,形成正反馈,增加阀的工作稳定性。

2. 电控比例压力阀

图 13-28 所示为喷嘴挡板式电控比例压力阀的工作原理及其图形符号。它由动圈式比例电磁铁、喷嘴挡板放大器、气控比例压力阀三部分组成。比例电磁铁由永久磁铁 1、线圈 2 和片

簧 7 构成。当电流输入时,线圈 2 带动挡板 3 产生微量位移,改变其与喷嘴 4 之间的距离,使喷嘴 4 的背压 p_1 改变。膜片组 10 为比例压力阀的信号膜片及输出压力反馈膜片。背压 p_1 的变化通过膜片组 10 控制阀芯 11 的位置,从而控制输出压力 p_2。喷嘴 4 的压缩空气由气源 p_s 经节流阀 5 供给。

二、气动伺服阀

气动伺服阀的工作原理类似于气动比例阀,它也是通过改变输入信号来对输出的参数进行连续地、成比例地控制。与比例阀相比,除了在结构上有差异外,主要在于伺服阀具有很高的动态响应和静态性能。但其价格也较贵,使用维护较为困难。

气动伺服阀的控制信号均为电信号,故又称电-气伺服阀。这是一种将电信号转换成气压信号的电气转换装置,是电-气伺服系统中的核心部件。图 13-29 所示为力反馈式电-气伺服阀的工

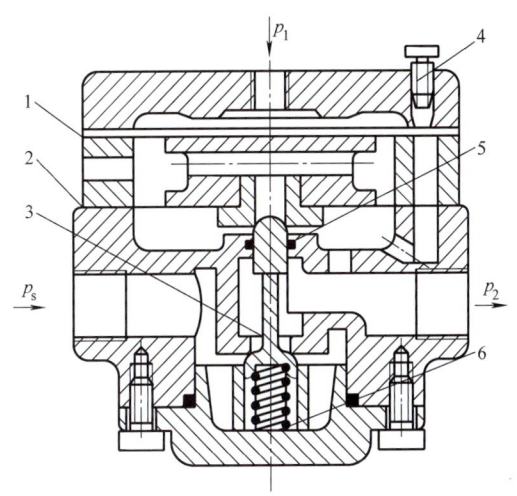

图 13-27 气控比例压力阀的工作原理
1—信号压力膜片 2—输出压力膜片 3—主阀芯
4—调节针阀 5—溢流阀芯 6—弹簧

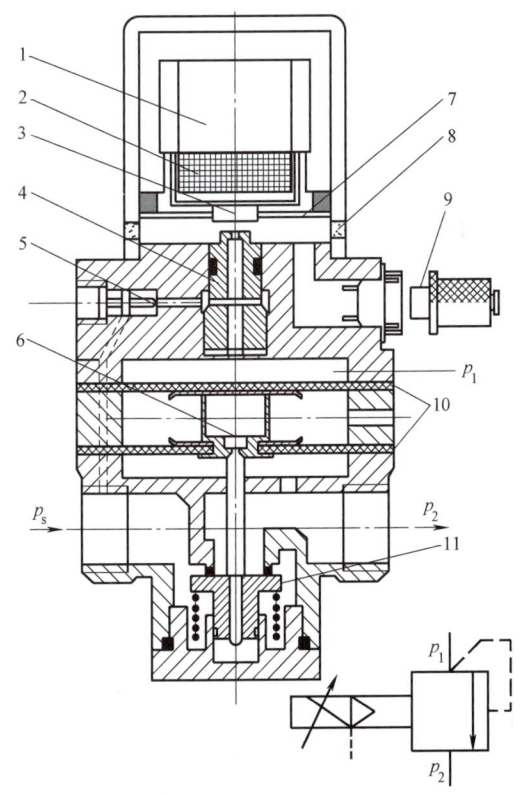

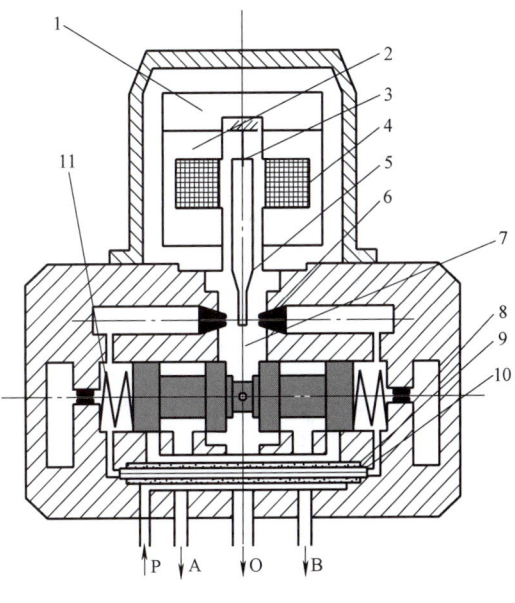

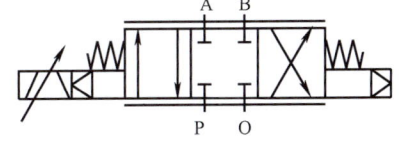

图 13-28 喷嘴挡板式电控比例压力阀的
工作原理及其图形符号
1—永久磁铁 2—线圈 3—挡板 4—喷嘴
5—节流阀 6—溢流口 7—片簧 8—过滤片
9—插头 10—膜片组 11—阀芯

图 13-29 反馈式电-气伺服阀的
工作原理及其图形符号
1—永久磁铁 2—导磁体 3—支撑弹簧 4—线圈
5—挡板 6—喷嘴 7—反馈杆 8—阻尼气室
9—过滤器 10—固定节流孔 11—补偿弹簧

作原理及其图形符号。其中第一级气压放大器为喷嘴挡板阀，由力矩马达控制，第二级气压放大器为滑阀，阀芯位移通过反馈杆转换成机械力矩反馈到力矩马达上。其工作原理为：当有一电流输入力矩马达控制线圈时，力矩马达产生电磁力矩，使挡板偏离中位（假设其向左偏转），反馈杆变形。这时两个喷嘴挡板阀的喷嘴前腔产生压力差（左腔高于右腔），在此压力差的作用下，滑阀向右移动，反馈杆端点随着一起移动，反馈杆进一步变形，反馈杆变形产生的力矩与力矩马达的电磁力矩相平衡，使挡板停留在某个与控制电流相对应的偏转角上。反馈杆的进一步变形使挡板被部分拉回中位，反馈杆端点对阀芯的反作用力与阀芯两端的气动力相平衡，使阀芯停留在与控制电流相对应的位移上。这样，伺服阀就输出一个对应的流量，达到了用电流控制流量的目的。

习　题

13-1　调压阀的调压弹簧为什么要采用双弹簧结构？这两根弹簧串联时和并联时有什么不同？

13-2　有一气缸，当信号 A、B、C 中任一信号存在时都可使其活塞返回，试设计其控制回路。

13-3　化简式 $S=(AB+\overline{A}B+C)\overline{AB}$，并画出用高压截止式逻辑元件组成的控制回路。

13-4　图 13-30 所示为由高压膜片式四门元件和三门元件组成的高压膜片式双稳元件的图形符号，参考图 13-25 和图 13-26 说明该双稳元件的工作原理。

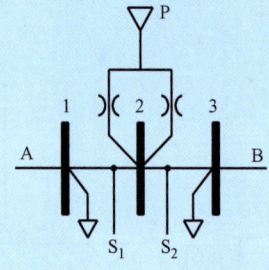

图 13-30　题 13-4 图

第十四章 气动基本回路

气压传动系统的形式很多,但是和液压传动系统一样,也是由不同功能的基本回路所组成的,熟悉常用的基本回路是分析和设计气压传动系统的必要基础。本章主要叙述常用气动控制回路的工作原理及其应用特点。

第一节 换向回路

一、单作用气缸换向回路

图 14-1 所示为单作用气缸换向回路。图 14-1a 所示是用二位三通电磁阀控制的单作用气缸上、下回路,该回路中,当电磁铁得电时,气缸向上伸出,失电时气缸在弹簧作用下返回。图 14-1b 所示为三位四通电磁阀控制的单作用气缸上、下和停止的回路,该阀在两电磁铁均失电时能自动对中,使气缸停于任何位置,但定位精度不高,且定位时间不长。

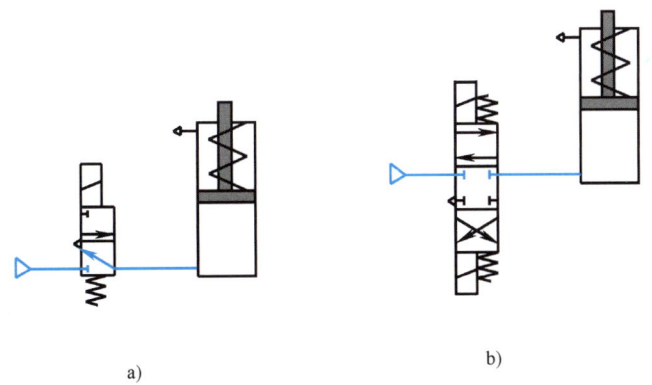

图 14-1 单作用气缸换向回路

二、双作用气缸换向回路

图 14-2 所示为各种双作用气缸的换向回路。图 14-2a 所示是比较简单的换向回路;图 14-2f 还有中停位置,但中停定位精度不高;图 14-2d、e、f 的两端控制电磁铁线圈或按钮不能同时操作,否则将出现误动作,其回路相当于双稳的逻辑功能;对图 14-2b 所示的回路,当 A 处有压缩空气时,气缸推出,反之,气缸退回。

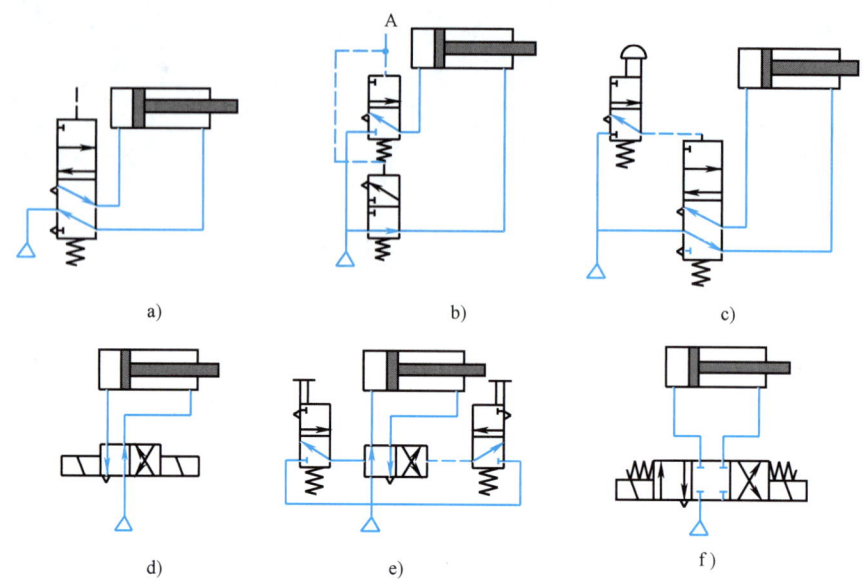

图 14-2 双作用气缸换向回路

第二节 速度控制回路

一、单作用气缸速度控制回路

图 14-3 所示为单作用气缸的速度控制回路。在图 14-3a 所示的回路中，升、降均通过节流阀调速，两个相反安装的单向节流阀可分别控制活塞杆的伸出及缩回速度。在图 14-3b 所示的回路中，气缸上升时可调速，下降时则通过快排气阀排气，使气缸快速返回。

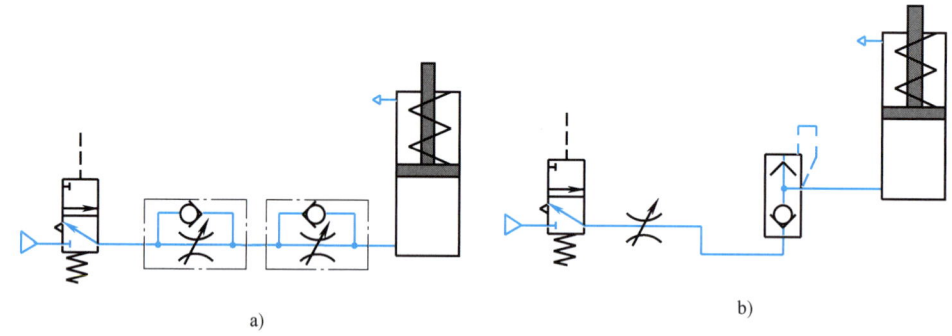

图 14-3 单作用气缸的速度控制回路

二、双作用气缸速度控制回路

1. 单向调速回路

双作用气缸有节流供气和节流排气两种调速方式。

图 14-4a 所示为节流供气调速回路，在图示位置，当气控换向阀不换向时，进入气缸 A 腔的气流流经节流阀，B 腔排出的气体直接经换向阀快排。当节流阀开度较小时，由于进入

A腔的流量较小,压力上升缓慢,当气压达到能克服负载时,活塞前进,此时A腔容积增大,结果使压缩空气膨胀,压力下降,使作用在活塞上的力小于负载,因而活塞就停止前进。待压力再次上升时,活塞才再次前进。这种由于负载及供气的原因使活塞忽走忽停的现象,称为气缸的"爬行"。节流供气的不足之处主要表现为:

1) 当负载方向与活塞运动方向相反时,活塞运动易出现不平稳现象,即"爬行"现象。
2) 当负载方向与活塞运动方向一致时,由于排气经换向阀快排,几乎没有阻尼,负载易产生"跑空"现象,使气缸失去控制。

所以节流供气多用于垂直安装的气缸的供气回路中,在水平安装的气缸的供气回路中一般采用图14-4b所示的节流排气的回路,由图示位置可知,当气控换向阀不换向时,从气源来的压缩空气,经气控换向阀直接进入气缸的A腔,而B腔排出的气体必须经节流阀到气控换向阀而排入大气,因而B腔中的气体就具有一定的压力。此时活塞在A腔与B腔的压力差作用下前进,而减少了"爬行"发生的可能性,调节节流阀的开度,就可控制不同的排气速度,从而也就控制了活塞的运动速度。排气节流调速回路具有下述特点:

1) 气缸速度随负载变化较小,运动较平稳。
2) 能承受与活塞运动方向相同的负载(反向负载)。

以上的讨论,适用于负载变化不大的情况。当负载突然增大时,由于气体的可压缩性,就将迫使气缸内的气体压缩,使活塞运动速度减慢;反之,当负载突然减小时,气缸内被压缩的空气,必然膨胀,使活塞运动加快,这称为气缸的"自走"现象。因此在要求气缸具有准确而平稳的速度时(尤其在负载变化较大的场合),就要采用气液相结合的调速方式了。

2. 双向调速回路

在气缸的进、排气口装设节流阀,就组成了双向调速回路。在图14-5所示的双向节流调速回路中,图14-5a所示为采用单向节流阀式的双向节流调速回路,图14-5b所示为采用排气节流阀的双向节流调速回路。

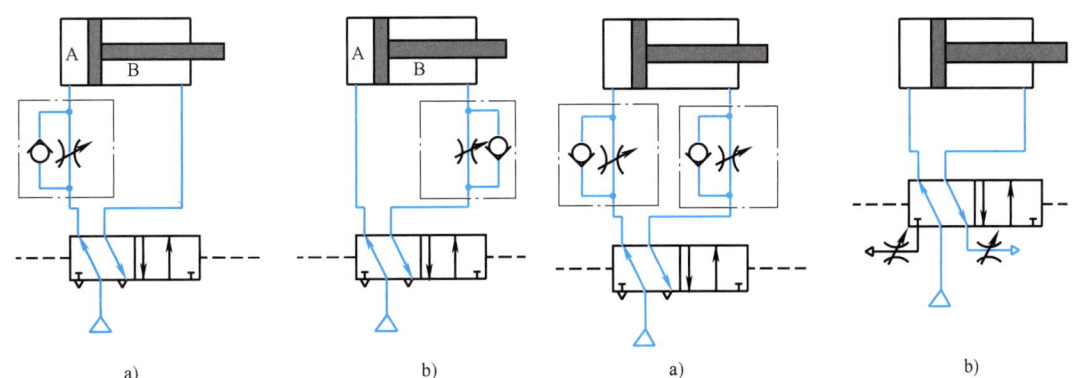

　　a)　　　　　　　　b)　　　　　　　　a)　　　　　　　　b)

图14-4　双作用气缸单向调速回路　　　图14-5　双向节流调速回路

三、快速往复运动回路

若将图14-5a中两只单向节流阀换成快速排气阀就构成了快速往复回路(见图13-7),

若欲实现气缸单向快速运动，可只采用一只快速排气阀。

四、速度换接回路

如图 14-6 所示，速度换接回路利用两个二位二通阀与单向节流阀并联，当撞块压下行程开关时，发出电信号，使二位二通阀换向，改变排气通路，从而使气缸速度改变。行程开关的位置可根据需要选定。图中二位二通阀也可改用行程阀。

五、缓冲回路

要获得气缸行程末端的缓冲，除采用带缓冲的气缸外，特别是在行程长、速度快、惯性大的情况下，往往需要采用缓冲回路来满足气缸运动速度的要求。常用的缓冲回路如图14-7所示。图 14-7a 所示的回路能实现快进→慢进缓冲→停止快退的循环，行程阀可根据需要来调整缓冲开始位置，这种回路常用于惯性力大的场合。图 14-7b 所示回路的特点是，当活塞返回到行程末端时，其左腔压力已降至打不开顺序阀 2 的程度，余气只能经节流阀 1 排出，因此活塞得到缓冲，这种回路常用于行程长、速度快的场合。

图 14-7 所示的回路都只能实现一个运动方向上的缓冲，若两侧均安装此回路，则可达到双向缓冲的目的。

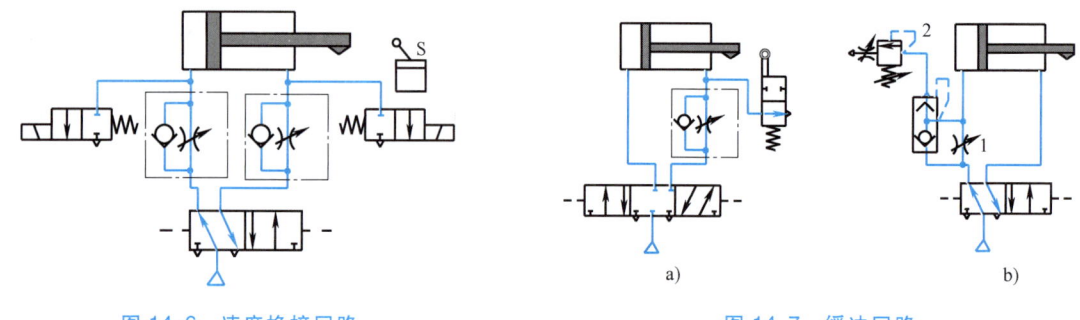

图 14-6　速度换接回路　　　　图 14-7　缓冲回路

第三节　压力控制回路

压力控制回路的功用是使系统保持在某一规定的压力范围内。常用的有一次压力控制回路、二次压力控制回路和高低压转换回路。

一、一次压力控制回路

这种回路用于使储气罐送出的气体压力不超过规定压力。为此，通常在储气罐上安装一只安全阀，用来实现一旦罐内超过规定压力就向大气放气的目的。也常在储气罐上装一电接点压力表，一旦罐内超过规定压力时，即控制空气压缩机断电，不再供气。

二、二次压力控制回路

为保证气动系统使用的气体压力为一稳定值，多用图 14-8 所示的由空气过滤器-减压器-油雾器（气源处理装置）组成的二次压力控制回路。但要注意，供给逻辑元件的压缩空气不要加入润滑油。

三、高低压转换回路

该回路利用两只减压阀和一只换向阀间或输出低压或高压气源,如图 14-9 所示,若去掉换向阀,就可同时输出高、低压两种压缩空气。

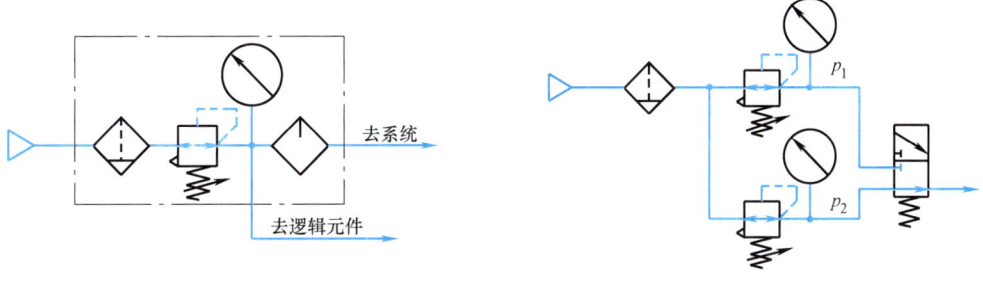

图 14-8 二次压力控制回路　　　　图 14-9 高低压转换回路

第四节　气液联动回路

气液联动是以气压为动力,利用气液转换器把气压传动变为液压传动,或采用气液阻尼缸来获得更为平稳的和更为有效地控制运动速度的气压传动,或使用气液增压器来使传动力增大等。气液联动回路装置简单,经济可靠。

一、气液转换速度控制回路

图 14-10 所示为气液转换速度控制回路,它利用气液转换器 1、2 将气压变成液压,利用液压油驱动液压缸 3,从而得到平稳易控制的活塞运动速度,调节节流阀的开度,就可改变活塞的运动速度。这种回路充分发挥了气动供气方便和液压速度容易控制的特点。

二、用气液阻尼缸的速度控制回路

图 14-11 所示为用气液阻尼缸的速度控制回路。图 14-11a 所示为慢进快退回路,改变单向节流阀的开度,即可控制活塞的前进速度;活塞返回时,气液阻尼缸中液压缸的无杆腔的油液通过单向阀快速流入有杆腔,故返回速度较快,高位油箱起补充泄漏油液的作用。图 14-11b 所示回路能实现机床工作循环中常用的快进→工进→快退的动作。当有 K_2 信号时,五通阀换向,活塞向左运动,液压缸无杆腔中的油液通过 a 口进入有杆腔,气缸快速向左前进;当活塞将 a 口关闭时,液压缸无杆腔中的油液被迫从 b 口经节流阀进入有杆腔,活塞工作进给;当 K_2 消失,有 K_1 输入信号时,五通阀换向,活塞向右快速返回。

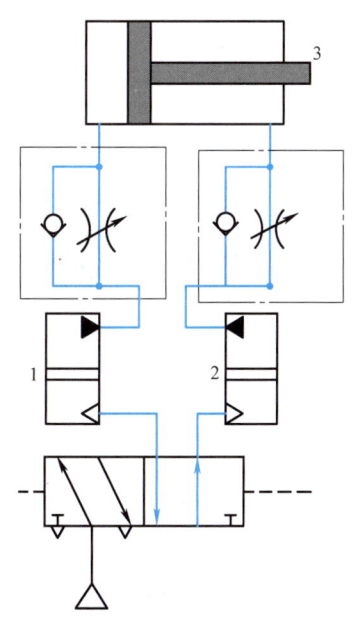

图 14-10 气液转换速度控制回路

1、2—气液转换器　3—液压缸

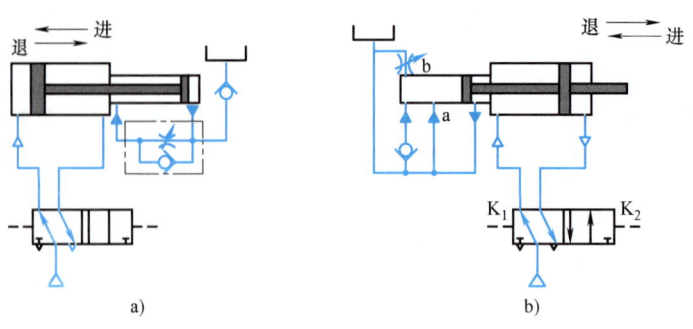

图 14-11 用气液阻尼缸的速度控制回路

三、气液增压缸增力回路

图 14-12 所示为利用气液增压缸 1 把较低的气压变为较高的液压力，以提高气液缸 2 的输出力的回路。

四、气液缸同步动作回路

如图 14-13 所示，该回路的特点是将油液密封在回路之中，油路和气路串接，同时驱动 1、2 两个缸，使两者运动速度相同，但这种回路要求缸 1 无杆腔的有效面积必须和缸 2 的有杆腔面积相等。在设计和制造中，要保证活塞与缸体之间的密封，回路中的截止阀 3 与放气口相接，用以放掉混入油液中的空气。

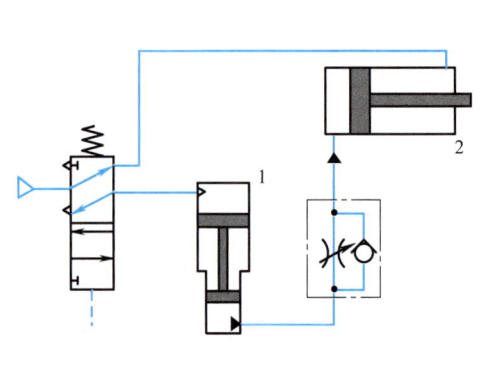

图 14-12 气液增压缸增力回路
1—气液增压缸 2—气液缸

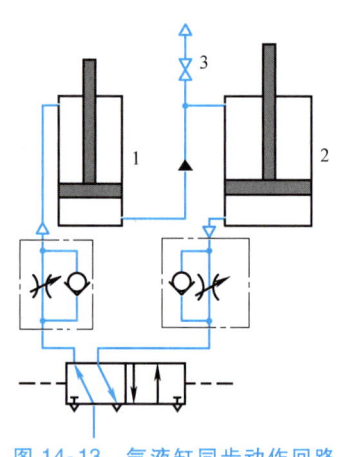

图 14-13 气液缸同步动作回路

第五节 计数回路

计数回路可以组成二进制计数器。在图 14-14a 所示回路中，按下阀 1 按钮，则气信号经阀 2 至阀 4 的左或右控制端使气缸推出或退回。阀 4 换向位置取决于阀 2 的位置，而阀 2 的换位又取决于阀 3 和阀 5。假设按下阀 1 时，气信号经阀 2 至阀 4 的左端使阀 4 换至左位，同时使阀 5 切断气路，此时气缸向外伸出；当阀 1 复位后，原通入阀 4 左控制端的气信号经阀 1 排空，阀 5 复位，于是气缸无杆腔的气经阀 5 至阀 2 左端，使阀 2 换至左位等待阀 1 的下一次信号输入。当阀1第二次按下后，气信号经阀2的左位至阀4右控制端使阀4换至右位，气缸退回，同时阀3将气路切断。待阀1复位后，阀4右控制端信号经阀2，阀1排空，阀3复位并将气导至阀2左端使其换至右位，又等待阀1下一次信号输入。这样，第1、3、5…（奇数）次按压阀1，则气缸伸出；第2、4、6…（偶数）次按压阀1，则使气缸退回。

图 14-14b 所示的计数原理同图 14-14a。不同的是按压阀1的时间不能过长，只要使阀4切换后就放开，否则气信号将经阀5或阀3通至阀2左或右控制端，使阀2换位，气缸反行，从而使气缸来回振荡。

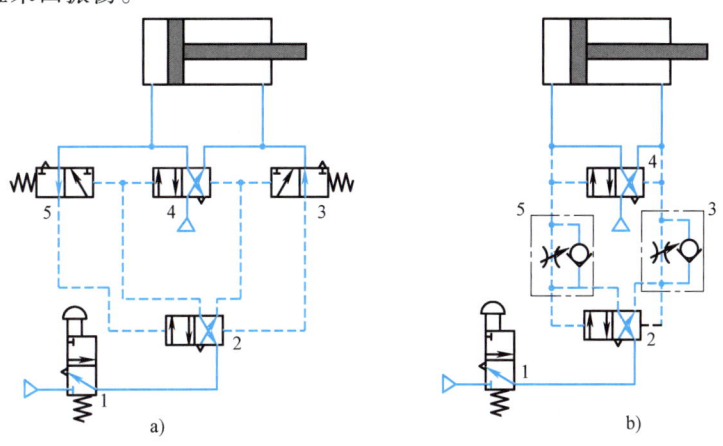

图 14-14 计数回路

第六节 延时回路

图 14-15 所示为延时回路。图 14-15a 所示是延时输出回路，当控制信号切换阀4后，压缩空气经单向节流阀3向气容2充气。当充气压力经延时升高至使阀1换位时，阀1就有输出。在图 14-15b 所示回路中，按下阀8，则气缸向外伸出，当气缸在伸出行程中压下阀5后，压缩空气经节流阀到气容6延时后才将阀7切换，气缸退回。

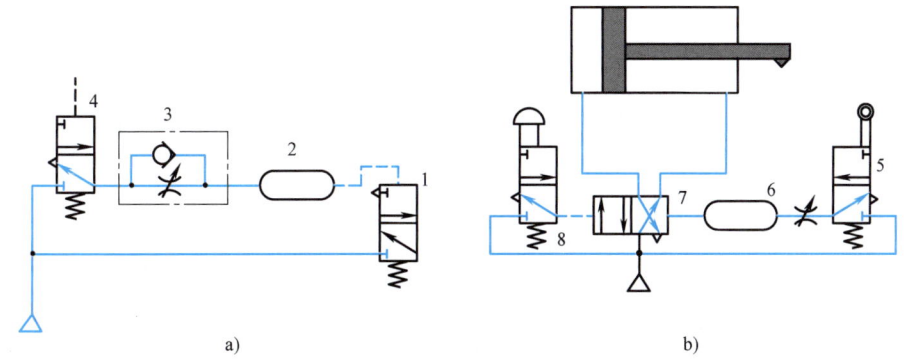

图 14-15 延时回路

第七节 安全保护和操作回路

由于气动机构过载、气压的突然降低以及气动执行机构的快速动作等原因都可能危及操作人员或设备的安全,因此在气动回路中,常常要加入安全回路。需要指出的是,在设计任何气动回路中,特别是在安全回路中,都不可缺少过滤装置和油雾器。因为,脏污空气中的杂物可能堵塞阀中的小孔与通路,使气路发生故障。缺乏润滑油,很可能使阀发生卡死或磨损,以致整个系统的安全都发生问题。下面介绍几种常用的安全保护回路。

一、过载保护回路

图 14-16 所示为过载保护回路,当活塞杆在伸出途中,若遇到偶然障碍或其他原因使气缸过载时,活塞就立即缩回,实现过载保护。如图 14-16 所示,在活塞伸出的过程中,若遇到障碍 6,无杆腔压力升高,打开顺序阀 3,使阀 2 换向,阀 4 随即复位,活塞立即退回。同样若无障碍 6,气缸向前运动时压下阀 5,活塞即刻返回。

二、互锁回路

图 14-17 所示为互锁回路,在该回路中,四通阀的换向受三个串联的机动三通阀控制,只有三个都接通,主控阀才能换向。

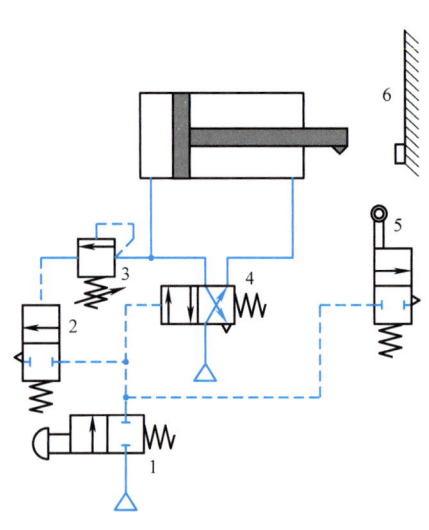

图 14-16　过载保护回路

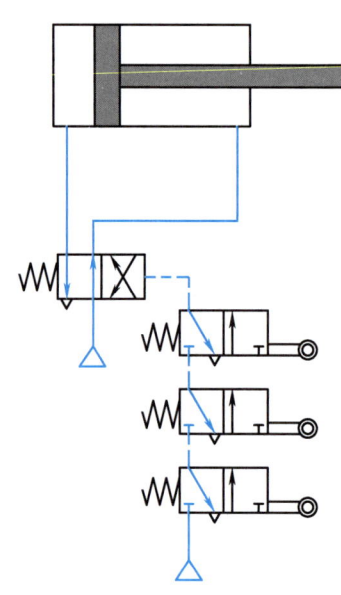

图 14-17　互锁回路

三、双手同时操作回路

所谓双手同时操作回路就是使用两个起动用的手动阀,只有同时按动两个阀才动作的回路。这种回路主要是为了安全。这在锻造、冲压机械上常用来避免误动作,以保护操作者的安全。

图 14-18a 所示为使用逻辑"与"回路的双手同时操作回路,为使主控阀换向,必须使压缩空气信号进入上方侧,为此必须使两只三通手动阀同时换向,另外这两个阀必须安装在单手不能同时操作的距离上,在操作时,如任何一只手离开时则控制信号消失,主控阀复位,则活塞杆后退。图 14-18b 所示是使用三位主控阀的双手同时操作回路,把此主控阀 1 的信号 A 作为手动阀 2 和 3 的逻辑"与"回路,亦即只有手动阀 2 和 3 同时动作时,主控制阀 1 换向到上位,活塞杆前进;把信号 B 作为手动阀 2 和 3 的逻辑"或非"回路,即当

手动阀 2 和 3 同时松开时（图示位置），主控制阀 1 换向到下位，活塞杆返回；若手动阀 2 或 3 任何一个动作，将使主控制阀复位到中位，活塞杆处于停止状态。

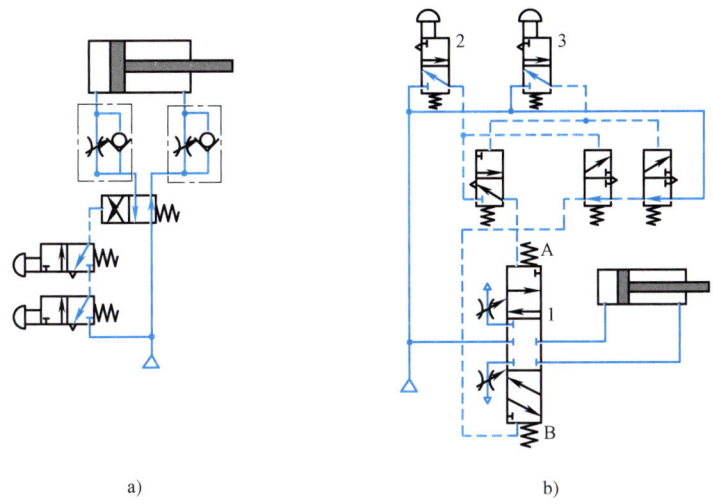

图 14-18 双手同时操作回路

第八节　顺序动作回路

顺序动作是指在气动回路中，各个气缸按一定程序完成各自的动作。例如单缸有单往复动作、二次往复动作、连续往复动作等，双缸及多缸有单往复及多往复顺序动作等。

一、单缸往复动作回路

单缸往复动作回路可分为单缸单往复和单缸连续往复动作回路。前者指给入一个信号后，气缸只完成 A_1A_0 一次往复动作（A 表示气缸，下标"1"表示 A 缸活塞伸出，下标"0"表示活塞缩回动作）。而单缸连续往复动作回路指输入一个信号后，气缸可连续进行 $A_1A_0A_1A_0\cdots$ 动作。

图 14-19 所示为三种单往复控制回路。其中，图 14-19a 所示为行程阀控制的单往复回路，当按下阀 1 的手动按钮后，压缩空气使阀 3 换向，活塞杆前进，当凸块压下行程阀 2 时，阀 3 复位，活塞杆返回，完成 A_1A_0 循环；图 14-19b 所示为压力控制的单往复回路，当按下阀 1 的手动按钮后，阀 3 阀芯右移，气缸无杆腔进气，活塞杆前进，当活塞行程到达终点时，气压升高，打开顺序阀 2，使阀 3 换向，气缸返回，完成以 A_1A_0 循环；图 14-19c 所示为利用阻容回路形成的时间控制单往复回路，当按下阀 1 的按钮后，阀 3 换向，气缸活塞杆伸出，当压下行程阀 2 后，需经过一定的时间后，阀 3 方才能换向，再使气缸返回完成动作 A_1A_0 的循环。由以上可知，在单往复回路中，每按动一次按钮，气缸可完成一个 A_1A_0 的循环。

图 14-20 所示为连续往复动作回路，能完成连续的动作循环。当按下阀 1 的按钮后，阀 4 换向，活塞向前运动，这时由于阀 3 复位将气路封闭，使阀 4 不能复位，活塞继续前进。到行程终点压下行程阀 2，使阀 4 控制气路排气，在弹簧作用下阀 4 复位，气缸返回，在终点压下阀 3，阀 4 换向，活塞再次向前，形成了 $A_1A_0A_1A_0\cdots\cdots$ 的连续往复动作，待提起阀 1

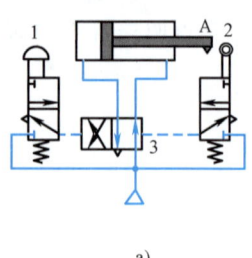
a)
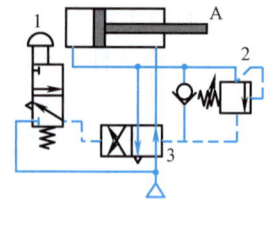
b)
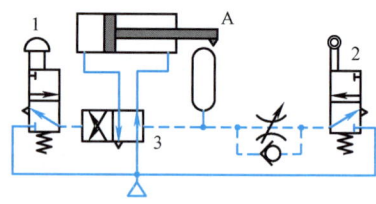
c)

图 14-19 单往复控制回路

的按钮后，阀 4 复位，活塞返回而停止运动。

二、多缸顺序动作回路

两只、三只或多只气缸按一定顺序动作的回路，称为多缸顺序动作回路。其应用较广泛，在一个循环顺序里，若气缸只做一次往复，称之为单往复顺序，若某些气缸做多次往复，就称为多往复顺序。若用 A、B、C…表示气缸，仍用下标 1、0 表示活塞的伸出和缩回，则两只气缸的基本顺序动作有 $A_1B_0A_0B_1$、$A_1B_1B_0A_0$ 和 $A_1A_0B_1B_0$ 三种。而三只气缸的基本动作就有 15 种之多，如 $A_1B_1C_1A_0B_0C_0$、$A_1A_0B_1C_1C_0B_0$、$A_1A_0B_1C_1B_0C_0$、$A_1B_1C_1A_0C_0B_0$ 等。这些顺序动作回路，都属于单往复顺序，即在每一个程序里，气缸只做一次往复，多往复顺序动作回路，其顺序的形成方式，将比单往复顺序多得多。

在程序控制系统中，把这些顺序动作回路都叫作程序控制回路。

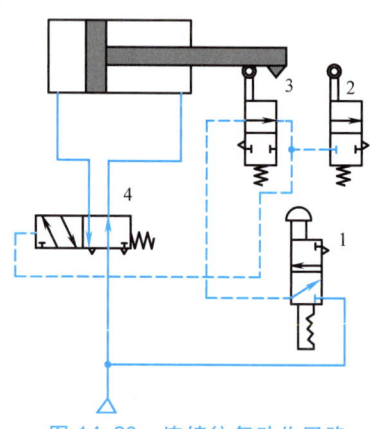

图 14-20 连续往复动作回路

习　题

14-1 分析图 14-21 所示回路的工作过程，并指出元件的名称。

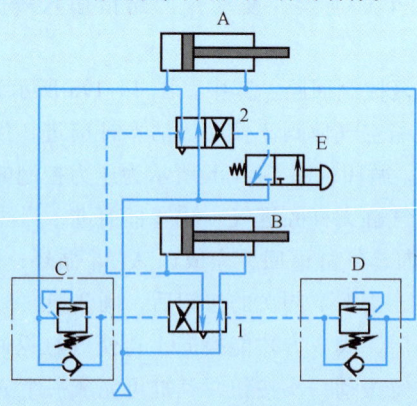

图 14-21 题 14-1 图

14-2 利用两个双作用气缸、一只顺序阀和一个二位四通单电控换向阀设计顺序动作回路。

14-3 试设计一双作用缸动作之后单作用缸才能动作的联锁回路。

第十五章 气动程序系统及其设计

各种自动机械或自动生产线,大多是按程序工作的。所谓程序控制,就是根据生产过程的要求,使被控制的执行元件,按预先规定的顺序协调动作的一种自动控制方式。根据控制方式的不同,程序控制可分为时间程序控制、行程程序控制和混合程序控制三种。

时间程序控制是指各执行元件的动作顺序按时间顺序进行的一种自动控制方式,时间信号通过控制线路,按一定的时间间隔分配给相应的执行元件,令其产生有顺序的动作,它是一种开环的控制系统。

行程程序控制一般是一个闭环程序控制系统,它是前一个执行元件动作完成并发出信号后,才允许下一个动作进行的一种自动控制方式。行程程序控制系统包括行程发信装置、执行元件、程序控制回路和动力源等部分。

行程发信装置是一种位置传感器,常用的有行程阀、逻辑"非门"等,此外,液面、压力、流量、温度等传感器也可看作行程发信装置;常用的执行元件有气缸、气液缸、气动马达、气动阀门、气电转换器等;程序控制回路可以是利用各种气动控制元件组成的回路,也可以是各种逻辑元件组成的各种逻辑控制回路;动力源主要由产生压缩空气的压缩机、净化空气的空气过滤器、干燥器、积蓄压缩空气的储气罐、稳压装置的调压阀、给油系统的油雾器等组成。

行程程序控制的优点是结构简单、维修容易、动作稳定,特别是当程序中某节拍出现故障时,整个程序就停止进行而实现自动保护。为此,行程程序控制方式在气动系统中被广泛采用。

混合程序控制通常都是在行程程序控制系统中包含了一些时间信号,若将时间发信也作为行程信号的一种,它实际上也属于行程程序控制。

本章主要介绍多缸单往复行程程序控制回路的设计,对多缸多往复行程程序控制回路的设计也做一些简要介绍。

第一节 行程程序控制系统的设计步骤

行程程序控制系统是气压传动中被广泛采用,其设计步骤为:

一、明确工作任务与环境的要求

1) 工作环境的要求,如温度、粉尘、易燃、易爆、冲击及振动情况。
2) 动力要求输出力和转矩的情况。
3) 运动状态要求,执行元件的运动速度、行程和回转角速度等。
4) 工作要求,即完成工艺或生产过程的具体程序。

5）控制方式，如手动、自动等。

二、回路设计

回路的设计是整个气动控制系统的核心，其设计步骤为：

1）根据工作任务要求列出工作程序，包括用几个执行元件及动作顺序，以及执行元件的形式。
2）根据程序画出信号-动作（X-D）状态图或卡诺图等。
3）找出障碍并消除障碍。
4）画出逻辑原理图和气动回路图。

三、选择和计算执行元件

1）确定执行元件的类型及数目。
2）计算和选定各运动和结构参数，即运动速度、行程、角速度、输出力、转矩及气缸的缸径等。
3）计算耗气量。

四、选择控制元件

1）确定控制元件的类型及数目。
2）确定控制方式及安全保护回路。

五、选择气动辅助元件

1）选择过滤器、油雾器、储气罐、干燥器等的形式及容量。
2）确定管径及管长、管接头的形式。
3）验算各种阻力损失，包括沿程损失和局部损失。

六、根据执行元件的耗气量定出压缩机的容量及台数

按上述步骤进行，便可设计出比较完整的气动控制系统。

第二节 多缸单往复行程程序回路设计

多缸单往复行程程序控制回路，是指在一个循环程序中，所有的气缸都只做一次往复运动。常用的行程程序回路设计方法有信号-动作（X-D）状态图法和卡诺图图解法。本书只介绍 X-D 状态图法，用这种方法设计行程程序控制回路，故障诊断和排除比较简单而且直观，由此而设计出的气动回路控制准确、回路简单、使用和维护方便。

一、障碍信号的判断和排除

大部分行程程序回路的信号之间，都存在各种形式的干扰，例如一个信号妨碍另一个信号的输出，两个信号同时控制一个动作等，也就是说，这些信号之间形成了障碍，使动作不能正常进行，构成了有障回路。

为了说明什么是障碍信号，现举一简单地按回路的控制程序要求、动作和信号之间的顺序关系绘制出来的 $A_1B_1B_0A_0$ 程序回路的例子，如图 15-1 所示。由于该回路没有考虑障碍信号的存在，所以它是不能正常工作的。

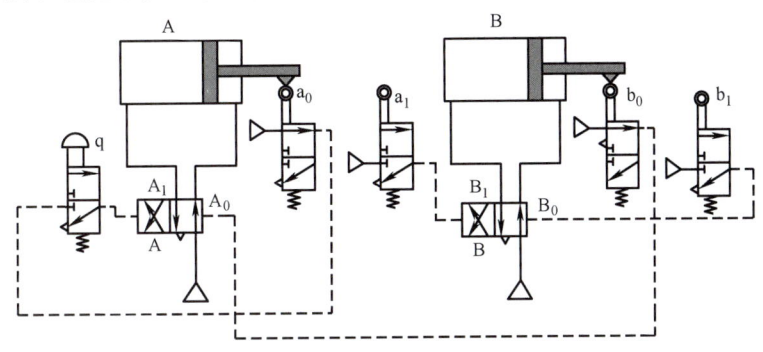

图 15-1　有障碍信号的 $A_1B_1B_0A_0$ 回路

如图 15-1 所示的回路，一旦供气后，由于信号阀 b_0 一直受压，信号 b_0 就一直供给阀 A 的右侧（A_0 位），这样，即使操作起动阀 q，向阀 A 左侧（A_1 位）供气，阀 A 也不能切换。由此可见，信号 b_0 对 q 是个障碍信号。

若没有 b_0 信号，则按 q 后，气流经 a_0 阀通过 q 阀进入阀 A 的左侧，使 A_1 位工作，活塞 A 伸出，发出信号 a_1 给阀 B 的左侧（B_1 位），使阀 B 切换，活塞 B 伸出，再发出信号给阀 B 的右侧（B_0 位）。此时，由于活塞 A 仍在发出信号 a_1 给阀 B 的左侧 B_1 位，使 b_1 向阀 B 的 B_0 位信号输送不进，也就是说，信号 a_1 也妨碍了 b_1 信号的送入。

因此可见，在这个回路中，信号 b_0 和 a_1 都妨碍其他信号的输入，形成了障碍，致使回路不能正常工作，因而必须设法将其排除。

这种一个信号妨碍另一个信号输入，使程序不能正常进行的信号，称之为 Ⅰ 型障碍信号，它经常发生在单往复程序回路中。而把由于信号多次出现而产生的障碍，称之为 Ⅱ 型障碍信号，这种障碍通常发生在多往复回路中。

行程程序控制回路设计的关键，就是要找出这些障碍信号和设法排除它们。

二、行程程序回路的设计方法和步骤

行程程序回路设计主要是为了解决信号和执行元件动作之间的协调和连接问题。用信号-动作（X-D）状态图法设计行程程序回路的步骤为：

1）根据生产自动化的工艺要求，列出工作程序或工作程序图。
2）绘制 X-D 状态图。
3）寻找障碍信号并排除，列出所有执行元件控制信号的逻辑表达式。
4）绘制逻辑原理图。
5）绘制气动回路的原理图。

三、X-D 状态图法中的规定符号

为了使用方便，有一些常用的规定符号：
1）把所用的气缸排成次序用 A、B、C、D…字母表示，字母下标"1"或"0"，"1"

表示气缸活塞杆伸出,"0"表示活塞杆退回。

2)用与各气缸对应的小写字母 a、b、f、d…表示相应的行程阀发出的信号,其下标"1"表示活塞杆伸出所发的信号,下标"0"表示活塞杆退回时发出的相应信号。

3)控制气缸换向的主控制阀,也用与其控制的缸的所相应的文字符号表示。

4)经过逻辑处理而排除障碍后的执行信号在右上角加"*"号,如 a_1^*、a_0^* 等,而不带"*"号的信号则为原始信号,如 a_1、a_0 等。

四、X-D 状态图法介绍

为了阐明 X-D 状态图法的设计方法,现以由两缸组成的攻螺纹机的具体例子来说明,这两个缸中,A 为送料缸,B 为攻螺纹缸,其自动循环动作为:

起动→送料缸进→攻螺纹缸进→攻螺纹缸退→送料缸退

对于这个程序,可以用字母简化为:

$$g \xrightarrow{(qa_0)} A_1 \xrightarrow{a_1} B_1 \xrightarrow{b_1} B_0 \xrightarrow{b_0} A_0 \xrightarrow{a_0}$$

如果略去箭头和小写字母表示的控制信号,则可进一步简化为 $A_1B_1B_0A_0$。

(一) X-D 状态图的画法

X-D 状态图(简称 X-D 图),是一种图解法,它可以把各个控制信号的存在状态和气动执行元件的工作状态较清楚地用图线表示出来,从图中还能分析出障碍信号的存在状态,以及消除信号障碍的各种可能性。下面以前述的攻螺纹机的 $A_1B_1B_0A_0$ 工作程序图为例,说明 X-D 图画法。

1. 画方格图

如图 15-2 所示,由左至右画方格,并在方格的顶上依次填上程序序号 1、2、3、4 等。在序号下面填上相应的动作状态 A_1、B_1、B_0、A_0,在最右边留一栏作为"执行信号表达式"(简写为执行信号)。在方格图最左边纵栏由上至下填上控制信号及控制动作状态组的序号(简称 X-D 组)1、2…等。每个 X-D 组包括上下两行,上行为行程信号行,下行为该信号控制的动作状态。例如,a_0(A_1)表示控制 A_1 的动作信号是 a_0;a_1(B_1)表示控制 B_1 动作的信号是 a_1 等。下面的备用格可根据具体情况填入中间记忆元件(辅助阀)的输出信号、消障信号及联锁信号等。

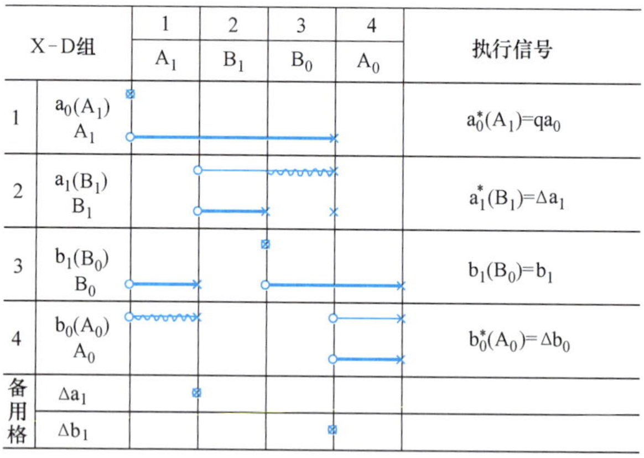

X-D组	1 A_1	2 B_1	3 B_0	4 A_0	执行信号
1	$a_0(A_1)$ A_1				$a_0^*(A_1)=qa_0$
2		$a_1(B_1)$ B_1			$a_1^*(B_1)=\Delta a_1$
3			$b_1(B_0)$ B_0		$b_1(B_0)=b_1$
4				$b_0(A_0)$ A_0	$b_0^*(A_0)=\Delta b_1$
备用格	Δa_1				
	Δb_1				

图 15-2 $A_1B_1B_0A_0$ 的 X-D 图

2. 画动作状态线(D 线)

用横向粗实线画出各执行元件的动作状态线。动作状态线的起点是该动作程序的开始处,用符号"○"画出,动作状态线的终点处用符号"×"画出。动作状态线的终点是该动作状态变化的开始处,例如缸 A 伸出状态 A_1,变换成缩回状态 A_0,此时 A_1 的动作线的终

点必然是在 A_0 的开始处。

3. 画信号线（X 线）

用细实线画各行程信号线。信号线的起点是与同一组中动作状态线的起点相同，用符号"O"画出；信号线的终点是和上一组中产生该信号的动作线终点相同。需要指出的是，若考虑阀的切换及气缸起动等的传递时间，信号线的起点应超前于它所控制动作的起点，而信号线的终点应滞后于产生该信号动作线的终点。当在 X-D 图上反映这种情况时，则要求信号线的起点与终点都应伸出分界线，但因为这个值很小，因而除特殊情况外，一般不予考虑。

在图 15-2 中，符号"⊠"表示该信号线的起点与终点重合，实际上即表示该信号为脉冲信号。该脉冲信号的宽度相当于行程阀发出信号、气控阀换向、气缸起动和信号传递时间的总和。

（二）列出所有执行元件的执行信号表达式

1. 判别有无障碍信号

在 X-D 图中，若各信号线均比所控制的动作线短（或等长），则各信号均为无障碍信号；若有某信号线比所控制的动作线长，则该信号为障碍信号，长出的那部分线段就叫障碍段，用波浪线"∼∼∼"表示。这种情况存在时，说明信号与动作不协调，即动作状态要改变，而其控制信号还未消失，即不允许其改变。如图 15-2 中的 a_1、b_0 就是障碍信号。

2. 排除障碍段（简称消障）

为了使各执行元件能按规定的动作顺序正常工作，设计时必须把有障碍信号的障碍段去掉，使其变成无障碍信号，再由它去控制主控阀。在 X-D 图中，障碍信号表现为控制信号线长于其所控制的动作状态存在时间，所以常用的排除障碍的办法就是缩短信号线长度，使其短于此信号所控制的动作线长度，其实质就是要使障碍段失效或消失。常用的方法有：

（1）脉冲信号法 这种方法的实质，是将所有的有障信号变为脉冲信号，使其在命令主控阀完全换向后立即消失，这就必然消除了任何 I 型障碍。下面以上述 $A_1B_1B_0A_0$ 程序为例，说明如何采用脉冲信号排障。由图 15-1 和图 15-2 可知，信号 a_1 和 b_0 是两个障碍信号。如果将信号 a_1 和 b_0 都变成脉冲信号，即 $a_1 \rightarrow \Delta a_1$，$b_0 \rightarrow \Delta b_0$，就变成了无障碍信号了。$\Delta a_1$ 和 Δb_0 代表 a_1 和 b_0 的脉冲形式，这样信号 a_1 的执行信号就是 a_1^*（B_1）= Δa_1，信号 b_0 为 b_0^*（A_0）= Δb_0。将它们填入 X-D 图后，就成为图 15-2 所示的形式。

如何发出脉冲信号 Δa_1 和 Δb_0 呢，可以采用机械法，也可采用脉冲回路法。

机械法排障就是利用活络挡块或通过式行程阀发出脉冲信号的排障方法。图 15-3a 所示为利用活络挡块使行程阀发出的信号变成脉冲信号的示意图，当活塞杆伸出时行程阀发出脉冲信号，而当活塞杆收回时，行程阀不发信号。图 15-3b 所示为采用单向滚轮式行程阀发出

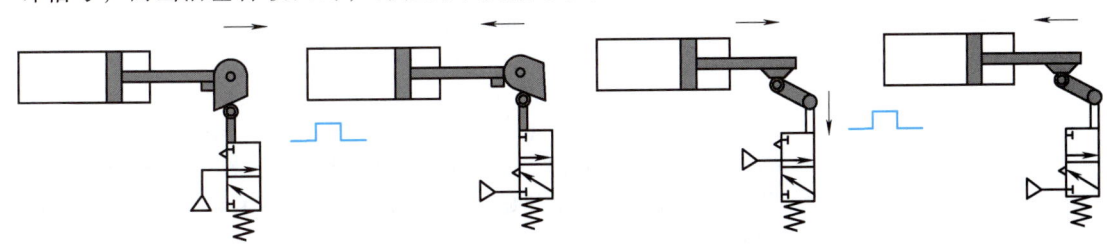

a)   b)

图 15-3 机械式脉冲排障

脉冲信号的示意图,当活塞杆前进时压下行程阀发出脉冲信号,活塞杆返回时因行程阀的头部具有可折性,因而没有把阀压下,这样阀不发信号。但在使用机械法排除障碍中,不能将行程阀用来限位,因为不可能把这类行程阀安装在活塞杆行程的末端,而必须保留一段行程以便使挡块或凸轮通过行程阀。

脉冲回路法排障,就是利用脉冲回路或脉冲阀的方法将有障信号变为脉冲信号。图 15-4 为脉冲回路的工作原理。当有障信号口发出后,立即从阀 K 有信号输出。同时,a 信号又经气阻气容延时,当 K 阀控制端的压力上升到切换压力后,输出信号口即被切断,从而使其变为脉冲信号。若将图 15-4 所示的脉冲回路制成一个脉冲阀,

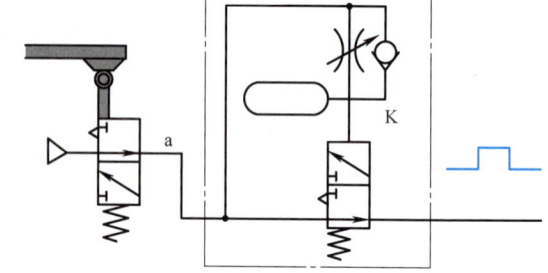

图 15-4 脉冲回路的工作原理

就可使回路简化。这时,只要将有障行程阀 a_1 和 b_0 换成脉冲阀就可设计成无障的 $A_1B_1B_0A_0$ 回路了,但其成本相对较高。

(2) 逻辑回路法　即利用逻辑门的性质,将长信号变成短信号,从而排除障碍信号。

利用逻辑"与"排障法如图 15-5 所示,为了排除障碍信号 m 中的障碍段,可以引入一个辅助信号(称为制约信号)x,把 x 和 m 相"与"而得到消障后的无障碍信号 m*,即 m* = m·x,制约信号 x 的选用原则是要尽量选用系统中某原始信号,这样可不增加气动元件,但原始信号作为制约信号 x 时,其起点应在障碍信号 m 开始之前,其长短应包括障碍信号 m 的执行段,但不包括它的障碍段。这种逻辑"与"的关系,可以用一个单独的逻辑"与"元件来实现,也可用一个行程阀两个信号的串联或两个行程阀的串联来实现。

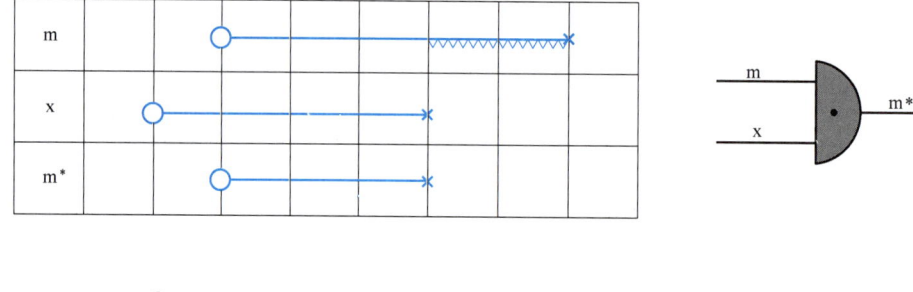

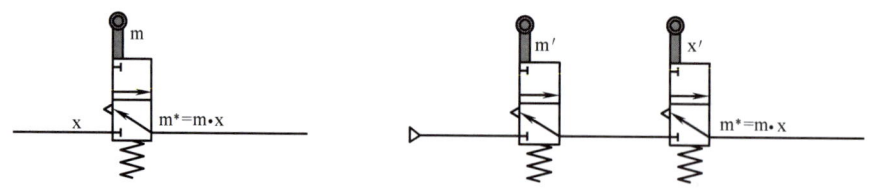

图 15-5 逻辑"与"排障

利用逻辑"非"运算排障法是用原始信号经逻辑非运算得到反相信号排除障碍,原始信号作逻辑"非"(即制约信号 x)的条件是其起始点要在有障信号 m 的执行段之后,m 的障碍段之前,终点则要在 m 的障碍段之后,如图 15-6 所示。

(3) 辅助阀法　若在 X-D 图中找不到可用来作为排除障碍的制约信号时,可采用增加一个辅助阀的方法来排除障碍,这里的辅助阀就是中间记忆元件,即双稳元件。其方法是用

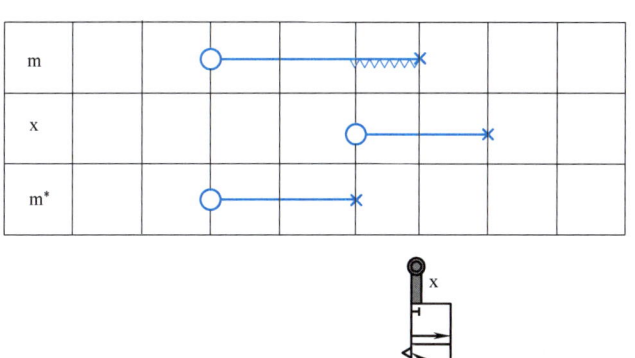

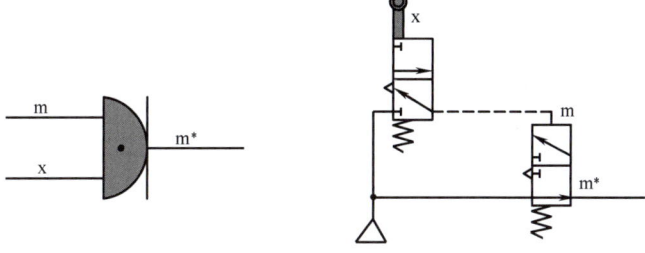

图 15-6 逻辑"非"排障

中间记忆元件的输出信号作为制约信号,用它和有障碍信号 m 相"与"以排除掉 m 中的障碍。其消障后执行信号的逻辑函数表达式为

$$m^* = mK_d^t \tag{15-1}$$

式中,m 为有障碍信号;m^* 为排障后的执行信号;K 为辅助阀(中间记忆元件)输出信号;t、d 分别为辅助阀 K 的两个控制信号。

图 15-7a 所示为辅助阀排除障碍的逻辑原理,图 15-7b 所示为其回路的工作原理,图中 K 为双气控二位三通(也可为二位五通)阀,当 t 有压力时使 K 阀有输出,而当 d 有压力时 K 阀无输出。很明显 t 与 d 不能同时存在,只能一先一后存在,从 X-D 图上看,t 与 d 两者不能重合,用逻辑代数式来表示,要满足下列制约关系:td = 0。在用辅助阀(中间记忆元件)排障中,辅助阀的控制元件 t、d 的选择原则是:

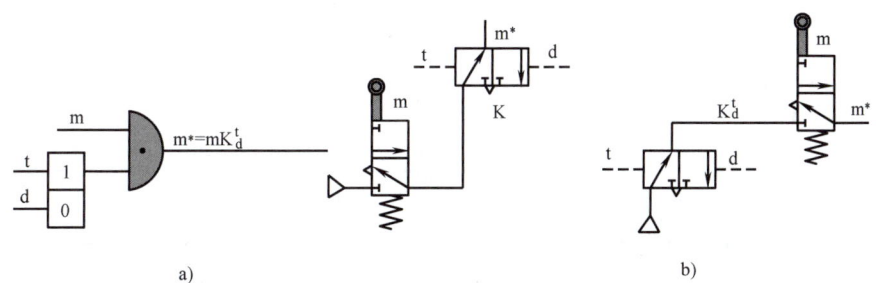

图 15-7 采用中间记忆元件排障

1)t 是使 K 阀"通"的信号,其起点应选在 m 信号起点之前(或同时),其终点应在 m 的无障碍段中。

2)d 是使 K 阀"断"的信号,其起点应在 m 信号的无障碍段中,其终点应在 t 起点之前。图 15-8 所示为记忆元件控制信号选择的示意图。

图 15-9 所示为图 15-1 所示回路在动作程序为 $A_1B_1B_0A_0$ 且有障碍信号 a_1 和 b_0 时,用辅助阀法排除障碍的 X-D 图。

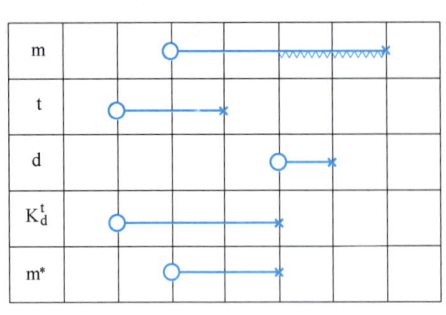

图 15-8 记忆元件控制信号选择的示意图

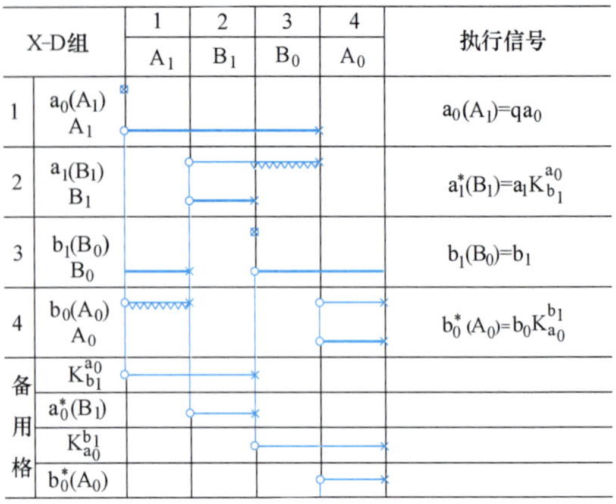

图 15-9 $A_1B_1B_0A_0$ 辅助阀排障的 X-D 图

还需指出的是：在 X-D 图中，若信号线与动作线等长则此信号可称为瞬时障碍信号，它不加排除也能自动消失，仅使某个行程的开始比预定的程序产生稍微的时间滞后，一般不需要考虑。在图 15-9 中，排除障碍后的执行信号 a_1^*（B_1）和 b_0^*（A_0）实际上也还是属于这种类型。

（三）绘制逻辑原理图

气控逻辑原理图是根据 X-D 图的执行信号表达式及考虑手动、起动、复位等所画出的逻辑方框图。当画出逻辑原理图后，再按它就可以较快地画出气动回路原理图了，因此它是由 X-D 图画出回路原理图的桥梁。

1. 气动逻辑原理图的基本组成及符号

1）在逻辑原理图中主要是由"是""或""与""非""记忆"等逻辑符号表示的。其中任一符号可理解为逻辑运算符号，不一定总代表某一确定的元件，这是因为逻辑图上的某逻辑符号，在气动回路原理图上可由多种方案表示，例如"与"逻辑符号可以是一种逻辑元件，也可由两个气阀串联而成。

2）执行元件的输出，由主控阀的输出表示，因为主控阀常具有记忆能力，因而可用逻辑记忆符号表示。

3）行程发信装置主要是行程阀，也包括外部信号输入装置，如起动阀、复位阀等。这些符号加上小方框表示各种原始信号（简画时可不画小方框），而在小方框上方画相应的符号表示各种手动阀，如图 15-10 左侧所示。

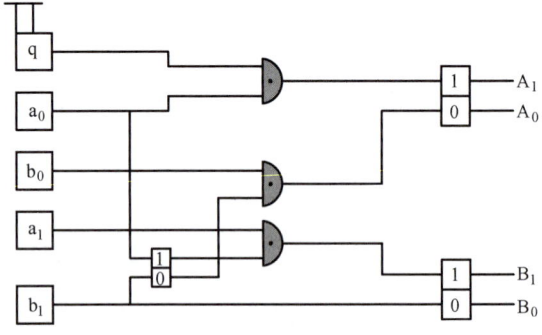

图 15-10 $A_1B_1B_0A_0$ 逻辑原理图

2. 气动逻辑原理图的画法

根据 X-D 图中执行信号栏的逻辑表达式，使用上述符号按下列步骤绘制：

1）把系统中每个执行元件的两种状态与主控阀相连后，自上而下一个个地画在图的右侧。

2）把发信器（如行程阀）大致对应其所控制的元件，一个个地列于图的左侧。

3）在图上要反映出执行信号逻辑表达式中的逻辑符号之间的关系，并画出为操作需要而增加的阀（如起动阀）。图 15-10 所示是根据图 15-9 所示的 X-D 图而绘制的逻辑原理图。

（四）气动回路图的绘制

由图 15-10 所示的逻辑原理图可知，这一半自动程序需用一个起动阀、四个行程阀和三个双输出记忆元件（二位四通阀）。三个与门可由元件串联来实现，由此可绘出图 15-11 所示的气动回路图。图中 q 为起动阀，K 为辅助阀（中间记忆元件）。在具体画气动回路原理图时，特别要注意的是哪个行程阀为有源元件（即直接与气源相连），哪个行程阀为无源元件（即不能与气源相连）。其一般规律是无障碍的原始信号为有源元件，如图 15-11 中的 a_0、b_1；而有障碍的原始信号，若用逻辑回路法排障，则为无源元件；若用辅助阀排障，则只需使它们与辅助阀、气源串接即可，如图 15-11 中的 a_1、b_0 信号。

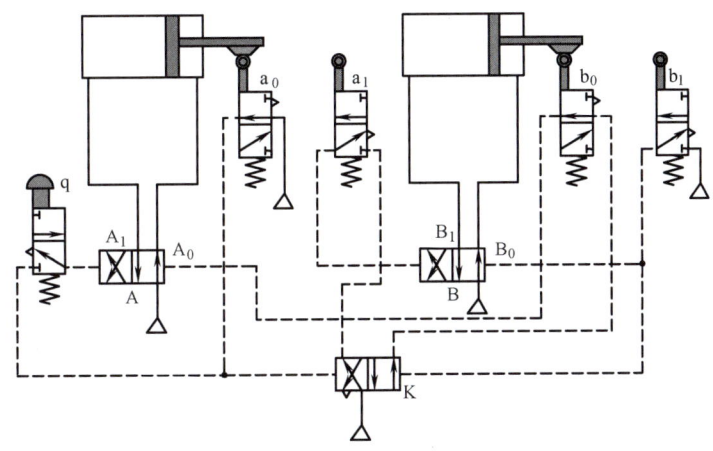

图 15-11 无障碍 $A_1B_1B_0A_0$ 气动回路图

第三节 多缸多往复行程程序回路设计

多缸多往复行程程序回路是指在同一个动作循环中，至少有一个气缸往复动作两次或两次以上，其设计步骤与前述多缸单往复行程程序回路设计步骤基本一致。本节以一双气缸多往复行程程序回路为例简要说明该回路的设计方法。该回路的工作程序为：

$$q \to (qa_0) \to A_1 \xrightarrow{a_1} B_1 \xrightarrow{b_1} B_0 \xrightarrow{b_0} B_1 \xrightarrow{b_1} B_0 \xrightarrow{b_0} A_0 \xrightarrow{a_0}$$

略去箭头及控制信号可简化为 $A_1B_1B_0B_1B_0A_0$。

一、画 X-D 图

根据本章第二节中所述的 X-D 图的绘制方法，把在不同节拍内出现的同一动作线画在 X-D 图的同一横行内，如 B_1 的动作线都画在第二行内，同时把控制同一动作的不同信号线也错落地画在动作线的上方，如 a_1（B_1）、b_0（B_1）分别画在控制动作状态线 B_1 的上方。此外把控制不同动作的同名信号线在相对应的格内补齐，如 b_0（B_1）要在第二行补齐，b_0（A_0）要在第四行补齐。这样就得到了 $A_1B_1B_0B_1B_0A_0$ 的 X-D 图，如图 15-12 所示。

二、判断和排除障碍

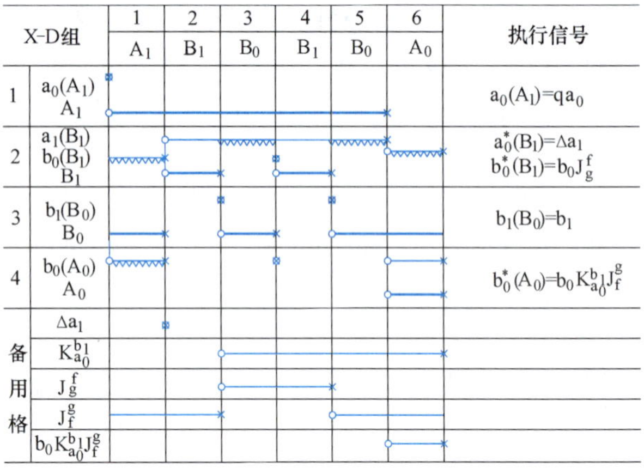

在判断障碍信号时，要注意到，在 X-D 图中，凡是信号线长于动作线的信号被称之为 I 型障碍；而有信号线而无动作线或信号线重复出现而引起的障碍则称为 II 型障碍信号。在图 15-12 中，a_1 信号存在 I 型障碍，b_0 信号既存在 I 型障碍，又存在 II 型障碍。因而在多缸多往复行程程序回路的设计中其障碍信号有其本身的特点，其排除障碍信号的方法与前述也不完全相同。

X-D组	1 A_1	2 B_1	3 B_0	4 B_1	5 B_0	6 A_0	执行信号
1	$a_0(A_1)$ A_1						$a_0(A_1)=qa_0$
2		$a_1(B_1)$ $b_0(B_1)$ B_1					$a_0^*(B_1)=\Delta a_1$ $b_0^*(B_1)=b_0J_g^f$
3			$b_1(B_0)$ B_0				$b_1(B_0)=b_1$
4						$b_0(A_0)$ A_0	$b_0^*(A_0)=b_0K_{a_0}^{b}J_f^g$
备 用 格		Δa_1 $K_{a_0}^{b}$ J_g^f J_f^g $b_0K_{a_0}^{b}J_f^g$					

图 15-12　$A_1B_1B_0B_1B_0A_0$ 的 X-D 图

1) 不但有 I 型障碍信号还有 II 型障碍信号时，消除 I 型障碍信号的方法与本章第二节所述方法相同，例如 a_1 信号的排障方法就是用脉冲信号法。

2) 不同节拍的同一动作，由不同信号控制。这样仅需用"或"元件对两个信号进行综合就可解决，例如 $a_1^* + b_0^* \Rightarrow B_1$。

3) 重复出现的信号在不同节拍内控制不同动作，这也就是 II 型障碍信号的实质。排除 II 型障碍的根本方法是对重复信号给以正确的分配。

由工作程序可知，第一个 b_0 信号应是动作 B_1 的主令信号，而第二个 b_0 信号应是动作 A_0 的主令信号，为了正确分配重复信号 b_0，需要在两个 b_0 信号之前确定两个辅助信号 a_0 和 b_1 信号。a_0 信号是出现在第一个 b_0 信号前的独立信号，而 b_1 虽然是非独立信号，它却是两重复信号间的唯一信号，借助这些信号组成分配回路如图 15-13a 所示。图中"与"门 Y_3 和单输出记忆元件 R_1 是为提取第二个 b_1 信号作制约信号而设置的元件。

信号分配的原理是：a_0 信号首先输入，使双输出记忆元件 R_2 置 0，为第一个 b_0 信号提供制约信号，同时也使单输出记忆元件 R_1 置零，使它无输出。当第一个 b_1 输入后，"与"门 Y_3 无输出（R_1 置零），而第一个 b_0 输入后，"与"门 Y_2 输出执行信号 $b_0^*(B_1)$ 去控制 B_1 动作，同时使 R_1 置 1，为第二个 b_0 信号提供制约信号。在第二个 b_1 到来时，"与"门 Y_3 输出使 R_2 置 1，为第二个 b_0 提供制约信号，第二个 b_0 输入后，"与"门 Y_1 输出执行信号 $b_0^*(A_0)$ 去控制 A_0 动作。至此完成了重复信号 b_0 的分配。图 15-13b 所示是信号分配回路图，按此原理也可组成多次重复信号分配原理图，但回路变得很复杂。因此可

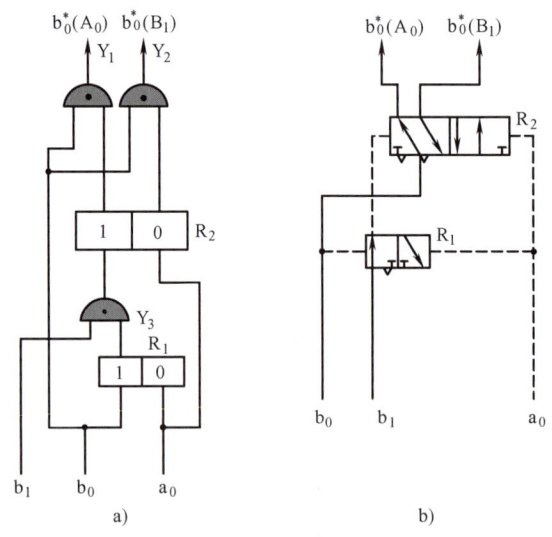

图 15-13　重复信号 b_0 的分配回路

采用辅助机构和辅助行程阀或定时发信装置完成多缸多次重复信号的分配。它们的特点是在多往复缸行程终点设置多个行程阀或定时发信装置，使每个行程阀只指挥一个动作或根据程序定时给出信号，这样就排除了Ⅱ型障碍。

三、逻辑原理图的画法

根据动作程序 $A_1B_1B_0B_1B_0A_0$、图 15-12 所示的 X-D 图和图 15-13 所示的重复信号 b_0 的分配回路（Ⅱ型排障），可画出 $A_1B_1B_0B_1B_0A_0$ 的逻辑原理图，如图 15-14 所示。

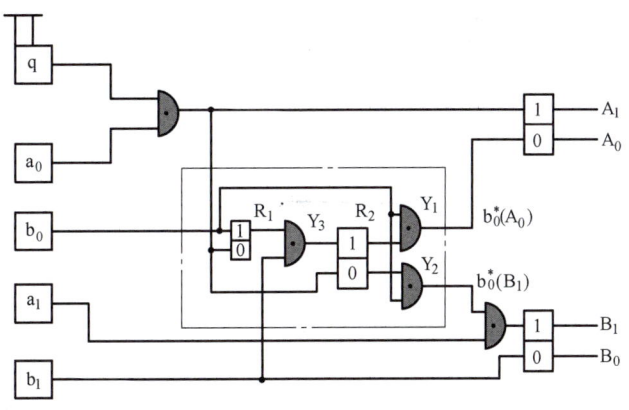

图 15-14　$A_1B_1B_0B_1B_0A_0$ 的逻辑原理图

四、气动控制回路图的画法

根据图 15-14 所示的 $A_1B_1B_0B_1B_0A_0$ 程序的逻辑原理图，综合Ⅰ型、Ⅱ型排障的方法就可绘出 $A_1B_1B_0B_1B_0A_0$ 的气动控制回路，如图 15-15 所示。该回路能准确地完成

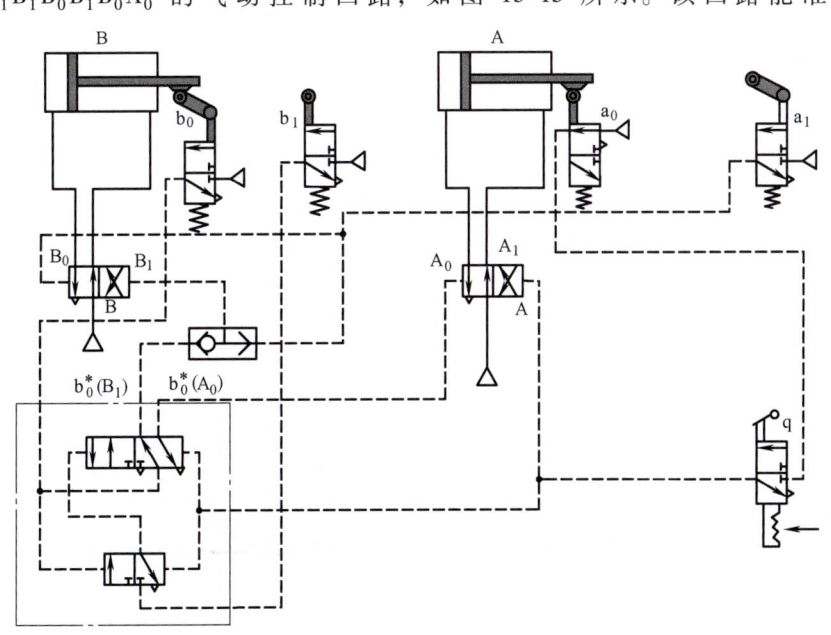

图 15-15　$A_1B_1B_0B_1B_0A_0$ 气动回路图

$A_1B_1B_0B_1B_0A_0$ 的动作程序。

习　题

15-1　什么是Ⅰ型障碍信号？常用的排障方法有哪些？

15-2　试绘制 $A_1B_1A_0B_0$ 的 X-D 图和逻辑回路图，并绘制出脉冲排障法和辅助阀排障的气动控制回路图。

15-3　什么是Ⅱ型障碍信号？常用的排障方法有哪些？

15-4　试用 X-D 图设计法设计程序式为 $A_1C_0B_1B_0A_0C_1$ 的逻辑原理图和气动控制回路图。

15-5　试绘制 $A_1B_1C_1B_0A_0B_1C_0B_0$ 的 X-D 图和逻辑原理图。

第十六章 气压传动系统实例

气压传动技术是实现工业生产自动化和半自动化的方式之一，其应用遍及国民经济生产的各个部门。本章主要介绍其在机械行业的应用，首先讲述两个程序控制系统的应用实例，而后再分析两个一般的气压传动和气-液传动系统的实例。在分析程序控制系统时，按第十五章讲述的设计方法为主线，从工作程序入手，由 X-D 图、逻辑回路图到气压传动系统，其目的旨在提高读者分析和设计程序控制系统的能力。而对于一般的气压传动系统，则以讲清其动作原理为限。

第一节　气动机械手气压传动系统

机械手是自动生产设备和生产线上的重要装置之一，它可以根据各种自动化设备的工作需要，按照预定的控制程序动作，因此，在机械加工、冲压、锻造、铸造、装配和热处理等生产过程中被广泛用来搬运工件，借以减轻工人的劳动强度，也可实现自动取料、上料、卸料和自动换刀的功能。气动机械手是机械手的一种，它具有结构简单，自重小，动作迅速、平稳、可靠和节能等优点。

图 16-1 所示为用于某专用设备上的气动机械手，它由四个气缸组成，可在三个坐标内工作。其中，A 缸为夹紧缸，其活塞退回时夹紧工件，活塞杆伸出时松开工件；B 缸为长臂伸缩缸，可实现伸出和缩回动作；C 缸为立柱升降缸；D 缸为回转缸，该气缸有两个活塞，分别装在带齿条的活塞杆两头，齿条的往复运动带动立柱上的齿轮旋转，从而实现立柱及长臂的回转。

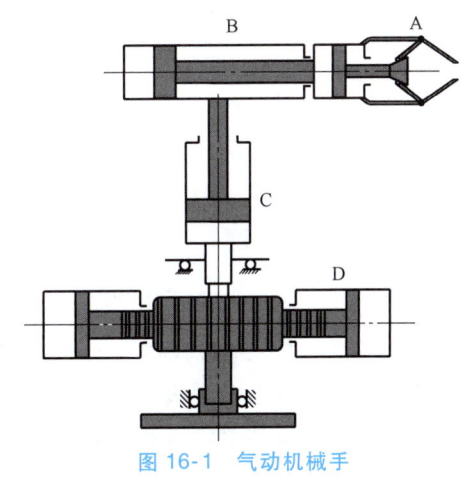

图 16-1　气动机械手

一、工作程序图

该气动机械手的控制要求是：手动起动后，能从第一个动作开始自动延续到最后一个动作。其要求的动作顺序为：

起动→立柱下降→伸臂→夹紧工件→缩臂→立柱顺时针转→立柱上升→放开工件→立柱逆时针转→

写成工作程序图为：

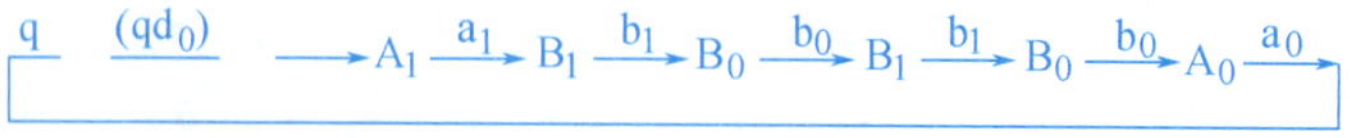

$$q \xrightarrow{(qd_0)} A_1 \xrightarrow{a_1} B_1 \xrightarrow{b_1} B_0 \xrightarrow{b_0} B_1 \xrightarrow{b_1} B_0 \xrightarrow{b_0} A_0 \xrightarrow{a_0}$$

可写成简化式为 $C_0B_1A_0B_0D_1C_1A_1D_0$。

由以上分析可知。该气动系统属多缸单往复系统。

二、X-D 图

根据上述分析的可以画出气动机械手在 $C_0B_1A_0B_0D_1C_1A_1D_0$ 动作程序下的 X-D 图，从图中可以比较容易地看出其原始信号 c_0 和 b_0 均为障碍信号，因而必须排除。为了减少整个气动系统中元件的数量，这两个障碍信号都采用逻辑回路来排除，其消障后的执行信号分别为 $c_0^*(B_1) = c_0a_1$ 和 $b_0^*(D_1) = b_0a_0$，如图 16-2 所示。

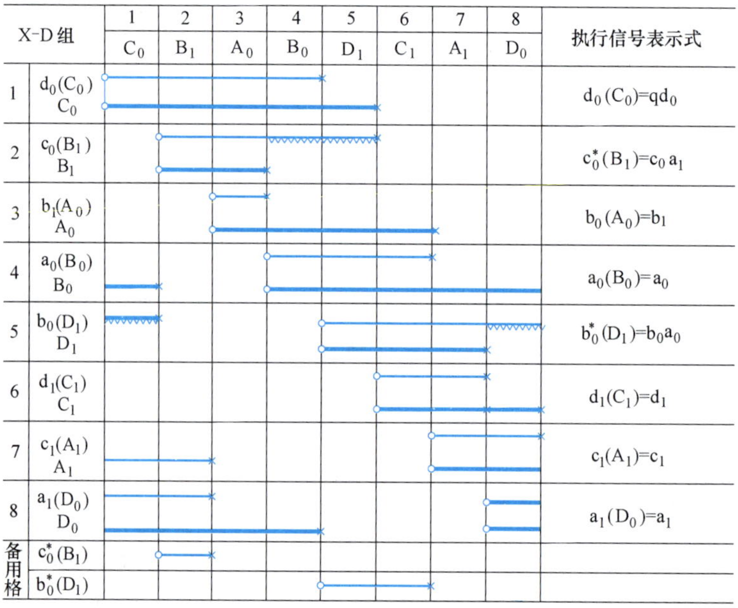

X-D 组	1 C_0	2 B_1	3 A_0	4 B_0	5 D_1	6 C_1	7 A_1	8 D_0	执行信号表示式
1 $d_0(C_0)$ C_0									$d_0(C_0)=qd_0$
2 $c_0(B_1)$ B_1									$c_0^*(B_1)=c_0a_1$
3 $b_1(A_0)$ A_0									$b_0(A_0)=b_1$
4 $a_0(B_0)$ B_0									$a_0(B_0)=a_0$
5 $b_0(D_1)$ D_1									$b_0^*(D_1)=b_0a_0$
6 $d_1(C_1)$ C_1									$d_1(C_1)=d_1$
7 $c_1(A_1)$ A_1									$c_1(A_1)=c_1$
8 $a_1(D_0)$ D_0									$a_1(D_0)=a_1$
备用格 $c_0^*(B_1)$									
备用格 $b_0^*(D_1)$									

图 16-2 气动机械手 X-D 图

三、逻辑原理图

图 16-3 所示为气动机械手在其程序为 $C_0B_1A_0B_0D_1C_1A_1D_0$ 条件下的逻辑原理图，图中列出了四个缸八个状态以及与它们相对应的主控阀，图中左侧列出的是由行程阀、起动阀等发出的原始信号（简略画法）。在三个与门元件中，中间一个与门元件说明起动信号 q 对 d_0 起开关作用，其余两个与门则起排除障碍作用。

四、气动回路原理图

按图 16-3 所示的气控逻辑原理图可以绘制出该机械手的气动回路图，如图 16-4 所示。在 X-D 图中可知，原始信号 c_0、b_0 均为障碍信号，而且是用逻辑回路法排障，故它们应为无源元件，即不能直接与气源相接，按排障后的执行信号表达式 $c_0^*(B_1) = c_0a_1$ 和 $b_0^*(D_1) = b_0a_0$ 可知，原始信号 c_0 要通过 a_1 与气源相接，同样原始信号 b_0 要通过 a_0 与气源相接。

由该系统图分析可知，当按下起动阀 q 后，主控阀 C 将处于 C_0 位，活塞杆退回，即得到 C_0；a_1c_0 将使主控阀 B 处于 B_1 位，活塞杆伸出，得到 B_1；活塞杆伸出碰到 b_1，则控制气使主控阀 A 处于 A_0 位，A 缸活塞退回，即得到 A_0；A 缸活塞杆挡铁碰到 a_0，a_0 又使主控阀 B 处于 B_0 位，B 缸活塞缸返回，即得到 B_0；B 缸活塞杆挡块又压下 b_0，a_0b_0 又使主控阀 D 处于 D_1 位，使 D 缸活塞杆往右运动，得到 D_1；D 缸活塞杆上的挡铁压下 d_1，d_1 则使主控阀 C 处于 C_1 位，使 C 缸活塞杆伸出，得到 C_1，C 的活塞杆上挡铁又压下 c_1，则 c_1 使主控缸 A 处于 A_1 位，A 缸活塞杆伸

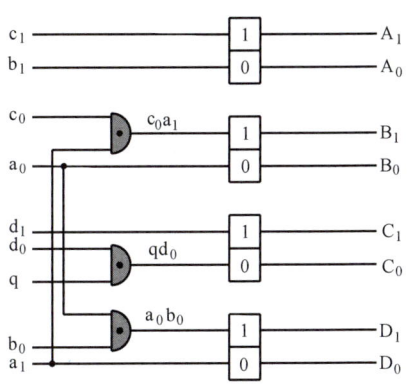

图 16-3 气控逻辑原理图

出，即得到 A_1；A 缸活塞杆上的挡铁压下 a_1，a_1 使主控阀 D 处于 D_0 位，使 D 缸活塞杆往左，即得 D_0，D 缸活塞上的挡铁压下 d_0，d_0 经起动阀又使主控阀 C 处于 C_0 位，又开始新的一轮工作循环。

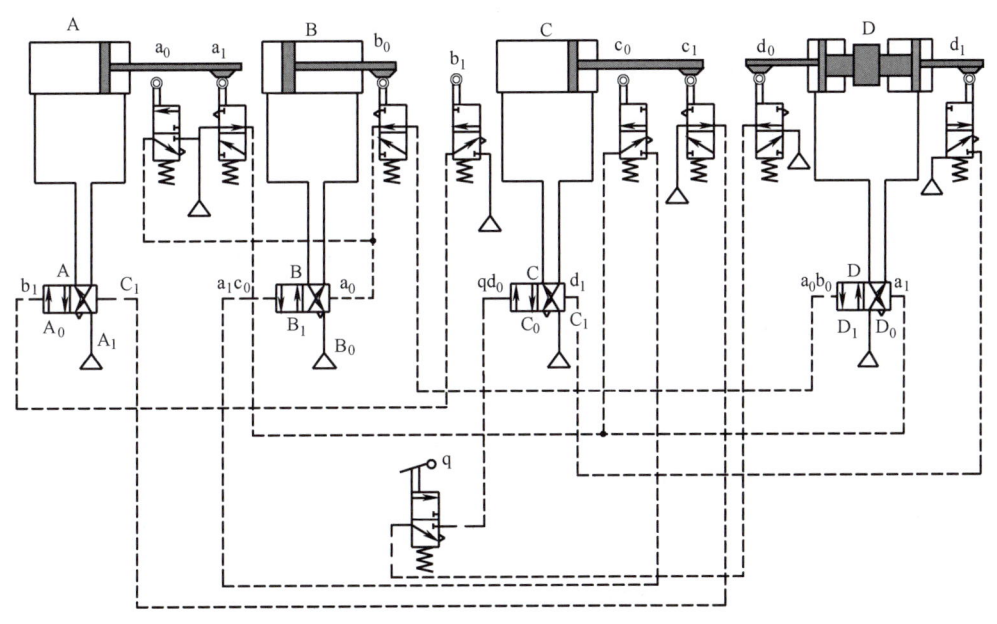

图 16-4 气动机械手气压传动系统

第二节 气动钻床气压传动系统

全气动钻床是一种利用气动钻削头完成主体运动（主轴的旋转），再由气动滑台实现进给运动的自动钻床。根据需要，机床上还可安装由摆动气缸驱动的回转工作台，这样，一个工位在加工时，另一个工位则装卸工件，使辅助时间与切削加工时间重合，从而提高生产效率。

本节介绍的气动钻床气压传动系统，是利用气压传动来实现进给运动和送料、夹紧等辅

助动作的。它共有三个气缸，即送料缸 A、夹紧缸 B、钻削缸 C。

一、工作程序图

该气动钻床气压传动系统要求的动作顺序为：

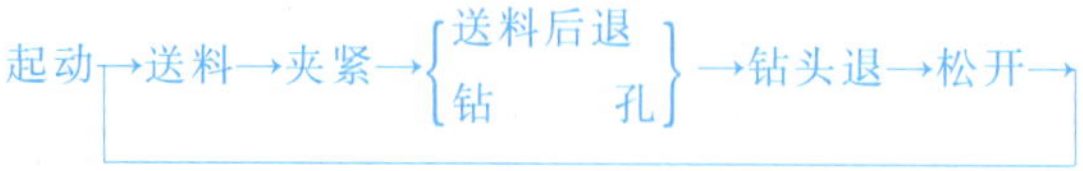

$$起动 \rightarrow 送料 \rightarrow 夹紧 \rightarrow \begin{Bmatrix} 送料后退 \\ 钻\quad 孔 \end{Bmatrix} \rightarrow 钻头退 \rightarrow 松开 \rightarrow$$

写成工作程序图为：

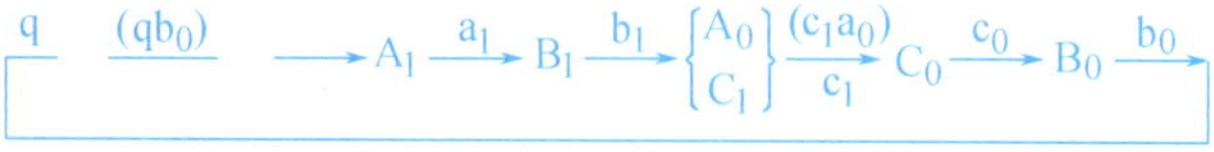

$$q \xrightarrow{(qb_0)} A_1 \xrightarrow{a_1} B_1 \xrightarrow{b_1} \begin{Bmatrix} A_0 \\ C_1 \end{Bmatrix} \xrightarrow{(c_1 a_0)} C_0 \xrightarrow{c_0} B_0 \xrightarrow{b_0}$$

由于送料缸后退（A_0）与钻削缸前进（C_1）同时进行，考虑到 A_0 动作对下一个程序执行没有影响，因而可不设联锁信号，即省去一个发信元件 a_0，这样可克服若 C_1 动作先完成，而 A_0 动作尚未结束时，C_1 等待造成钻头与孔壁相互摩擦，降低钻头寿命的缺点。在工作时只要 C_1 动作完成，立即发信执行下一个动作，而此时若 A_0 运动尚未结束，但由于控制 A_0 运动的主控阀所具有的记忆功能，A_0 仍可继续动作。

该动作程序可写成简化式为 $A_1 B_1 \begin{Bmatrix} A_0 \\ C_1 \end{Bmatrix} C_0 B_0$。

二、X-D 图

按上述的工作程序可以绘出如图 16-5 所示的 X-D 图，由图可知，图中有两个障碍信号 b_1（C_1）和 c_0（B_0），分别用逻辑线路法和辅助阀法来排除障碍，消障后的执行信号表达式为：b_1^*（C_1）$= b_1 a_1$ 和 C_0^*（B_0）$= c_0 K_{b0}^{c1}$。

三、逻辑原理图

根据图 16-5 所示的 X-D 图，可以绘出如图 16-6 所示的逻辑原理图，图中右侧列出了三个气缸的六个状态，中间部分用了三个与门元件和一个记忆元件（辅助阀），图中左侧列出的由行程阀、起动阀等发出的原始信号。

四、气动系统原理图

根据图 16-6 所示的气动钻床逻辑原理图即可绘出该钻床的气压传动系统图，如图 16-7 所示。从图 16-5 所示的 X-D 图中可以看出，a_1、b_0、c_1 均为无障碍信号，因而它们是有源元件，在气动回路图中直接与气源相连

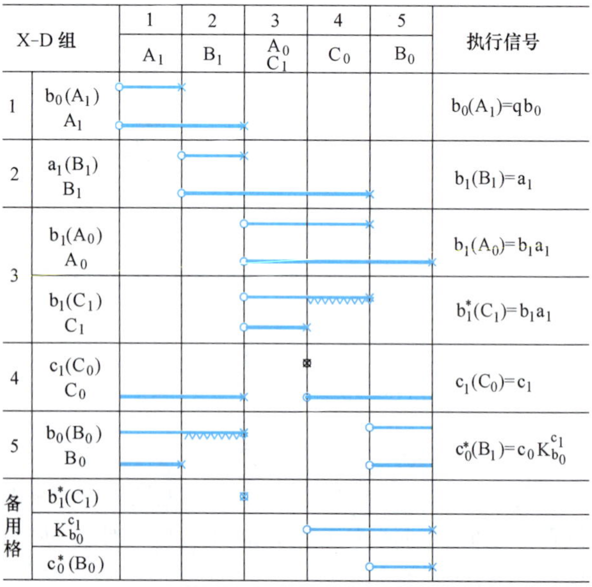

X-D 组		1	2	3	4	5	执行信号
		A_1	B_1	A_0 C_1	C_0	B_0	
1	$b_0(A_1)$ A_1						$b_0(A_1)=qb_0$
2	$a_1(B_1)$ B_1						$b_1(B_1)=a_1$
3	$b_1(A_0)$ A_0						$b_1(A_0)=b_1 a_1$
	$b_1(C_1)$ C_1						$b_1^*(C_1)=b_1 a_1$
4	$c_1(C_0)$ C_0						$c_1(C_0)=c_1$
5	$b_0(B_0)$ B_0						$c_0^*(B_1)=c_0 K_{b0}^{c1}$
备用格	$b_1^*(C_1)$						
	K_{b0}^{c1}						
	$c_0^*(B_0)$						

图 16-5　气动钻床 X-D 图

接，而 b_1、c_0 为有障碍的原始信号，按照其消除障碍后的执行信号表达式 $b_1^*(C_1)=b_1a_1$ 和 $c_0(B_0)=c_0K_{b_0}^{c_1}$ 可知，原始信号 b_1 为无源元件，应通过 a_1 与气源相接；原始信号 C_0 只需与辅助阀（单记忆元件）、气源串接即可。另外，在设计中省略了 a_0 信号，即 A 缸活塞杆缩回（A_0）结束时它不发信号。

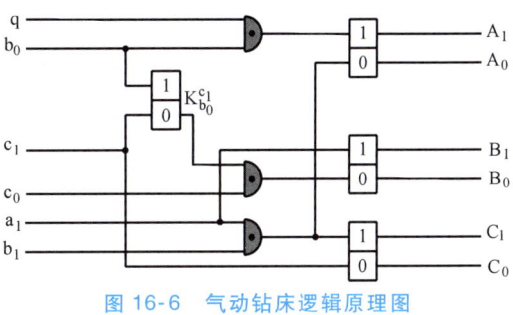

图 16-6 气动钻床逻辑原理图

按下起动按钮 q 后，该气压传动系统能自动完成 $A_1B_1\begin{Bmatrix}A_0\\C_1\end{Bmatrix}C_0B_0$ 的动作循环，在此不再详述。

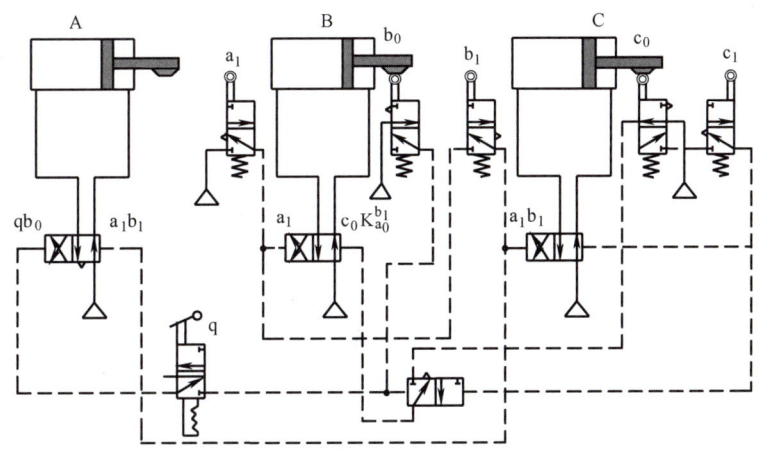

图 16-7 气动钻床气压传动系统

第三节 气液动力滑台气压传动系统

气液动力滑台采用气-液阻尼缸作为执行元件，在机械设备中用来实现进给运动的部件。图 16-8 所示为气液动力滑台的气压传动系统。该气液动力滑台能完成两种工作循环，下面对其做一简单介绍。

一、快进→慢进（工进）→快退→停止

当图 16-8 中手动阀 4 处于图示状态时，就可实现快进→慢进（工进）→快退→停止的动作循环，其动作原理为：

当手动阀 3 切换到右位时，实际上就是给予进刀信号，在气压作用下气缸中活塞开始向下运动，液压缸中活塞下腔的油液经行程阀 6 的左位和单向阀 7 进入液压缸活塞的上腔，实现了快进；当快进到活塞杆上的挡铁 B 切换行程阀 6（使它处于右位）后，油液只能经节流阀 5 进入活塞上腔，调节节流阀的开度，即可调节气-液阻尼缸的运动速度，所以活塞开始慢进（工作进给）；当慢进到挡铁 C 使行程阀 2 复位时，输出气信号使阀 3 切换到左位，这

时气缸活塞开始向上运动。液压缸活塞上腔的油液经阀 8 的左位和手动阀 4 中的单向阀进入液压缸下腔,实现了快退,当快退到挡铁 A 切换阀 8 而使油液通道被切断时,活塞便停止运动。所以改变挡铁 A 的位置,就能改变"停"的位置。

二、快进→慢进→慢退→快退→停止

把手动阀 4 关闭(处于左侧)时,就可实现快进→慢进→慢退→快退→停止的双向进给程序。其动作循环中的快进→慢进的动作原理与上述相同。当慢进至挡铁 C 切换行程阀 2 至左位时,输出气信号使阀 3 切换到左位,气缸活塞开始向上运动,这时液压缸活塞上腔的油液经行程阀 8 的左位和节流阀 5 进入活塞下腔,亦即实现了慢退(反向进给),慢退到挡铁 B 离开阀 6 的顶杆而使其复位(处于左位)后,液压缸活塞上腔的油液就经阀 6 左位而进入活塞下腔,开始了快退,快退到挡铁 A 切换阀 8 而使油液通路被切断时,活塞就停止运动。

图中带定位机构的手动阀 1、行程阀 2 和手动阀 3 组合成一只组合阀块,阀 4、5 和 6 为一组合阀,补油箱 10 是为了补偿系统中的漏油而设置的,一般可用油杯来代替。

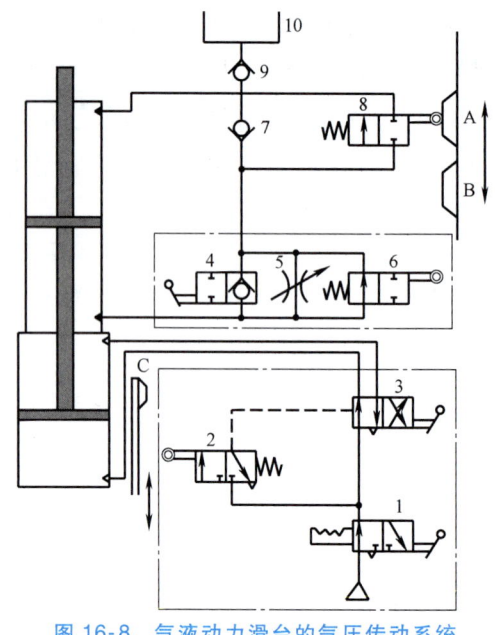

图 16-8 气液动力滑台的气压传动系统

第四节 工件夹紧气压传动系统

图 16-9 所示是机械加工自动线、组合机床中常用的工件夹紧的气压传动系统图。其工作原理是:当工件运行到指定位置后,气缸 A 的活塞杆伸出,将工件定位锁紧后,两侧的气缸 B 和 C 的活塞杆同时伸出,从两侧面压紧工件,实现夹紧,而后进行机械加工。其气压系统的动作过程如下:

当用脚踏下脚踏换向阀 1(在自动线中往往采用其他形式的换向方式)后,压缩空气经单向节流阀进入气缸 A 的无杆腔,夹紧头下降至锁紧位置后使机动行程阀 2 换向,压缩空气经单向节流阀 5 进入中继阀 6 的右侧,使阀 6 换向,压缩空气经阀 6 通过主控阀 4 的左位进入气缸 B 和 C 的无杆腔,两气缸同时伸出。与此同时,压缩空气的一部分经单向节流阀 3 调定延时后使主控阀换向到右侧,则两气缸 B 和 C 返回。在两气缸返回的过程中有杆腔的压缩空气使脚踏阀 1 复位,则气缸 A 返回。此时由于行程阀 2 复位(右位),

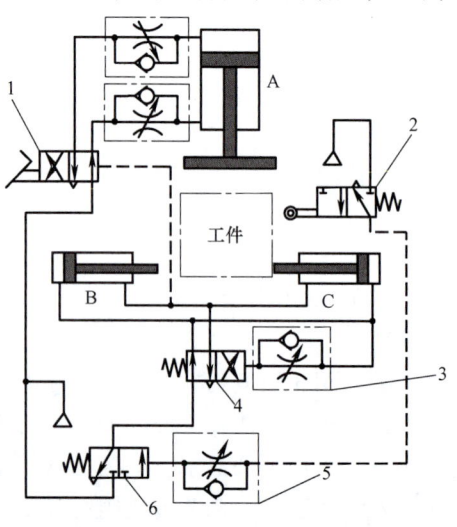

图 16-9 工件夹紧的气压传动系统

所以中继阀6也复位，由于阀6复位，气缸B和C的无杆腔通大气，主控阀4自动复位，由此完成了一个缸A压下（A_1）→夹紧缸B和C伸出夹紧（B_1、C_1）→夹紧缸B和C返回（B_0、C_0）→缸A返回（A_0）的动作循环。

习　题

16-1　试分析图16-10所示的槽形弯板机的气压传动系统，其动作程序为 $A_1 \begin{Bmatrix} B_1 \\ C_1 \end{Bmatrix} \begin{Bmatrix} D_1 \\ E_1 \end{Bmatrix} \begin{Bmatrix} A_0 & B_0 D_0 \\ & C_0 E_0 \end{Bmatrix}$。

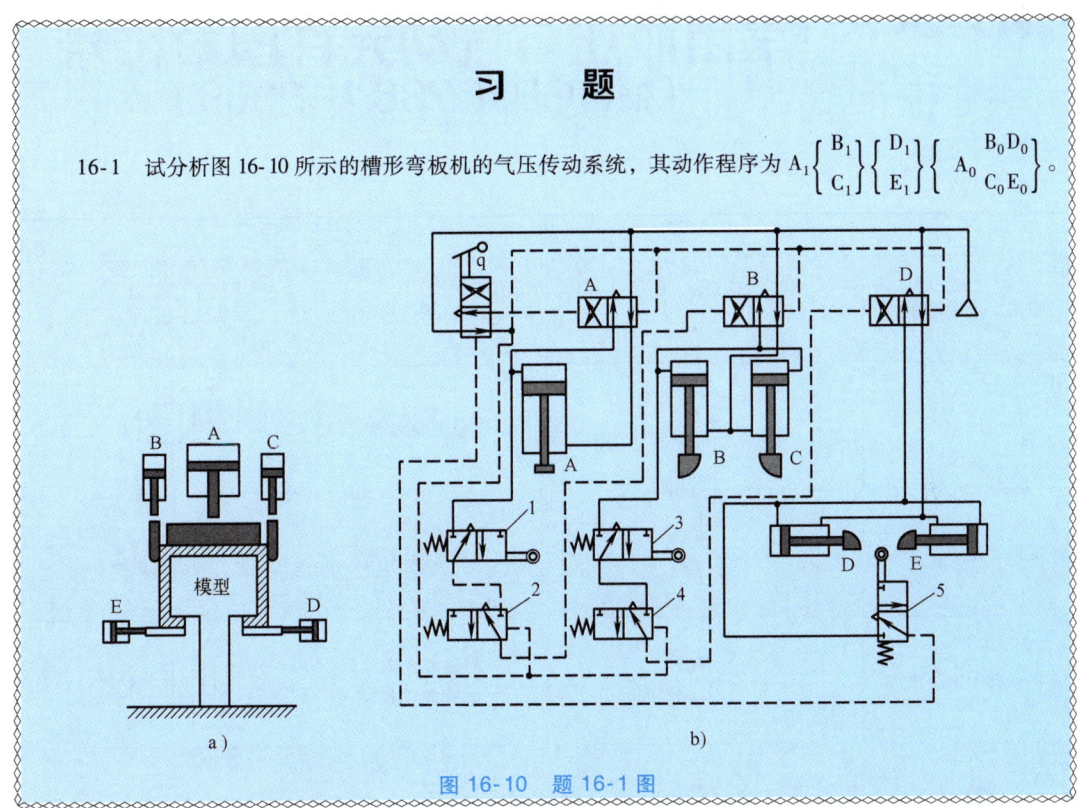

图16-10　题16-1图

附录 常用液压与气动元件图形符号
（摘自GB/T 786.1—2009）

名称	符号	名称	符号
单向定量液压泵		双向缓冲缸	
空气压缩机		直动式溢流阀	
双向定量液压泵		先导式溢流阀	
单向变量液压泵		先导式比例电磁溢流阀	
双向变量液压泵		定量液压泵-马达	
单向定量马达		变量液压泵-马达	
双向定量马达		液压整体式传动装置	
单向变量马达		摆动马达	
双向变量马达		真空泵	
单向缓冲缸		单作用单杆缸	

附录　常用液压与气动元件图形符号（摘自GB/T 786.1—2009）

（续）

名　称	符　号	名　称	符　号
单作用伸缩缸		制动阀	
双作用伸缩缸		不可调节流阀	
双作用单杆缸		可调节流阀	
双作用双杆缸		可调单向节流阀	
单作用增压器		减速阀	
溢流减压阀		带消声器的节流阀	
先导式比例电磁减压阀		调速阀	
定比减压阀		定差减压阀	
卸荷溢流阀		直动式顺序阀	
双向溢流阀		先导式顺序阀	
直动式减压阀		单向顺序阀（平衡阀）	
先导式减压阀		集流阀	
直动式卸荷阀		分流器	

(续)

名称	符号	名称	符号
单向阀		磁芯过渡器	
液控单向阀		污染指示过滤器	
双液控单向阀（液压锁）		分水排水器	
梭阀		空气过滤器	
双压阀		除油器	
快速排气阀		二位二通换向阀	
温度补偿调速阀		二位三通换向阀	
旁通型调速阀		二位四通换向阀	
单向调速阀		二位五通换向阀	
分流集流阀		四通电液伺服阀	
三位四通换向阀		管口在液面以下油箱	
三位五通换向阀		管端连接油箱底部	
过滤器		压力计	

（续）

名 称	符 号	名 称	符 号
液面计		工作管路	
温度计		控制管路	
流量计		消声器	
压力继电器		液压源	
空气干燥器		气压源	
油雾器		电动机	
气源处理装置		原动机	
冷却器		气-液转换器	
加热器		气罐	
蓄能器		软管总成	
带单向阀的快换接头（断开状态）		交叉管路	
不带单向阀的快换接头（连接状态）		连接管路	

参 考 文 献

[1] 雷天觉. 新编液压工程手册 [M]. 北京：北京理工大学出版社，1998.
[2] 路甬祥. 液压气动技术手册 [M]. 北京：机械工业出版社，2002.
[3] 章宏甲. 液压与气压传动 [M]. 北京：机械工业出版社，2003.
[4] 上海第二工业大学液压教研室. 液压传动及控制 [M]. 上海：上海科学技术出版社，1990.
[5] 大连工学院机械制造教研室. 金属切削机床液压传动 [M]. 2版. 北京：科学出版社，1985.
[6] 林建亚，何存兴. 液压元件 [M]. 北京：机械工业出版社，1988.
[7] 丛庄远，刘震北. 液压技术基本理论 [M]. 哈尔滨：哈尔滨工业大学出版社，1989.
[8] 左健民. 液压与气压传动学习指导与例题集 [M]. 北京：机械工业出版社，2012.
[9] 成都科技大学流体传动及控制编写组. 流体传动及控制 [M]. 成都：成都科技大学出版社，1988.
[10] 李慕洁. 液压传动与气压传动 [M]. 北京：机械工业出版社，1989.
[11] 王庭树，余从唏. 液压及气动技术 [M]. 北京：国防工业出版社，1988.
[12] 孟繁华，李天贵. 气动技术在气动化中的应用 [M]. 北京：国防工业出版社，1989.
[13] 郑家林. 轻工业气压传动 [M]. 北京：轻工业出版社，1989.
[14] 王孝华，陆鑫盛. 气动元件 [M]. 北京：机械工业出版社，1991.
[15] Ferenc Fürész, et al. Fundamentals of Hydraulic Power Transmission [M]. New York：Elsevier，1988.
[16] Z J Lansky, et al. Industrial Pneumatic Control [M]. New York：Parker Hannifin，1986.
[17] 陆元章. 现代机械设备设计手册（2）[M]. 北京：机械工业出版社，1996.
[18] 李寿刚. 液压传动 [M]. 北京：北京理工大学出版社，1994.
[19] 许福玲，陈尧明. 液压与气压传动 [M]. 北京：机械工业出版社，1997.
[20] 左健民. 泵控容积调速系统中的实时控制研究 [J]. 机床与液压，1996（5）：23-25.
[21] 左健民，等. 泵控系统的模糊控制系统设计 [J]. 电气传动，1997（2）：71-73.
[22] 官忠范. 液压传动系统 [M]. 3版. 北京：机械工业出版社，1997.
[23] 王占林. 近代电气液压伺服控制 [M]. 北京：北京航空航天大学出版社，2005.
[24] 李壮云. 中国机械设计大典：第五卷. 机械控制系统设计 [M]. 南昌：江西科学技术出版社，2002.
[25] 周士昌. 液压系统设计图集 [M]. 北京：机械工业出版社，2004.
[26] 王积伟. 液压传动 [M]. 北京：机械工业出版社，2006.
[27] 方昌林，凌智勇. 液压气压传动与控制技术问题对策 [M]. 北京：机械工业出版社，2010.
[28] 鄂大辛. 液压传动与气压传动 [M]. 北京：机械工业出版社，2014.
[29] 袁子荣，等. 新型液压元件及系统集成技术 [M]. 北京：机械工业出版社，2012.
[30] 吴振顺. 气压传动与控制 [M]. 2版. 哈尔滨：哈尔滨工业大学出版社，2009.

天工讲堂 小程序

微信扫码直接进入小程序 ▶

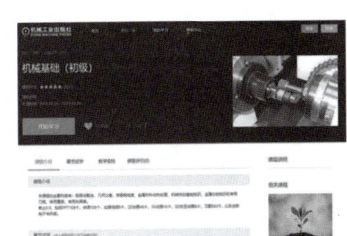
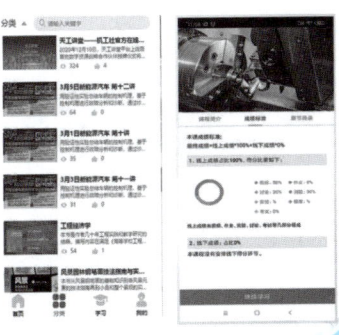

平台介绍：

"天工讲堂"是机械工业出版社打造的官方知识学习平台，以数字产品为核心，以技能学习为特色，以提升学生专业知识水平和技能专长为目标；以云服务的方式构建的专属在线教学云平台；可用于开展线上线下混合教学。

荣誉与认证：

国家新闻出版署2019年度数字出版精品遴选推荐计划
中国出版协会2020年出版融合创新优秀案例暨出版智库推优
教育部移动教育APP备案
软件著作权登记证书
信息网络安全二级认证

平台功能特点：

微信小程序端可搜索并直接打开"天工讲堂"，方便用户浏览、搜索、学习。一书一空间的设计理念，涵盖了图书所有数字化资源，方便教师或学生检索或获取。学生可在微信小程序中随时随地利用碎片化时间学习。